EUL VERLAG

Reihe: Rechnungslegung und Wirtschaftsprüfung · Band 65

Herausgegeben von Prof. (em.) Dr. Dr. h. c. Jörg Baetge, Münster, Prof. Dr. Hans-Jürgen Kirsch, Münster, und Prof. Dr. Stefan Thiele, Wuppertal

Dr. Philipp Dollereder

Die bilanzielle Abbildung von Leasingverhältnissen beim Leasingnehmer nach IFRS 16

Kritische Analyse und Konkretisierung der Vorschriften zur Definition, zum Zeitraum und zur Bewertung

Mit einem Geleitwort von Prof. Dr. Hans-Jürgen Kirsch, Westfälische Wilhelms-Universität Münster

EUL VERLAG

Bibliografische Information der Deutschen Nationalbibliothek

Die Deutsche Nationalbibliothek verzeichnet diese Publikation in der Deutschen Nationalbibliografie; detaillierte bibliografische Daten sind im Internet über <http://dnb.d-nb.de> abrufbar.

Dissertation, Westfälische Wilhelms-Universität Münster, 2018

D 6

ISBN 978-3-8441-0557-5
1. Auflage Juli 2018

JOSEF EUL VERLAG GmbH
Zeithstr. 356
53721 Siegburg
Tel.: 0 22 05 / 90 10 6-80
Fax: 0 22 05 / 90 10 6-88
E-Mail: info@eul-verlag.de
https://www.eul-verlag.de

Bei der Herstellung unserer Bücher möchten wir die Umwelt schonen. Dieses Buch ist daher auf säurefreiem, 100% chlorfrei gebleichtem, alterungsbeständigem Papier nach DIN 6738 gedruckt.

Geleitwort

Die Rechnungslegung von Leasingverhältnissen wird nach den internationalen Rechnungslegungsstandards gegenwärtig durch IAS 17 vorgeschrieben. Diese Vorschriften werden vor allem aufgrund von zwei Aspekten umfassend kritisiert. Einerseits ist die Klassifizierung in Operating- und Finance-Leasingverhältnisse mit erheblichen Ermessensspielräumen verbunden. Andererseits führt die Einordnung als Operating-Leasingverhältnis zu einer bilanzunwirksamen Erfassung, die auch als *Off-Balance-Sheet-Abbildung* bezeichnet wird. Die Vorschriften des IAS 17 wurden in einem langfristigen Projekt überarbeitet. Mit IFRS 16 wurde im Frühjahr 2016 dessen Ergebnis veröffentlicht. Der Standard ist ab dem 01.01.2019 anzuwenden. Herr Dollereder nimmt die jüngste Veröffentlichung, die Komplexität des Überarbeitungsprojektes und die zeitnahe Erstanwendung dieses Rechnungslegungsstandards zum Anlass, die maßgeblichen Vorschriften für die bilanzielle Abbildung beim Leasingnehmer – die Vorschriften zur Definition, zur Bestimmung des Zeitraumes und zur Bewertung des Nutzungsrechtes und der Verbindlichkeit – kritisch zu analysieren und zu konkretisieren. Dafür zieht er im Besonderen die Entwicklungen des Überarbeitungsprojektes, andere IFRS und als konzeptionellen Bezugspunkt das *Conceptual Framework for Financial Reporting* heran.

Der Verfasser gliedert die Dissertation in fünf Kapitel. Im **ersten Kapitel** leitet er in die Problemstellung ein und benennt das Ziel der Untersuchung. Im Folgenden beschreibt er in gebotener Kürze den Gang der Untersuchung.

Im **zweiten Kapitel** legt Herr Dollereder die sachverhaltsspezifischen Grundlagen. Er erläutert zunächst die Grundzüge der Bilanzierung von Leasingverhältnissen beim Leasingnehmer gemäß IAS 17. Daran anknüpfend beschreibt er die Kritik an den Regelungen und leitet auf die Ziele des Überarbeitungsprojektes über. Sodann geht er mit dem Diskussionspapier DP/2009/1 und den Standardentwürfen ED/2010/9 sowie ED/2013/6 auf die Meilensteine des Überarbeitungsprozesses ein. Er konzentriert sich dabei auf die für die Untersuchung grundlegenden und das Gesamtverständnis fördernden Entwicklungen. Abschließend führt er in die Grundzüge des IFRS 16 ein, verweist jedoch an den entsprechenden Stellen sinnvollerweise auf ihre detailliertere Beschreibung in den späteren Ausführungen.

Im **dritten Kapitel** stellt der Verfasser die konzeptionellen Grundlagen der IFRS-Rechnungslegung vor. Diese dienen für die Untersuchung als Analyse- und Würdigungsgrundlage. Zum einen beschreibt er die Zielsetzung der IFRS-Rechnungslegung und die fundamentalen und fördernden qualitativen Anforderungen gemäß dem *Conceptual Framework for Financial Reporting*. Zum anderen erläutert er die Vorschriften des IAS 8, die für die Schließung von Regelungslücken und, vor allem im Kontext dieser Untersuchung, für die Auslegung bestehender Regelungen maßgeblich sind.

Das **vierte Kapitel** umfasst die kritische Analyse und Konkretisierung der Vorschriften. Es gliedert sich anhand der zu untersuchenden Teilaspekte konsequenterweise in **drei Oberabschnitte**. Der **Abschnitt 42** ist mit Bezug auf die Definitionskriterien gleichermaßen in drei Abschnitte unterteilt. In **Abschnitt 422.** wird das erste Definitionskriterium untersucht, demzufolge ein identifizierter Vermögenswert vorliegen muss, damit ein vertragliches Verhältnis als Leasingverhältnis klassifiziert werden kann. Der Verfasser kommt zu dem Ergebnis, dass die Identifizierung eines Leasingobjektes regelmäßig mit Herausforderungen verbunden ist, wenn es implizit spezifiziert wird. Anschließend analysiert der Verfasser die Implikationen der Vorschrift, dass auch Teile eines Vermögenswertes ein identifizierbares Leasingobjekt repräsentieren können, und konkretisiert, inwiefern vertragliche Optionen des Leasingnehmers auf weitere Anteile am Vermögenswert die Einordnung als Leasingverhältnis beeinflussen können. Im Folgenden untersucht Herr Dollereder die Kriterien, die darauf schließen lassen, dass ein vertragliches Austauschrecht des Leasinggebers substanziell ist. Diese Einordnung steht dann der Klassifizierung als Leasingverhältnis entgegen.

Im **Abschnitt 423.** erörtert der Verfasser das zweite Kriterium, nach dem der Leasingnehmer den substanziell gesamten wirtschaftlichen Nutzen aus der Verwendung des Vermögenswertes ziehen können muss. In diesem Zusammenhang konkretisiert er u. a. die Quellen für den wirtschaftlichen Nutzen und die Schwelle, anhand derer die Substanz festzustellen ist. Anschließend geht der Verfasser vor dem Hintergrund vertraglicher und bilanzieller Gestaltungs-potenziale auf die Konstellation ein, in der das Kriterium zwar formal durch den rechtlichen Leasingnehmer, faktisch jedoch durch eine dritte Partei erfüllt werden könnte. Mit Bezug auf die Absichten des Standardsetzers, außerbilanzielle Gestaltungsspielräume möglichst vollumfassend zu vermeiden, leitet der Autor für unterschiedliche Konstellationen entscheidungsnützliche Bilanzierungsalternativen des Leasingverhältnisses bei den Parteien her.

Abschließend geht Herr Dollereder in **Abschnitt 424.** auf das dritte Kriterium ein, gemäß dem der Leasingnehmer das Recht zur Bestimmung über den Vermögenswert besitzen muss. Diese Zuordnung orientiert sich an sog. Entscheidungsrechten. Der Verfasser konkretisiert, welche Rechte als Entscheidungsrechte zu berücksichtigen sind. Sodann analysiert er für den Fall, dass beide Vertragsparteien Entscheidungsrechte besitzen, welches Vorgehen die tatsächlichen wirtschaftlichen Umstände bilanziell sachgerecht reflektiert. Daneben betrachtet er die Konstellation, dass die Verwendung des Vermögenswertes nicht während der vertraglichen Laufzeit, sondern bereits davor festgelegt wird. Insbesondere untersucht er, wie die Anforderung der Mitwirkung am Design des Leasingobjektes auszulegen ist.

Im folgenden **Abschnitt 43** beschäftigt sich der Verfasser mit den Vorschriften zur Bestimmung des Zeitraumes eines Leasingverhältnisses. Dieses ist u. a. für die Bewertung der aus dem Leasingverhältnis resultierenden Bilanzposten von zentraler Bedeutung. Einleitend geht der Verfasser auf den grundlegenden Bestandteil von Laufzeiten, den nicht kündbaren Zeitraum, ein und diskutiert mit der Beurteilung der Signifikanz einer Vertragsstrafe eine wesentliche

Determinante bei der Bestimmung, über welchen Zeitraum durchsetzbare Rechte und Verpflichtungen der Vertragsparteien vorliegen.

Sodann behandelt er Laufzeitoptionen des Leasingnehmers. Optionierte Zeiträume sind in den gesamten Zeitraum des Leasingverhältnisses, und somit in die Bewertung der Bilanzposten, einzubeziehen, wenn sich der Leasingnehmer über die Ausübung hinreichend sicher ist. Herr Dollereder konkretisiert vor dem Hintergrund des Projektverlaufes und der Regelungen des IAS 17 die Restriktivität des Kriteriums der hinreichenden Sicherheit. Leasingnehmer sind angehalten, die hinreichende Sicherheit unter Berücksichtigung aller relevanter Tatsachen und Umstände zu beurteilen. Diesbezüglich leitet der Verfasser her, welche Anforderungen an einen wirtschaftlichen Anreiz zu stellen sind, und würdigt die heranzuziehenden Tatbestände. Dabei stellt er u. a. heraus, dass die Spezifität des Leasingobjektes regelmäßig eine bedeutende Rolle in der Gesamtbetrachtung einnehmen dürfte. Anschließend behandelt der Verfasser die Vorschriften zur Ausübung von nachträglichen Neueinschätzungen der Laufzeit. Dabei stellt er vor allem die Unklarheit in Bezug auf die Bedeutung geschäftlicher Entscheidungen und daraus resultierender Ermessensspielräume heraus und würdigt, welche Bedeutung die Einschränkung auf lediglich signifikante Ereignisse faktisch hat.

Schließlich diskutiert Herr Dollereder zwei spezifische Strukturierungen der Laufzeit von Leasingverhältnissen, die im Laufe des Überarbeitungsprojektes adressiert wurden und für die die Regelungen nicht unmittelbar angewendet werden können. Zum einen wird die Strukturierung längerfristiger Leasingverhältnisse über ausschließlich kurzfristige Leasingverhältnisse diskutiert, die vor dem Hintergrund der möglichen Bilanzunwirksamkeit kurzfristiger Kontrakte besonders von bilanzpolitischer Bedeutung sind. Abhängig von dem Ausmaß der Ähnlichkeit der aufeinander folgenden Leasingverhältnisse leitet der Verfasser eine entscheidungsnützliche Anwendung der Vorschriften her. Zum anderen geht der Verfasser auf Kontrakte ein, deren Laufzeit sich automatisch verlängert. Er identifiziert für diese Konstellation eine entscheidungsnützliche bilanzielle Abbildung, indem er die für diese maßgebliche Laufzeit konkretisiert, und differenziert dabei danach, ob die Gesamtlaufzeit kurzfristige Elemente enthält.

Im **Abschnitt 44** untersucht Herr Dollereder schließlich die Bewertung der aus dem Leasingverhältnis resultierenden Bilanzposten. Vor dem Hintergrund der zahlreichen Bezüge des Standardsetzers auf die Vermeidbarkeit von Zahlungen, die das entscheidende Differenzierungskriterium für ihre bilanzielle Berücksichtigung darstellt, führt er zu Beginn in die Definition einer Schuld und vor allem in die Bedeutung ebendieser Vermeidbarkeit als Bestandteil der Definition ein. Sodann legt er seinen Schwerpunkt auf die Untersuchung der Regelungen zu quasi-fixen und variablen Leasingzahlungen. Zuerst konkretisiert er die Vorschriften zu quasi-fixen Zahlungen und identifiziert, welche Bedingungen und Umstände grundlegend zu einer Klassifizierung von Zahlungen als quasi-fix führen können. Dabei stellt er u. a. heraus, dass das Verständnis von Vermeidbarkeit einer Zahlung nicht für alle Regelungsabschnitte einheitlich ist. Im Folgenden thematisiert er variable Zahlungen, deren Höhe an einen Index oder eine vergleichbare Referenz geknüpft sind. Herr Dollereder konkretisiert für diese Zahlungen Anforderungen an die Referenzsachverhalte, deren Diskussion der Standardsetzer durch die alleinige Nennung von beispielhaft heranzuziehenden Indizes umgeht.

Anschließend analysiert er die Argumentation des IASB gegen die Ansatzfähigkeit variabler Zahlungen, die nicht von einem Index o. ä. abhängen. Er entkräftet die Argumente des Standardsetzers und identifiziert eine abweichende, unter konzeptionellen Gesichtspunkten gebotene Bilanzierungsweise. Darauffolgend thematisiert Herr Dollereder die übrigen Komponenten der Verbindlichkeit. Neben einer Konkretisierung der Ermittlung erwarteter Zahlungen aus Restwertgarantien folgert er, dass ebendiese Zahlungen sowie Zahlungen aufgrund von Kaufoptionen oder Kündigungsstrafen vor dem Hintergrund konzeptioneller Aspekte zu Unrecht abweichend von den genannten variablen Zahlungen bilanziert werden. Abschließend konkretisiert er die Definition des Grenzfremdkapitalzinssatzes als einem von zwei anwendbaren Diskontierungszinssätzen und analysiert die Implikationen seiner Anwendung. In den Ausführungen zur Erstbewertung des Nutzungsrechtes konzentriert sich der Verfasser auf die Diskussion, in welchem Umfang anfängliche direkte Kosten im Wertansatz zu berücksichtigen sind, da dies durch IFRS 16 nicht klar geregelt wird.

Der Folgebewertung der Verbindlichkeit widmet sich Herr Dollereder aufgrund nur weniger Besonderheiten knapp. Sodann betrachtet er die Fortschreibung des Nutzungsrechtes. Zunächst diskutiert er die planmäßige Abschreibung, die mit einem Verweis auf die Anwendung des IAS 16 nur sehr unkonkret geregelt wird. Er untersucht vor diesem Hintergrund, inwiefern sich die Eigenschaft des Nutzungsrechtes als zeitlich beschränkt nutzbares Recht auf die Folgebewertung auswirkt. Anschließend prüft er, welche Teilregelungen des IAS 16 für die Folgebewertung des Nutzungsrechtes anwendbar sind. Mit einem Verweis des IFRS 16 auf die Anwendung des IAS 36 orientiert sich auch die außerplanmäßige Abschreibung des Nutzungsrechtes an einem anderen Standard. Zunächst klärt der Verfasser, welche konzeptionelle Perspektive der Abschreibung zugrunde gelegt werden sollte. Darauffolgend untersucht er die Indikatoren für eine Wertminderung und ergänzt sie um sachverhaltsspezifische Aspekte. Anschließend konkretisiert er die Ermittlung des erzielbaren Betrages für das Nutzungsrecht.

Von der Folgebewertung losgelöst betrachtet der Verfasser schließlich den Bewertungszusammenhang der Bilanzposten, nach dem der Wert der Verbindlichkeit ein Bestandteil des Nutzungsrechtes in der Erstbewertung ist. Dabei analysiert er die Implikationen, konkretisiert die Bilanzierung und würdigt die konzeptionelle Eignung.

Im **fünften Kapitel** fasst Herr Dollereder die wesentlichen Erkenntnisse seiner Arbeit zusammen. Zudem gibt er einen Ausblick auf die Herausforderungen in der Erstanwendung und bezieht sich auf weitere Aktivitäten des Standardsetzers im Kontext des IFRS 16.

Insgesamt wird in der vorgelegten Arbeit ausgesprochen differenziert argumentiert. Dabei orientiert sich der Verfasser konsequent an den einschlägigen Auslegungskriterien. Die dazu erforderlichen Grundlagen werden in der angemessenen Kürze prägnant gelegt. Der Verfasser leuchtet dann die relevanten Details des Standards sehr gründlich aus und entwickelt eigene Vorschläge. Sowohl konzeptionelle Fragen als auch konkrete Anwendungsprobleme werden ausführlich diskutiert. Die Kritik am Standardsetter ist inhaltlich berechtigt und wird der weiteren Diskussion um die Abbildung von Leasingverhältnissen nach IFRS hoffentlich wichtige Impulse geben. Dass die Gemeinsamkeiten und Unterschiede zu IFRS 15 hier nur angedeutet werden, ist zutreffend dem Umfang der vorgelegten Arbeit geschuldet.

Münster, im Juni 2018 Prof. Dr. Hans-Jürgen Kirsch

Vorwort des Verfassers

Die vorliegende Arbeit entstand während meiner Tätigkeit als wissenschaftlicher Mitarbeiter am Institut für Rechnungslegung und Wirtschaftsprüfung der Westfälischen Wilhelms-Universität Münster unter der Leitung von Herrn Prof. Dr. Hans-Jürgen Kirsch. Sie wurde von der Wirtschaftswissenschaftlichen Fakultät im Februar 2018 angenommen.

Ich möchte mich bei all den Personen bedanken, die mich bei der Anfertigung der Dissertation auf unterschiedliche Weise unterstützt haben. Ganz besonders danke ich meinem geschätzten akademischen Lehrer und Doktorvater Herrn Prof. Dr. Hans-Jürgen Kirsch für die umfassende wissenschaftliche Betreuung, die sich vor allem durch die ständige Diskussionsbereitschaft und die wertvollen Hinweise vor und während des Schreibprozesses äußerte, sowie für die Übernahme des Erstgutachtens. Mein Dank gilt ihm auch für die stets konstruktive und angenehme Arbeitsatmosphäre am Institut und für die Möglichkeit, mich in unterschiedlichsten Aufgabenbereichen und fachlichen Themen einzubringen. Ich möchte zudem auch Herrn Prof. Dr. Dr. h.c. Jörg Baetge für die hilfreichen Anmerkungen während der gemeinsamen institutsübergreifenden Doktorandenseminare danken. Für die Übernahme des Zweitgutachtens und die Mitwirkung in der Promotionskommission danke ich Herrn Prof. Dr. StB Christoph Watrin und Herrn Prof. Dr. Christian Müller.

Daneben ist es mir ein besonderes Anliegen, meinen (ehemaligen) Kollegen und Freunden am IRW zu danken. Vor allem die ausgeprägte Kollegialität und die besondere Mischung unterschiedlicher Persönlichkeiten am Institut werden mir stets in sehr guter Erinnerung bleiben. Besonders möchte ich die Herren Dr. Nils Gimpel-Henning, Dr. Michael Alkemeier, Marcel Faber, M.Sc. und Oliver Wätjen, M.Sc. hervorheben. Sie haben auf ganz unterschiedliche Weise maßgeblich zu diesem erfolgreichen Dissertationsprojekt beigetragen. Zudem bin ich den wissenschaftlichen Hilfskräften des IRW zu größtem Dank verpflichtet. Mit ihrem unermüdlichen Einsatz bei der Literaturbeschaffung haben sie das Verfassen der Dissertation erheblich unterstützt.

Neben den genannten danke ich auch meinen (weiteren) aktuellen Kolleg(inn)en Katharina Großelfinger, M.Sc., Yannic Dust, M.Sc., Julian Höbener, M.Sc., Michael Huter, M.Sc., Dr. Christoph König, Philipp Pferdmenges, M.Sc., Fabian Umseher, M.Sc., Dr. Christian Weber, Fabian von Wieding, M.Sc. und Dennis Wege, M.Sc. für die gemeinsame Zeit am IRW und wünsche ihnen, sofern noch nicht abgeschlossen, viel Erfolg bei Ihren Dissertationsprojekten. In sportlicher Hinsicht blicke ich sehr gerne auf den Sieg des prestigeträchtigen WiWi-Cups der Wirtschaftswissenschaftlichen Fakultät gemeinsam mit dem aktuellen Team zurück. Außerdem erinnere ich mich gerne an die gemeinsame Zeit mit den ehemaligen Kollegen Dr. Ariane Kraft, Dr. Dominik Dettenrieder, Dr. Frederik Engelke, Dr. Florian Gallasch, Dr. Timo Hesse, Dr. Christoph Pier und Dr. Stephen Weich. Nicht zuletzt gebührt mein Dank auch Ann-Kathrin Bonke für die Assistenz aus dem Sekretariat des Instituts.

Schließlich möchte ich mich ganz besonders bei meinen lieben Eltern und meiner Schwester samt Freund bedanken. Sie haben mir jederzeit einen stabilen Rückhalt gegeben, an den gemeinsamen Wochenenden für die erforderliche Ablenkung gesorgt und stets optimistisch in die kommende Zeit des Dissertationsprojektes geblickt. Sie waren maßgeblich dafür verantwortlich, dass die Stimmung auch während stressiger Phasen nicht zu sehr gelitten hat. Dazu hat außerdem meine liebe Freundin Maren beigetragen, die mich auch in den stressigsten Phasen bedingungslos unterstützt hat. Ihr gilt mein ganz besonderer Dank.

Münster, im Juni 2018 Philipp Dollereder

Inhaltsübersicht

Inhaltsverzeichnis

Abbildungsverzeichnis

Abkürzungsverzeichnis

A

A	Appendix (i. V. m. IFRS-Fundstellen)
a. A. / A. A.	anderer Auffassung
AASB	Australian Accounting Standards Board
Abb.	Abbildung
Abs.	Absatz
Abschn.	Abschnitt
ACTEO	Association pour la participation des entreprises francaises à l'harmonisation comptable internationale
ADS	Adler/Düring/Schmaltz (Kommentar)
AG	Aktiengesellschaft
AICPA	American Institute of Certified Public Accountants
ANC	Autorité des normes comptables
Anm. d. Verf.	Anmerkung des Verfassers
AOSSG	Asian-Oceanian Standard-Setters Group
API	American Petroleum Institute
ARDF	Accounting Research and Development Foundation
Art.	Artikel
ASB	Accounting Standards Board
ASC	Accounting Standards Council
AWG	Aviation Working Group
Aufl.	Auflage

B

BB	Betriebs-Berater (Zeitschrift)
BBK	Buchführung, Bilanzierung, Kostenrechnung (Zeitschrift)
BC	Basis for Conclusions (i. V. m. IFRS-Fundstellen)
Bd.	Band
BP	British Petroleum
bspw.	beispielsweise
BT	British Telecommunications
BVRLA	British Vehicle Renting and Leasing Association
bzw.	beziehungsweise

C

ca.	circa
CAPP	Canadian Association of Petroleum Producers
CF	Conceptual Framework
CPA	Certified Public Accountants
CRE	Commercial Real Estate

D

DAX	Deutscher Aktienindex
DB	Der Betrieb (Zeitschrift)
d. h.	das heißt
DK	Der Konzern (Zeitschrift)
DP	Discussion Paper

DRSC	Deutsches Rechnungslegungs Standards Committee e. V.
DStR	Deutsches Steuerrecht (Zeitschrift)
DStZ	Deutsche Steuer-Zeitung

E

EACB	European Association of Co-operative Banks
EBA	European Banking Authority
ED	Exposure Draft
EFRAG	European Finanical Reporting Advisory Group
EG	Europäische Gemeinschaft
ERS HFA	Entwurf der Rechnungslegungsstellungnahme des Hauptfachausschusses
ESMA	European Securities and Markets Authority
et al.	et alii (und andere)
etc.	et cetera (und so weiter)
EU	Europäische Union
EuGH	Europäischer Gerichtshof
e. V.	eingetragener Verein
evtl.	eventuell

F

F	Framework
f.	folgende (Seite)
FASB	Financial Accounting Standards Board
FEE	Federation of European Accountants
FEI	Financial Executives International
ff.	fortfolgende (Jahre)
FLF	Finanzierung Leasing Factoring (Zeitschrift)
FMCG	Fast Moving Consumer Goods
Fn.	Fußnote

G

GAAP	Generally Accepted Accounting Principles
GDF	Gaz de France
ggf.	gegebenenfalls
gl. A.	gleicher Ansicht

H

HB	Handbuch
HGB	Handelsgesetzbuch
Hrsg.	Herausgeber
hrsg. v.	herausgegeben von

I

IAS	International Accounting Standard(s)
IASB	International Acocunting Standards Board
IASC	International Accounting Standards Committee
IATA	International Air Transportation Association
IC	Interpretations Committee
ICAEW	Institute of Chartered Accountants in England and Wales
i. d. R.	in der Regel

IDW	Institut der Wirtschaftsprüfer in Deutschland e. V.
IDW-FN	IDW Fachnachrichten
IE	Illustrative Examples
IFRIC	International Financial Reporting Interpretations Committee
IFRS	International Financial Reporting Standard
iGAAP	international GAAP
IN	Introduction (i. V. m. IFRS-Fundstellen)
IOSCO	International Organization of Securities Commissions
IRZ	Zeitschrift für internationale Rechnungslegung
IT	Informationstechnologie
i. S. d.	im Sinne der, des
i. V. m.	in Verbindung mit

K

KASB	Korean Accounting Standards Board
KoR	Zeitschrift für internationale und kapitalmarktorientierte Rechnungslegung
KPMG	Klynveld Peat Marwick Goerdeler

L

Lifetime-PD	Lifetime Probability of Default
LLP	Limited Liability Partnership

M

MüKo	Münchener Kommentar
m. w. N.	mit weiteren Nachweisen

N

Nr.	Nummer

O

OB	Objective (i. V. m. IFRS-Fundstellen)

P

PKF	Pannell Kerr Forster
PiR	Praxis der internationalen Rechnungslegung (Zeitschrift),
PKW	Personenkraftwagen
PwC	PricewaterhouseCoopers

R

RBS	Royal Bank of Scotland
Repsol	Refineria de Petróleos de Escombreras Oil
Rn.	Randnummer/-n
RS HFA	Rechnungslegungsstellungnahme des Hauptfachausschusses

S

S.	Seite/-n
SEC	Securities and Exchange Commission
SIC	Standards Interpretations Committee
sog.	sogenannte/-n/-s
StuB	Steuern und Bilanzen (Zeitschrift)

T

TUI	Touristik Union International AG
Tz.	Textziffer

U

u. a.	und andere, unter anderem/-n
UK	United Kingdom (Vereinigtes Königreich)
UNESA	Spanish Association of the Electricity Industry
US	United States (Vereinigte Staaten)
usw.	und so weiter
u. U.	unter Umständen

V

vgl.	vergleiche

W

WiSt	Wirtschaftswissenschaftliches Studium (Zeitschrift)
WPg	Die Wirtschaftsprüfung (Zeitschrift)

Z

z. B.	zum Beispiel
ZCG	Zeitschrift für Corporate Governance
ZfB	Zeitschrift für Betriebswirtschaft
ZfbF	Schmalenbachs Zeitschrift für betriebswirtschaftliche Forschung
ZInsO	Zeitschrift für das gesamte Insolvenzrecht
z. T.	zum Teil
zugl.	zugleich

1 Problemstellung und Gang der Untersuchung

11 Problemstellung

Leasingverhältnisse haben in der jüngsten Vergangenheit eine zunehmende Bedeutung als Alternative zum fremdfinanzierten Erwerb des Leasingobjektes[1] für Unternehmen gewonnen.[2] Zu dieser Entwicklung haben sowohl die vielfachen Vorteile dieser Finanzierungsmöglichkeit, in finanzieller Hinsicht vor allem liquiditäts- und bilanzstrukturelle Argumente,[3] als auch die Entwicklungen an den internationalen Finanzmärkten in den letzten Jahren beigetragen.[4] Besonders in Deutschland hat die **gesamtwirtschaftliche Bedeutung von Leasingverhältnissen** als eine spezifische Ausprägung der Außenfinanzierung[5] in den letzten Jahrzehnten wesentlich zugenommen.[6] Diese Entwicklung wird sich gemäß der Schätzungen des Bundesverbandes Deutscher Leasing-Unternehmen e. V. und des ifo-Instituts fortsetzen.[7] Deutschland stellt zudem in Europa gemeinsam mit dem Vereinigten Königreich den größten Markt für Leasingtransaktionen.[8]

Die Qualität der **Vorschriften zur Rechnungslegung** von Leasingverhältnissen[9] muss der ökonomischen Bedeutung dieser Finanzierungsform gerecht werden.[10] Diese Forderung gilt unabhängig von der Feststellung, dass die Rechnungslegung von Leasingverhältnissen zu den „komplexesten Rechnungslegungsproblemen“[11] zählt. Gleichwohl werden die Ansprüche durch die bisher anzuwendenden Vorschriften des **IAS 17 *Leases*** nicht erfüllt. Die zugrunde liegende Bilanzierungskonzeption sieht vor, dass Leasingverhältnisse einer von zwei möglichen Klassifizierungen, den sog. Finance- oder Operating-Leasingverhältnissen, zugeordnet

---

1 Vgl. von diesen beiden Finanzierungsformen als dritte Möglichkeit den Mietkauf abgrenzend TACKE, H. R., Leasing, S. 5 f.

2 Vgl. EFRAG (Hrsg.), IFRS 16 Impact Assessment, S. 16, und differenziert empirisch auswertend S. 17–30; zu diesem Ergebnis ebenfalls kommend HERMES, F./BERNDT, T., IFRS-Neuregelung zur Leasingbilanzierung, S. 302; MARTINEK, M., in: HB Leasing, 2. Aufl., § 2, Rn. 3; GRADOW, A., Neugestaltung der Leasingbilanzierung, S. 1; GIERSBERG, J./VÖGTLE, M., Adjustierung von Operating-Leasingverhältnissen, S. 431.

3 Vgl. eine Vielzahl aufführend MARTINEK, M., in: HB Leasing, 2. Aufl., § 2, Rn. 4; gleichwohl kritisch zur Analyse der Vorteilhaftigkeit von Leasingverhältnissen gegenüber anderen Finanzierungsformen TACKE, H. R., Leasing, S. 6.

4 Vgl. m. w. N. GRADOW, A., Neugestaltung der Leasingbilanzierung, S. 1.

5 Vgl. BIEG, H./KUßMAUL, H./WASCHBUSCH, G., Finanzierung, S. 275–278; Die Begriffe Außen- und Innenfinanzierung graphisch abgrenzend S. 30.

6 Vgl. für eine statistische Darstellung und eine Übersicht von Beweggründen von Leasingnehmern PETERS, S., Entscheidungsnützlichkeit der Leasingbilanzierung nach IFRS und US-GAAP, S. 3 f.

7 Vgl. MARTINEK, M., in: HB Leasing, 2. Aufl., § 1, Rn. 19.

8 Vgl. EFRAG (Hrsg.), IFRS 16 Impact Assessment, S. 16.

9 Im Folgenden werden die Begriffe Leasingverhältnisse, Leasingvertrag sowie Vertrag und Kontrakt, sofern nicht näher spezifiziert, synonym verwendet.

10 Vgl. IFRS 16.IN4.

11 SABEL, E., Leasingverträge, S. 1.

werden.[12] Die Klassifizierung richtet sich danach, ob das Leasingverhältnis ökonomisch betrachtet dem Erwerb des Leasingobjektes gleicht.[13] Diese Einordnung wird aufgrund der erheblichen Ermessensspielräume kritisiert.[14]

Daneben steht die bilanzielle Abbildung von Operating-Leasingverhältnissen beim Leasingnehmer im Zentrum der Kritik.[15] Für diese Kontrakte müssen keine Vermögenswerte bzw. Schulden bilanziert werden. Lediglich eine erfolgswirksame Erfassung der aus dem Leasingverhältnis resultierenden Aufwendungen (vor allem der Leasingzahlungen) wird vorgeschrieben.[16] Da das Leasingverhältnis insofern nicht unmittelbar bilanziell erfasst und im Ergebnis aus der Bilanz des Leasingnehmers nicht ersichtlich ist, wird diese Bilanzierungsweise auch als ***Off-Balance-Sheet*-Abbildung**[17] bezeichnet.[18] Besonders vor diesem Hintergrund äußerte sich der ehemalige Vorsitzende des IASB, Sir David Tweedie, im Jahr 2008: „One of my great ambitions before I die is to fly in an aircraft that is on an balance sheet“.[19] Er verweist mit dieser Aussage auf den Missstand, dass Leasingverhältnisse gemäß den Vorschriften zwar grundsätzlich zurecht als Operating-Leasingverhältnisse klassifiziert und die zugrunde liegenden Vermögenswerte in der Folge nicht bilanziell erfasst werden, dieses Vorgehen jedoch zu irreführenden Abschlussinformationen führen könnte.[20]

Die **finanziellen Auswirkungen** der Vorschriften zur Rechnungslegung von Operating-Leasingverhältnissen sind weitreichend. So erfassten US-amerikanische kapitalmarktorientierte Unternehmen gemäß einer Schätzung der SEC im Jahr 2005 bilanzunwirksame Leasingverhältnisse im Wert von ca. 1,25 Billionen US-Dollar.[21] Eine kontinentübergreifende Betrachtung ergab, dass sich der Barwert der bilanzunwirksamen Leasingzahlungen von über 14.000 börsengelisteten Unternehmen auf ca. 2,18 Billionen US-Dollar summierte.[22] Die höchsten Zahlungen betrafen Unternehmen aus dem Airline-, Handels-, Telekommunikations- und Energie-

---

12 Vgl. hier und für den folgenden Satz IAS 17.7–35.

13 Vgl. IASB (Hrsg.), IFRS 16 Effects Analysis, S. 3.

14 Vgl. IASB (Hrsg.), DP/2009/1, Rn. 1.12 (c).

15 Vgl. hier und im Folgenden IFRS 16.IN5.

16 Vgl. IAS 17.35.

17 Vgl. verschiedene Ansätze zur Begriffsklärung im Kontext der Rechnungslegung nach US-GAAP erläuternd BRAKENSIEK, S., Bilanzneutrale Finanzierungsinstrumente, S. 6. Des Weiteren einen Überblick über *Off-Balance-Sheet*-Finanzierungen gebend S. 10–23.

18 Dieses Charakteristikum als eines von dreien folgernd BRAKENSIEK, S., Bilanzneutrale Finanzierungsinstrumente, S. 8.

19 TWEEDIE, D., Prepared Remarks, S. 5.

20 Vgl. TWEEDIE, D., Prepared Remarks, S. 5; darauf mit Bezug auf die Bilanzierung von Nutzenrechten rekurrierend STIBI, B., Sir David wurde erhört, S. I; die bilanzielle Erfassung von Flugzeugen empirisch analysierend PILHOFER, J. U. A., Künftige IFRS-Leasingbilanzierung, S. 371–376; FREIBERG, J., Flugzeuge: Pro & Contra, S. 236.

21 Vgl. IASB (Hrsg.), IFRS 16 Effects Analysis, S. 3.

22 Vgl. IASB (Hrsg.), IFRS 16 Effects Analysis, S. 14. Aus den Angaben wird nicht ersichtlich, für welche Jahre diese Werte erhoben wurden.

sektor.[23] Zu ähnlichen Ergebnissen hinsichtlich der bedeutendsten Branchen kommt eine von der EFRAG in Auftrag gegebene Studie.[24]

Zudem sind die Implikationen der *Off-Balance-Sheet*-Abbildung von Operating-Leasingverhältnissen für die **Entscheidungsnützlichkeit** der daraus resultierenden Informationen für die Abschlussadressaten weitreichend. So vermittelt die Anwendung der Vorschriften nur eingeschränkt relevante Informationen über Leasingverhältnisse des Leasingnehmers. Besonders werden die Informationen jedoch für ihre mangelnde Glaubwürdigkeit aufgrund des Spielraums bei der Klassifizierung und den Bilanzierungsfolgen für Operating-Leasingverhältnisse kritisiert.[25] Sie reflektieren die tatsächlichen wirtschaftlichen Verhältnisse der Leasingnehmer nur eingeschränkt. Darüber hinaus führen sie dazu, dass ökonomisch vergleichbare Sachverhalte abweichend abgebildet würden.[26] Sofern die Adressaten beabsichtigen, die Abschlussdaten für ihre Zwecke weiterzuverwenden, müssen sie Anpassungen an den Informationen vornehmen.[27]

Der IASB und der US-amerikanische FASB initiierten u. a. aufgrund der vielfältigen Kritikpunkte ein **Projekt zur Überarbeitung der Rechnungslegung von Leasingverhältnissen**, dessen Ziel die Entwicklung einer konzeptionell überzeugenden Bilanzierungsweise war.[28] Diese soll vor allem sicherstellen, dass Leasingnehmer Vermögenswerte und Schulden für alle Leasingverhältnisse bilanziell erfassen.[29] Nach der Veröffentlichung eines Diskussionspapiers und zweier Regelungsentwürfe wurde im Januar 2016 der finale Standard **IFRS 16 *Leases*** veröffentlicht.[30] Er ist für Geschäftsjahre, die ab dem 1. Januar 2019 beginnen, anzuwenden.[31] Als prominenteste konzeptionelle Neuerung sehen die Regelungen den Ansatz eines Nutzungsrechtes und einer Verbindlichkeit beim Leasingnehmer für grundsätzlich alle Leasingverhältnisse vor.[32] Die bereits genannten Branchen, die umfangreich von Operating-Leasingverhältnissen und somit von der *Off-Balance-Sheet*-Abbildung Gebrauch gemacht haben, sind wegen der

23 Vgl. IASB (Hrsg.), IFRS 16 Effects Analysis, S. 16.

24 Vgl. dazu vor dem Hintergrund der Evaluation der Auswirkungen aus der Einführung des IFRS 16 EFRAG (Hrsg.), IFRS 16 Impact Assessment, S. 2; dazu FISCHER, D. T., Erwartete Effekte, S. 120; vgl. für weitere Studien über die Bilanzierung von Leasingverhältnissen im Kontext der Erarbeitung einer neuen Bilanzierungskonzeption IASB (Hrsg.), Agenda Paper 3 (February 2007).

25 Vgl. hier und für den folgenden Satz IFRS 16.IN5.

26 Vgl. IFRS 16.BC3 (b).

27 Vgl. IFRS 16.BC3 (a); die Wertanpassungen untersuchend GIERSBERG, J./VÖGTLE, M., Adjustierung von Operating-Leasingverhältnissen, S. 435–441.

28 Vgl. IFRS 16.IN6. Die gemeinsame Arbeitsgruppe wurde im Juli 2007 gegründet, vgl. IASB (Hrsg.), Agenda Paper 1 (February 2007), Rn. 2; IASB (Hrsg.), DP/2009/1, Rn. IN22.

29 Vgl. IFRS 16.IN7. Daher auch das „Ende des Privilegs“ der außerbilanziellen Abbildung betonend HESSAMI, G., Ende des Privilegs, S. V4; diese als wichtiges Argument für Leasingverhältnisse herausstellend NARDMANN, H./FISCHER, D. T., Alles wird anders, S. V2.

30 Er wurde im vierten Quartal 2017 in geltendes Recht übernommen, vgl. Fn. 152.

31 Die finalen Vorschriften des IASB und des FASB unterscheiden sie sich in bestimmten Aspekten der Leasingnehmerbilanzierung. Die Untersuchung der Erreichung des Konvergenzziels ist nicht Gegenstand dieser Arbeit. Die Konvergenzbestrebungen werden daher nicht weiter analysiert.

32 Diese neuartige Bilanzierungsweise den Vorschriften nach Handels- und Steuerrecht gegenüberstellend LÜHN, M., Leasingbilanzierung im Spannungsfeld, S. 369–372.

neuerdings geregelten Bilanzwirksamkeit dieser Leasingverhältnisse besonders von der Umstellung auf die neue Bilanzierungskonzeption betroffen.[33]

IFRS 16 sieht umfassende Neuerungen[34] für die **Definition** eines Leasingverhältnisses vor. Diese sind entscheidend für eine Einordnung als Leasing- oder Dienstleistungsverhältnis. Aus der Einordnung resultieren bedeutend abweichende Bilanzierungskonsequenzen. Besonders ist der Rückgriff auf das aus anderen Vorschriften bekannte Kontrollkonzept hervorzuheben.[35] Ferner unterliegt die Bestimmung des für die bilanzielle Abbildung der Rechte und Verpflichtungen aus dem Leasingvertrag maßgeblichen **Zeitraums** neuen Vorschriften. Diese sind vor dem Hintergrund der Maßgeblichkeit für den Einbezug der periodisierten Zahlungen und weiterer Bestandteile kritisch.[36] Nicht zuletzt sind die Neuerungen zur **Bewertung** der aus dem Leasingverhältnis resultierenden Bilanzposten bedeutsam. Vor allem wurde die Berücksichtigung von Leasingzahlungen in den Bilanzposten differenziert geregelt. Während die Erstbewertung des Nutzungsrechtes detailliert geregelt wird, wird für seine Folgebewertung auf andere IFRS verwiesen. Die Konzeption der Bilanzierung beim Leasinggeber wurde hingegen weitestgehend aus IAS 17 übernommen.[37]

Die Einführung des IFRS 16 stellt die Leasingnehmer aufgrund der vielfältigen Änderungen der Bilanzierungskonzeption vor Herausforderungen. Einige **DAX-Unternehmen** äußern sich in ihren Geschäftsberichten aus dem Berichtsjahr 2016[38] bereits dahingehend, dass bedeutsame Auswirkungen sowohl auf die finanziellen Daten der Unternehmen als auch für die praktische Erstanwendung der Vorschriften aufgrund des Umsetzungsaufwandes und konzeptioneller Unklarheiten erwartet werden.[39]

---

33 Vgl. die Auswirkungen empirisch untersuchend IASB (Hrsg.), IFRS 16 Effects Analysis, S. 42–54; EFRAG (Hrsg.), IFRS 16 Impact Assessment, S. 31–35; zu den Auswirkungen auf die Kapitalmarktteilnehmer in Deutschland HERMES, F./BERNDT, T., IFRS-Neuregelung zur Leasingbilanzierung, S. 298–302; für die Schweiz BITTERLI, C. U. A., Auswirkungen in der Schweiz, S. 410–415; sich auf europäische Unternehmen beziehend POLI, F., IFRS 16, S. 284 f.; anhand eines Fallbeispiels illustrierend BLANKENBURG, L./MÖHLMANN-MAHLAU, T., Jahresabschlussanalytische Implikation der neuen Leasingbilanzierung nach IFRS 16, S. 418–423; ferner einen Überblick über Studien der weiteren Vergangenheit gebend HERMES, F./BERNDT, T., IFRS-Neuregelung zur Leasingbilanzierung, S. 297 f.

34 Im Folgenden werden aufgrund des Umfangs der Neuerungen nur diejenigen adressiert, die für die vorliegende Arbeit relevant sind.

35 Vgl. IFRS 16.BC117.

36 Vgl. noch im Kontext des zweiten Regelungsentwurfs IASB (Hrsg.), Staff Paper 3A (March 2014), Rn. 5.

37 Vgl. IFRS 16.IN14. Die Untersuchung der Bilanzierung beim Leasinggeber ist auch deshalb nicht Gegenstand dieser Arbeit.

38 Vgl. u. a. ADIDAS AG (Hrsg.), Geschäftsbericht 2016, S. 146 f.; DEUTSCHE POST AG (Hrsg.), Geschäftsbericht 2016, S. 110; DEUTSCHE TELEKOM AG (Hrsg.), Geschäftsbericht 2016, S. 187 f.; FRESENIUS MEDICAL CARE AG & CO. KGAA (Hrsg.), Geschäftsbericht 2016, S. 159; FRESENIUS SE & CO. KGAA (Hrsg.), Geschäftsbericht 2016, S. 73 f.; VONOVIA SE (Hrsg.), Geschäftsbericht 2016, S. 128 f.; weitere Reaktionen der Industrie aufführend HASHEMI, F., Industry Reaction, o. S.; die technischen Herausforderungen adressierend BETZ, R., IFRS 16, S. 53 f.; Herausforderungen der praktischen Implementierung anhand einer Fallstudie erläuternd BARDENS, A./HEINING, A.-K., Implementierung von IFRS 16, S. 329–338; die Umstellung aus unternehmensinterner Leasingnehmersicht diskutierend FÜLBIER, R. U./BYNER-BENDIG, A./SCHARF, C., Umstellung auf IFRS 16, S. 87–95.

39 Vgl. die technischen Herausforderungen bei der Implementierung adressierend BETZ, R., IFRS 16, S. 53 f.;

Die vielfältigen Neuregelungen für Leasingnehmer, besonders die neue Bilanzierungskonzeption, sowie die zeitnah verpflichtende Erstanwendung machen eine umfassende Auseinandersetzung mit IFRS 16 erforderlich. Das **Ziel der vorliegenden Arbeit** besteht folglich in der Analyse und Konkretisierung ausgewählter Vorschriften des IFRS 16 zur bilanziellen Abbildung beim Leasingnehmer sowie der Würdigung der Entscheidungsnützlichkeit der konkretisierten Regelungen. Im Detail werden die bereits hervorgehobenen Regelungsbereiche – die Definition eines Leasingverhältnisses, die Bestimmung des der Bilanzierung zugrunde zu legenden Zeitraums und die Vorschriften zur Erst- und Folgebewertung der aus dem Leasingverhältnis resultierenden Bilanzposten – betrachtet.

Einerseits orientiert sich die Untersuchung damit an den maßgeblichen Herausforderungen der Bilanzierung beim Leasingnehmer. Andererseits sind diese Regelungsbereiche besonders bedeutsam für bilanzpolitisch motivierte Gestaltungsabsichten von Leasingnehmern mit der Zielsetzung, Leasingverhältnisse weiterhin bilanzunwirksam abzubilden oder zumindest ihre bilanziellen Auswirkungen möglichst gering zu halten.[40] Die Untersuchung abstrahiert von branchenbezogenen Besonderheiten. Vielmehr legen die Erkenntnisse dieser Arbeit die Grundlage für die bilanzielle Berücksichtigung industrieabhängiger Spezifika. Für die Untersuchung wird von Dienstleistungskomponenten als mögliche Bestandteile eines Leasingvertrages abstrahiert.[41] Die Dringlichkeit einer detaillierten Untersuchung wird durch Anfragen der Anwender an den Standardsetzer bestätigt, die auch über ein Jahr nach der Veröffentlichung des IFRS 16 weiterhin aufgrund vielfacher Unklarheiten in der Auslegung der Vorschriften auf ebendiesen zukommen.[42]

Der Untersuchung wird in konzeptioneller Hinsicht die nach dem langfristigen Überarbeitungsprojekt[43] im März 2018 jüngst veröffentlichte Neufassung des *Conceptual Framework for Financial Reporting*[44] zugrunde gelegt.

Herausforderungen der praktischen Implementierung anhand einer Fallstudie erläuternd BARDENS, A./HEINING, A.-K., Implementierung von IFRS 16, S. 329–338; die Umstellung aus unternehmensinterner Leasingnehmersicht diskutierend FÜLBIER, R. U./BYNER-BENDIG, A./SCHARF, C., Umstellung auf IFRS 16, S. 87–95.

40 Vgl. zu möglichen unbeabsichtigten Konsequenzen für das Entscheidungsverhalten von Leasingnehmern EFRAG (Hrsg.), IFRS 16 Impact Assessment, S. 53 f.

41 Gemäß IFRS 16 sind Leasing- und Dienstleistungskomponenten grundsätzlich separat voneinander bilanziell zu erfassen. Ausnahmsweise darf die Separierung unter bestimmten Umständen unterbleiben, vgl. IFRS 16.12–15; BEHLING, K., Der neue Leasingstandard, S. 246; BERGER, J./NARDMANN, H., Auswirkungen auf Unternehmen, S. 426.

42 So äußert sich der Standardsetzer u. a. wie folgt: „Many queries that we receive are about the words in the Standard — ie questions about what IFRS 16 says.“, vgl. IASB (Hrsg.), Staff Paper 6 (May 2017), Rn. 13 (a).

43 Vgl. dazu Abschnitt 32.

44 Im Folgenden werden die Begriffe *Conceptual Framework for Financial Reporting*, *Conceptual Framework* und Rahmenkonzept synonym verwendet.

12 Gang der Untersuchung

Die vorliegende Arbeit ist in fünf Kapitel gegliedert. Im Anschluss an die thematische Einführung werden im **zweiten Kapitel** die sachverhaltsspezifischen Grundlagen gelegt, indem das Projekt zur Überarbeitung der Rechnungslegung von Leasingverhältnissen erläutert wird. So werden einleitend die Gründe für die Überarbeitung und ihre Ziele dargestellt (Abschnitt 21). Darauffolgend werden knapp die für das Verständnis dieser Arbeit relevanten Inhalte der drei Veröffentlichungen des Standardsetzers im Überarbeitungsprozess vorgestellt (Abschnitt 22). Die inhaltliche Einordnung wird mit einer Einführung in die Vorschriften des IFRS 16 abgeschlossen (Abschnitt 23). Im **dritten Kapitel** werden die konzeptionellen Grundlagen der Rechnungslegung nach IFRS gelegt. Zu Beginn der Ausführungen wird das Verhältnis des *Conceptual Framework* zum IFRS-Regelungskanon erläutert (Abschnitt 31). Zudem werden die im Rahmenkonzept kodifizierte Zielsetzung und die Adressaten des IFRS-Abschlusses vorgestellt (Abschnitt 32). Anschließend werden die fundamentalen und die fördernden qualitativen Anforderungen an die IFRS-Rechnungslegung dargelegt (Abschnitt 33). Der letzte Abschnitt des Kapitels stellt die Vorschriften des IAS 8 zum Umgang mit Regelungslücken und zur Auslegung bestehender Regelungen vor (Abschnitt 34).

Das **vierte Kapitel** bildet den Hauptteil dieser Arbeit, die kritische Analyse und Konkretisierung der Vorschriften des IFRS 16 zur Bilanzierung von Leasingverhältnissen beim Leasingnehmer. Neben einer Vorbemerkung zur Struktur der folgenden Ausführungen ist dieses Kapitel in drei weitere Oberabschnitte gegliedert. Die Struktur orientiert sich an der Struktur des Standards bzw. am Prozess der bilanziellen Erfassung eines Leasingverhältnisses. Den ersten Oberabschnitt bildet die Untersuchung der Vorschriften zur **Definition eines Leasingverhältnisses (Abschnitt 42)**. Die Ausführungen gliedern sich entsprechend der Definitionskriterien. So werden aufeinanderfolgend die Kriterien der Identifizierung eines Vermögenswertes, des Rechtes zum Erhalt des substanziell gesamten wirtschaftlichen Nutzens und des Rechtes zur Bestimmung über die Verwendung analysiert und konkretisiert. Der folgende Oberabschnitt behandelt die Vorschriften zur Bestimmung des **Zeitraums des Leasingverhältnisses (Abschnitt 43)**. Nach einer Betrachtung des nicht kündbaren Zeitraums werden die Vorschriften zur Einbeziehung von Laufzeitoptionen untersucht. Diese konzentrieren sich auf die Beurteilung der hinreichenden Sicherheit der Ausübung von Laufzeitoptionen und auf die Möglichkeit nachträglicher Neueinschätzungen ebendieser hinreichenden Sicherheit. Die Vorschriften werden sodann vor dem Hintergrund besonderer Laufzeitstrukturierungen, die im Standardsetzungsprozess und im Schrifttum besonders hervorgehoben wurden, konkretisiert. Der letzte Oberabschnitt behandelt die Vorschriften zur **Bewertung der aus dem Leasingverhältnis resultierenden Bilanzposten**, dem Nutzungsrecht und der Verbindlichkeit **(Abschnitt 44)**. Die Betrachtung beginnt mit den Vorschriften zur Erstbewertung der Verbindlichkeit und des Nutzungsrechtes. Anknüpfend werden die Regelungen zur Folgebewertung der Verbindlichkeit und des Nutzungsrechtes analysiert und konkretisiert. Während im Abschnitt zur Erstbewertung die Verbindlichkeit im Vordergrund steht, liegt der Schwerpunkt in den Ausführungen der Folgebewertung auf der Betrachtung des Nutzungsrechtes. Diesen Betrachtungen nachgelagert folgt die Untersuchung der Vorschriften zur Berücksichtigung von Neueinschätzungen vertraglicher Parameter, die beide Bilanzposten betreffen. Die Arbeit schließt im **fünften Kapitel** mit einer Zusammenfassung der bedeutsamsten Erkenntnisse.

2 Das Projekt zur Überarbeitung der Rechnungslegung von Leasingverhältnissen nach IFRS

21 Gründe und Ziele der Überarbeitung des IAS 17

211. Das grundlegende Bilanzierungskonzept des IAS 17

Nach den Vorschriften des IAS 17 *Leases*[45] ist jedes Leasingverhältnis als Finanzierungs-Leasingverhältnis (***finance lease***) oder als Operating-Leasingverhältnis (***operating lease***) zu klassifizieren.[46] Die Klassifizierung richtet sich nach der **Verteilung der Chancen und Risiken**, die aus dem Eigentum des geleasten Vermögenswertes[47] resultieren, auf den Leasingnehmer oder -geber (sog. *risks and rewards approach*).[48] Das Ziel der Chancen-Risiken-Betrachtung ist die Zuordnung des Leasingobjektes auf der Grundlage des **wirtschaftlichen Eigentums**.[49] Der Klassifizierung des Leasingverhältnisses liegt somit eine wirtschaftliche Betrachtungsweise zugrunde.[50] Das rechtliche Eigentum an dem Vermögenswert wird bei der Entscheidung über die Charakterisierung des Leasingverhältnisses ausgeblendet.[51] Die Trennung von wirtschaftlichem und rechtlichem Eigentum ist ein zentrales Charakteristikum der Regelungen.[52]

Die Entscheidung über diese Zuordnung wirkt sich auf die bilanzielle Erfassung des Leasingverhältnisses aus.[53] Werden im Wesentlichen alle Chancen und Risiken auf den Leasingnehmer übertragen, ist das Leasingverhältnis als Finanzierungs-Leasingverhältnis zu charakterisieren. Verbleiben die Chancen und Risiken im Wesentlichen beim Leasinggeber, liegt ein Operating-Leasingverhältnis vor.[54] Neben Konkretisierungen der Begriffe Chance und Risiko werden im Standard Umstände und Indikatoren, die eine Zuordnung zum Leasingnehmer und somit ein Finanzierungs-Leasingverhältnis anzeigen, erläutert.[55] Die Kriterien sind vorwiegend qualitativ

---

45 Die Vorschriften wurden letztmalig im Rahmen eines übergeordneten Projektes zur Verbesserung der IAS durch den IASB im Jahr 2003 umfassend überarbeitet und in der geänderten Fassung unter der gleichen Bezeichnung herausgegeben. Durch das Projekt sollten Redundanzen, Wahlrechte und Konflikte innerhalb des Regelwerkes geprüft und eliminiert werden, vgl. IAS 17.IN2; zu den standardspezifischen Änderungen vgl. IAS 17.IN3.

46 Vgl. IAS 17.8. Im Folgenden werden lediglich die Regelungen des IAS 17 beschrieben, die besonders kritisiert wurden und somit bedeutsame Anhaltspunkte für die Überarbeitung der Vorschriften zur Bilanzierung von Leasingverhältnissen darstellen.

47 Im Folgenden werden im Kontext eines Leasingverhältnisses die Begriffe Vermögenswert, Leasinggegenstand und Leasingobjekt synonym verwendet.

48 Vgl. IAS 17.7; BAETGE, J./EWELT-KNAUER, C./GRAUPE, F., Überarbeitung des IFRS-Leasingstandards, S. 355.

49 Vgl. VATER, H., Bilanzierung nach IAS 17, S. 2094.

50 Vgl. dazu sowohl das alte *Framework* (CF (2010).35) als auch das jüngst veröffentlichte *Conceptual Framework* (CF.2.12 i. V. m. CF.4.59) und die Ausführungen des Abschnitt 331.3.

51 Vgl. IAS 17.10; KIRSCH, H.-J., in: Baetge u. a., Rechnungslegung nach IFRS, 2. Aufl., Teil B, IAS 17, Rn. 20; BÖMELBURG, P./LANDGRAF, C./SINGH-VERMA, J., Zukunft der Leasingbilanzierung, S. 217; BEHLING, K., Der neue Leasingstandard, S. 240.

52 Vgl. WELLER, S./SCHUBERT, D., Re-ED zur Leasingbilanzierung, S. 386.

53 Vgl. VATER, H., Bilanzierung nach IAS 17, S. 2094; CLAßEN, R./SCHULZ, S., Leasingbilanzierung nach HGB und IFRS, S. 7.

54 Vgl. IAS 17.7; MORFELD, M., in: Beck IFRS HB, 5. Aufl., § 22, Rn. 39.

55 Vgl. IAS 17.10 f.; ausführlich KÜMPEL, T./BECKER, M., Bilanzielle Zurechnung von Leasingobjekten, S. 1472–1476; graphisch zusammenfassend BAETGE, J./EWELT-KNAUER, C./GRAUPE, F., Überarbeitung

formuliert und somit offen gehalten. So sollen Sachverhaltsgestaltungen vermieden werden, die sich an quantitativen Grenzen orientieren könnten.[56]

Bei einem **Finanzierungs-Leasingverhältnis** geht das wirtschaftliche Eigentum auf den Leasingnehmer über. Die Bilanzierung folgt der „Fiktion eines fremdfinanzierten Erwerbs des Leasingobjektes"[57]. Der Leasingnehmer aktiviert somit das Leasingobjekt und passiviert eine Verbindlichkeit. Der Leasinggeber erfasst eine Forderung in Höhe der Nettoinvestition in das Leasingverhältnis bilanziell.[58] Die Abbildungsvorschriften suggerieren somit auch den Übergang des juristischen Eigentums an dem Vermögenswert.[59]

Im Falle eines **Operating-Leasingverhältnisses** verbleibt das Eigentum an dem Leasingobjekt sowohl in juristischer als auch in wirtschaftlicher Hinsicht beim Leasinggeber. Dieser erfasst das Leasingobjekt bilanziell. Für den Leasingnehmer liegt ein gewöhnliches Mietverhältnis vor, für das lediglich die periodisierten Aufwendungen erfasst werden.[60] Diese Bilanzierungsweise folgt dem Grundsatz der Nichtbilanzierung schwebender Geschäfte.[61] Im Ergebnis wird das Leasingobjekt also entweder durch den Leasingnehmer oder -geber erfasst. Dieses Regelungskonzept wird in Anlehnung an die beschriebene Bilanzierungsweise unter Bezugnahme auf das Leasingobjekt auch als ***all or nothing approach*** bezeichnet.[62]

---

des IFRS-Leasingstandards, S. 355. Die Unterteilung hinsichtlich einer impliziten Gewichtung der Kategorien kritisierend VATER, H., Bilanzierung nach IAS 17, S. 2095; in praxi eine gleichartige Bedeutsamkeit unterstellend MORFELD, M., in: Beck IFRS HB, 5. Aufl., § 22, Rn. 46, auf den Charakter einer Aufzählung von Anhaltspunkten hinweisend KIRSCH, H.-J., in: Baetge u. a., Rechnungslegung nach IFRS, 2. Aufl., Teil B, IAS 17, Rn. 24.

56 Vgl. m. w. N. ENGELS, J./DREESEN, H., Leasingbilanzierung in der internationalen Rechnungslegung, S. 193; KIRSCH, H.-J., in: Baetge u. a., Rechnungslegung nach IFRS, 2. Aufl., Teil B, IAS 17, Rn. 27. Verbleibt indes nach der Anwendung der Kriterien Unsicherheit hinsichtlich der Klassifizierung und kann die Verteilung der wesentlichen Chancen und Risiken nicht hinreichend geklärt werden, wird das Leasingverhältnis als Operating-Leasingverhältnis eingeordnet, vgl. IAS 17.12.

57 ENGELS, J./DREESEN, H., Leasingbilanzierung in der internationalen Rechnungslegung, S. 193; so auch BRAKENSIEK, S., Bilanzneutrale Finanzierungsinstrumente, S. 178 f.; als „verdeckten Ratenkauf" bezeichnend DINH THI, T./FINK, C./SCHULTZE, W., Reform der Leasingbilanzierung, S. 460.

58 Vgl. IAS 17.20 für den Leasingnehmer bzw. IAS 17.36 für den Leasinggeber.

59 Der tatsächliche juristische Eigentümer wird in seinen Rechten am betroffenen Gegenstand eingeschränkt, vgl. im Zusammenhang mit der Theorie der Verfügungsrechte STOCKINGER, M., Auswirkungen der Reform der Leasingbilanzierung, S. 19; HARTMANN-WENDELS, T./SCHMIDT, P., Zur Reform des IAS 17, S. 281.

60 Vgl. IAS 17.33 für den Leasingnehmer bzw. IAS 17.49 für den Leasinggeber. KIRSCH, H.-J., in: Baetge u. a., Rechnungslegung nach IFRS, 2. Aufl., Teil B, IAS 17, Tz. 20; ENGELS, J./DREESEN, H., Leasingbilanzierung in der internationalen Rechnungslegung, S. 193.

61 Vgl. KÜTING, K. U. A., Paradigmenwechsel, S. 1; CLAßEN, R./SCHULZ, S., Leasingbilanzierung nach HGB und IFRS, S. 6; zur Bilanzierung schwebender Geschäfte gem. den IFRS auch SEEBACHER, K. S., Analyse der ED/2010/9-Regelungen, S. 149–167.

62 Vgl. BRAKENSIEK, S., Bilanzneutrale Finanzierungsinstrumente, S. 201; ENGELS, J./DREESEN, H., Leasingbilanzierung in der internationalen Rechnungslegung, S. 191; ECKL, E. U. A., IFRS 16 „Leases" (Teil 1), S. 663; TESCHE, T./KÜTING, K., Paradigmenwechsel in der Leasing(nehmer)bilanzierung, S. 620. Teilweise wird der *all or nothing approach* nicht nur auf die Bilanzierung des Vermögenswertes, sondern auch auf die bilanzielle Erfassung des gesamten Leasingverhältnisses beim Leasingnehmer bezogen, vgl. GRUBER, T., Reform der Leasing-Bilanzierung, S. 159; ANDERS, G., Praktische Simulation der Auswirkungen, S. 356. Dies ist gleichwohl insofern unpräzise, als auch im Falle des Operating-Leasingverhältnisses die bilanzielle Behandlung durch IAS 17 geregelt wird, vgl. Fn. 60.

212. Kritik an IAS 17 und daran anknüpfende Ziele der Überarbeitung der Rechnungslegung von Leasingverhältnissen

Die beschriebenen Regelungen des IAS 17 sind im Zeitverlauf **vielfach kritisiert** worden.[63] Die Kritik konzentriert sich zum einen auf die Vorschriften zur **Klassifizierung** des Leasingverhältnisses. Die prinzipienorientierten Kriterien zur Klassifizierung von Leasingverhältnissen gemäß IAS 17.10 f. werden aufgrund ihres qualitativen Charakters als zu weich erachtet.[64] Sie sind schwer zu operationalisieren, weshalb die Trennlinie zwischen einem Finance- und einem Operating-Leasingverhältnis nicht klar identifizierbar ist.[65] Die aus diesen Ermessensspielräumen resultierende konzeptionelle Schwäche wiegt umso schwerer, da sich die Bilanzierungsmodelle für Finanzierungs- und Operating-Leasingverhältnisse maßgeblich unterscheiden.[66]

Zum anderen wurde umfassend kritisiert, dass **Operating-Leasingverhältnisse** nicht aus den bilanziellen Informationen des Leasingnehmers ersichtlich sind,[67] weil die aus der Leasingtransaktion resultierende Verbindlichkeit oder der Vermögenswert als Gegenstand des Kontraktes nicht bilanziert werden.[68] Vielmehr werden nur die aus dem Vertrag resultierenden Leasingaufwendungen erfolgswirksam erfasst (sog. *Off-Balance-Sheet*-Abbildung).[69] Diese Bilanzierungsweise wirkt sich auf die Bilanzkennzahlen des Leasingnehmers bzw. auf ihre Analyse aus.[70] Analysten und andere Abschlussadressaten müssen die Bilanzposten für ihre Analyse- bzw. Bewertungszwecke schätzen und Anpassungen an den Abschlussdaten vornehmen. Nur so erhalten sie ein Bild der Vermögens- Finanz- und Ertragslage, welches den tatsächlichen Verhältnissen entspricht,[71] und beheben das andernfalls aufgrund einer geringen

---

63 Die Problematiken der Leasingbilanzierung sowohl nach IFRS als auch nach US-GAAP übersichtlich knapp zusammenfassend GRADOW, A., Neugestaltung der Leasingbilanzierung, S. 62; VÖLK, B., Wirtschaftliches Eigentum oder Nutzungsrecht, S. 119–121.

64 Mit Bezug auf diese konzeptionelle Schwäche wurde die Einführung quantitativer Schwellenwerte diskutiert; im Ergebnis solche Schwellen befürwortend WEINSTOCK, M., Leasingverträge nach IASC, S. 192–205. Die Differenzierung anhand fester Wertgrenzen wird gleichwohl nicht als wesentlich vorteilhafter erachtet, da diese (noch gezielter) umgangen werden können, vgl. KIRSCH, H.-J., in: Baetge u. a., Rechnungslegung nach IFRS, 2. Aufl., Teil B, IAS 17, Tz. 27; HARTMANN-WENDELS, T./SCHMIDT, P., Zur Reform des IAS 17, S. 279.

65 Vgl. IASB (Hrsg.), DP/2009/1, Rn. 1.13; HARTMANN-WENDELS, T., Leasing-Bilanzierung im Umbruch, S. 1068; STIBI, B., Sir David wurde erhört, S. I.

66 Vgl. IFRS 16.BC3 (b); IASB (Hrsg.), DP/2009/1, Rn. 1.12 (b); KÜTING, K. U. A., Paradigmenwechsel, S. 1 und auch Fn. 60.

67 Vgl. IASB (Hrsg.), DP/2009/1, Rn. 1.4; zu den Adressatengruppen von IFRS-Abschlüssen vgl. Abschnitt 32.

68 Vgl. IASB (Hrsg.), Agenda Paper 9A (July 2006), Rn. 13 (c); der Charakter der Verpflichtungen ähnelt im Übrigen dem von langfristigen Verbindlichkeiten, vgl. HARTMANN-WENDELS, T./SCHMIDT, P., Zur Reform des IAS 17, S. 279.

69 Vgl. GRUBER, T., Reform der Leasing-Bilanzierung, S. 157.

70 Vgl. KÜMPEL, T./BECKER, M., Leasingbilanzierung im Wandel, S. 456; bspw. ist das Verhältnis von Eigen- und Fremdkapital durch die ausbleibende Bilanzierung vorteilhafter als im Falle einer Passivierung der entsprechenden Schulden, vgl. FINDEISEN, K.-D./SABEL, E., Diskussionspapier zur Reform, S. 1885.

71 Vgl. zu dieser generellen Anforderung IAS 1.15; IFRS 16.BC3 (a); IASB (Hrsg.), Agenda Paper 9A (July 2006), Rn. 13 (c).

Relevanz und wenig glaubwürdigen Darstellung vorliegende Defizit der Entscheidungs-nützlichkeit der vermittelten Informationen. Besonders wird durch die Anpassungen die ansonsten unternehmensübergreifend nur sehr eingeschränkte Vergleichbarkeit ansatzweise hergestellt.[72]

Die fehlende bilanzielle Abbildung bietet zudem den Anreiz, Leasingtransaktionen so zu strukturieren, dass sie als Operating-Leasingverhältnisse klassifiziert und somit bilanzunwirksam sind.[73] Dies gilt besonders, wenn die Beurteilung der Kriterien nicht zweifelsfrei auf ein Finanzierungs- oder Operating-Leasingverhältnis hinweist und eine Einordnung in beide Arten gerechtfertigt werden kann.[74] Die durch die Vorschriften des IAS 17 vermittelten Informationen über die Einordnung von Leasingverhältnissen werden aus den beschriebenen Gründen nur als eingeschränkt entscheidungsnützlich erachtet.[75]

Ferner werden die Vorschriften zur Bilanzierung eines Operating-Leasingverhältnisses beim Leasingnehmer mit Bezug auf die **Vermögenswert- und Schuldendefinition** des *Conceptual Framework for Financial Reporting* kritisiert. So erfüllen die aus der Leasingtransaktion resultierenden Rechte bzw. Verpflichtungen des Leasingnehmers zwar die Definitionen i. S. d. vormals gültigen *Framework (1989)* und auch des *Conceptual Framework (2010)*.[76] Weder ein Vermögenswert noch eine Schuld werden indes bilanziell erfasst.

Die Kritik am grundlegenden Regelungskonzept des IAS 17 führte im Zeitverlauf zu vielfältigen Diskussionen sowohl im Kreise der verschiedenen Standardsetzer als auch bei Bilanzierenden, Analysten und weiteren interessierten Adressatengruppen.[77] Im Jahr 1996 veröffentlichte

---

72 Vgl. IASB (Hrsg.), DP/2009/1, Rn. 1.12 (b); SABEL, E., Leasingverträge, S. 101; MORFELD, M., in: Beck IFRS HB, 5. Aufl., § 22, Rn. 201.

73 Vgl. IASB (Hrsg.), DP/2009/1, Rn. 1.12 (c); IASB (Hrsg.), Agenda Paper 9A (July 2006), Rn. 13 (a); BERGER, J./NARDMANN, H., Auswirkungen auf Unternehmen, S. 425. In der Literatur wird z. T. gefolgert, dass die Bilanzierenden aus den genannten Gründen regelmäßig Operating-Leasingverhältnisse anstreben und die Struktur des Vertragswerkes durch die gewünschte Bilanzierungsform beeinflusst wird, vgl. KÜMPEL, T./BECKER, M., Leasingbilanzierung im Wandel, S. 456; BERGER, J./NARDMANN, H., Auswirkungen auf Unternehmen, S. 425. Die Vermutung wird durch Studien des IASB bestätigt, die schätzen, dass 85 % der Leasingtransaktionen als Operating-Leasingverhältnisse klassifiziert werden, vgl. DINH THI, T. U. A., Leasingbilanzierung nach IFRS 16, S. 235 f.

74 Vgl. IASB (Hrsg.), Agenda Paper 9A (July 2006), Rn. 13 (a); BÖMELBURG, P./LANDGRAF, C./SINGH-VERMA, J., Zukunft der Leasingbilanzierung, S. 217; FINDEISEN, K.-D./SABEL, E., Diskussionspapier zur Reform, S. 1885.

75 Vgl. IFRS 16.BC3 (a); ENGELS, J./DREESEN, H., Leasingbilanzierung in der internationalen Rechnungslegung, S. 191. Zur Einordnung der Bedeutung der Entscheidungsnützlichkeit von Informationen für die IFRS vgl. Abschnitt 32.

76 Vgl. hier und für den folgenden Satz IASB (Hrsg.), DP/2009/1, Rn. 1.14 (a); GRAUPE, F., Bilanzierung von Leasingverhältnissen, S. 4; MUGGENTHALER, B./MUJKANOVIC, R., Leasing nach ED/2010/9, S. 305. Ferner werden Inkonsistenzen zwischen den Vorschriften zur Leasingbilanzierung und Regelungen für vergleichbare Sachverhalte kritisiert bspw., dass Leasingverhältnisse nicht Teil des Anwendungsbereiches für die Regelungen zur Ausbuchung nach IAS 39 sind, vgl. IASB (Hrsg.), Agenda Paper 9A (July 2006), Rn. 13 (d).

77 Vgl. IASB (Hrsg.), DP/2009/1, Rn. 1.16. Besonders hervorzuheben sind die Anmerkungen von MCGREGOR im Jahr 1993, der zu diesem Zeitpunkt bereits den Konflikt zwischen dem Framework und der Leasingbilanzierung thematisierte, vgl. MCGREGOR, W., A new framework, S. 17–20. Dieser war anschließend federführend im Rahmen des G 4+1-Papiers tätig, vgl. die weiteren Ausführungen.

die **G 4+1-Arbeitsgruppe** internationaler Standardsetzer,[78] die eigens für die kritische Überprüfung der Rechnungslegung von Leasingverhältnissen etabliert wurde,[79] ein neues Konzept zur Leasingbilanzierung. Dieses sah vor, auf die Klassifizierung von Leasingverhältnissen zu verzichten. Vielmehr sollten alle wesentlichen, aus dem Kontrakt entstehenden Rechte und Verpflichtungen bilanziell erfasst werden, sofern sie den Definitionen von Vermögenswerten und Schulden des Rahmenkonzepts entsprechen.[80] Gleichwohl empfahl dieses Arbeitspapier keine konkreten Bilanzierungsvorschriften.[81]

Die Umsetzung der vorgeschlagenen Konzeption in konkrete Regelungen war Bestandteil des zweiten Entwurfs der G 4+1-Arbeitsgruppe, der im Jahr 2000 veröffentlicht wurde.[82] Dieser empfahl die Bilanzierung eines immateriellen Nutzungsrechtes und einer korrespondierenden Verbindlichkeit für jedes Leasingverhältnis beim Leasingnehmer.[83] Aufgrund des großen Ausmaßes dieser konzeptionellen Änderungen und den damit verbundenen Implikationen für andere Standards des IFRS-Regelungskanons wurde die Überarbeitung der Vorschriften für Leasingverhältnisse im Jahr 2003 vorerst als langfristiges Forschungsprojekt eingestuft.[84]

Der Überarbeitung kam im Jahr 2005 allerdings eine hohe Dringlichkeit zu, als die *United States Securities And Exchange Commission* mit einer Aufforderung zur Überarbeitung der Regelungen an den amerikanischen Standardsetzer FASB herantrat.[85] Die SEC hob ferner explizit die Vorteile einer Zusammenarbeit mit dem IASB hervor.[86] Die Boards entschieden sich dann im Jahr 2006 für ein gemeinsames Projekt zur Überarbeitung der Vorschriften zur Rechnungslegung von Leasingverhältnissen. Die Zusammenarbeit wurde als Teil des *Memorandum of*

---

78 Dazu gehören die Standardsetzer von Australien, Kanada, Neuseeland, der Vereinigten Staaten und des Vereinigten Königreiches sowie eine Arbeitsgruppe von Mitgliedern des damaligen IASC, vgl. McGregor, W., Accounting for leases, S. iii.

79 Vgl. IASB (Hrsg.), Agenda Paper 2 (February 2007), Rn. 73. Verschiedene Ansätze zur Leasingbilanzierung im zeitlichen Kontext der G4+1-Papiere würdigend Andersons, A., Leasinggeschäfte, S. 122–225.

80 Vgl. IASB (Hrsg.), DP/2009/1, Rn. 1.17; ausführlich zu diesem Entwurf Küting, K./Hellen, H.-H./Brakensiek, S., Leasing in der nationalen und internationalen Bilanzierung, S. 1470–1473.

81 Vgl. McGregor, W., Accounting for leases, S. 5. Die Vorschläge kritisch würdigend Weinstock, M., Leasingverträge nach IASC, S. 205–217.

82 Vgl. IASB (Hrsg.), Agenda Paper 2 (February 2007), Rn. 74 f.; Nailor, H./Lennard, A., Implementation of a new approach, S. xi; zu den Vorschriften S. 21–144; Schmidt, P./Thiele, M., Leasingbilanzierung im Umbruch, S. 254; zu den Inhalten der Arbeitspapiere Oversberg, T., Paradigmenwechsel, S. 378–380; ausführlich zu beiden G 4+1-Arbeitspapieren Pferdehirt, H., Leasingbilanzierung nach IFRS, S. 117–158; Helmschrott, H., Bestimmung des wirtschaftlichen Eigentums, S. 18–46; AAA Financial Acounting Standards Committee (Hrsg.), Evaluation of the Lease Accounting, S. 289–298.

83 Vgl. Nailor, H./Lennard, A., Implementation of a new approach, S. 21 f.; würdigend Fülbier, R. U./Pferdehirt, H., Abschied vom off balance sheet approach, S. 276; Waßmer, S./Helmschrott, H., Leasingbilanzierung nach dem G4+1 Positionspapier; Küting, K./Hellen, H.-H./Brakensiek, S., Vorschlag zur Neuausrichtung, S. 1720 f. Bereits auf die steigende Bedeutung der Abgrenzung von Mietverhältnissen und anderen schwebenden Vertragsverhältnissen vor dem Hintergrund des Grundsatzes der Nichtbilanzierung schwebender Geschäfte hinweisend Kratzer, J./Kreuzmair, B., Leasing in Theorie und Praxis, S. 218 f. Die Überlegungen zur Bilanzierung von Verfügungsrechten erstmals 1962 in die Diskussion einführend Myers, J. H., Reporting of leases, S. 4.

84 Fülbier, R. U./Fehr, J., Aktueller Diskussionsstand, S. 181.

85 Vgl. SEC (Hrsg.), Report and Recommendations, S. 105; Fülbier, R. U./Fehr, J., Aktueller Diskussionsstand, S. 181.

86 Vgl. SEC (Hrsg.), Report and Recommendations, S. 105 f.; IASB (Hrsg.), DP/2009/1, Rn. 1.15.

Understanding kommuniziert.[87] Dabei wurde das im Jahr 2000 veröffentlichte Arbeitspapier der G4+1-Gruppe als einer der maßgeblichen **konzeptionellen Ausgangspunkte** herangezogen.[88]

Die **Ziele des Überarbeitungsprojektes** leiten sich aus der Kritik am IAS 17 und den Äußerungen des Boards im Überarbeitungsprozess ab. Der neue Ansatz zur Leasingbilanzierung soll demnach sicherstellen, dass **alle Vermögenswerte und Schulden**, die aus einer Leasingtransaktion entstehen, auch bilanziert werden.[89] Damit soll besonders die Differenzierung zwischen zwei Arten von Leasingverhältnissen für Bilanzierungszwecke abgeschafft und vor allem die bisherige Bilanzierung von Operating-Leasingverhältnissen beim Leasingnehmer grundlegend geändert werden.[90] Auf diese Weise sollen die Gestaltungsspielräume bei der Zuordnung so umfassend wie möglich vermieden werden.[91] Die Bilanzierung soll sich ferner nicht mehr nach dem wirtschaftlichen Eigentum des Leasingobjektes als dem zentralen Zuordnungsargument richten.[92] Aufgrund des Konvergenzprojektes von FASB und IASB[93] sollten sich die neuen Vorschriften für beide Rechnungslegungsregime möglichst umfänglich, idealerweise sogar vollständig, entsprechen.[94]

Die Standardsetzer veröffentlichten im zeitlichen Verlauf des im Jahr 2006 begonnenen Überarbeitungsprojektes ein Diskussionspapier (2009) und zwei Regelungsentwürfe (2010 und 2013). Im folgenden Abschnitt werden die für diese Arbeit relevanten Inhalte der Veröffentlichungen erläutert.

---

87 Vgl. IASB (Hrsg.), IASB Update (July 2006), S. 7; IASB (Hrsg.), DP/2009/1, Rn. 1.19.

88 Vgl. IASB (Hrsg.), Agenda Paper 9A (July 2006), Rn. 1; Küting, K./Koch, C./Tesche, T., Umbruch der Leasingbilanzierung, S. 425; Fülbier, R. U./Pferdehirt, H., Abschied vom off balance sheet approach, S. 276.

89 Vgl. IASB (Hrsg.), ED/2010/9, S. 5; PwC (Hrsg.), Manual of Accounting, S. 15029; Eckl, E. u. a., IFRS 16 „Leases" (Teil 1), S. 662.

90 Als Folge dessen würde auch der *all or nothing approach* keine Beachtung mehr finden, vgl. IFRS 16.BC3 (a); Küting, K./Koch, C./Tesche, T., Umbruch der Leasingbilanzierung, S. 425.

91 Vgl. Nemet, M., Der zweite Entwurf, S. 237.

92 Vgl. Graupe, F., Bilanzierung von Leasingverhältnissen, S. 6; Fülbier, R. U./Pferdehirt, H., Abschied vom off balance sheet approach, S. 285.

93 Vgl. zum Konvergenzprojekt Kobisch, S./Hundt, I./Neitz, B., Konvergenzprojekt des IASB und des FASB, S. 346–369.

94 Vgl. dazu bereits IASB (Hrsg.), Agenda Paper 1 (February 2007), Rn. 2; IFRS 16.IN6. Eine Diskussion der Erreichung der angestrebten Konvergenz ist nicht Gegenstand der Untersuchung in dieser Arbeit. Vgl. zur (nicht vollständig erreichten) Konvergenz zwischen den endgültigen Regelungen des FASB und des IASB IFRS 16.BC15–BC17 und IFRS 16.BC303–BC310; dazu Bauer, C./Gallert, T. H., Leasingbilanzierung nach IFRS 16, S. 321; Dinh Thi, T. u. a., Leasingbilanzierung nach IFRS 16, S. 236; Nemet, M./Heyd, R., Leasingverhältnisse nach IFRS 16, S. 74; Vosseler, M., Reform der internationalen Leasing-Bilanzierung, S. 185.

22 Veröffentlichungen des Standardsetzers während des Überarbeitungsprojektes

221. Struktur und Inhalt der folgenden Ausführungen

Im zeitlichen Verlauf des von IASB und FASB gemeinsam durchgeführten Projektes zur Reform der Bilanzierung von Leasingverhältnissen veröffentlichten die Standardsetzer ein *Discussion Paper* im Jahr 2009 sowie zwei *Exposure Drafts* in den Jahren 2010 und 2013.[95] Der Überarbeitungsprozess stieß auf umfangreiches Interesse bei den betroffenen Gruppen, u. a. Adressaten, Abschlusserstellern und Analysten. Zu den Veröffentlichungen wurden insgesamt über 1.600 Stellungnahmen eingereicht. Darüber hinaus wurde der Prozess maßgeblich durch Literaturbeiträge und Diskussionsforen begleitet.

Im Folgenden wird die **Entwicklung ausgewählter Regelungsinhalte im Zeitverlauf** dargestellt.[96] Lediglich diejenigen Vorschriften, die für das Gesamtprojekt und unter Berücksichtigung der maßgeblichen Kritik am IAS 17[97] wesentlich und insbesondere für das Verständnis dieser Arbeit relevant sind, werden beschrieben. Abschließend wird das Resultat des Überarbeitungsprozesses, IFRS 16, ausführlich erläutert.[98]

222. Discussion Paper DP/2009/1: Leases. Preliminary Views

Das Ziel der Überarbeitung der Vorschriften zur Bilanzierung von Leasingverhältnissen war eine signifikante **konzeptionelle Verbesserung der leasingspezifischen Bilanzierungsvorschriften**.[99] Mit der Veröffentlichung des *Discussion Paper DP/2009/1: Leases. Preliminary Views* (im Folgenden: DP/2009/1) im März 2009 wurde der erste Meilenstein gelegt. Die Ausführungen des Diskussionspapiers konzentrierten sich im Wesentlichen auf die Bilanzierung beim Leasingnehmer.[100] Dieser Schwerpunkt ist darauf zurückzuführen, dass im bestehenden IAS 17 vor allem die leasingnehmerspezifischen Vorschriften Gegenstand der Kritik waren.[101] Im Diskussionspapier wurde vorgeschlagen, Leasingverträge bilanziell wie den Erwerb eines

---

95 Vgl. hier und im Folgenden IFRS 16.BC5–BC18.

96 Vgl. hierzu Abschnitt 222.–224.

97 Vgl. hierzu Abschnitt 212.

98 Vgl. hierzu Abschnitt 23.

99 Vgl. IASB (Hrsg.), DP/2009/1, Rn. 1.19; ausführlich dazu Abschnitt 212.

100 Diese Arbeitsteilung war das Ergebnis der Entscheidung der Boards aus dem Jahr 2008, die Bilanzierung beim Leasinggeber zu einem späteren Zeitpunkt zu berücksichtigen, vgl. Rn. 1.20; das Papier ausführlich darstellend BÖMELBURG, P./LANDGRAF, C./SINGH-VERMA, J., Zukunft der Leasingbilanzierung, S. 218–224. Daher umfassen die Ausführungen zur Leasinggeberbilanzierung nur Anknüpfungspunkte, die es bei der künftigen Betrachtung zu berücksichtigen gilt, vgl. IASB (Hrsg.), DP/2009/1, Rn. IN1.

101 Vgl. BÖMELBURG, P./LANDGRAF, C./SINGH-VERMA, J., Zukunft der Leasingbilanzierung, S. 217; zu diesem und den weiteren Beweggründen vgl. IASB (Hrsg.), DP/2009/1, Rn. 1.21 (a)–(c); vgl. zur Kritik Abschnitt 212.

Nutzungsrechtes zu behandeln (sog. *right of use approach*).[102] Daneben sollte die aus dem Leasingkontrakt entstehende Leasingverbindlichkeit bilanziert werden.[103] Diese Bilanzierungsweise ähnelt in den Grundzügen der bisherigen Erfassung von Finanzierungs-Leasing beim Leasingnehmer gemäß IAS 17, nach dem ein Vermögenswert und eine Schuld zu bilanzieren sind.[104] Konzeptionell folgen die Regelungen des *Discussion Paper* somit dem *asset liability approach*.[105]

Mit der Übernahme des *right of use approach* wurde auf die maßgebliche Kritik an den Vorschriften des IAS 17 eingegangen. Eine Strukturierung von Leasingverträgen mit dem Ziel einer bestimmten Bilanzierungsfolge sowie bzw. erforderliche Anpassungen der Abschlussdaten von Leasingnehmern etwa zu Analysezwecken wären in deutlichem Umfang eingeschränkt möglich bzw. erforderlich.[106]

Der Board erhielt bis zum Ende der Kommentierungsfrist 290 Stellungnahmen.[107] Die Vorschläge des *Discussion Paper*, die aufgrund der Kritik an IAS 17 entwickelt wurden, fanden **überwiegenden Zuspruch**.[108] Kritik an den Vorschlägen des Diskussionspapiers bezog sich insbesondere auf die allgemeine Komplexität des Regelungsansatzes.[109] In konzeptioneller Hinsicht wurden Bedenken hinsichtlich der Erfüllung der Vermögenswert- und Schuldendefinition durch die Bilanzposten gemäß dem *Conceptual Framework* geäußert.[110] Weiter wurde angemerkt, dass Unterschiede in der ökonomischen Substanz von Leasingverhältnissen durch die einheitliche Bilanzierung der resultierenden Nutzungsrechte für den Adressaten nicht mehr

---

[102] Vgl. HARTMANN-WENDELS, T./SCHMIDT, P., Zur Reform des IAS 17, S. 278, und den Ansatz kritisch würdigend S. 279 f. Der Ansatz setzt konzeptionell auf den Arbeitsergebnissen der G4+1-Arbeitsgruppe auf, vgl. dazu Abschnitt 212.

[103] Vgl. IASB (Hrsg.), Comment Letter Summary DP/2009/1, Rn. 3.26; zur identischen Bewertung der beiden zum Erstbeurteilungszeitpunkt vgl. IASB (Hrsg.), DP/2009/1, Rn. 4.15 und Rn. 4.23; KÜTING, K./KOCH, C./TESCHE, T., Leasingbilanzierung vor dem Umbruch, S. 286. Diese horizontale Bewertungseinheit wird für die Folgebewertung nicht weiter verfolgt, vgl. zu den Überlegungen zum sog. *linked approach* IASB (Hrsg.), DP/2009/1, Rn. 5.11–5.13.

[104] Vgl. FINDEISEN, K.-D./SABEL, E., Diskussionspapier zur Reform, S. 1886.

[105] Vgl. stellvertretend CLAßEN, R./SCHULZ, S., Leasingbilanzierung nach HGB und IFRS, S. 7. Nach diesem sollen Posten, die Vermögenswerte oder Schulden darstellen, auch bilanziell als solche erfasst werden, vgl. IAS 39.BC177 (c); vgl. zur Ausrichtung der Leasingregelungen am *asset liability approach* oder *revenue expense approach* SCHULZ, S., Leasingbilanzierung aus Sicht des asset-liability-approach, S. 180–185, und KRONER, M./LEUCHTENSTERN, S./RANKER, D., Reformierung der Leasingbilanzierung (Teil 1); IASB (Hrsg.), ED/2013/6, S. 532 f.; kritisch wegen der Durchbrechung des Grundsatzes der Nichtbilanzierung schwebender Geschäfte KÜTING, K./KOCH, C./TESCHE, T., Umbruch der Leasingbilanzierung, S. 426 f.; für eine (historische) Einordnung vgl. SCHREIBER, S., Asset-Liability-Approach, S. 572 f.; WIRTZ, H., Asset/Liability-Approach, S. 240–245.

[106] Vgl. auch zu den weiteren Kritikpunkten IASB (Hrsg.), DP/2009/1, Rn. 3.28.

[107] Ein signifikanter Anteil der Kommentierungsschreiben wurde von Bilanzierenden sowie von branchen- und berufsständischen Organisationen eingereicht, vgl. IASB (Hrsg.), Comment Letter Summary DP/2009/1, Rn. 1. Zur kontroversen Diskussion in der Literatur vgl. m. w. N. DINH THI, T./FINK, C./SCHULTZE, W., Leasingbilanzierung, S. 368.

[108] Vgl. IASB (Hrsg.), Comment Letter Summary DP/2009/1, Rn. 5.

[109] Vgl. IASB (Hrsg.), Comment Letter Summary DP/2009/1, Rn. 7; stellvertretend WOLLMERT, P., Keine Experimente, S. 1.

[110] Vgl. IASB (Hrsg.), Comment Letter Summary DP/2009/1, Rn. 10. Vgl. zum *Conceptual Framework* Abschnitt 31–33.

ersichtlich würden. Daher könnte nicht allgemein von einer Verbesserung der Entscheidungsnützlichkeit der resultierenden Informationen ausgegangen werden.[111]

223. Exposure Draft ED/2010/9: Leases

Die Boards veröffentlichten auf Basis der Anmerkungen zum *Discussion Paper* und der Ergebnisse der weiteren Sitzungen im August 2010 den *Exposure Draft ED/2010/9: Leases* (im Folgenden: ED/2010/9).[112] Dieser umfasste konkretere Regelungen. Nach diesen Vorschriften sollte ein Leasingverhältnis als ein Vertrag definiert werden, der ein Recht zur Nutzung eines spezifizierten Vermögenswertes für eine bestimmte zeitliche Dauer im Austausch für eine Gegenleistung überträgt.[113] Die Vorschläge sahen weiterhin die Bilanzierung eines Nutzungsrechtes und einer Verbindlichkeit beim Leasingnehmer einheitlich für alle Leasingverhältnisse vor.[114] Die bilanzielle Erfassung würde durch die Verteilung der Chancen und Risiken determiniert.[115] Die Laufzeit des Leasingverhältnisses für Bilanzierungszwecke wurde als der längstmögliche Zeitraum, der eher wahrscheinlich als unwahrscheinlich ist (*more likely than not*), definiert.[116]

Die Erstbewertung sollte nicht, wie im *Discussion Paper* vorgeschlagen, für beide Bilanzposten identisch sein. Während die Verbindlichkeit unverändert mit dem Grenzfremdkapitalzinssatz[117]

---

[111] So würden ökonomisch weitgehend unterschiedliche Sachverhalte wie etwa eine gewöhnliche Miete eines Vermögenswertes und ein finanzierter Erwerb identisch abgebildet, vgl. IASB (Hrsg.), Comment Letter Summary DP/2009/1, Rn. 8; gl. A., allerdings bereits im Kontext des IFRS 16, VOSSELER, M., Reform der internationalen Leasing-Bilanzierung, S. 185.

[112] Vgl. IASB (Hrsg.), ED/2010/9, S. 5.

[113] Vgl. IASB (Hrsg.), ED/2010/9.Appendix A; die Definition wurde weitestgehend aus den Regelungen des IAS 17 und des IFRIC 4 übernommen, vgl. IFRS 16.BC106; LAUBACH, W./FINDEISEN, K.-D./MURER, A., Leasingbilanzierung nach IFRS, S. 2401; KRONER, M./LEUCHTENSTERN, S./RANKER, D., Reformierung der Leasingbilanzierung (Teil 1), S. 532. Die Vorschläge des *Discussion Paper* äußerten sich zu der Definition nicht, weshalb sie nicht Teil der Ausführungen des vorigen Abschnitt 222. sind.

[114] Vgl. IASB (Hrsg.), ED/2010/9, Rn. 10; die Auswirkungen auf Kennzahlen untersuchend KLAR, M./GÄDKE, N., Bilanzierung von Leasingverhältnissen; IASB (Hrsg.), ED/2013/6, S. 30–35, und ZEYER, F., Auswirkungen der geplanten internationalen Leasingbilanzierung; IASB (Hrsg.), S. 364–367.

[115] Aus Gründen der Konsistenz zum Bilanzierungsmodell beim Leasingnehmer diskutierten die Boards vorläufig die Bilanzierung von Nutzungsrechten auch beim Leasinggeber. Sie kamen gleichwohl zu dem Schluss, dass die Bilanzierung die Verteilung der mit dem Leasinggegenstand verbundenen Chancen und Risiken berücksichtigen und somit differenziert erfolgen sollte, vgl. IASB (Hrsg.), ED/2010/9, Rn. BC14. Abhängig von der Chancen-Risiken-Verteilung sollte dieser entweder den *performance obligation approach* oder den *derecognition approach* anwenden. Nach erstgenanntem sollte neben der Forderung aus dem Leasingverhältnis eine Verbindlichkeit bilanziell erfasst werden, während der Vermögenswert selbst durch den Leasinggeber bilanziert würde, vgl. IASB (Hrsg.), ED/2010/9, Rn. 30. Gemäß dem letztgenannten Ansatz würde der Vermögenswert anteilig im Verhältnis seines Nutzung durch den Leasingnehmer bilanziell abgehen, vgl. IASB (Hrsg.), ED/2010/9, Rn. 46. Der Chancen-Risiken-Abwägung kommt somit eine ähnlich bedeutende Rolle zu wie bereits im IAS 17, vgl. JUNG, M./RUTHARDT, F./HERMENS, A.-S., Reform der Leasingbilanzierung, S. 200 und S. 202; KÜTING, K./KOCH, C./TESCHE, T., Leasingbilanzierung vor dem Umbruch, S. 286.

[116] Vgl. IASB (Hrsg.), ED/2010/9, Rn. B16; CLAßEN, R./SCHULZ, S., Leasingbilanzierung nach HGB und IFRS, S. 8; Die kumulierte Wahrscheinlichkeit für den Zeitraum muss demnach mindestens 50 % betragen, vgl. KIRSCH, H.-J./EWELT-KNAUER, C., in: Baetge u. a., Rechnungslegung nach IFRS, 2. Aufl., Teil B, IAS 17 (Ergänzung), Tz. 57; die Wahrscheinlichkeitsbetrachtung illustrierend LAUBACH, W./FINDEISEN, K.-D./MURER, A., Leasingbilanzierung nach IFRS, S. 2403.

[117] Alternativ könnte der Zinssatz herangezogen werden, den der Leasinggeber dem Leasingnehmer in Rechnung stellt, vgl. IASB (Hrsg.), ED/2010/9, Rn. 12 (a). Dieser könnte neben dem Grenzfremdkapitalzinssatz auch der dem Leasingverhältnis implizit zugrunde liegende Zinssatz sein, vgl. IASB (Hrsg.), ED/2010/9,

diskontierten Barwert der Leasingzahlungen[118] bewertet werden sollte, würden in die Bewertung des Nutzungsrechtes neben diesem Barwert die anfänglichen direkten Kosten[119] des Leasingverhältnisses eingehen.[120] Für die Folgebewertung sollte das Nutzungsrecht planmäßig über die Dauer des Leasingverhältnisses oder seine wirtschaftliche Nutzungsdauer, sofern diese kürzer ist, abgeschrieben werden.[121] Für die Verbindlichkeit sollte die Effektivzinsmethode maßgeblich sein.[122]

Den Board erreichten bis zum Ende der Kommentierungsperiode 760 Kommentierungsschreiben, die ein **diversifiziertes Meinungsbild** über branchenbezogene Besonderheiten und Bedürfnisse hinweg ergaben.[123] Die Definition eines Leasingverhältnisses wurde mehrheitlich als zu breit erachtet. Denn Verträge, die üblicherweise als Dienstleistungsverträge verstanden werden, würden u. U. als Leasingverträge klassifiziert.[124] Die überwiegende Mehrheit begrüßte den grundlegenden, aus dem *Discussion Paper* bekannten Vorschlag zum bilanziellen Ansatz von Nutzungsrechten beim Leasingnehmer.[125] Die Vorschriften wurden aber zugleich für ihre Komplexität kritisiert.[126] Auch das ermessensbehaftete Konzept zur Ermittlung der Dauer des Leasingverhältnisses zu Bilanzierungszwecken wurde aufgrund mangelnder Operationalisier-barkeit kritisiert.[127]

Besonders wurden die Regelungen zur Bewertung adressiert.[128] Die erforderlichen Schätzungen ausgewählter Bestandteile der Verbindlichkeit seien zu komplex und würden ferner einen

---

Rn. B12.

118 Diese setzen sich neben den festen Leasingzahlungen aus bedingten Leasingzahlungen, Restwertgarantien und Vertragsstrafen zusammen, vgl. IASB (Hrsg.), ED/2010/9, Rn. 14. Zur Begründung der Einbeziehung vgl. IASB (Hrsg.), ED/2010/9, Tz. BC127. Da die gesamten Leasingzahlungen u. a. aufgrund der bedingten Bestandteile ihrer Höhe nach zum Erstbewertungszeitpunkt nicht sicher sind, sollen der Betrachtung die erwarteten Leasingzahlungen zugrunde gelegt werden, vgl. IASB (Hrsg.), ED/2010/9, Rn. 14; MUGGENTHALER, B./MUJKANOVIC, R., Leasing nach ED/2010/9, S. 309.

119 Diese Kosten resultieren aus der Entstehung eines Leasingverhältnisses. Sie wären nicht angefallen, wenn die Leasingtransaktion nicht durchgeführt worden wäre. Dazu gehören bspw. Provisionen oder Vertragsverhandlungen, vgl. IASB (Hrsg.), ED/2010/9, Rn. B14.

120 Vgl. IASB (Hrsg.), ED/2010/9, Rn. 12 (b).

121 Vgl. IASB (Hrsg.), ED/2010/9, Rn. 20.

122 Vgl. IASB (Hrsg.), ED/2010/9, Rn. 16. Da die Verzinsung zu Beginn des Leasingverhältnisses wegen der abnehmenden Verbindlichkeit höher ist als im folgenden Verlauf, kommt es unter Berücksichtigung der Aufwendungen aus der linearen Abschreibung des Nutzungsrechtes zum *front loading* der aus dem Leasingverhältnis resultierenden, gesamten Aufwendungen, vgl. NEMET, M., Der zweite Entwurf, S. 238.

123 Etwa 75 % dieser Schreiben wurden von Bilanzierenden und industrie- sowie berufsständischen Organisationen eingereicht, vgl. IASB (Hrsg.), Comment Letter Summary ED/2010/9, Rn. 7 und Appendix A2. Die umfangreiche Resonanz führte der IASB vor allem auf die branchenübergreifende Bedeutung von Leasing und die Auswirkungen der Neuerungen sowie der Eigenschaft als gemeinsames Projekt von FASB und IASB zurück, vgl. IASB (Hrsg.), Comment Letter Summary ED/2010/9, Rn. 8–10. Die *comment letter* empirisch auswertend HENSELMANN, K./KLEIN, M./KÖNIGER, S., Comment Letters zum ED Leases, S. 188–196, und wesentlich differenzierter TESCHE, T., Leasingbilanzierung im Umbruch, S. 310–384.

124 Vgl. IASB (Hrsg.), Comment Letter Summary ED/2010/9, Rn. 43; IFRS 16.BC106; FISCHER, D. T., Ausblick auf den überarbeiteten Standardentwurf, S. 365.

125 Vgl. IASB (Hrsg.), Comment Letter Summary ED/2010/9, Rn. 13 und 36.

126 Vgl. dazu aus der Perspektive der Umsetzung POLLOK, M./HERRLINGER, A., Neuausrichtung der Leasingbilanzierung; IASB (Hrsg.), ED/2013/6, S. 254.

127 Vgl. IASB (Hrsg.), Comment Letter Summary ED/2010/9, Rn. 46 f.

128 Vgl. zu den Bestandteilen Fn. 85.

periodenübergreifend volatilen Erfolgsausweis mit sich bringen.[129] Ferner wurde der hohe Grad der Subjektivität, der vor allem aus den zahlreichen Schätzungen und Ermessensentscheidungen resultiert, kritisch hervorgehoben.[130]

224. Exposure Draft ED/2013/6: Leases

Den dritten und letzten Zwischenschritt der Überarbeitung der Vorschriften zur Bilanzierung von Leasingverhältnissen veröffentlichten die Boards im Mai 2013.[131] Der *Exposure Draft ED/2013/6: Leases* (im Folgenden: ED/2013/6) definierte ein Leasingverhältnis als einen Vertrag, der das Recht zur Nutzung eines (zugrunde liegenden) Vermögenswertes für eine bestimmte Dauer im Austausch für eine Gegenleistung überträgt.[132] Die Beurteilung, ob ein Leasingverhältnis vorliegt, sollte anhand zweier Kriterien geprüft werden. Demnach sollte einerseits die Erfüllung des Vertrages von der Verwendung eines identifizierten[133] Vermögenswertes abhängen und andererseits das Recht zur Kontrolle der Verwendung des identifizierten Vermögenswertes übertragen werden.[134] Die Definition wurde somit ausführlicher geregelt als in ED/2010/9.[135] Die Regelungen hielten weiterhin am grundlegenden Konzept der Bilanzierung von Vermögenswerten und Schulden, die aus einem Leasingverhältnis resultieren, sowohl beim Leasingnehmer als auch beim Leasinggeber fest und führten dieses Vorgehen konzeptionell weiter aus.[136]

Der Entwurf sah darüber hinaus eine Klassifizierung von Leasingverhältnissen, die gemäß ED/2010/9 nur beim Leasinggeber vorzunehmen war, auch beim Leasingnehmer und somit für beide Vertragsparteien vor. Leasingtransaktionen sollten für Leasingnehmer und Leasinggeber gleichermaßen in Typ A- oder Typ B-Verhältnisse eingeordnet werden.[137] An die Zuordnung

---

129 Vgl. IASB (Hrsg.), Comment Letter Summary ED/2010/9, Rn. 48.

130 Vgl. IASB (Hrsg.), Comment Letter Summary ED/2010/9, Rn. 14 (a) und (b). FÜLBIER, R. U./ECKL, E./FEHR, J., Überarbeiteter Entwurf, S. 853; LAUBACH, W./FINDEISEN, K.-D./MURER, A., Leasingbilanzierung nach IFRS, S. 2410; MUGGENTHALER, B./MUJKANOVIC, R., Leasing nach ED/2010/9, S. 312.

131 Die Änderungen ausgehend vom IAS 17 zum ED/2013/6 übersichtlich veranschaulichend DINH THI, T./HEINING, A.-K./SEITZ, B., Status Quo, S. 282–287.

132 Vgl. IASB (Hrsg.), ED/2013/6, Rn. 6.

133 Ein Vermögenswert muss *identifiziert* sein, damit er Gegenstand eines Leasingverhältnisses sein kann, vgl. zu den Vorschriften IASB (Hrsg.), ED/2013/6, Rn. 8–11.

134 Vgl. IASB (Hrsg.), ED/2013/6, Rn. 7; dazu HOMMEL, M./WINTER, H./ZICKE, J., ED/2013/6 „Leases", S. 1707; ferner ausführlich BARDENS, A./KRONER, M./MEURER, H., Neuer Standardentwurf (Teil 1), S. 455–457.

135 Vgl. IASB (Hrsg.), Comment Letter Summary ED/2010/9, Rn. 43; IASB (Hrsg.), Comment Letter Summary ED/2013/6, Rn. 92.

136 Vgl. IASB (Hrsg.), ED/2013/6, S. 6 und BC6. Für eine Übersicht der Änderungen vom ersten zum zweiten *Exposure Draft* vgl. ausführlich IASB (Hrsg.), ED/2013/6, Appendix E, und in die weiteren Entwicklungen seit dem G4+1-Arbeitspapier einordnend und vor dem Hintergrund der Theorie der Verfügungsrechte würdigend LABRENZ, H., Leasingreform aus konzeptioneller Perspektive, S. 360 und S. 362–366. Die Auswirkungen der Neuregelungen auf Finanzkennzahlen auswertend ADOLPH, P./SCHMIDT, M./SCHMIDT, P., Überarbeiteter Entwurf, S. 459–466; eine Zusammenstellung bereits durchgeführter Studien liefern HEYD, R./RUCHTI, A., Auswirkungen in der Logistik- und Transportbranche, S. 494 f.; darüber hinaus die Implikationen für die Unternehmensbewertung im Vergleich zu den Vorschriften nach IAS 17 analysierend KÜTING, K./HELL, C./TESCHE, T., Paradigmenwechsel in der Leasingbilanzierung S. 394–402.

137 Vgl. IASB (Hrsg.), ED/2013/6, Rn. 28 und S. 6; IFRS 16.BC12. Die Klassifizierung sollte auf Basis der Beurteilung erfolgen, ob der Leasingnehmer erwartungsgemäß einen mehr als unwesentlichen Anteil des

zu einem der beiden Typen würden, auch für den Leasingnehmer,[138] unterschiedliche Folgebewertungsvorschriften geknüpft.[139]

Zudem wurden die Vorschriften zur Bestimmung der Leasingdauer, auch wegen der geäußerten Kritik aufgrund der erheblichen Ermessenspielräume, modifiziert. Diese sollte den nicht kündbaren Zeitraum eines Leasingverhältnisses und darüber hinaus auch Verlängerungs- bzw. Kündigungsoptionen umfassen, soweit für deren Ausübung ein signifikanter wirtschaftlicher Anreiz bestünde.[140] Hinsichtlich der Bewertung der Bilanzposten schränkt der überarbeitete Entwurf die bilanzielle Einbeziehung von bedingten Zahlungen gegenüber ED/2010/9 aufgrund der umfänglichen Kritik ein. Nur solche Zahlungen, die von einem Index oder anderen Kursen abhängen, und quasi-fixe Zahlungen könnten als variable Bestandteile in die Verbindlichkeit aus dem Leasingverhältnis eingehen.[141]

Die Standardsetzer erhielten zum ED/2013/6 bis zum Ende der Kommentierungsperiode 638 Stellungnahmen. Neben branchenbezogenen Anmerkungen entsprachen sich die Würdigungen der meisten Stellungnahmen industrieübergreifend.[142] Die Definition eines Leasingverhältnisses i. S. d. überarbeiteten Entwurfs wurde überwiegend als Verbesserung gegenüber den Regelungen gemäß ED/2010/9 erachtet.[143] Zugleich wurden noch umfassendere Hinweise zur Definition gefordert, um eine konsistente Anwendung und Auslegung sicherzustellen.[144] Wie

---

wirtschaftlichen Nutzens aus dem Leasingobjekt verbraucht (Typ A) oder nicht (Typ B), vgl. IASB (Hrsg.), ED/2013/6, S. 7. Grundsätzlich sollte dabei zwischen Mobilien und Immobilien unterschieden werden, vgl. zur Begründung IASB (Hrsg.), ED/2013/6, Rn. BC40–BC47; BARCKOW, A., Leasing, S. 1. Nach dem Typ A würden Leasingverhältnisse, die nicht Immobilien betreffen, bilanziert. Typ B würde entsprechend auf die überwiegende Mehrheit von Leasingverhältnissen zutreffen, die Immobilien umfassen. Vgl. zu den Kriterien der Klassifizierung IASB (Hrsg.), ED/2013/6, S. 6 und Rn. 29 f.; weiterführend GRUBER, T., Neuer Standardentwurf zur IFRS Leasingbilanzierung, S. 2225; NARDMANN, H./HELLER, S., Zehn Feststellungen zu ED/2013/6 „Leases“, S. 401 f.

138 Vgl. IASB (Hrsg.), ED/2013/6, Rn. 47–50. Der Board begründete seine Entscheidung zur differenzierten Folgebewertung mit dem eingereichten Feedback der Kommentierenden und den wirtschaftlichen Unterschieden von Leasingverträgen, die ein solches unterschiedliches Vorgehen rechtfertigen würden, vgl. IASB (Hrsg.), ED/2013/6, Rn. BC37–39. Die Typ A-Bilanzierung entspricht den Vorschriften des ED/2010/9 und zieht dementsprechend erneut einen *front loading*-Effekt aufgrund des degressiven Aufwandsverlaufs nach sich, vgl. Fn. 122 und DINH THI, T./FINK, C./SCHULTZE, W., Leasingbilanzierung, S. 369; ADOLPH, P./SCHMIDT, M./SCHMIDT, P., Überarbeiteter Entwurf, S. 461. Die Auswirkungen der Vorschriften für Leasingnehmer auf Pro-Forma-Kennzahlen empirisch auswertend RIEG, R./HEYD, R., Auswirkungen des ED/2013/6 zur Leasingbilanzierung, S. 410–417.

139 Vgl. IASB (Hrsg.), ED/2013/6, S. 6; die Implikationen der Einordnung von Leasingverhältnissen an einem Beispiel aus der Luftfahrtindustrie illustrierend CANIPA-VALDEZ, M./STREICHENBERG, U., Auswirkungen auf die Luftfahrt, S. 430–434.

140 Vgl. IASB (Hrsg.), ED/2013/6, Rn. 25.

141 Vgl. IASB (Hrsg.), ED/2013/6, Rn. 39. Dies ist eine wesentliche Einschränkung gegenüber den Regelungen des ED/2010/9, die noch eine Berücksichtigung sämtlicher variabler Zahlungen vorsahen, vgl. Abschnitt 223. Gleichwohl aufgrund einer unklaren Differenzierung zwischen variablen und quasi-fixen Zahlungen kritisch BARDENS, A./KRONER, M./MEURER, H., Neuer Standardentwurf (Teil 2), S. 510.

142 Vgl. IASB (Hrsg.), Comment Letter Summary ED/2013/6, Rn. 5 f.

143 Der Definition wurde ferner eine höhere Bedeutsamkeit zugesprochen, da ihre Erfüllung nun die Trennlinie für die Bilanzwirksamkeit bzw. Bilanzunwirksamkeit des Vertrages darstellt. Denn falls der Vertrag kein Leasingvertrag ist, ist er grundsätzlich als Dienstleistungsvertrag mit entsprechenden Auswirkungen ausschließlich in der Gewinn- und Verlustrechnung zu klassifizieren, vgl. IASB (Hrsg.), Comment Letter Summary ED/2013/6, Rn. 91 f.

144 Vgl. IASB (Hrsg.), Comment Letter Summary ED/2013/6, Rn. 96 f.; ferner kritisch GRUBER, T., Neuer

bereits bei den vorherigen Veröffentlichungen der Boards fand der Ansatz von Nutzungsrechten und Verbindlichkeiten aus einer Leasingtransaktion beim Leasingnehmer **überwiegende Zustimmung.**[145]

Der duale Folgebewertungsansatz aufgrund der Einordnung in Typ A- oder Typ B-Leasingverhältnisse wurde von den Kommentierenden unterschiedlich aufgenommen.[146] Sie begrüßten zwar die Änderungen an den einzubeziehenden bedingten Leasingzahlungen aufgrund einer nun vereinfachten Anwendung dieser spezifischen Regelungen.[147] Gleichwohl wurde regelungsübergreifend die Komplexität der Vorschriften kritisiert. Besonders kritisch wurde auf die dualen Vorschriften für Leasingnehmer und Aspekte der dualen Leasinggeberbilanzierung hingewiesen. Außerdem wurden die im Vergleich zum ED/2010/9 neue konzeptionelle Fundierung der Klassifizierung, die sich am Verbrauch des Leasingobjektes orientiert, und die Kriterien der Zuordnung hinterfragt.[148]

In den Boardsitzungen nach dem Ende der Kommentierungsphase zum ED/2013/6 wurden die Regelungsvorschläge des ED/2013/6 unter Berücksichtigung der eingereichten Stellungnahmen und der Sitzungen mit bzw. von anderen Gruppen[149] geprüft und in unterschiedlichem Umfang angepasst.[150]

Standardentwurf zur IFRS Leasingbilanzierung, S. 2224 f. Konsistenz sollte zudem zwischen dem Verständnis von Kontrolle in diesem Entwurf und im Standard zur Erlöserfassung erzielt werden, vgl. IASB (Hrsg.), ED/2013/6, Rn. BC104.

145 Vgl. IASB (Hrsg.), Comment Letter Summary ED/2013/6, Rn. 9 und Rn. 19. Gleichwohl wurde wie bereits bei den früheren Veröffentlichungen vereinzelt auch Kritik an einem einzigen grundlegenden Bilanzierungsmodell (der Bilanzierung von Nutzungsrechten) für alle Leasingverhältnisse beim Leasingnehmer geäußert, vgl. IASB (Hrsg.), Comment Letter Summary ED/2013/6, Rn. 25–27.

146 Vgl. IASB (Hrsg.), Comment Letter Summary ED/2013/6, Rn. 33 und Rn. 36; gleichwohl aufgrund konzeptioneller Inkonsistenz kritisch BARDENS, A./KRONER, M./MEURER, H., Neuer Standardentwurf (Teil 1), S. 454; SCHOSSER, K./FINK, C., Neuregelung zur Bilanzierung, S. 96 f.

147 Vgl. IASB (Hrsg.), Comment Letter Summary ED/2013/6, Rn. 10; FÜLBIER, R. U./ECKL, E./FEHR, J., Überarbeiteter Entwurf, S. 857; ADOLPH, P./SCHMIDT, M./SCHMIDT, P., Überarbeiteter Entwurf, S. 466.

148 Vgl. IASB (Hrsg.), Comment Letter Summary ED/2013/6, Rn. 11 und 36; KNOBLOCH, A. P., Leasingbilanzierung nach ED/2013/6, S. 709, und einen alternativen Ansatz vorstellend S. 714–722. Die Anmerkungen betrafen sowohl die unbestimmten und auslegungsbedürftigen Rechtsbegriffe innerhalb der Regelungen als auch die Entscheidung auf der Grundlage des Verbrauches des Leasingobjektes und ferner die Kriterien zur Zuordnung, vgl. Rn. 84–88; vgl. auch MÜLLER, S./LANGE, T., Leasingverhältnisse nach ED/2013/6 (Teil 1), S. 278 f.; verschiedene Kriterien zur Zuordnung von Immobilien zum Leasingnehmer oder -geber diskutierend bereits NELLES, M./STROMBERG, F., IFRS/IAS und US-GAAP bei Immobilien-Leasing, S. 27–33.

149 Im Rahmen des Konsultationsprozesses wurden bspw. noch das *Accounting Standards Advisory Forum* und nicht durch das IASB geführte Gruppen wie das *Capital Markets Advisory Committee* und die *European Financial Reporting Advisory Group* eingebunden, vgl. dazu http://www.ifrs.org/Current-Projects/IASB-Projects/Leases/Pages/Leases.aspx. Vgl. zur Ausrichtung und Besetzung der Gruppen http://www.ifrs.org/About-us/IASB/Advisory-bodies/Pages/About_advisory_bodies.aspx.

150 Vgl. hier und im Folgenden IASB (Hrsg.), Staff Paper 3 (October 2015), Rn. 4; ENGELS, J./DREESEN, H., Leasingbilanzierung in der internationalen Rechnungslegung, S. 194. Vgl. zum Überarbeitungsprozess bis zur Veröffentlichung und zu den Änderungen der Teilregelungen des IFRS 16 IASB (Hrsg.), Staff Paper 3A (March 2015), S. 30–38; DINH THI, T./HEINING, A.-K./SEITZ, B., Status Quo, S. 281 f.; FINDEISEN, K.-D./ADOLPH, P., Status quo und Ausblick, S. 2097–2100; für eine Studie zu den Auswirkungen der Reform der Leasingbilanzierung auf das Entscheidungsverhalten der betroffenen Gruppen BAUSCH, J./FÜLBIER, R. U., Auswirkungen der neuen IFRS-Leasingbilanzierung, S. 2342–2348.

23 Einführende Betrachtung des IFRS 16

Der neue Standard zur Bilanzierung von Leasingverhältnissen IFRS 16 *Leases* wurde abschließend im Januar 2016 veröffentlicht. Die EFRAG veröffentlichte die Empfehlung zur Übernahme in europäisches Recht im März 2017.[151] Der Standard wurde im vierten Quartal des Jahres 2017 durch die Europäische Union in geltendes Recht übernommen.[152]

IFRS 16 ist verpflichtend ab dem 01.01.2019[153] und grundsätzlich auf alle Leasingverhältnisse anzuwenden.[154] Der Anwendungsbereich ist weitestgehend mit dem des IAS 17 identisch.[155] Ausgenommen sind Leasingverhältnisse im Zusammenhang mit der Exploration oder Verwendung von Mineralien, Öl, Gas und ähnlichen nicht regenerativen Ressourcen und darüber hinaus Leasingverhältnisse, die biologische Vermögenswerte im Anwendungsbereich des IAS 41 betreffen. Ferner sind Dienstleistungskonzessionsvereinbarungen i. S. d. IFRIC 12 und durch den Leasinggeber gewährte Lizenzen über geistiges Eigentum (geregelt durch IFRS 15) ausgeschlossen. Rechte des Leasingnehmers aus Lizenzvereinbarungen sind differenziert zu betrachten. Solche, die im Anwendungsbereich des IAS 38 liegen,[156] sind nicht Teil des Anwendungsbereiches des Standards. Für andere als die in IFRS 16 genannten immateriellen Vermögenswerte besteht ein Wahlrecht, diese als Leasingverhältnis zu klassifizieren.[157]

Gemäß der **Definition** eines Leasingverhältnisses liegt ein Leasingvertrag dann vor, wenn ein Vertrag das Recht zur Kontrolle der Verwendung eines identifizierten Vermögenswertes für

---

151 Vgl. EFRAG (Hrsg.), IFRS 16 Endorsement Advice, S. 4.

152 Das *Date of endorsement* war der 31.10.2017, vgl. EFRAG (Hrsg.), Endorsement Status Report, S. 2.

153 Vgl. IFRS 16.C1. Die Zeitspanne zwischen Veröffentlichung und verpflichtender Erstanwendung ist auch auf vielfache Anfragen der Anwender nach einer ausreichenden Implementierungszeit zurückzuführen, vgl. IASB (Hrsg.), Leases one year on, S. 2.

154 Vgl. hier und im Folgenden IFRS 16.3; zu den Übergangsbestimmungen Lange, T./Müller, S., Bilanzierung von Leasingverhältnissen (Teil 3), S. 215–220; die Bestimmungen anhand einer Fallstudie illustrierend Galbiati, L./Bühler, L., Übergangsvorschriften von IFRS 16, S. 287–290; zu Wahlrechten beim Übergang Hargarten, S./Weinmann, M., Übergang auf IFRS 16, S. 2091–2095; einen Überblick über zentrale Herausforderungen gebend Adolph, P./Rischar, T., Neuer Leasingbilanzierungsstandard, S. 57 f.; Fischer, D. T., Ausgewählte Herausforderungen, S. 93; die abschlussanalytischen Auswirkungen beim Leasingnehmer darstellend Kirsch, H., Effekte der Leasingbilanzierung, S. 43–46; die Bilanzierung beim Leasingnehmer exemplarisch illustrierend Rentsch, D., IFRS 16 – Fall und Lösung, S. 105–108.

155 Vgl. Dinh Thi, T. u. a., Leasingbilanzierung nach IFRS 16, S. 236; Bardens, A./Kroner, M./Meurer, H., IFRS 16 (Teil 1), S. 386; Nemet, M./Heyd, R., Leasingverhältnisse nach IFRS 16, S. 67. Dies folgt aus der Überlegung des Boards, dass der Anwendungsbereich des IFRS 16 weitgehend auf den Vorschriften des IAS 17 basieren sollte, vgl. IFRS 16.BC67. Änderungen ergeben sich nur punktuell: Während als Finanzinvestitionen gehaltene Immobilien gem. IAS 40 nun im Anwendungsbereich liegen, sind die Dienstleistungskonzessionsvereinbarungen und Lizenzen für geistiges Eigentum nun ausgeschlossen, vgl. dazu IAS 17.2.

156 Dazu gehören bspw. Filme, Videoaufnahmen, Manuskripte oder Patente, vgl IAS 38.2–7.

157 Die Begründung dieses Wahlrechtes ist nicht konzeptionell überzeugend. Vielmehr ist es nur der Tatsache geschuldet, dass keine Überlegungen gegen eine Bilanzierung solcher immaterieller Vermögenswerte gem. IFRS 16 sprechen, solange sie nicht durch andere Standards erfasst werden, vgl. IFRS 16.BC71; die insofern auch durch den Standardsetzer bereits identifizierte Dringlichkeit der Überarbeitung der Vorschriften zu immateriellen Vermögenswerten auch hervorhebend Gruber, T./Hartmann-Wendels, T., IFRS 16 aus bilanzpolitischer Sicht, S. 446; Lange, T./Müller, S., Bilanzierung von Leasingverhältnissen (Teil 1), S. 112.

eine bestimmte zeitliche Dauer im Austausch für eine Gegenleistung überträgt.[158] Die diesbezüglichen Regelungen des ED/2013/6 wurden damit zwar in den Grundzügen übernommen, gleichwohl im Detail verschiedentlich angepasst. Vor allem wurden sie durch umfassende Anwendungshinweise ergänzt, damit die Absichten des Standardsetzers deutlicher werden und vor allem eine konsistente Anwendung gewährleistet wird.[159] Diese Vorschriften sind Gegenstand der Analyse und der Konkretisierung in Abschnitt 42 und werden dort ausführlich betrachtet.

Anknüpfend an die bisherigen Vorschläge im Projektverlauf sehen die finalen Vorschriften des IFRS 16 vor, dass der Leasingnehmer das Nutzungsrecht aus der Leasingtransaktion und die korrespondierende Verbindlichkeit über die Laufzeit des Leasingverhältnisses bilanziert.[160] Diese **Dauer des Leasingverhältnisses** bestimmt sich durch den nicht kündbaren Zeitraum und weiteren Perioden, die durch Verlängerungs- oder Kündigungsoptionen abgedeckt werden.[161] Diese Vorschriften werden in Abschnitt 43 analysiert und konkretisiert.

Die **Leasingverbindlichkeit** ergibt sich als Summe der fixen und zulässigen variablen Leasingzahlungen zuzüglich Zahlungen aus Restwertgarantien und solchen, die aus Laufzeitoptionen bzw. laufzeitbezogenen Strafen resultieren.[162] Der Wert des **Nutzungsrechtes** ergibt sich aus den Bestandteilen der Leasingverbindlichkeit zuzüglich anfänglicher direkter Kosten, vom Leasinggeber gewährten Anreizen und einer Schätzung der Kosten zum Abbau oder zur Entfernung des Gegenstandes, der Wiederherstellung des Standortes oder des Vermögenswertes zum vertraglich vereinbarten Zustand.[163] Zur Diskontierung der Zahlungen wird prioritär der dem Leasingverhältnis implizit zugrunde liegende Zinssatz oder alternativ der Grenzfremdkapitalzinssatz herangezogen.[164] Hinsichtlich der Folgebewertung soll das Nutzungsrecht um planmäßige und ggf. auch außerplanmäßige Abschreibungen wertgemindert[165] und um eventuelle Wertänderungen, die aus Neueinschätzungen von Bestandteilen der Leasingverbindlichkeit resultieren, angepasst werden.[166] Die Leasingverbindlichkeit wird analog zu finanziellen Verbindlichkeiten gemäß der Effektivzinsmethode fortgeschrieben.[167]

---

158 Vgl. IFRS 16.9. Das Kontrollkriterium wird somit im Vergleich zu ED/2013/6 stärker betont, vgl. BAUER, C./GALLERT, T. H., Leasingbilanzierung nach IFRS 16, S. 322.

159 Vgl. IFRS 16.BC108 und zu den Hinweisen IFRS 16.B9–B31. Insofern reflektierten die neuen Vorschriften die Anmerkungen der Kommentierenden zum ED/2013/6, vgl. Abschnitt 224. Eine konsistente Anwendung soll mit Blick auf die Auslegung des Kontrollbegriffes auch standardübergreifend sichergestellt werden, vgl. IFRS 16.BC107; BRUNE, J. W., Leasingverhältnisse nach IFRS 16, S. 122.

160 Vgl. IFRS 16.BC15.

161 Vgl. IFRS 16.18 und IFRS 16.BC51; zu den Indikatoren für eine wahrscheinliche Ausübung vgl. IFRS 16.B37 und BEHLING, K., Der neue Leasingstandard, S. 247.

162 Vgl. IFRS 16.27.

163 Vgl. IFRS 16.24; BARDENS, A./KRONER, M./MEURER, H., IFRS 16 (Teil 1), S. 389.

164 Vgl. IFRS 16.26.

165 Einschlägig für die Abschreibungen sind die Vorschriften des IAS 16 *Property, Plant and Equipment* und IAS 36 *Impairment of Assets*, vgl. IFRS 16.31 und IFRS 16.33. Die Abschreibungsdauer bestimmt sich nach dem kürzeren Wert aus der Laufzeit des Leasingverhältnisses und der wirtschaftlichen Nutzungsdauer, vgl. IFRS 16.32.

166 Vgl. IFRS 16.30.

167 Vgl. IFRS 16.36 f. und IFRS 16.BC182; daraus resultiert ein degressiver Aufwandsverlauf, vgl. BARDENS, A./KRONER, M./MEURER, H., IFRS 16 (Teil 1), S. 391.

Die Folgebewertung entspricht im Ergebnis den Vorschriften für Typ A-Leasingverhältnisse nach ED/2013/6.[168] Die Klassifizierung in Typ A- und Typ B-Leasingverhältnisse und die Implikationen für die Folgebewertung wurden vor allem aufgrund der resultierenden Komplexität nicht aus ED/2013/6 übernommen.[169] Die Vorschriften des IFRS 16 zu dieser Frage werden in Abschnitt 44 aufgegriffen und einer Analyse und Konkretisierung unterzogen.

In Bezug auf die bilanzielle Abbildung sehen die Vorschriften **Vereinfachungswahlrechte** für zwei besondere Sachverhalte vor. Die Erleichterungsvorschriften sehen vor, dass die Leasingzahlungen aus dem Leasingverhältnis über die Perioden der Laufzeit lediglich erfolgswirksam erfasst werden dürfen. Eine Aktivierung bzw. Passivierung der resultierenden Bilanzposten aus dem Leasingverhältnis bleibt in diesen Fällen aus.[170] Dieses Vorgehen gleicht hinsichtlich der Bilanzunwirksamkeit der bilanziellen Abbildung von Operating-Leasingverhältnissen gemäß IAS 17 beim Leasingnehmer.[171]

Die Erleichterungen gelten zum einen für **kurzfristige Leasingverträge**.[172] Kurzfristigkeit liegt vor, wenn der Zeitraum ab dem Zeitpunkt, an dem der Leasinggeber dem Leasingnehmer den Vermögenswert zur Verfügung stellt, zwölf Monate oder weniger beträgt.[173] Analog zu den gewöhnlichen Regelungen für die Bestimmung des Zeitraums sind auch bei der Prüfung auf Kurzfristigkeit optionierte Zeiträume in die Betrachtung einzubeziehen, sofern ihre Ausübung hinreichend sicher ist.[174] Aufgrund der Bedeutung dieser Vorschrift für Zwecke der bilanzpolitisch motivierten Vertragsgestaltung wird sie als Bestandteil des Abschnitts 43 separat thematisiert.

Zum anderen kann auf eine Bilanzierung von Leasingverhältnissen über **Vermögenswerte von geringem Wert** verzichtet werden.[175] Diese Erleichterungsvorschrift ist auf Bedenken der Kommentierenden zurückzuführen, dass die bilanzielle Erfassung einer großen Zahl wertmäßig unbedeutsamer Leasingverhältnisse[176] keine wesentlichen Beitrag zu der Entscheidungsnützlichkeit der dadurch vermittelten Informationen liefert. Ferner steht der erwartete Umsetzungsaufwand in einem unangemessenen Verhältnis dazu.[177] Geringwertigkeit bezieht sich auf einen

168 Vgl. IASB (Hrsg.), Staff Paper 3B (June 2014), Rn. 12; IFRS 16.BC45 und IFRS 16.BC50.

169 Vgl. IFRS 16.BC41–BC53; GRUBER, T./HARTMANN-WENDELS, T., Leasing-Bilanzierung, S. 50.

170 Vgl. IFRS 16.6; BERGER, J./NARDMANN, H., Auswirkungen auf Unternehmen, S. 426.

171 Vgl. DINH THI, T. U. A., Leasingbilanzierung nach IFRS 16, S. 238; zu den Regelungen des IAS 17 siehe auch Abschnitt 211.

172 Vgl. IFRS 16.5 (a).

173 Vgl. IFRS 16.Appendix A.; ZAUGG, D./MEYER, T., Auswirkungen und Handlungsempfehlungen, S. 653; zur Diskussion um die Definition von Kurzfristigkeit im Kommentierungsprozess vgl. IFRS 16.BC91–BC96.

174 Vgl. IFRS 16.18; BERGER, J./NARDMANN, H., Auswirkungen auf Unternehmen, S. 426; ausführlicher Abschnitt 434.1.

175 Vgl. IFRS 16.5 (b). Geringwertige Vermögenswerte sind bspw. Büroeinrichtungen wie Computer, Möbel oder Telefone, vgl. IFRS 16.B8.

176 Der Board kam zu der Einsicht, dass die quantitativen Auswirkungen selbst bei einer Aggregierung aller Leasingverhältnisse mit geringwertigen Vermögenswerten vernachlässigbar sind, vgl. IFRS 16.BC101.

177 Vgl. IFRS 16.BC98.

neuwertigen Vermögenswert[178] und ist als absoluter Wertmaßstab zu verstehen.[179] Der Standardsetzer beziffert den Neuwert, bis zu dem Geringwertigkeit unterstellt wird, in den beigefügten *Basis for Conclusions*[180] zum IFRS 16 auf 5.000 US-$.[181] Allerdings dürfen Vermögenswerte mit der Absicht, die Wertobergrenze nicht zu überschreiten, nicht in ihre Bestandteile zerlegt werden.[182]

Für das übergeordnete Verständnis der Vorschriften des IFRS 16 wird knapp die **Bilanzierung beim Leasinggeber** thematisiert. Diese bleibt im Vergleich zu derjenigen nach IAS 17 im Wesentlichen unverändert.[183] Die übernommenen Regelungen des IAS 17 sind nicht nur inhaltlich, sondern sogar wörtlich weitgehend identisch, um Missverständnissen bei der Auslegung und Anwendung der Vorschriften aufgrund eines neuen Standards vorzubeugen.[184] Die wenigen Änderungen resultieren mehrheitlich aus der Neuerung des Bilanzierungsmodells für Leasingnehmer[185] und der beabsichtigten Konsistenz mit anderen Standards, besonders mit IFRS 15 *Revenue from Contracts with Customers*.[186] Die unterschiedlichen Vorschläge zur Bilanzierung beim Leasinggeber im Projektverlauf wurden vorwiegend aufgrund von Kosten-Nutzen-Überlegungen und der geäußerten Kritik im Kontext des ED/2013/6 nicht übernommen.[187] Dazu trug auch bei, dass die Überarbeitung des Bilanzierungsmodells beim Leasinggeber nicht vergleichbar dringlich eingestuft wurde wie die Vorschriften zur Bilanzierung beim Leasingnehmer.[188] Somit werden Leasingverhältnisse aus der Perspektive des Leasinggebers weiterhin

---

178 Vgl. IFRS 16.B3.

179 Eine relative Betrachtung des geringen Wertes, bei der dann auch die leasingnehmerspezifische Wesentlichkeit betrachtet würde, schließt der Standardsetzer explizit aus. Verschiedene Leasingnehmer sollten somit ein gemeinsames Verständnis über die Geringwertigkeit eines spezifischen Vermögenswertes erlangen können, vgl. IFRS 16.B4.

180 In den *Basis for Conclusions* erläutert der IASB die Gründe für die Entscheidungen, die in der Entwicklung des Standards getroffen wurden. Sie beinhalten außerdem Antworten des Boards auf Kommentierungen zu Vorschlägen in Regelungsentwürfen, vgl. IFRS FOUNDATION (Hrsg.), Due Process Handbook, Rn. 3.77.

181 Vgl. IFRS 16.BC100; gleichwohl ist vor dem Hintergrund der Nennung dieses Grenzwertes in den Ausführungen der *Basis for Conclusions* sein Verbindlichkeitsgrad zu hinterfragen, vgl. LÜHN, M., Leasingbilanzierung nach IFRS 16, S. 76; zur Verbindlichkeit der *Basis for Conclusions* auch Abschnitt 343. Ferner lassen die Vorschriften offen, inwiefern der Wert im Zeitverlauf, u. a. wegen Inflationseffekten, anzupassen ist. Vgl. dazu DINH THI, T. U. A., Leasingbilanzierung nach IFRS 16, S. 238; die Grenze bereits als ungefähren Wert bezeichnend STIBI, B., Sir David wurde erhört, S. I; ferner kritisch zum Mangel einer konzeptionellen Grundlage des Wertes FREIBERG, J., Reform der Leasingbilanzierung, S. 2542.

182 Vgl. dazu die Ausnahmetatbestände in IFRS 16.B5; dazu erläuternd IFRS 16.BC102; FREIBERG, J., Reform der Leasingbilanzierung, S. 2542.

183 Vgl. IFRS 16.BC17; PwC (Hrsg.), IFRS 16, S. 8.

184 Vgl. IFRS 16.BC66.

185 Vgl. IFRS 16.BC231.

186 Vgl. dazu u. a. IFRS 16.BC231–BC240 und IFRS 16.BC252. Die beabsichtigte Konsistenz mit IFRS 15 ist u. a. bei der Konkretisierung anfänglicher direkter Kosten bedeutend, vgl. Abschnitt 442.22. Ausführlich zu den Interdependenzen mit IFRS 15 KOCH, C./TESCHE, T./PFIRMANN, A., Interaktion von IFRS 16 mit IFRS 15, S. 346–350; zu den Änderungen an der Leasinggeberbilanzierung weiterführend ECKL, E. U. A., IFRS 16 „Leases" (Teil 2), S. 725; LANGE, T./MÜLLER, S., Bilanzierung von Leasingverhältnissen (Teil 1), S. 114 f.

187 Vgl. IFRS 16.BC58 und IFRS 16.BC62 f.; GRUBER, T./HARTMANN-WENDELS, T., Leasing-Bilanzierung, S. 52; zu den Motiven des Einflusses von Interessengruppen auch AUSTE, T., Einfluss von Lobbying, S. 186–189.

188 Vgl. IFRS 16.BC58; LLOYD, S., A New Lease of Life, S. 2, und bereits die Rückmeldungen zum ED/2013/6, s. dazu Abschnitt 224.

nach dem Ansatz des IAS 17 in Operating- und Finanzierungs-Leasingverhältnisse unterteilt.[189] Leasingnehmer und Leasinggeber erfassen Leasingverhältnisse gemäß IFRS 16 somit nach **unterschiedlichen Bilanzierungsmodellen**.[190]

Die durch den IFRS-Abschluss vermittelten Informationen über Leasingverhältnisse sollen dem Ziel der Rechnungslegung nach IFRS und somit ihrem konzeptionellen Grundgerüst entsprechen. Die Bedeutung dieser Anforderung wurde vielfach im Überarbeitungsprozess deutlich.[191] Im dritten Kapitel werden die konzeptionellen Grundlagen der IFRS-Rechnungslegung sowie die Vorschriften zum Umgang mit Regelungslücken und zur Auslegung bestehender Regelungen gemäß IAS 8 beschrieben.

---

189 Vgl. dazu bereits einführend Abschnitt 211.; IFRS 16.61–66; BERGER, J./NARDMANN, H., Auswirkungen auf Unternehmen, S. 427; FINDEISEN, K.-D./ADOLPH, P., Neuer Leasingstandard, S. 485.

190 Vgl. dazu kritisch STIBI, B., Sir David wurde erhört, S. I; DINH THI, T. U. A., Leasingbilanzierung nach IFRS 16, S. 236; LÜHN, M., Leasingbilanzierung nach IFRS 16, S. 80; zu den Auswirkungen auf innerkonzernliche Leasingtransaktionen BERGER, J./NARDMANN, H., Auswirkungen auf Unternehmen, S. 428; das *mixed model* als Kompromissentscheidung wertend ECKL, E. U. A., IFRS 16 „Leases“ (Teil 1), S. 662 f. und auf die Auswirkungen bei der Bilanzierung von Untermietverhältnissen und konzerninternen Leasingverhältnissen hinweisend ECKL, E. U. A., IFRS 16 „Leases“ (Teil 2), S. 725.

191 So wurden die Regelungen nicht nur wegen ihrer praktischen Implikationen, sondern besonders wegen der eingeschränkten Entscheidungsnützlichkeit der aus den Abbildungsvorschriften resultierenden Informationen kritisiert, vgl. die bisherigen Ausführungen.

3 Konzeptionelle Grundlagen der Rechnungslegung nach IFRS

31 Das *Conceptual Framework for Financial Reporting* als konzeptioneller Bezugspunkt der IFRS-Rechnungslegung

Ein Ziel des *International Accounting Standards Board* ist die Entwicklung eines Regelwerks verständlicher, rechtlich durchsetzbarer und weltweit anerkannter Standards zur Rechnungslegung.[192] Durch die Anwendung der sog. *International Financial Reporting Standards* (IFRS) sollen Informationen in Abschlüssen und anderen Finanzberichten bereitgestellt werden, die Investoren und weiteren Teilnehmern der weltweiten Kapitalmärkte sowie sonstigen an Finanzinformationen Interessierten bei wirtschaftlichen Entscheidungen nützlich sind.

Die IFRS beruhen auf klar definierten Prinzipien. Diese sind im ***Conceptual Framework for Financial Reporting*** verankert.[193] Es erläutert zudem die Konzepte, die den IFRS zugrunde liegen.[194] Das *Conceptual Framework* bildet also den **konzeptionellen Bezugspunkt** für die sachgerechte und zielführende Erstellung der IFRS.[195] Ferner soll das Rahmenkonzept die Abschlussersteller unterstützen, konsistente Rechnungslegungsgrundsätze für Sachverhalte zu entwickeln, die durch die IFRS nicht unmittelbar geregelt sind oder für die sich aufgrund der Formulierung eigentlich einschlägiger Regelungen Bilanzierungswahlrechte ergeben.[196] Außerdem soll es zum Verständnis und der Interpretation der Rechnungslegungsstandards beitragen.[197]

Das *Conceptual Framework* selbst ist indes kein Rechnungslegungsstandard und auch keine mit den IFRS-Regelungen vergleichbare Vorschrift.[198] Zudem setzt es sich weder gänzlich noch

---

192 Vgl. hier und für den folgenden Satz IASB (Hrsg.), Preface to IFRS, Rn. 6 (a), und zu den weiteren Zielen Rn. 6 (b), (c) und (d).

193 Im Folgenden werden verschiedentlich andere Fassungen (alte Fassung, Diskussionspapier und Regelungsentwurf) als das im März 2018 veröffentlichte *Conceptual Framework* sowie darauf rekurrierende Literaturbeiträge ohne weitere Erläuterungen zitiert, sofern dies inhaltlich (mit Bezug auf die Neufassung) sachgerecht ist. Die Ausführungen des jüngst veröffentlichten *Conceptual Framework* (März 2018) werden mit der Kurzzitierweise „CF." i. V. m. der entsprechenden Textziffer belegt. Auf das *Framework* aus dem Jahr 2010 wird durch „CF (2010)", auf den im Jahr 2015 erschienenen *Exposure Draft* zum *Conceptual Framework* durch „ED/2015/3" und auf das *Discussion Paper* aus dem Jahr 2013 mit „DP/2013/1" i. V. m. der entsprechenden Textziffer verwiesen.

194 Vgl. IASB (Hrsg.), Preface to IFRS, Rn. 8. In dieser Funktion soll es den IASB auch bei der Erstellung bzw. Überarbeitung der Regelungen unterstützen, vgl. CF.SP1.1 (a); GIMPEL-HENNING, N., Sukzessive Anteilserwerbe im IFRS-Konzernabschluss, S. 9.

195 Vgl. IASB (Hrsg.), Preface to IFRS, Rn. 8; CF.SP1.1; DRIESCH, D., in: Beck IFRS HB, 5. Aufl., § 1, Rn. 33; KAMPMANN, H./SCHWEDLER, K., Gemeinsames Rahmenkonzept, S. 522 f.

196 Vgl. CF.SP1.1 (b).

197 Vgl. CF.SP1.1 (c).

198 Vgl. CF.SP1.2. Ferner ist sein Verbindlichkeitscharakter auch nicht mit der von IFRIC-Interpretationen vergleichbar, vgl. SCHÖLLHORN, T./MÜLLER, M., Relevanz des Rahmenkonzepts, S. 1624. Außerdem kommt dem Rahmenkonzept nicht das Merkmal eines *overriding principle* zu, vgl. GASSEN, J./FISCHKIN, M./HILL, V., Rahmenkonzept-Projekt des IASB und des FASB, S. 875. Dies wird auch durch das fehlende *Endorsement* des Rahmenkonzepts in der EU deutlich, vgl. WAWRZINEK, W./LÜBBIG, M., in: Beck IFRS HB, 5. Aufl., § 2. Gleichwohl haben die Regelungen des Rahmenkonzepts mittelbar bindende Wirkung, da auf sie etwa in IAS 8.11 explizit rekurriert wird, vgl. Abschnitt 343.

abschnittsweise über IFRS hinweg oder setzt sie außer Kraft.[199] Diese Charakteristika begründen im Wesentlichen seine **außerordentliche Stellung**.[200] Das Rahmenkonzept kann insofern auch als „theoretischer Unterbau"[201] der IFRS konkretisiert werden.[202]

Das *Conceptual Framework* wurde aufgrund verschiedener Kritikpunkte überarbeitet.[203] Das **umfassende Überarbeitungsprojekt** wurde im Jahr 2004 begonnen, gleichwohl im Jahr 2010 mit dem Verweis auf andere Projekte mit einer höheren Priorität vorübergehend eingestellt.[204] Nachdem der Überarbeitung des Rahmenkonzepts im Rahmen des im Jahr 2011 durchgeführten Konsultationsprozesses allerdings erneut eine hohe Priorität zugewiesen wurde, nahm der Standardsetzer das Projekt im Jahr 2012 wieder auf.[205] Im Juli 2013 wurde sodann als Zwischenergebnis das *Discussion Paper DP/2013/1: A Review of the Conceptual Framework for Financial Reporting* (im Folgenden: DP/2013/1) veröffentlicht.[206] Unter Einbezug der eingegangenen Kommentierungen[207] wurde im Mai 2015 der *Exposure Draft ED/2015/3: Conceptual Framework for Financial Reporting* (im Folgenden: ED/2015/3) präsentiert.[208] Im **März 2018** gab der Board schließlich die Neufassung des *Conceptual Framework for Financial Reporting* heraus.[209] Diese Arbeit bezieht sich im Folgenden auf diese Neufassung des *Conceptual Framework*.

199 Vgl. CF.SP1.2; THEILE, C./GOY, K., Entwurf ED/2015/3, S. 617. Dies äußert sich bspw. bei Sachverhalten, in denen die Regelungen der IFRS mit den Aussagen im *Conceptual Framework* in Konflikt stehen. In diesen Fällen haben die Regelungen der betroffenen Standards regelmäßig Vorrang, vgl. CF.Purpose and Status, S. 5; gleichwohl eine indirekte Bindungswirkung feststellend MERKT, H., Conceptual Framework aus regelungsmethodischer Sicht, S. 491–497.

200 Vgl. MERKT, H., Conceptual Framework aus regelungsmethodischer Sicht, S. 478.

201 Auch m. w. N. BAETGE, J. U. A., in: Baetge u. a., Rechnungslegung nach IFRS, 2. Aufl., Teil A, Kap. II, Rn. 15.

202 Vgl. BLAUM, U./HOLZWARTH, J./WENDLANDT, G., in: Baetge u. a., Rechnungslegung nach IFRS, 2. Aufl., Teil B, IAS 8, Rn. 59; WOLLMERT, P./ACHLEITNER, A.-K., Grundlagen IAS-Rechnungslegung, S. 209; ACHLEITNER, A.-K., Die Normierung der Rechnungslegung, S. 344. Andererseits wird das Rahmenkonzept aufgrund der übergeordneten Stellung als „Überbau" beschrieben, wohl aber dasselbe gemeint, vgl. TANSKI, J. S., Internationale Rechnungslegungsstandards, S. 33.

203 Anlass zur Überarbeitung geben u. a. Regelungslücken in wesentlichen Abschnitten des Rahmenkonzepts. Außerdem sind die Regelungen teilweise unklar und lassen Spielraum zur Interpretation. Überdies sind Teile aufgrund der kontinuierlichen Entwicklung neuer Standards inhaltlich veraltet, vgl. CF.BC0.10, und ausführlicher IASB (Hrsg.), DP/2013/1, S. 5; dazu FISCHER, D. T., Entwurf eines neugefassten Rahmenkonzepts, S. 224.

204 Vgl. CF.BC0.5.

205 Vgl. CF.BC0.6; KIRSCH, H.-J./SCHOO, L./KRAFT, A., Discussion Paper zum Conceptual Framework, S. 301.

206 Vgl. zum *Discussion Paper* ausführlich KIRSCH, H.-J./SCHOO, L./KRAFT, A., Discussion Paper zum Conceptual Framework, S. 301–310.

207 Vgl. CF.BC0.8; SCHMIDT, M./BLECHER, C., Diskussionspapier des IASB, S. 254–260, die die Kommentierungsschreiben auswerten, und die Sitzungsunterlagen des IASB Meeting im März 2016; für einen allgemeinen Überblick IASB (Hrsg.), Staff Paper 10 (March 2016), S. 1–10.

208 Vgl. einführend THEILE, C./GOY, K., Entwurf ED/2015/3, S. 617–622; KIRSCH, H., ED/2015/3 – Mögliche Implikationen, S. 233–240.

209 Vgl. das Projekt zusammenfassend CF.BC0.1–BC0.17; IASB (Hrsg.), Conceptual Framework: Project Summary, S. 1–20.

32 Zielsetzung und Adressaten des IFRS-Abschlusses

Die Zielsetzung des IFRS-Abschlusses ist die Vermittlung von Finanzinformationen über die berichterstattende Einheit,[210] die für bestehende und potenzielle Investoren, Kreditgeber und weitere Gläubiger für ihre Entscheidungen über die Bereitstellung von Ressourcen an die berichterstattende Einheit **entscheidungsnützlich** sind (*decision usefulness*).[211] Solche Entscheidungen umfassen das Kaufen, Verkaufen oder Halten von Eigenkapital- und Fremdkapitaltiteln sowie das Bereitstellen oder das Valutieren von Darlehen oder anderen Kreditformen.[212] In erster Linie betreffen die Entscheidungen also die **Kapitalvergabe**.[213] Die Informationen müssen den tatsächlichen wirtschaftlichen Verhältnissen entsprechen und über die Vermögens- Finanz- und Ertragslage sowie die Zahlungsflüsse des Unternehmens Auskunft geben.[214] Dem Postulat der Entscheidungsnützlichkeit müssen insofern auch Informationen über Leasingverhältnisse der berichterstattenden Einheit entsprechen.

Die genannten Adressatengruppen gelten als die **primären Adressaten** der IFRS-Abschlüsse.[215] Sie erhalten die Finanzinformationen, die sie für ihre Entscheidungen benötigen, trotz ihres unmittelbaren und kurzfristigen Informationsbedürfnisses nicht direkt von der berichterstattenden Einheit, sondern müssen auf die veröffentlichten Abschlussinformationen zurückgreifen.[216] Das Metaziel[217] der Rechnungslegung, die **Informationsasymmetrie** zwischen dem Rechnungslegenden und dem Rechnungslegungsadressaten **zu reduzieren**,[218] bezieht sich durch die Konkretisierung der primären Adressaten im Rahmenkonzept auf die bestehenden und künftigen Kapitalgeber.[219]

---

210 Die berichterstattende Einheit ist jede Einheit, die entweder zur Aufstellung eines Abschlusses verpflichtet ist oder diesen freiwillig aufstellt, vgl. CF.3.10.

211 Vgl. CF.1.2.

212 Vgl. CF.1.2.

213 Vgl. PELGER, C., Anforderungen im Conceptual Framework , S. 911; GIMPEL-HENNING, N., Sukzessive Anteilserwerbe im IFRS-Konzernabschluss, S. 10.

214 Vgl. IAS 1.9 i. V. m. IAS 1.15; LÜDENBACH, N./HOFFMANN, W.-D./FREIBERG, J., in: Haufe IFRS-Kommentar, 16. Aufl., § 3, Rn. 6.

215 Ohne die Definition einer primären Adressatengruppe wäre das Rahmenkonzept nach Aussage des Boards zu abstrakt, vgl. CF (2010).BC1.14.

216 Vgl. CF.1.5, CF (2010).BC1.9 und CF (2010).BC1.16 (a). Der Board ist sich bewusst, dass die unterschiedlichen Adressatengruppen unterschiedliche, möglicherweise auch konfligierende, Interessen und Informationsbedürfnisse haben. Die Gesamtheit der durch die Abschlüsse vermittelten Informationen soll daher die Informationsbedürfnisse der meisten primären Adressatengruppen befriedigen, vgl. CF.1.8 und CF (2010).BC1.18. Vgl. zu den unterschiedlichen Adressateninteressen auch PELGER, C., Exposure Draft zur Phase A des Conceptual Framework-Projekts, S. 161 f. Daneben existieren auch Informationen, die für die Entscheidungsfindung zwar erforderlich, aber nicht unternehmensspezifisch sind und durch die Abschlussinformationen der berichterstattenden Einheit nicht vermittelt werden. Dazu gehören von der berichterstattenden Einheit unabhängige Informationen etwa zu wirtschaftlichen und politischen Rahmenbedingungen oder branchenbezogenen Aussichten, vgl. CF.1.5.

217 FÜLBIER, R. U./GASSEN, J., Bilanzrechtsregulierung, S. 138.

218 Vgl. FÜLBIER, R. U./GASSEN, J., Bilanzrechtsregulierung, S. 138 f.; ausführlich PELLENS, B. U. A., Internationale Rechnungslegung, S. 4–8.

219 Vgl. GIMPEL-HENNING, N., Sukzessive Anteilserwerbe im IFRS-Konzernabschluss, S. 11; aber auch eine an der *Stewardship* ausgerichtete Rechnungslegung kann dazu beisteuern, vgl. PELGER, C., Anforderungen im Conceptual Framework, S. 911.

Das *Conceptual Framework* identifiziert neben den primären Adressaten **weitere Adressatengruppen**, denen ein grundsätzliches Informationsinteresse an der berichterstattenden Einheit zugesprochen wird.[220] Dazu gehört u. a. das Management der berichterstattenden Einheit. Dieses muss sich indes nicht auf die durch den Abschluss vermittelten (und somit extern zugänglichen) Informationen stützen, denn es kann sich diese Informationen innerhalb des Unternehmens beschaffen.[221] Darüber hinaus grenzt sich das Management durch den fehlenden Charakter des Kapitalgebers von den primären Adressaten ab.[222] Auch Aufsichtsbehörden sind keine primären Adressaten, da ihre Zielsetzung, die Finanzmarktstabilität zu erhalten, zu Konflikten mit der Zielsetzung der Rechnungslegung führen könnte.[223] Im Übrigen existiert noch die näher definierte Gruppe der interessierten Öffentlichkeit, die gemäß dem *Conceptual Framework* ebenfalls nicht den primären Adressaten zuzurechnen ist.[224]

Für die Kapitalvergabeentscheidungen der primären Adressaten sind die **erwarteten Rentabilitäten** maßgeblich.[225] Diese Erwartungen werden durch die Höhe, den Zeitpunkt und die Unsicherheit der künftigen Nettozahlungszuflüsse der berichterstattenden Einheit bestimmt. Entscheidungsnützliche Abschlussinformationen bilden eine Grundlage zur Schätzung dieser Parameter.[226] Insofern besitzen sie eine **Bewertungsfunktion** *(valuation usefulness)*. Diese Funktion wird auch insofern deutlich, als die Abschlüsse nicht den Wert der berichterstattenden Einheit vermitteln. Sie sollen die primären Adressaten vielmehr mit allen erforderlichen Informationen versorgen, die sie für eine selbständig durchgeführte Bewertung benötigen.[227]

Zudem werden die Erwartungen der Rentabilitäten durch die Einschätzungen der Adressaten beeinflusst, inwiefern das Management effizient und effektiv der verantwortungsvollen Verwendung der vorhandenen Ressourcen nachgekommen ist – d. h. wie die Leistung des Managements unter Berücksichtigung des Ressourceneinsatzes zu beurteilen ist.[228] Den Informationen kommt somit auch eine **Rechenschaftsfunktion** *(stewardship)* zu.[229] Informationen, die sich auf die aktuelle Leistung der Geschäftsführung beziehen, können auch für Prognosen der künftigen Leistungen und daraus resultierende Nettozahlungszuflüsse nützlich sein.[230]

---

220 Vgl. CF.1.9 f.

221 Vgl. CF.1.9 und CF (2010).BC1.19.

222 Vgl. ZÜLCH, H./NELLESSEN, T., Überarbeitung der Rahmenkonzepte, S. 270.

223 Der Board führt an, dass sich die divergierenden Zielsetzungen etwa in unterschiedlichen Vorstellungen über den Zeitpunkt der Berichterstattung über Wertänderungen von Vermögenswerten oder Schulden äußern könnten, vgl. CF (2010).BC1.23.

224 Vgl. CF.1.10.

225 Vgl. hier und für den folgenden Satz CF.1.3.

226 Vgl. hier und für den folgenden Satz BUSCH, J./BOECKER, C., Conceptual Framework, S. 271; PELGER, C., Anforderungen im Conceptual Framework, S. 910.

227 Vgl. CF.1.7.

228 Vgl. CF.1.3 f. i. V. m. CF.1.22; LÜDENBACH, N./FREIBERG, J., BB-IFRS-Report 2015, S. 3116; BUSCH, J./BOECKER, C., Conceptual Framework, S. 271; THEILE, C./GOY, K., Entwurf ED/2015/3, S. 619. Vereinzelt wird die Beurteilung gar zu einer Kontrolle konkretisiert, vgl. COENENBERG, A. G./STRAUB, B., Rechenschaft versus Entscheidungsunterstützung, S. 19.

229 Vgl. CF.1.3; BUSCH, J./BOECKER, C., Conceptual Framework, S. 271.

230 Vgl. CF.1.22.

Die beiden Informationsziele Rechenschaft (*stewardship*) und Bewertungsnützlichkeit (*valuation usefulness*) sind **der Entscheidungsnützlichkeit untergeordnet**.[231] Informationen, die entscheidungsnützlich sein sollen, müssen diesen beiden Subzielen entsprechen.[232] Dies dürfte in den meisten Fällen erfüllt sein.[233] Der Board äußert sich nicht explizit zur dem Verhältnis der beiden „Subziele" zueinander. Implizit wird aber deutlich, dass sie in keinem weiteren hierarchischen Verhältnis stehen.[234] Es kann demnach grundsätzlich von einem Gleichgewicht ausgegangen werden.[235] In der weiteren Untersuchung wird den beiden Subzielen demnach eine gleichbedeutende Stellung zugeschrieben.[236]

Damit die Informationen die Bewertungs- und Rechenschaftsfunktion erfüllen, müssen sie zu **wirtschaftlichen Ressourcen** der berichterstattenden Einheit sowie den **Ansprüchen gegen sie** eine Auskunft erteilen.[237] Durch die Angabe der Höhe und der Art der Ressourcen und Ansprüche können die Adressaten finanzielle Stärken und Schwächen, jedoch insbesondere die Zahlungsfähigkeit und Solvabilität, bewerten.[238] Diese können als Grundlage zur Einschätzung des Bedarfs und des Erhalts künftiger Finanzierungen dienen. Zudem erfordern die Entscheidungen der Kapitalgeber Informationen zu den **Änderungen dieser Ressourcen** und Ansprüche im Zeitverlauf.[239] Diese resultieren für gewöhnlich aus der finanziellen Leistung.[240] Diese

[231] Vgl. CF.1.3 und CF.BC1.34.

[232] Vgl. CF.BC1.34.

[233] So sind etwa die Informationen zur Ertragslage sowohl zur Schätzung künftiger Zahlungsströme als auch zur Evaluation der Leistung des Managements nützlich, vgl. CF.1.16 und GIMPEL-HENNING, N., Sukzessive Anteilserwerbe im IFRS-Konzernabschluss, S. 13. Gleichwohl muss dies nicht immer der Fall sein. Dies trifft etwa für Informationen zur Vergütung des Managements oder Transaktionen mit nahe stehenden Unternehmen zu, die eher den Rechenschaftsgedanken erfüllen als zur Bewertung hilfreich sind, vgl. IASB (Hrsg.), ED/2015/3, Rn. BC1.9 und auch schon CF (2010).BC1.26.

[234] Vgl. implizit CF.1.3 und CF.BC1.34; gemeinsam mit der Bewertungsfunktion bzw. -nützlichkeit bildet sie die Subziele der Entscheidungsnützlichkeit, vgl. PELGER, C., Anforderungen im Conceptual Framework, S. 912, und m. w. N. KOELEN, P., Investitionstheoretische Bewertungskalküle, S. 29; ferner zur Bedeutung der Rechenschaft in der (IFRS-)Rechnungslegung COENENBERG, A. G./STRAUB, B., Rechenschaft versus Entscheidungsunterstützung, S. 17–19; SCHRUFF, W., Spannungsfeld zwischen Cashflow-Prognose und Rechenschaft, S. 857.

[235] Vgl. CF.1.3. und 1.4; so auch BUSCH, J./BOECKER, C., Conceptual Framework, S. 271; PELGER, C., Anforderungen im Conceptual Framework, S. 911 f.; FÜLBIER, R. U./GASSEN, J., Bilanzrechtsregulierung, S. 139 f.

[236] Gleichwohl kritisch zur Gleichstellung BALLWIESER, W., Ökonomische Analyse des Rahmenkonzepts, S. 470. Damit unterscheidet sich die Struktur der Informationsziele gemäß dem neuen *Conceptual Framework* von derjenigen des *Framework (2010)*. Im diesem wurde die Rechenschaftsfunktion insofern implizit der Bewertungsfunktion untergeordnet, als die Rechenschaft namentlich nicht erwähnt, sondern auf Grund von zu befürchtenden Missverständnissen in der Übersetzung des Begriffes in andere Sprachen nur umschrieben wurde, vgl. IASB (Hrsg.), ED/2015/3, Rn. BC1.6.; CF (2010).BC1.28; zur impliziten Hierarchisierung CF (2010).OB4; PELGER, C., Anforderungen im Conceptual Framework, S. 912; HOFFMANN, S./DETZEN, D., Das Joint Conceptual Framework von IASB und FASB, S. 53; die Berücksichtigung des Rechenschaftsgedankens als Subziel der Bewertungsnützlichkeit kritisierend SCHRUFF, W., Spannungsfeld zwischen Cashflow-Prognose und Rechenschaft, S. 860; COENENBERG, A. G./STRAUB, B., Rechenschaft versus Entscheidungsunterstützung, S. 25; WHITTINGTON, G., Fair Value and the Conceptual Framework, S. 144 f. Die Umstellung der Zielhierarchie wurde von den meisten Kommentierenden positiv beurteilt, vgl. IASB (Hrsg.), Staff Paper 10A (March 2016), S. 4–6.

[237] Vgl. CF.1.4 (a) i. V. m. CF.1.12.

[238] Vgl. hier und für den folgenden Satz CF.1.13.

[239] Vgl. CF.1.4 (a) i. V. m. CF.1.15.

[240] Vgl. CF.1.12 i. V. m. CF.1.15.

Informationen geben Aufschluss über die Rendite auf die eingesetzten Ressourcen.[241] Informationen über die Variabilität und die Zusammensetzung dieser Renditen können herangezogen werden, um künftige Zahlungsströme zu schätzen.[242] Zudem kann die Untersuchung der Ertragslage für die Beurteilung der vergangenen und künftigen Fähigkeit zur Erzeugung von Nettozahlungszuflüssen hilfreich sein.[243] Das gilt gleichermaßen für die Gesamtheit aller Zahlungsflüsse der Periode. Auch diese stellen einen Indikator künftiger Nettozahlungszuflüsse dar.[244] Da diese Informationen auch Aussagekraft für die Einschätzung der Leistung des Managements aufweisen, erfüllen sie mithin die Rechenschaftsfunktion.[245]

Die Rechnungslegung unterliegt, u. a. zum Zweck dieser Beurteilungen, dem Prinzip der **Periodenabgrenzung** (*accrual accounting*).[246] Nach diesem sind die Sachverhalte, die zu Änderungen der wirtschaftlichen Ressourcen führen, in denjenigen Perioden abzubilden, in denen sie auftreten.[247] Auf Basis der periodengerechten Erfolgsermittlung können vergangene, die aktuelle und künftige Ertragslagen der berichterstattenden Einheit sachgerecht evaluiert werden.[248] Dieses Prinzip besitzt für Abschlussinformationen Leasingverhältnisse besondere Bedeutung, da es sicherstellt, dass die aus dem Leasingverhältnis resultierenden Erträge und Aufwendungen für den Leasinggeber und -nehmer periodisiert und nicht erst zum Ablauf der Leasingperiode in voller Höhe gezeigt werden.

Änderungen der wirtschaftlichen Ressourcen der berichterstattenden Einheit und Ansprüche gegen sie können gleichwohl nicht nur aus der finanziellen Leistung, sondern auch aus **Transaktionen mit Anteilseignern oder Gläubigern** entstehen.[249] Die Adressaten müssen auch über solche Änderungen Kenntnis haben, damit sie die wirtschaftlichen Ressourcen und Ansprüche sowie Änderungen ganzheitlich verstehen und auf dieser Grundlage ein umfassendes Verständnis von den Auswirkungen auf die künftige finanzielle Leistung erlangen können.[250]

---

241 Bei der Schätzung künftiger Renditen ist die Betrachtung der Ertragslage der aktuellen und der vergangenen Perioden nützlich, vgl. CF.1.16.

242 Diese können gleichermaßen für die Einschätzung der Unsicherheit künftiger Zahlungsströme berücksichtigt werden, vgl. CF.1.16.

243 Vgl. CF.1.18. Die Unterscheidung zwischen Zahlungsströmen (*cash flows*) und Nettozahlungszuflüssen (*net cash inflows*) wird durch das Conceptual Framework vorgegeben.

244 Vgl. CF.1.20.

245 Vgl. CF.1.16 und CF.1.18.

246 Vgl. CF.1.17; zur Bedeutung in der IFRS-Rechnungslegung auch Ernst, C./Dreixler, T., Rechnungsabgrenzungsposten, S. 270.

247 Dies gilt auch, wenn aus den Sachverhalten entstehende Ein- oder Auszahlungen in anderen als der aktuellen Periode vorliegen, vgl. CF.1.17.

248 Vgl. CF.1.17; in Folge der Periodisierung können Änderungen der Vermögens- oder Finanzlage auf besondere periodenbezogene Ereignisse wie Preis- oder Zinssteigerungen oder -minderungen zurückgeführt werden, vgl. CF.1.19. Aufgrund des ausdrücklichen Bezugs zur Erfolgsrealisation statt zur Zahlung wird die Rechnungslegung zusätzlich objektiviert, vgl. m. w. N. Coenenberg, A. G./Straub, B., Rechenschaft versus Entscheidungsunterstützung, S. 21.

249 Solche Änderungen können sich bspw. durch die Emission von Eigenkapital- oder Fremdkapitaltiteln ergeben, vgl. CF.1.15 i. V. m. CF.1.21.

250 Vgl. CF.1.21.

33 Qualitative Anforderungen zur Konkretisierung der Zielsetzung

331. Fundamentale qualitative Anforderungen

331.1 Mehrstufiger Prüfprozess

Damit Informationen für die Kapitalvergabeentscheidungen der primären Adressaten entscheidungsnützlich sind, müssen sie den fundamentalen[251] qualitativen Anforderungen entsprechen. Sie müssen demnach sowohl relevant sein als auch das zugrunde liegende Phänomen glaubwürdig abbilden können.[252] Die Informationen, besonders solche zu Leasingverhältnissen des Unternehmens, müssen diese beiden Anforderungen kumulativ erfüllen, damit sie entscheidungsnützlich sein können.[253]

Die **Prüfung der Erfüllung der fundamentalen Kriterien** folgt einem dreistufigen Prozess.[254] Er beginnt mit der Identifikation eines Phänomens, dessen Abbildung grundsätzlich geeignet ist, entscheidungsnützliche Informationen für die Adressaten zu vermitteln (erster Schritt). Sodann ist für dieses die relevanteste Art der Informationen zu identifizieren (zweiter Schritt).[255] Diese Informationen sind dahingehend zu prüfen, ob sie verfügbar sind und glaubwürdig dargestellt werden können (dritter Schritt).[256] Erfüllen sie die Kriterien nicht kumulativ, wird für das Phänomen die zweitrelevanteste Art von Informationen identifiziert und die weiteren Kriterien für diese geprüft. Dieser Prozess wird wiederholt, bis eine Information sämtliche Anforderungen erfüllt und im Ergebnis entscheidungsnützlich ist.[257]

Demnach könnte somit ein **Zielkonflikt** zwischen unterschiedlichen Informationen über abzubildende Sachverhalte vorliegen, wenn sie den Anforderungen der Relevanz und der glaubwürdigen Darstellung in sehr unterschiedlichem Maße entsprechen. Diese Möglichkeit trifft vor allem auf Informationen zu, die einer **ausgeprägten Bewertungsunsicherheit** unterliegen.[258] Solche Informationen können vor allem Schätzungen sein, die wesentlich zu der Erzeugung

---

251 Daneben existieren noch sog. fördernde qualitative Anforderungen, vgl. Abschnitt 332.

252 Vgl. CF.2.1 und CF.2.4.

253 Vgl. auch GASSEN, J./FISCHKIN, M./HILL, V., Rahmenkonzept-Projekt des IASB und des FASB, S. 878. Glaubwürdig dargestellte Informationen, die keine Relevanz aufweisen, sind somit genauso wenig entscheidungsnützlich wie relevante Informationen, die nicht glaubwürdig dargestellt werden können, vgl. CF.2.20. Die Bedingung ist insofern komplex, als die fundamentalen Anforderungen nicht immer widerspruchsfrei sind, vgl. BAETGE, J./KIRSCH, H.-J./THIELE, S., Bilanzen, S. 148.

254 Vgl. hier und im Folgenden CF.2.21. Den Prozess am Beispiel des Wertmaßstabes eines Finanzinstrumentes veranschaulichend KIRSCH, H.-J. U. A., Die Bedeutung der Verlässlichkeit der Berichterstattung, S. 766.

255 Diese können sowohl verbal als auch numerisch sein, vgl. LORSON, P./GATTUNG, A., Wahrheitsgemäße Darstellung, S. 662.

256 Für den Prüfprozess werden die beiden Anforderungen implizit in eine hierarchische Reihenfolge gesetzt, vgl. CF.2.21. Die fundamentalen Anforderungen müssen im Ergebnis kumulativ vorliegen, um der Information Entscheidungsnützlichkeit zusprechen zu können. Das Vorliegen der Anforderungen wird aber schrittweise geprüft. Die Relevanz der Information ist dabei die übergeordnete Anforderung; vgl. im Ergebnis auch WAWRZINEK, W./LÜBBIG, M., in: Beck IFRS HB, 5. Aufl., § 2, Rn. 57.

257 Vgl. CF.2.21.

258 Vgl. CF.2.22 i. V. m. IASB (Hrsg.), ED/2015/3, Rn. 2.55; zur Bedeutung dieser Konstellation in den Überlegungen des Board CF.BC2.26.

finanzieller Informationen beitragen.[259] Eine Information kann demnach trotz der Bewertungsunsicherheit in hohem Maße relevant sein;[260] gleichwohl könnte die Bewertungsunsicherheit dazu führen, dass fraglich ist, inwiefern die Information die Anforderung der glaubwürdigen Darstellung erfüllt.[261] Eine entscheidungsnützliche Information über den Sachverhalt könnte für diese Konstellation erzeugt werden, indem sie durch begleitende Erläuterungen in Bezug auf die vorliegende Bewertungsunsicherheit ergänzt wird.[262] Falls die Bewertungsunsicherheit indes zu ausgeprägt ist, könnte die Information alternativ auf einer anderen Schätzung beruhen, die zwar weniger relevant, dafür aber umso glaubwürdiger darzustellen ist.[263] Demnach muss ein hoher Grad an Bewertungsunsicherheit im Ergebnis nicht unmittelbar bedeuten, dass eine Information nicht entscheidungsnützlich ist.[264] Er kann sich aber bedeutsam auf ebendiese Entscheidungsnützlichkeit auswirken.

331.2 Relevanz

Damit die vermittelten Informationen entscheidungsnützlich sind, müssen sie relevant sein.[265] Informationen sind dann relevant, wenn sie die **Entscheidungen der Adressaten beeinflussen** können.[266] Die Informationen sollen z. B. für einen Kapitalgeber nützlich sein, um auf Ihrer Basis über die Kapitalvergabe an die berichterstattende Einheit zu entscheiden. Informationen erfüllen diese Anforderung, wenn sie einen vorhersagenden Wert, einen bestätigenden Wert oder eine Kombination der beiden aufweisen.[267]

Informationen weisen einen **vorhersagenden Wert** auf, wenn sie durch die Adressaten als bedeutsam eingeschätzt werden, sodass sie diese in ihren eigenen Prozessen zur Vorhersage künftiger Ergebnisse einsetzen können.[268] Damit erfüllen sie gleichzeitig das Subziel der Bewertungsnützlichkeit.[269] Die Informationen müssen selbst keine Vorhersage darstellen, um einen

---

[259] Vgl. CF.2.19.

[260] Vgl. CF.BC2.48 (c). Gleichwohl sinkt ihre Relevanz, je unsicherer die Schätzung ist, IASB (Hrsg.), ED/2015/3, Rn. 2.13.

[261] Eine Bewertungsunsicherheit kann demnach die Glaubwürdigkeit der Information einschränken, vgl. CF.2.22. Sie beeinflusst jedoch explizit die Relevanz der Information nicht, vgl. CF.BC2.48 (b). In ED/2015/3 wurde die Bewertungsunsicherheit noch eine die Relevanz betreffende Eigenschaft beurteilt, vgl. IASB (Hrsg.), ED/2015/3, Rn. 2.12 f. und CF.BC2.48.

[262] Vgl. CF.2.22.

[263] Im Extremfall könnte die Bewertungsunsicherheit dazu führen, dass keine Schätzung zu entscheidungsnützlichen Informationen führt. In diesem Fall müssen Informationen bereitgestellt werden, die nicht auf einer Schätzung beruhen, vgl. CF.2.22.

[264] Vgl. CF.2.19.

[265] Vgl. CF.2.4 f.

[266] Explizit die Möglichkeit von der tatsächlichen Beeinflussung abgrenzend KAMPMANN, H./SCHWEDLER, K., Gemeinsames Rahmenkonzept, S. 527. Informationen können daher auch dann Relevanz besitzen, wenn der Adressat die Informationen nicht in seine Entscheidungsfindung einbezieht oder er über andere Quellen Kenntnis über den Sachverhalt erlangt, vgl. CF.2.6.

[267] Vgl. CF.2.7.

[268] Vgl. CF.2.8.

[269] Vgl. zu den Subzielen Abschnitt 32; EWELT-KNAUER, C., Der Konzernabschluss als Berichtselement der wirtschaftlichen Einheit, S. 17.

vorhersagenden Wert zu haben. Vielmehr unterstützen Informationen mit vorhersagendem Gehalt die Adressaten bei ihren eigenen Prognosen.[270] Einer Information kommt ein **bestätigender Wert** zu, wenn sie vorherige Einschätzungen oder Berechnungen bestätigen oder ändern kann.[271] Diese Eigenschaft kann dem Subziel der Rechenschaft der Informationen zugeordnet werden.[272] Der vorhersagende und der bestätigende Wert von Finanzinformationen sind nicht unabhängig voneinander, sondern sie hängen regelmäßig zusammen. So besitzen Informationen mit vorhersagendem Wert oft auch einen bestätigenden Wert.[273]

Der Relevanzbegriff unterliegt einem hohen Abstraktionsgrad.[274] Um den Begriff auf der Ebene des berichtenden Unternehmens operationalisieren zu können, wird als unternehmensbezogener Teilaspekt der Relevanz die **Wesentlichkeit** von Informationen adressiert.[275] Sie bezieht sich auf die Art und bzw. oder die wertmäßige Höhe der die Information abbildenden Abschlussposten. Sie weist damit sowohl eine quantitative als auch eine qualitative Komponente auf.[276] Informationen sind wesentlich, wenn die Unterlassung der Veröffentlichung oder die Falschangabe einer individuellen oder einer Gruppe von Informationen die wirtschaftlichen Entscheidungen der primären Adressaten beeinflussen kann.[277] Da sich die individuellen Wesentlichkeiten der berichtenden Unternehmen regelmäßig unterscheiden, gibt der Board weder einen quantitativen Schwellenwert noch qualitative Anhaltspunkte zur Beurteilung einer situativen Wesentlichkeit vor.[278] Die Bedeutung des Wesentlichkeitskriteriums wird umso klarer, wenn die Vielzahl der bei Kapitalvergabeentscheidungen grundsätzlich relevanten Informationen betrachtet wird. Durch die Berücksichtigung der unternehmensspezifischen Wesentlichkeit von Informationen werden nur solche Informationen berichtet, die bezogen auf die berichterstattende Einheit relevant sind.[279]

---

270 Vgl. CF.2.8; WAWRZINEK, W./LÜBBIG, M., in: Beck IFRS HB, 5. Aufl., § 2, Rn. 58.

271 Vgl. CF.2.9.

272 Vgl. GALLASCH, F., Versicherungsverträge nach IFRS 4, S. 37.

273 Bspw. können bestimmte Finanzinformationen des laufenden Jahres sowohl für die Prognose künftiger Ausprägungen als auch als Bestätigung von Prognosen vergangener Perioden für das laufende Geschäftsjahr herangezogen werden, vgl. CF.2.10. Vom umgekehrten Wirkungszusammenhang kann grundsätzlich auch ausgegangen werden. Das Rahmenkonzept äußert sich zwar zu dieser Konstellation nicht. Gleichwohl lassen sich Sachverhalte identifizieren, die darauf schließen lassen könnten: So hat die Höhe einer außerplanmäßigen Abschreibung auf einen Geschäfts- oder Firmenwert, deren Erfordernis im Berichtsjahr festgestellt wurde, in erster Linie eine bestätigende Kraft für die Adressaten. Darüber hinaus könnte auch ein vorhersagender Wert unterstellt werden, da eine erneute Abschreibung innerhalb der nächsten Zeit vorerst nicht zu vermuten sein dürfte.

274 Vgl. SCHÖLLHORN, T./MÜLLER, M., Relevanz des Rahmenkonzepts, S. 1625.

275 Vgl. CF.2.11; FISCHER, D. T., Entwurf eines neugefassten Rahmenkonzepts, S. 224.

276 Vgl. CF.211; BAETGE, J. U. A., in: Baetge u. a., Rechnungslegung nach IFRS, 2. Aufl., Teil A, Kap. II, Rn. 44; m. w. N. GALLASCH, F., Versicherungsverträge nach IFRS 4, S. 38.

277 Vgl. CF.2.11, IAS 1.7 und IAS 8.5. IAS 1 nimmt den Wesentlichkeitsbegriff im Rahmen der Darstellung von Abschlussinformationen auf. So ist jede wesentliche Klasse gleichartiger Posten für sich gesondert darzustellen, vgl. IAS 1.29–31.

278 Vgl. CF.2.11 und IAS 1.7; eine qualitative oder quantitative Annäherung an die Wesentlichkeit sollte sich stets an den Bedürfnissen der primären Adressaten orientieren, vgl. CF.BC2.20 und auch bereits IASB (Hrsg.), ED/2015/3, Rn. BC2.31. Zu Versuchen einer Operationalisierung in der Literatur m. w. N. BAETGE, J. U. A., in: Baetge u. a., Rechnungslegung nach IFRS, 2. Aufl., Teil A, Kap. II, Rn. 47.

279 Vgl. PELLENS, B. U. A., Internationale Rechnungslegung, S. 106 f.; GALLASCH, F., Versicherungsverträge

331.3 Glaubwürdige Darstellung

Damit Finanzinformationen entscheidungsnützlich sind, müssen sie nicht nur relevant sein, sondern sie müssen zudem der Anforderung der **glaubwürdigen Darstellung** genügen, d. h. die zugrunde liegenden ökonomischen Phänomene glaubwürdig abbilden.[280] Eine glaubwürdige Darstellung vermittelt Informationen über die wirtschaftliche Substanz des ökonomischen Phänomens, nicht über dessen rechtliche Form (sog. *substance over form*-Grundsatz).[281] Informationen, die sich auf die rechtliche Form des betrachteten Geschäftsvorfalls beziehen und deshalb nicht die tatsächlichen wirtschaftlichen Verhältnisse widerspiegeln, sind demnach nur eingeschränkt bzw. nicht glaubwürdig.[282] Der Bilanzierung soll somit eine **wirtschaftliche Betrachtungsweise** zugrunde gelegt werden,[283] was besonders für die Beurteilung der Dauer des Leasingverhältnisses[284] zu beachten ist. Der Grundsatz der glaubwürdigen Darstellung wird nicht weiter definiert, sondern durch weitere Anforderungen konkretisiert.[285] Um dem Grundsatz zu entsprechen, sollten die vermittelten Informationen den Anforderungen der **Vollständigkeit**, **Neutralität** und **Fehlerfreiheit** entsprechen. Diesen drei Kriterien können Informationen zwar nicht immer gleichermaßen genügen. Sie sollten ihnen aber zugunsten einer bestmöglichen Ausprägung der Glaubwürdigkeit so umfänglich wie möglich entsprechen.[286]

Eine Darstellung von Informationen ist **vollständig**, wenn sie alle Beschreibungen und Erläuterungen einbezieht, die für das Verständnis des individuellen Phänomens erforderlich sind.[287] Das bedeutet aber im Umkehrschluss nicht, dass alle vorliegenden Geschäftsvorfälle der Periode in der Berichterstattung abgebildet werden.[288] Vielmehr sind lediglich die berichteten Geschäftsvorfälle mit hinreichenden Informationen zu unterlegen, sodass der Adressat ein umfassendes Verständnis über den zugrunde liegenden Sachverhalt entwickeln kann.[289]

Ein Phänomen wird **neutral** abgebildet, wenn die Darstellung frei von Verzerrungen in der Auswahl oder der Darstellung der Finanzinformationen ist. Eine neutrale Abbildung ist zudem nicht tendenziös, verfälscht oder in einer anderen Art manipulierend dargestellt. Nur wenn diese

---

nach IFRS 4, S. 38; zum Verhältnis von Wesentlichkeit und Relevanz JUNG, M., Konzept der Wesentlichkeit S. 36–45; BALLWIESER, W., Informations-GoB, S. 117.

280 Vgl. CF.2.12.

281 Vgl. CF.2.12 und CF.BC2.33 sowie bereits IASB (Hrsg.), ED/2015/3, Rn. BC2.18. Diese Anforderung berücksichtigte bereits IAS 17 durch seine Vorschriften zur Klassifizierung von Leasingverhältnissen, vgl. dazu Abschnitt 211.

282 Vgl. CF.2.12 i. V. m. CF.4.59 und CF.BC2.33; BAETGE, J./KIRSCH, H.-J./THIELE, S., Bilanzen, S. 148; zur Anforderung der Darstellung entsprechend der tatsächlichen Verhältnisse IAS 1.15.

283 Vgl. CF.2.12 i. V. m. CF.4.59; LÜDENBACH, N./HOFFMANN, W.-D./FREIBERG, J., in: Haufe IFRS-Kommentar, 16. Aufl., § 1, Rn. 80.

284 Vgl. dazu Abschnitt 433.

285 Vgl. PELLENS, B. U. A., Internationale Rechnungslegung, S. 107.

286 Vgl. CF.2.13; BAETGE, J./KIRSCH, H.-J./THIELE, S., Bilanzen, S. 148 f.

287 Vgl. CF.2.14.

288 Dies gilt auch und insbesondere für alle relevanten Geschäftsvorfälle; vgl. hierzu die Ausführungen zur Wesentlichkeit in Abschnitt 331.3 und GIMPEL-HENNING, N., Sukzessive Anteilserwerbe im IFRS-Konzernabschluss, S. 18.

289 Vgl. das Beispiel in CF.2.14.

Kriterien erfüllt werden, kann sich der Adressat ein eigenes Urteil über die vermittelten Informationen machen.[290] Neutralität ist gleichwohl nicht derart zu verstehen, dass die Information keinen Zweck verfolgt oder keinen Einfluss auf das Entscheidungsverhalten der Adressaten ausübt. Vielmehr sind die relevanten Informationen in der Lage, die Entscheidungen der primären Adressaten zu beeinflussen.[291]

Die Anforderung der Neutralität wird durch die Ausübung von **Vorsicht** unterstützt. Sie soll die Bedeutung der Bedingung der Neutralität stärken.[292] Vorsicht i. S. d. jüngst veröffentlichten Neufassung des *Conceptual Framework*[293] beschreibt die sorgfältige Vorgehensweise bei Ermessensentscheidungen unter Unsicherheit (sog. *cautious prudence*).[294] Danach sollen Aktiva und Erträge weder über- noch unterbewertet sowie Passiva und Aufwendungen weder unter- noch überbewertet werden.[295] Das Vorsichtsprinzip ist somit **symmetrisch anzuwenden**.[296] Es impliziert insbesondere keine Forderung nach einem asymmetrischen Vorgehen, das sich bspw. in unterschiedlich restriktiven Voraussetzungen für den Ansatz von Vermögenswerten und Schulden äußern könnte.[297] Eine derartige asymmetrische Behandlung ist grundsätzlich keine Eigenschaft entscheidungsnützlicher Informationen. Gleichwohl betont das Rahmenkonzept, dass ein ebensolches asymmetrisches Vorgehen durch einzelne IFRS vorgeschrieben werden kann, wenn dadurch die relevantesten und glaubwürdig darstellbaren Informationen erzeugt werden.[298]

Abschließend sollen ökonomische Phänomene **fehlerfrei** dargestellt werden.[299] Ihre Abbildung soll keine Fehler oder Unterlassungen aufweisen. Zudem sollen auch der Prozess, durch den die berichtete Information ausgewählt wird, und seine Anwendung fehlerfrei sein. Das Rahmenkonzept relativiert mit Verweis auf Schätzungen als unabdingbarer Teil der IFRS-Rechnungslegung gleichwohl, dass Unverzerrtheit nicht als unbedingte Präzision und Genauigkeit zu verstehen ist. Nach dem Verständnis einer solchen „Perfektion"[300] könnten Schätzungen

290 Vgl. CF.2.15; WAWRZINEK, W./LÜBBIG, M., in: Beck IFRS HB, 5. Aufl., § 2, Rn. 72; die Ausübung von Bilanzierungswahlrechten ist davon unberührt, vgl. auch KRAFT, A., Extractive Activities, S. 51.

291 Vgl. CF.2.15.

292 Vgl. THEILE, C./GOY, K., Entwurf ED/2015/3, S. 619; kritisch zur Zuordnung des Vorsichtsgedankens zur Neutralität ERB, C./PELGER, C., Vorstellungen vom neuen Rahmenkonzept, S. 1063.

293 Vgl. zu den vielfältigen Enwticklungen in Bezug auf das Vorsichtsprinzip im *Conceptual Framework* im Zeitverlauf und besonders in den letzten Projektschritten CF.BC2.37–BC2.45; BEINSEN, B./WAGENHOFER, A., Verhältnis des IASB zum Vorsichtsprinzip, S. 414–417; ERB, C./PELGER, C., Vorstellungen vom neuen Rahmenkonzept, S. 1059 f.

294 Vgl. CF.2.16; BUSCH, J./BOECKER, C., Conceptual Framework, S. 271.

295 Vgl. CF.2.16.

296 Dies gilt besonders im Gegensatz zur *asymmetric prudence*, vgl. WAGENHOFER, A., Vorsichtsprinzip in den IFRS, S. 266. Stille Reserven und stille Lasten werden so vermieden, vgl. GIMPEL-HENNING, N., Sukzessive Anteilserwerbe im IFRS-Konzernabschluss, S. 19; genauer zur *cautious prudence* und *asymmetric prudence* vgl. CF.BC2.42 f.; IASB (Hrsg.), ED/2015/3, Rn. BC2.1–BC2.15.

297 Vgl. hier und im Folgenden CF.2.17.

298 Besonders ist das Vorgehen dann nicht als Konsequenz eines asymmetrische anzuwendenden Vorsichtsprinzips zu bewerten, vgl. CF.BC2.45.

299 Vgl. hier und im Folgenden CF.2.18.

300 WAWRZINEK, W./LÜBBIG, M., in: Beck IFRS HB, 5. Aufl., § 2, S. 74.

kein Bestandteil der Rechnungslegung sein.[301] Schätzungen sind somit auch dann fehlerfrei und glaubwürdig, wenn der Schätzbetrag klar und präzise als solcher benannt und beschrieben wird, weitere Details zum Schätzprozess offengelegt werden und die Auswahl sowie die Anwendung des geeigneten Prozesses fehlerfrei sind. Die Anforderung der Fehlerfreiheit ist folglich im Vergleich zu den genannten ein weicheres Kriterium.[302]

332. Fördernde qualitative Anforderungen

332.1 Bedeutung und Prüfprozess

Die fördernden qualitativen Anforderungen der Vergleichbarkeit, Nachprüfbarkeit, Zeitnähe und Verständlichkeit erhöhen den Grad der Entscheidungsnützlichkeit von Informationen, die den fundamentalen qualitativen Anforderungen der Relevanz und der glaubwürdigen Darstellung genügen.[303] Informationen, besonders solche über Leasingverhältnisse, sollen diesen Anforderungen daher möglichst umfassend entsprechen.[304] Falls ein Phänomen zwei unterschiedliche Möglichkeiten der bilanziellen Abbildung zulässt und beide die fundamentalen Anforderungen gleichermaßen erfüllen, ist die Erfüllung der fördernden Kriterien ausschlaggebend für die Wahl einer der beiden Alternativen.[305] Jedoch können sie keine Entscheidungsnützlichkeit von Informationen begründen, die weder relevant noch glaubwürdig sind.[306] Umgekehrt kann eine Vernachlässigung der fördernden Kriterien den Informationen nicht deren Entscheidungsnützlichkeit reduzieren.[307] Insofern werden ihre **untergeordnete Stellung** in der Hierarchie der Anforderungen und ihr fördernder Charakter deutlich.[308]

Entgegen dem standardisierten Prozess der Anwendung der fundamentalen Anforderungen[309] ist der **Prüfprozess** der fördernden Anforderungen **iterativ** und folgt keiner bestimmten Schrittfolge. Die Anforderungen sind wiederholend gegeneinander abzuwägen, um den Grad ihrer Erfüllung zu maximieren.[310] Sie können sogar individuell vernachlässigt werden, wenn dadurch der Grad der Erfüllung anderer Anforderungen und anknüpfend die Entscheidungsnützlichkeit in der Gesamtbetrachtung erhöht werden kann.[311] Das Rahmenkonzept lässt offen, ob mit „anderen Anforderungen“[312] fundamentale, fördernde oder beide Anforderungsgruppen

---

301 Vgl. CF.2.18.

302 Vgl. Gassen, J./Fischkin, M./Hill, V., Rahmenkonzept-Projekt des IASB und des FASB, S. 878; Ballwieser, W., Ökonomische Analyse des Rahmenkonzepts, S. 462.

303 Vgl. CF.2.4 und CF.2.23; Pelger, C., Anforderungen im Conceptual Framework, S. 914.

304 Vgl. CF.2.35; Pelger, C., Anforderungen im Conceptual Framework, S. 915; Baetge, J. u. a., in: Baetge u. a., Rechnungslegung nach IFRS, 2. Aufl., Teil A, Kap. II, Rn. 67.

305 In dieser Konstellation kommt ihnen daher eine besondere Bedeutung zu, vgl. CF.2.23.

306 Vgl. CF.2.37.

307 Vgl. CF (2010).BC3.10.

308 Vgl. Baetge, J. u. a., in: Baetge u. a., Rechnungslegung nach IFRS, 2. Aufl., Teil A, Kap. II, Rn. 41, die zu diesem Zweck noch die Unterscheidung in primäre und sekundäre Anforderungen vornehmen, darüber hinaus Lachmann, M./Kümpel, K., Konzernrechnungslegung nach IFRS 10–12, S. 574; Kirsch, H.-J. u. a., Die Bedeutung der Verlässlichkeit der Berichterstattung, S. 766.

309 Vgl. Abschnitt 331.1.

310 Vgl. CF.2.37.

311 Vgl. CF.2.38.

312 CF.2.38.

gemeint sind. Grundsätzlich ist beides denkbar, allerdings ist der Wirkungszusammenhang gemäß des illustrierenden Beispiels der Regelung vorwiegend für fundamentale Anforderungen zu unterstellen; nur sie können Entscheidungsnützlichkeit begründen. Geeignete Anhangangaben können die Auswirkungen auf die Entscheidungsnützlichkeit aufgrund der eingeschränkten Erfüllung einzelner fördernder Anforderungen reduzieren.[313]

332.2 Vergleichbarkeit

Die Entscheidungsnützlichkeit von Informationen über die berichterstattende Einheit wird gefördert, wenn sie mit Informationen anderer berichterstattender Einheiten oder mit gleichartigen Informationen anderer Perioden über dieselbe berichterstattende Einheit vergleichbar sind.[314] Vergleichbarkeit i. S. d. Rahmenkonzepts meint also sowohl die **zwischenbetriebliche** als auch die **innerbetriebliche zeitliche Vergleichbarkeit**.[315] Nur wenn Informationen vergleichbar sind, können die Adressaten sich ein Urteil über Unterschiede und Gemeinsamkeiten von Abschlussposten bilden.[316] Somit kommt ihr für die Verwendungsabsichten der Adressaten eine hohe Bedeutung zu.[317] Die überarbeiteten Regelungen des IFRS 16 zur Bilanzierung von Leasingverhältnissen beim Leasingnehmer tragen durch die einheitliche Bilanzierung von Nutzungsrechten aus dem Leasingverhältnis grundsätzlich zur Vergleichbarkeit der resultierenden Informationen bei.[318]

Vergleichbarkeit von Informationen kann zu einem gewissen Grad durch die Erfüllung der fundamentalen Anforderungen erfüllt werden. Denn ein relevanter Geschäftsvorfall, der glaubwürdig dargestellt wird, sollte mit einem identischen Geschäftsvorfall, der ebenfalls glaubwürdig abgebildet wird, in wesentlichen Merkmalen übereinstimmen.[319] Die Anforderung der Vergleichbarkeit soll jedoch nicht dazu führen, dass gleichartige Sachverhalte unterschiedlich bilanziert oder nicht gleichartige Sachverhalte identisch abgebildet werden.[320] Auch regelungsseitig eröffnete Wahlrechte zur Ausübung unterschiedlicher Bilanzierungs- oder Bewertungsmethoden für denselben Sachverhalt können die Vergleichbarkeit einschränken. Obwohl die einzelnen Methoden glaubwürdig darstellbar sein können, schränkt diese Vielfalt die Vergleichbarkeit des Phänomens sowohl zwischen- als auch innerbetrieblich ein.[321]

---

313 Vgl. CF.2.37.

314 Vgl. CF.2.24.

315 Vgl. BAETGE, J./KIRSCH, H.-J./THIELE, S., Bilanzen, S. 149; LÜDENBACH, N./HOFFMANN, W.-D./FREIBERG, J., in: Haufe IFRS-Kommentar, 16. Aufl., § 2, Rn. 1 f.

316 Vergleichbarkeit bezieht sich somit regelmäßig auf mindestens zwei Abschlussposten, vgl. CF.2.25. Kritisch zur zwischenbetrieblichen Vergleichbarkeit WAWRZINEK, W./LÜBBIG, M., in: Beck IFRS HB, 5. Aufl., § 2, Rn. 76.

317 Vgl. HEUSER, P. J./THEILE, C., in: IFRS Handbuch, 5. Aufl., S. 91.

318 Vgl. IFRS 16.BC3 (b); BAUER, C./GALLERT, T. H., Leasingbilanzierung nach IFRS 16, S. 321.

319 Vgl. CF.2.28.

320 Vgl. CF.2.29. Die Vergleichbarkeit würde konterkariert. Dieses Vorgehen liefe der Forderung nach entscheidungsnützlichen Informationen zuwider.

321 Vgl. CF.2.29.

Vergleichbarkeit ist im Übrigen von **Stetigkeit** abzugrenzen. Diese bezieht sich auf die Anwendung derselben Bilanzierungs- und Bewertungsmethoden für dieselben Abschlussposten.[322] Stetigkeit erhöht insofern die Vergleichbarkeit und ist daher als hierarchisch untergeordnete Voraussetzung zu verstehen.[323]

332.3 Nachprüfbarkeit

Die Entscheidungsnützlichkeit der Informationen wird zudem durch die Anforderung der Nachprüfbarkeit gefördert. Demnach sollen sachkundige und voneinander unabhängige Beobachter einen Konsens darüber erreichen können, dass die Abbildung eines bestimmten Sachverhalts glaubwürdig ist. Eine vollständige Übereinstimmung der Meinungen der Beobachter wird allerdings nicht gefordert.[324] Das Kriterium kann somit zur **intersubjektiven Nachprüfbarkeit** konkretisiert werden.[325]

Eine quantifizierte Information in Form einer Schätzung muss nicht zwingend einen bestimmten Wert darstellen, damit die Anforderung erfüllt wird. Vielmehr gilt eine Bandbreite von Werten mit den dazugehörigen Wahrscheinlichkeiten bereits als nachprüfbar.[326] Solche Bandbreitenschätzungen sind besonders für die Ermittlung variabler, zukunftsbezogener Zahlungen bedeutsam. Das Kriterium der Nachprüfbarkeit unterstützt besonders die Anforderung der glaubwürdigen Darstellung.[327]

Informationen können sowohl direkt als auch indirekt nachprüfbar sein. Informationen sind **direkt nachprüfbar**, wenn sie unmittelbar beobachtbar sind.[328] Direkte Nachprüfbarkeit liegt bei quantifizierten Informationen vor, die nicht geschätzt werden müssen und keinen Zukunftsbezug aufweisen, wie bspw. die Bewertung des Kassenbestandes.[329] Bei einer **indirekten Nachprüfbarkeit** können die Inputparameter, Formeln oder weitere zur Bilanzierung herangezogene Methoden überprüft und der zu prüfende Posten der Höhe nach mit demselben Vorgehen plausibilisiert werden.[330] Die Vorgehensweise ist im indirekten Fall also vorwiegend

---

322 Vgl. WAWRZINEK, W./LÜBBIG, M., in: Beck IFRS HB, 5. Aufl., § 2, Rn. 77; ADLER, H./DÜRING, W./SCHMALTZ, K., in: ADS International, Abschnitt 1, Rn. 84–86; vgl. zu den restriktiven Voraussetzungen der Änderungen von Bilanzierungs- und Bewertungsmethoden PELLENS, B. U. A., Internationale Rechnungslegung, S. 109, und die Ausführungen zu IAS 8 in Abschnitt 34.

323 Vgl. CF.2.26.

324 Vgl. CF.2.30.

325 Vgl. BAETGE, J./KIRSCH, H.-J./THIELE, S., Bilanzen, S. 149; BAETGE, J., Möglichkeiten der Objektivierung des Jahreserfolges, S. 17.

326 Vgl. CF.2.30; daher wird das Kriterium vereinzelt auch als weiches Konstrukt umschrieben, vgl. KAMPMANN, H./SCHWEDLER, K., Gemeinsames Rahmenkonzept, S. 528.

327 Vgl. CF.2.30. Auch wenn Informationen nur unzureichend nachprüfbar sind, können sie entscheidungsnützlich sein, wenn Adressaten diese Implikation berücksichtigen und umso achtsamer mit ihnen umgehen, vgl. CF (2010).BC3.34.

328 Vgl. CF.2.31.

329 Ein weiteres Beispiel ist die Bewertung von Finanzinstrumenten zu Marktpreisen, da diese direkt beobachtbar sind, vgl. auch CF.2.31.

330 Der Buchwert von Vorräten kann etwa nachgeprüft werden, indem die Inputparameter kontrolliert werden und der Endbestand mit derselben Bewertungsmethode nachgebildet wird, vgl. CF.2.31.

analytisch.[331] Direkt nachprüfbare Informationen sind für die Glaubwürdigkeit einer Abbildung regelmäßig besser geeignet als nicht direkt nachprüfbare.[332]

Der Grad der Nachprüfbarkeit wird maßgeblich durch den **zeitlichen Bezug der Informationen** bestimmt.[333] Vergangenheitsbezogene Informationen sind regelmäßig und unmittelbar in der Berichtsperiode intersubjektiv nachprüfbar.[334] Dies gilt jedoch nicht für zukunftsorientierte Finanzinformationen. Diese sind aufgrund ihrer Unsicherheit ermessensbehaftet. Sie müssen in der Berichtsperiode hinreichend objektiviert werden, um die Subjektivität von Ermessensentscheidungen möglichst umfassend zu reduzieren.[335] Daher sollen die zugrunde liegenden Annahmen, die Methoden zur Zusammenstellung der Informationen und andere zu berücksichtigende Tatsachen und Umstände möglichst umfassend berichtet werden. Dieses Vorgehen wirkt objektivierend und hilft den Adressaten, sich über diese Information ein Urteil zu bilden und sie auf dieser Basis in ihrer Entscheidung zu berücksichtigen.[336] Tatsächlich nachprüfbar sind die Informationen bzw. die der Schätzung zugrunde liegenden Annahmen erst in den Perioden, in denen sie bestätigt werden[337] oder eintreten.[338]

332.4 Zeitnähe

Die Anforderung der Zeitnähe bezieht sich auf eine zeitnahe Berichterstattung. Informationen sollen den Entscheidungsträgern rechtzeitig zur Verfügung gestellt werden, damit sie in deren Entscheidungsfindung einfließen können.[339] Grundsätzlich geht die Relevanz von Informationen umso mehr zurück, je älter sie sind und je größer die zeitliche Verzögerung der Veröffentlichung ist.[340] Vor diesem Hintergrund sind besonders die Vorschriften zur Neueinschätzung des Zeitraums des Leasingverhältnisses für den Leasingnehmer[341] bedeutsam. Dieser Zusammenhang gilt jedoch nicht für Informationen, die als Grundlage zur Analyse von Trends oder

---

331 Vgl. BAETGE, J./KIRSCH, H.-J./THIELE, S., Bilanzen, S. 149.

332 Vgl. KAMPMANN, H./SCHWEDLER, K., Gemeinsames Rahmenkonzept, S. 528. Gleichwohl ist die Prüfung i. d. R. nur indirekt möglich, vgl. LORSON, P./GATTUNG, A., Faithful representation, S. 562. Das ist besonders auf die Bedeutung zukunftsorientierter Informationen in der Rechnungslegung, bspw. von Laufzeiten oder erwarteten Zahlungsströmen, zurückzuführen, vgl. CF (2010).BC3.36, aber auch auf weitere Sachverhalte wie Forderungsausfälle oder Gewährleistungsverpflichtungen, vgl. IAS 8.32. Schätzungen sind insgesamt ein essenzieller Bestandteil der Rechnungslegung, vgl. IAS 8.33. Gleichwohl sind ebendiese Informationen häufig unternehmensspezifisch, weshalb die Nachprüfbarkeit zugunsten einer Prüfung der Plausibilität weichen muss, vgl. SCHRUFF, W., Spannungsfeld zwischen Cashflow-Prognose und Rechenschaft, S. 856 sowie illustrierend GALLASCH, F., Versicherungsverträge nach IFRS 4, S. 42.

333 Vgl. GIMPEL-HENNING, N., Sukzessive Anteilserwerbe im IFRS-Konzernabschluss, S. 21.

334 Vgl. KOELEN, P., Investitionstheoretische Bewertungskalküle, S. 18; BALLWIESER, W., Informations-GoB, S. 118; MOXTER, A., Grundsätze ordnungsgemäßer Rechnungslegung, S. 16.

335 Vgl. KOELEN, P., Investitionstheoretische Bewertungskalküle, S. 18; BAETGE, J., Möglichkeiten der Objektivierung des Jahreserfolges, S. 16 f.; BRINKMANN, J., Informationsfunktion der Rechnungslegung, S. 231; KÜTING, K., Objektivierungsgrundsatz HGB IFRS, S. 1405 f.; LEFFSON, U., GoB, S. 81.

336 Vgl. CF.2.32.

337 Vgl. zum Bestätigungswert von Informationen Abschnitt 331.2.

338 Vgl. CF.2.32.

339 Vgl. CF.2.33.

340 Vgl. CF.2.33; BAETGE, J./KIRSCH, H.-J./THIELE, S., Bilanzen, S. 149; WAWRZINEK, W./LÜBBIG, M., in: Beck IFRS HB, 5. Aufl., § 2, Rn. 83.

341 Vgl. dazu Abschnitt 433.3.

Zeitreihen dienen. Diese sind auch in auf die Berichtsperiode folgenden Perioden nützlich.[342] Gleichwohl kann eine zu zeitnahe Berichterstattung in Einschränkungen der Korrektheit resultieren.[343] Insofern besteht ein Zielkonflikt zwischen der zeitnahen, vor allem in zeitlicher Hinsicht relevanten Veröffentlichung und dem Grad der Verlässlichkeit der Informationen, mithin ihrer glaubwürdigen Darstellung.[344] Bei einer zeitnahen Berichterstattung ist daher besonders auf die Berücksichtigung beider fundamentaler qualitativer Anforderungen zu achten.[345]

332.5 Verständlichkeit

Schließlich ist die Anforderung der Verständlichkeit zu beachten. Informationen sind verständlich, wenn sie in einer klaren und prägnanten Art klassifiziert, charakterisiert und präsentiert werden.[346] Dieser Anforderung können die meisten Informationen, auch solche über Leasingverhältnisse der berichterstattenden Einheit, gerecht werden. [347] Daneben existieren abzubildende Phänomene, die aufgrund ihrer inhärenten Komplexität nicht verständlich dargestellt werden können. Auch diese Informationen sind trotz ihrer geringen Verständlichkeit nicht zurückzuhalten, sondern zu berichten, denn eine Berichterstattung ohne diese ist unvollständig und irreführend. Die Informationen sind dann umso umfassender mit Erläuterungen zu unterlegen.[348] Zudem kann unterstellt werden, dass die Abschlussadressaten sowohl ein angemessenes Verständnis von den geschäftlichen und wirtschaftlichen Aktivitäten haben als auch ihrerseits die Informationen erneut sorgfältig prüfen.[349] Für das Verständnis besonders komplexer Sachverhalte können sie ferner Experten hinzuziehen und so ein Verständnis entwickeln, um ihre Kapitalvergabeentscheidungen hinreichend zu fundieren.

333. Kosten-Nutzen-Restriktion

Informationen stiften einen Nutzen aufgrund ihrer Entscheidungsnützlichkeit für die Adressaten.[350] Ihre Bereitstellung ist jedoch mit vielfältigen Kosten verbunden. Kosten entstehen für

---

342 Vgl. CF.2.33.

343 Vgl. auch FISCHER, D. T., Entwurf eines neugefassten Rahmenkonzepts, S. 225.

344 Vgl. zu weiteren Implikationen KÜTING, K./WEBER, C.-P./BOECKER, C., Beschleunigung der Jahresabschlusserstellung, S. 8; SCHÖLLHORN, T./MÜLLER, M., Relevanz des Rahmenkonzepts, S. 1627. Die steigende Bedeutung der zeitnahen Erstellung des Jahresabschlusses (*fast close*) weist insofern darauf hin, als die Vorteile der Veröffentlichung überwiegen; dies wird mit Verweis auf die Kapitalgeber als primäre Adressaten z. T. als konform zum Rahmenkonzept angesehen, vgl. WAWRZINEK, W./LÜBBIG, M., in: Beck IFRS HB, 5. Aufl., § 2, S. 83.

345 Naturgemäß können auch Informationen, die nicht zeitnah veröffentlicht werden, aber den Fundamentalanforderungen genügen, entscheidungsnützlich sein, vgl. CF.BC2.65.

346 Vgl. CF.2.34.

347 Vgl. hier und im Folgenden CF.2.35; BAETGE, J. U. A., in: Baetge u. a., Rechnungslegung nach IFRS, 2. Aufl., Teil A, Kap. II, S. 63.

348 Vgl. CF (2010).BC3.42. Dies gilt im Speziellen für Anhangangaben über Finanzinstrumente, die zwar komplex, aber für den Adressaten relevant sind, PELLENS, B. U. A., Internationale Rechnungslegung, S. 110.

349 Vgl. hier und für den folgenden Satz CF.2.36.

350 Trotzdem können Finanzberichte nicht alle Informationen umfassen, die individuelle Adressaten(-gruppen) als entscheidungsnützlich erachten, vgl. CF.2.41. Zu den hiermit verbundenen Wesentlichkeitsüberlegungen vgl. Abschnitt 331.2. Die Abwägung ist aufgrund der erschwerten quantifizierbaren Schätzung des Nutzens allerdings nur eingeschränkt möglich, vgl. WAWRZINEK, W./LÜBBIG, M., in: Beck IFRS HB, 5. Aufl., § 2, Rn. 95, und PELLENS, B. U. A., Internationale Rechnungslegung, S. 110. Deshalb wird der Abwägung z. T. überwiegend konzeptionelle Bedeutung zugesprochen, vgl. HEUSER, P. J./THEILE, C., in:

den Bereitsteller der Informationen in Form ihrer Sammlung, Aufbereitung und Verbreitung. Kapitalgeber tragen die Kosten indirekt durch verringerte Renditen. Zudem entstehen ihnen durch die erforderliche Analyse und Interpretation von Informationen weitere Kosten.[351] Das *Conceptual Framework* äußert sich diesbezüglich dahingehend, dass die Kosten in einem angemessenen Verhältnis zu dem Nutzen stehen müssen, der durch die Berichterstattung über die ökonomischen Sachverhalte entsteht (**Aspekt der Wirtschaftlichkeit**).[352] Dieses Argument kann auch als Begründung dafür herangezogen werden, dass Finanzberichte nicht alle Informationen bereitstellen können, die jeder Adressat relevant findet.[353] Der Standardsetzer berücksichtigt Kosten-Nutzen-Abwägungen im Übrigen auch bei der Entwicklung neuer Standards.[354]

34 Auslegung bestehender Regelungen und Schließung von Regelungslücken nach IAS 8

341. Prinzipienorientierung der IFRS

Die IFRS sind ein **prinzipienbasiertes Normensystem**.[355] Die Prinzipienorientierung lässt sich in den Aussagen des Standardsetzers erkennen und ist in überwiegenden Teilen des Schrifttums anerkannt.[356] Aus der Prinzipienorientierung folgen hohe Anforderungen in der praktischen Umsetzung der Rechnungslegungsstandards.[357] Diese werden besonders in Situationen ersichtlich, in denen spezifische Sachverhalte weder unmittelbar durch die Regelungen noch mittelbar durch ihre begleitenden Dokumente erfasst werden[358] und Bilanzierungslösungen aus der Betrachtung übergeordneter Prinzipien abgeleitet werden müssen.[359] Die Vorschriften bedürfen in

IFRS Handbuch, 5. Aufl., S. 93. Der Board unterstellt positive Wirkungen auf die Effizienz der Kapitalmärkte und niedrigere Kapitalkosten in der Gesamtökonomie, vgl. CF.2.41.

351 Vgl. CF.2.40.

352 Vgl. CF.2.39; BAETGE, J./KIRSCH, H.-J./THIELE, S., Bilanzen, S. 156; weiterführend HOLZEDER, K./KAHRE, B., Das Verhältnis von Kosten und Nutzen bei der Normierung der internationalen Rechnungslegung, S. 2011–2015.

353 Vgl. CF.2.41.

354 Ihr Nutzen aus der Berichterstattung wird den entstehenden Kosten gegenübergestellt, vgl. CF.2.42 f.

355 Vgl. dazu auch Abschnitt 31, außerdem für diesen und den folgenden Satz IFRS FOUNDATION (Hrsg.), Due Process Handbook, Rn. 1.1 und Rn. 3.27, ferner Rn. 5.15, die neben der Prinzipienorientierung auch das Erfordernis einer gewissen Praktikabilität durch eine angemessene Detaillierung fordert.

356 Vgl. m. w. N. RUHNKE, K./NERLICH, C., Behandlung von Regelungslücken, S. 389; ERB, C./PELGER, C., Vorstellungen vom neuen Rahmenkonzept, S. 1058; HAUCK, A./PRINZ, U., Auslegung IAS/IFRS, S. 639 und implizit S. 640; m. w. N. und abwägend NERLICH, C., Entwicklung einer Auslegungsmethodik für IFRS, S. 231–233; auf die Gefährdung dieses Ansatzes durch die Konvergenzprojekte mit dem FASB hinweisend WAWRZINEK, W./LÜBBIG, M., in: Beck IFRS HB, 5. Aufl., § 2, Rn. 1. Gleichwohl weisen die begleitenden Materialien (Anhänge, Ergänzungen oder illustrierende Beispiele) z. T. einen regelungsbasierten Charakter auf, vgl. dazu und zur Diskussion um Prinzipien- oder Regelorientierung besonders mit Bezug auf IFRS und US-GAAP LÜDENBACH, N./HOFFMANN, W.-D./FREIBERG, J., in: Haufe IFRS-Kommentar, 16. Aufl., § 1, Rn. 42–48.

357 Die IFRS-Anwender müssen die Regelungsgrundsätze auf ihre spezifischen, abzubildenden Sachverhalte beziehen und dabei die begleitenden Rahmenumstände beachten, vgl. RUHNKE, K./NERLICH, C., Behandlung von Regelungslücken, S. 389; gleichwohl wird die Prinzipienbasierung gegenüber einem Regelbezug für die IFRS als geeigneter beurteilt, vgl. KÜHNBERGER, M./ZAUMSEIL, P., Prinzipien- oder regelbasierte IFRS, S. 523–525.

358 Vgl. CF.SP1.1 (b); WAWRZINEK, W./LÜBBIG, M., in: Beck IFRS HB, 5. Aufl., § 2, Rn. 115.

359 Vgl. KLEINMANNS, H., Offene Gesellschaft der IFRS-Interpreten, S. 1325.

diesen Fällen einer **Auslegung** durch den Bilanzierenden.[360] Darüber hinaus existieren Sachverhalte, die die Regelungen der IFRS auch unter Berücksichtigung einer umfassenden Auslegung nicht erfassen. Solche **Regelungslücken** erfordern spezifische Vorschriften des Standardsetzers zum Umgang mit diesen.[361]

342. Grundlegendes Vorgehen und Anwendungsbereich

Innerhalb der IFRS[362] wird der Umgang mit **Regelungslücken** durch IAS 8 *Accounting Policies, Changes in Accounting Estimates and Errors* geregelt. Der Standard schreibt Kriterien zur Auswahl einer Rechnungslegungsmethode beim Vorliegen einer solchen „planwidrigen Unvollständigkeit“[363] vor.[364] Als Rechnungslegungsmethoden werden spezifische Prinzipien, grundlegende Überlegungen, Konventionen, Regeln oder Praktiken definiert, die im Rahmen der Erstellung und Darstellung eines Abschlusses verwendet werden.[365]

Grundlegend hat das Management im Falle einer fehlenden IFRS-Regelung eine Ermessensentscheidung darüber zu treffen, welche Rechnungslegungsmethode für den betroffenen Sachverhalt anzuwenden ist. Das Ausbleiben kann sich einerseits auf die Regelung als Ganzes, also auf einen fehlenden IFRS, beziehen (**Regelungslücke**).[366] Andererseits kann auch eine Lücke

---

360 Vgl. BUSCH, J./BOECKER, C., Conceptual Framework, S. 270; BEINSEN, B./WAGENHOFER, A., Verhältnis des IASB zum Vorsichtsprinzip, S. 413; zur besonderen Schwierigkeit aufgrund einer fehlenden Systematik von Prinzipien und Begrifflichkeiten SCHRUFF, W., Spannungsfeld zwischen Cashflow-Prognose und Rechenschaft, S. 856.

361 Vgl. KLEINMANNS, H., Offene Gesellschaft der IFRS-Interpreten, S. 1325; Zur Dringlichkeit solcher Regelungen RUHNKE, K./NERLICH, C., Behandlung von Regelungslücken, S. 389.

362 In der Europäischen Union haben die IFRS durch die IAS-Verordnung (Verordnung Nr. 1606/2002) ihren Charakter als unverbindliche und durch ein privates Gremium verfasste Regelungen verloren. Sie wurden in Gestalt der sog. endorsed IFRS, zu geltendem europäischen Recht mit verbindlicher Wirkung. Die Auslegung bzw. Lückenfüllung des europäischen Rechtes, besonders dieser endorsed IFRS, kommt den nationalen Gerichten bzw. in letzter Instanz dem EuGH zu. In der folgenden Untersuchung wird so weit wie möglich von diesen Auslegungsbefugnissen abstrahiert, da auf den aktuellsten Regelungskanon des IASB, und nicht auf die in europäisches Recht übernommenen IFRS abgestellt wird. Es wird daher auf die eigenständigen Hinweise zur Auslegung und Lückenfüllung innerhalb der IFRS, namentlich des IAS 8, rekurriert. Vgl. zur Diskussion um die Auslegungskompetenzen der endorsed IFRS KÜTING, K./RANKER, D., Auslegung der endorsed IFRS, S. 2510 f.; SCHÖN, W., Kompetenzen der Gerichte zur Auslegung von IAS/IFRS, S. 764–768; WOJCIK, K.-P., IAS/IFRS als europäisches Recht, S. 96–120; METZ, C., Unternehmenskauf, S. 17.

363 CANARIS, C.-W., Lücken im Gesetz, S. 39 bzw. auf die IFRS bezogen eine „planwidrige Unvollständigkeit im internationalen Normensystem“ nach RUHNKE, K./NERLICH, C., Behandlung von Regelungslücken, S. 391. Der Gesetzgeber hat einen bestimmten Zweck mit der Gesetzesregelung beabsichtigt bzw. einen Plan verfolgt, hat ihn aber nicht im Gesetzeswortlaut umgesetzt, vgl. TIPKE, K., in: Handwörterbuch unbestimmter Rechtsbegriffe, Teil A. Grundsätzliches: Auslegung unbestimmter Rechtsbegriffe, S. 10.

364 Vgl. IAS 8.1. Zudem regelt der Standard, wie Änderungen von Rechnungslegungsmethoden, Änderungen von rechnungslegungsbezogenen Schätzungen und Fehlerkorrekturen zu bilanzieren sind und welche Offenlegungspflichten hierfür bestehen. Diese Regelungen werden hier nicht weiter betrachtet.

365 Vgl. IAS 8.5.

366 Die Konstellation wird auch als *Regelungslücke* bezeichnet, vgl. CANARIS, C.-W., Lücken im Gesetz, S. 59–61; LARENZ, K., Methodenlehre der Rechtswissenschaft, S. 370–373.

innerhalb eines bestehenden Standards vorliegen, sodass der betroffene Sachverhalt nicht vollständig geregelt wird (**Normlücke**).[367] Neben der Unterscheidung von Regelungs- und Normlücken können Lücken gemäß ihrer „Unvollständigkeit zum Wortlaut“[368] in **offene und verdeckte Lücken** differenziert werden.[369] Lücken werden als offen bezeichnet, wenn die fehlende Regelung zu erwarten gewesen wäre. Hingegen sind sie verdeckt, wenn zwar grundsätzlich eine Regelung für den betroffenen Sachverhalt vorliegt, diese aber nicht anwendbar ist, weil sie die bedeutsamen Charakteristika der Fallkonstellation nicht berücksichtigt und insofern eine Ausnahmeregelung fehlt. Verdeckte Lücken sind daher nicht unmittelbar zu erkennen.[370]

Auch bei Regelungen, die einer **Auslegung** bedürfen, kann die Sichtweise vertreten werden, dass die zwingende Voraussetzung einer fehlenden ausdrücklichen Norm erfüllt und IAS 8 anwendbar ist.[371] Auslegen bedeutet dabei „ein vermittelndes Tun, durch das sich der Auslegende den Sinn eines Textes, der ihm problematisch geworden ist, zum Verständnis bringt“[372]. Im IFRS-Kontext ist die Auslegung von **unbestimmten Rechtsbegriffen**, die auch in den Regelungen des IFRS 16 (bspw. bei der Ermittlung der Dauer eines Leasingverhältnisses) von Bedeutung sind, grundlegend für ihre Anwendung.[373] Das Vorgehen gemäß IAS 8 kann auf diesen Auslegungsanlass ohne Weiteres angewendet werden.[374] Zudem ist die Grenze zwischen Auslegung und Lückenfüllung nicht trennscharf. [375] Denn eine Lücke ergibt sich gerade erst, wenn die Regelung auch unter Zuhilfenahme der Auslegung nicht auf den betroffenen Sachverhalt angewendet werden kann. Die Auslegung geht insofern der Lückenschließung voraus.[376] Die Vorgehensweisen verschwimmen deshalb.[377] Beide Anwendungsfälle sind somit miteinander

---

367 Solche Lücken können vorliegen, indem für eine Fallkonstellation im Wesentlichen alle Aspekte festgelegt, indes einzelne Bereiche innerhalb des IFRS, bspw. der Folgebewertung, nicht klargestellt werden, vgl. KLEINMANNS, H., Offene Gesellschaft der IFRS-Interpreten, S. 1326; RUHNKE, K./NERLICH, C., Behandlung von Regelungslücken, S. 390. Dieser Fall stellt eine Normlücke dar, vgl. auch zu Beispielen CANARIS, C.-W., Lücken im Gesetz, S. 59–61; LARENZ, K., Methodenlehre der Rechtswissenschaft, S. 370–373.

368 WOJCIK, K.-P., IAS/IFRS als europäisches Recht, S. 282.

369 Vgl. hier und im Folgenden RUHNKE, K./NERLICH, C., Behandlung von Regelungslücken, S. 390; TIPKE, K., in: Handwörterbuch unbestimmter Rechtsbegriffe, Teil A. Grundsätzliches: Auslegung unbestimmter Rechtsbegriffe, S. 10 f.; NERLICH, C., Entwicklung einer Auslegungsmethodik für IFRS, S. 31.

370 Vgl. WOJCIK, K.-P., IAS/IFRS als europäisches Recht, S. 282. Gleichwohl folgern RUHNKE/NERLICH aus dem Wortlaut des IAS 8, dass nur offene Regelungslücken Betrachtungsobjekt der Regelungen sind, vgl. RUHNKE, K./NERLICH, C., Behandlung von Regelungslücken, S. 391.

371 Vgl. RUHNKE, K./NERLICH, C., Behandlung von Regelungslücken, S. 390; BAETGE, J. U. A., in: Baetge u. a., Rechnungslegung nach IFRS, 2. Aufl., Teil A, Kap. II, Rn. 30; KLEINMANNS, H., Offene Gesellschaft der IFRS-Interpreten, S. 1326; SCHNEIDER, S., Auslegung der IFRS bei Softwareentwicklung, S. 144; implizit WAWRZINEK, W./LÜBBIG, M., in: Beck IFRS HB, 5. Aufl., § 2, Rn. 115, die die Voraussetzung der Anwendung des IAS 8 durch das Fehlen einer „eindeutige[n, Anm. d. Verf.] Antwort“ der IFRS umschreiben. Darunter können sowohl auslegungsbedürftige Regelungen als auch Regelungslücken verstanden werden. Gleichwohl A. A. NERLICH, C., Entwicklung einer Auslegungsmethodik für IFRS, S. 220–226; WOJCIK, K.-P., IAS/IFRS als europäisches Recht, S. 287.

372 LARENZ, K., Methodenlehre der Rechtswissenschaft, S. 204.

373 Vgl. dazu Abschnitt 433.

374 Vgl. METZ, C., Unternehmenskauf, S. 40–43; RUHNKE, K./NERLICH, C., Behandlung von Regelungslücken, S. 390.

375 Vgl. m w. N. NERLICH, C., Entwicklung einer Auslegungsmethodik für IFRS, S. 31.

376 Vgl. RUHNKE, K./NERLICH, C., Behandlung von Regelungslücken, S. 390 und 394.

377 Vgl. m w. N. NERLICH, C., Entwicklung einer Auslegungsmethodik für IFRS, S. 31.

verknüpft; sie sind Bestandteil „desselben gedanklichen Verfahrens“.[378] Aufgrund der vorstehenden Argumente wird im Folgenden von einer **analogen Anwendung** des Vorgehens in IAS 8 **für Fragen der Auslegung** ausgegangen.

343. Ziel der Lückenschließung bzw. der Auslegung

Das Management hat bei seiner Ermessensentscheidung zum Umgang mit fehlenden Regelungen die Zielvorgaben des IAS 8 zu berücksichtigen.[379] Diese orientieren sich ausschließlich an den fundamentalen und fördernden qualitativen Anforderungen der IFRS-Rechnungslegung.[380] Demnach soll die Rechnungslegungsmethode, die aus den Überlegungen resultiert, für die Adressaten **entscheidungsnützlich**, also relevant und verlässlich sein.[381] Die Verlässlichkeit der anzuwendenden Methode wird dahingehend konkretisiert, dass sie glaubwürdig darzustellen ist und der wirtschaftlichen Betrachtungsweise, dem Neutralitäts- und Vorsichtsprinzip sowie dem Vollständigkeitsgedanken entspricht.[382]

Die Zielvorgaben zu den qualitativen Anforderungen, besonders der Bezug auf die Verlässlichkeit, beziehen sich in der derzeit gültigen Fassung des IAS 8 aus dem Jahr 2003[383] noch auf das 1989 veröffentlichte *Framework*. Die konzeptionellen Vorgaben sind insofern veraltet. Das hat auch der IASB erkannt und initiierte 2014 ein Projekt zur Identifikation von Inkonsistenzen zwischen bestehenden Standards und dem *Exposure Draft* des *Conceptual Framework*.[384] Besonders IAS 1 und IAS 8 sollten betrachtet werden, da ihre Regelungen unmittelbar auf denen des Rahmenkonzepts aufsetzen.[385] Nach den Projektvorschlägen werden die Vorgaben des IAS 8 konsequenterweise dahingehend geändert, dass das Kriterium der Verlässlichkeit durch jenes der **glaubwürdigen Darstellung ersetzt** wird.[386] Die fördernden qualitativen Anforderungen finden sich in den Zielvorgaben der neuen Fassung des IAS 8 hingegen nicht wieder.[387]

---

378 Vgl. LARENZ, K., Methodenlehre der Rechtswissenschaft, S. 366 f.

379 Vgl. WOJCIK, K.-P., IAS/IFRS als europäisches Recht, S. 286.

380 Vgl. RUHNKE, K./NERLICH, C., Behandlung von Regelungslücken, S. 392, und die Ausführungen in Abschnitt 33.

381 Vgl. IAS 8.10 (a) und (b); WAWRZINEK, W./LÜBBIG, M., in: Beck IFRS HB, 5. Aufl., § 2, Rn. 115.

382 Vgl. IAS 8.10 (b) (i) bis (v).

383 Vgl. IAS 8, S. 1.

384 Vgl. IASB (Hrsg.), Staff Paper 10G (October 2014), Rn. 3; ausführlich dazu IASB (Hrsg.), Staff Paper 10D (October 2014), Rn. 6–11.

385 Vgl. IASB (Hrsg.), Staff Paper 10G (October 2014), Rn. 4 f.

386 Vgl. IASB (Hrsg.), Staff Paper 10G (October 2014), Rn. 10 der *proposed amendments*. Vgl. zu den fundamentalen qualitativen Anforderungen des *Conceptual Framework* auch Abschnitt 331. Die Glaubwürdigkeit wird, wie auch im *Exposure Draft ED/2015/3*, durch die Kriterien der Vollständigkeit, Neutralität (mit expliziter Hervorhebung des Vorsichtsprinzips) und Fehlerfreiheit sowie ferner die wirtschaftliche Betrachtungsweise konkretisiert.

387 Auch in der gültigen Fassung des IAS 8 wird nicht auf alle Anforderungen bzw. Prämissen des *Framework (1989)* abgestellt, gleichwohl ergibt sich aus IAS 8.11 implizit eine grundsätzliche Berücksichtigung. Der künftige IAS 8 geht denselben Weg, denn dort werden die Konzepte des *Conceptual Framework* in der Gesamtheit als beachtenswerte Quelle genannt. Insofern kommt den übergangenen Anforderungen eine implizite Bindungswirkung zu, vgl. RUHNKE, K./NERLICH, C., Behandlung von Regelungslücken, S. 392, und IASB (Hrsg.), Staff Paper 10G (October 2014), Rn. 12 der *proposed amendments*.

Es ist davon auszugehen, dass die genannten Änderungen nach der jüngsten Veröffentlichung der Neufassung des *Conceptual Framework* in absehbarer Zeit übernommen werden.[388] Daher wird in der Untersuchung hinsichtlich der Zielvorgaben des IAS 8 auf die zu erwartenden Neuerungen rekurriert.[389]

344. Quellen für die Lückenschließung bzw. Auslegung

IAS 8 schreibt für die Betrachtung möglicher Quellen zur Auslegung bzw. Lückenschließung eine Anwendungshierarchie vor.[390] So hat das Management im Rahmen der Beurteilung einer geeigneten, also entscheidungsnützlichen Rechnungslegungsmethode[391] im ersten Schritt andere IFRS, die **ähnliche oder mit dem zu beurteilenden Geschäftsvorfall verwandte Sachverhalte** regeln, heranzuziehen.[392] Dabei sollen nur die integralen und verpflichtenden Bestandteile der Standards und Interpretationen[393] betrachtet werden. Darüber hinaus gehende Dokumente zu Standards, die keine verpflichtend anzuwendenden Regelungen enthalten, sind nicht zu berücksichtigen.[394] Regelungen sind sich ähnlich oder miteinander verwandt, wenn ihre Übernahme auf den zu klärenden Sachverhalt über einen **Analogieschluss** möglich ist.[395] Bei der Einzelanalogie wird eine einzelne Vorschrift auf einen ähnlichen, nicht geregelten Sachverhalt übertragen.[396] Für die Gesamtanalogie wird aus mehreren Vorschriften, die unterschiedliche Tatbestände mit denselben Rechtsfolgen verbinden, ein allgemeiner Rechtsgrundsatz gefolgert. Dieser wird dann auf den zu klärenden Sachverhalt übertragen.[397]

---

388 Vgl. IASB (Hrsg.), Staff Paper 10G (October 2014), S. 5 und S. 10.

389 Vgl. ebenfalls antizipierend u. a. GIMPEL-HENNING, N., Sukzessive Anteilserwerbe im IFRS-Konzernabschluss, S. 30; PELLENS, B. U. A., Internationale Rechnungslegung, S. 71. Unabhängig von der diesbezüglichen Überarbeitung des IAS 8 unterliegt der Standard noch in weiteren Teilprojekten möglichen Anpassungen. Einerseits wird die Differenzierung zwischen Rechnungslegungsmethoden (*accounting policies*) und rechnungslegungsbezogenen Schätzungen (*accounting estimates*) überarbeitet, vgl. IASB (Hrsg.), ED/2017/5, S. 1–20; dazu BUSCH, J./ZWIRNER, C., Geplante Änderungen an IAS 1 und IAS 8, S. 12–15; zum aktuellsten Projektstand IASB (Hrsg.), Staff Paper 26 (March 2018), S.1–14. Andererseits sollen Erleichterungsvorschriften für rückwirkende Änderungen aufgrund geänderter Rechnungslegungsmethoden eingeführt werden, wenn die Änderungen freiwillig erfolgen (dabei wird vor allem auf *agenda decisions* des IFRS IC abgestellt), vgl. IASB (Hrsg.), ED/2018/1, S. 1–28 und die Projektseite auf der Homepage des Standardsetzers http://www.ifrs.org/projects/work-plan/accounting-policy-changes.

390 Vgl. IAS 8.11; RUHNKE, K./NERLICH, C., Behandlung von Regelungslücken, S. 392.

391 Vgl. IAS 8.10 (a).

392 Vgl. IAS 8.11 (a).

393 Diese sind den Standards in ihrer Bedeutung gleichgestellt, vgl. IAS 8.BC15; PELGER, C., Anforderungen im Conceptual Framework, S. 910.

394 Vgl. IAS 8.9.

395 Vgl. BLAUM, U./HOLZWARTH, J./WENDLANDT, G., in: Baetge u. a., Rechnungslegung nach IFRS, 2. Aufl., Teil B, IAS 8, Rn. 57. Auch der IASB weist durch seine Forderung im *Preface to IFRS*, gleichartige Sachverhalte gleichartig zu behandeln, dem Analogieverfahren eine besondere Bedeutung zu, vgl. IASB (Hrsg.), Preface to IFRS, Rn. 12.

396 Vgl. LARENZ, K., Methodenlehre der Rechtswissenschaft, S. 383.

397 Vgl. LARENZ, K., Methodenlehre der Rechtswissenschaft, S. 383 f.; WANK, R., Auslegung von Gesetzen, S. 90 f.; BYDLINSKI, F., Juristische Methodenlehre, S. 478.

Um einen Analogieschluss heranzuziehen, muss zunächst die **Analogiefähigkeit** der anderen Regelungen beurteilt werden.[398] Die zu verbindenden Sachverhalte müssen in den sachverhaltsspezifisch maßgeblichen Charakteristika übereinstimmen.[399] Sie müssen sich daher in den „für die in der gesetzlichen Regel zum Ausdruck kommende Wertung maßgeblichen Hinsichten"[400] entsprechen.[401] Falls mehr als eine Regelung ähnlich oder mit dem zu klärenden Sachverhalt verwandt ist, ist anhand der Betrachtung der Charakteristika des betrachteten Sachverhalts festzustellen, welche Regelung die größte Ähnlichkeit aufweist. Diese ist für den Analogieschluss heranzuziehen.[402] Die zu berücksichtigenden Regelungen sind für die Auslegung der jeweiligen Regelungsabschnitte des IFRS 16 unterschiedlich.[403]

Neben den ähnlichen oder verwandten IFRS fließen für die Ableitung einer entscheidungsnützlichen Bilanzierungsmethode im zweiten Schritt die **Definitionen, Ansatzkriterien und Bewertungskonzepte** des *Framework (1989)*[404] bzw. die Konzepte des neuen *Conceptual Framework for Financial Reporting (2018)*[405] in die Überlegungen ein. Mit den Beschreibungen der einzubeziehenden Regelungen sollen keine Inhalte ab- bzw. ausgegrenzt werden.[406] Vielmehr sind sämtliche Inhalte der Rahmenkonzepte einzubeziehen.[407]

Die Konsequenzen der **Hierarchie für die genannten Erkenntnisquellen** in der Anwendung werden aus den Ausführungen des IAS 8 nicht deutlich. Sie werden daher unterschiedlich ausgelegt. Einerseits könnte die sequenzielle Reihenfolge der Betrachtung gemeint sein. In diesem Fall würde auf das Rahmenkonzept als zweite Quelle nur dann abgestellt, wenn die erste Quelle keine Schlüsse auf eine geeignete Rechnungslegungsmethode zulässt.[408] Die Auslegung würde insofern „vom Besonderen zum Allgemeinen"[409] erfolgen, da erst nach der Betrachtung der

---

398 Vgl. RUHNKE, K./NERLICH, C., Behandlung von Regelungslücken, S. 391.

399 Dies ist explizit von der Übereinstimmung in sämtlichen heranzuziehenden Aspekten abzugrenzen, denn in diesem Fall wären die Regelungen gleich und somit nicht analogiefähig, vgl. METZ, C., Unternehmenskauf, S. 30. Eine Überschneidung in den maßgeblichen Eigenschaften grenzt die Ähnlichkeit ferner von der Ungleichheit ab, vgl. LARENZ, K., Methodenlehre der Rechtswissenschaft, S. 381.

400 LARENZ, K., Methodenlehre der Rechtswissenschaft, S. 381.

401 Vgl. weiterführend LARENZ, K., Methodenlehre der Rechtswissenschaft, S. 381 f.; TIPKE, K., in: Handwörterbuch unbestimmter Rechtsbegriffe, Teil A. Grundsätzliches: Auslegung unbestimmter Rechtsbegriffe, S. 10; A. A. zum Analogieverfahren CANARIS, C.-W., Lücken im Gesetz, S. 97–100.

402 Vgl. BLAUM, U./HOLZWARTH, J./WENDLANDT, G., in: Baetge u. a., Rechnungslegung nach IFRS, 2. Aufl., Teil B, IAS 8, Rn. 58.

403 So sind bspw. für die Vorschriften zum Ansatz und zur Bewertung jeweils andere Regelungen heranzuziehen, vgl. die entsprechenden Ausführungen des vierten Kapitels.

404 Vgl. IAS 8.11 (b).

405 Vgl. IASB (Hrsg.), Staff Paper 10G (October 2014), Rn. 11 der *proposed amendments*.

406 Das könnte aus dem Wortlaut der gültigen Regelungen gleichwohl gefolgert werden, vgl. IAS 8.11 (b).

407 Während dies aus den Konzepten des neuen *Conceptual Framework* deutlich wird, ergibt sich diese Folgerung für das alte *Framework (1989)* implizit aus den genannten Erkenntnisquellen und der Formulierung der überarbeiteten Standards; gl. A. GIMPEL-HENNING, N., Sukzessive Anteilserwerbe im IFRS-Konzernabschluss, S. 31.

408 Dieser Ansicht folgend WOJCIK, K.-P., IAS/IFRS als europäisches Recht, S. 289; BLAUM, U./HOLZWARTH, J./WENDLANDT, G., in: Baetge u. a., Rechnungslegung nach IFRS, 2. Aufl., Teil B, IAS 8, Rn. 59. Durch dieses Vorgehen würden den beiden Erkenntnisquellen gleichzeitig implizit unterschiedliche Bedeutungen zugemessen.

409 WOJCIK, K.-P., IAS/IFRS als europäisches Recht, S. 289.

Vorschriften der IFRS auf die allgemeinen Grundsätze des Rahmenkonzepts rekurriert wird.[410] Andererseits könnten beide Quellen gleichzeitig geprüft werden. Dem Rahmenkonzept würde jedoch in den Fällen, in denen die Quellen auf unterschiedliche Bilanzierungsmethoden hindeuten, in der Würdigung eine geringere Bedeutung zugesprochen, sofern dieses Vorgehen sachgerecht wäre. Dieses Vorgehen lehnt sich aufgrund der ganzheitlichen Betrachtung aller Kriterien an die **hermeneutische Methode** an,[411] was positiv zu beurteilen ist. Deshalb wird diese Auslegung der Quellenhierarchie bevorzugt. Die Untersuchung im vierten Kapitel der vorliegenden Arbeit legt dieses Verständnis zugrunde.

Neben den genannten verpflichtenden Erkenntnisquellen kann das Management **weitere Ressourcen** bei der Urteilsfindung heranziehen. Ihre Betrachtung weist allerdings einen **freiwilligen Charakter** auf.[412] Unter diese Ressourcen fallen die jüngsten Veröffentlichungen anderer Standardsetzer[413] mit einem ähnlich ausgerichteten konzeptionellen Grundgerüst, bspw. angelsächsisch geprägte Regelungen zur Rechnungslegung.[414] Aufgrund der Eigenheit des Überarbeitungsprojektes als gemeinsames Vorgehen von IASB und FASB sind hier vor allem die Äußerungen des FASB maßgeblich. Auch von deutschen Gremien veröffentlichte Standards bzw. Stellungnahmen, z. B. des Deutschen Rechnungslegungs Standards Committee e. V.[415] und des Instituts der Wirtschaftsprüfer in Deutschland e. V. können Teil der Überlegungen sein.[416] In dieser Arbeit sind vor allem Stellungnahmen der nationalen Gremien zum Standardsetzungsprozess von Bedeutung.

---

410 Vgl. METZ, C., Unternehmenskauf, S. 43.

411 Vgl. RUHNKE, K./NERLICH, C., Behandlung von Regelungslücken, S. 392.

412 So spricht IAS 8 in Rn. 10 von „[…] management *shall* […]", während Rn. 11 „[…] management *may* […]" formuliert, vgl. IAS 8.BC16 und BLAUM, U./HOLZWARTH, J./WENDLANDT, G., in: Baetge u. a., Rechnungslegung nach IFRS, 2. Aufl., Teil B, IAS 8, Rn. 60. Die Freiwilligkeit könnte Ausfluss der Sprachbarrieren und Wirtschaftlichkeitsüberlegungen sein, vgl. dazu auch RUHNKE, K./NERLICH, C., Behandlung von Regelungslücken, S. 393.

413 Die Eigenschaft der Aktualität dient dazu, die erlaubten Veröffentlichungen von zurückgezogenen oder ersetzten abzugrenzen. Insofern sind auch weniger aktuelle Veröffentlichungen, auf die die Ausnahmetatbestände hinweisen, einbeziehungswürdig, vgl. IAS 8.BC18.

414 Vgl. IAS 8.12. Darunter fallen insbesondere die US-GAAP, UK-GAAP, Australian GAAP oder Canadian GAAP. Besonders zur Eignung der US-GAAP SCHNEIDER, S., Auslegung der IFRS bei Softwareentwicklung, S. 146; NERLICH, C., Entwicklung einer Auslegungsmethodik für IFRS, S. 312. Indes zu ihrer Berücksichtigung mit Verweis auf die kasuistischen Regelungen kritisch und m. w. N. WOJCIK, K.-P., IAS/IFRS als europäisches Recht, S. 289. Darüber hinaus können auch die Verlautbarungen Berücksichtigung finden, vgl. BLAUM, U./HOLZWARTH, J./WENDLANDT, G., in: Baetge u. a., Rechnungslegung nach IFRS, 2. Aufl., Teil B, IAS 8, Rn. 62.

415 Hier ist allerdings zwischen Standards und weiteren Meinungsäußerungen zu unterscheiden, vgl. RUHNKE, K./NERLICH, C., Behandlung von Regelungslücken, S. 393.

416 Hinsichtlich des IDW ist die Literaturmeinung geteilt; derselben Ansicht sind BLAUM, U./HOLZWARTH, J./WENDLANDT, G., in: Baetge u. a., Rechnungslegung nach IFRS, 2. Aufl., Teil B, IAS 8, Rn. 62. Auf die Erarbeitung von Stellungnahmen und Verlautbarungen und somit auf die fehlende Rechtsverbindlichkeit hinweisend und diese von den rechtskräftigen Normen des DRSC abgrenzend WAWRZINEK, W./LÜBBIG, M., in: Beck IFRS HB, 5. Aufl., § 2, Rn. 115; RUHNKE, K./NERLICH, C., Behandlung von Regelungslücken, S. 393. Im Endergebnis weisen alle Quellen gleichwohl implizit dieselbe Bedeutung auf, vgl. Fn. 420.

Zudem kann weitere Rechnungslegungsliteratur in die Betrachtung einbezogen werden. Darunter sind vor allem Beiträge in Fachzeitschriften, Kommentierungen, Dissertationen und Monographien zu subsumieren.[417] Das diesbezüglich zitierte Schrifttum entstammt aufgrund der Aktualität des Betrachtungsobjektes mehrheitlich der jüngeren Vergangenheit. Schließlich können allgemein akzeptierte Industriepraktiken in die Überlegungen eingehen.[418] Diese Erkenntnisquelle kann für die vorliegende Arbeit aufgrund der Aktualität des Betrachtungsobjektes vernachlässigt werden. Ergänzend können Stellungnahmen von Branchenverbänden oder Agenturen herangezogen werden.[419] Nicht durch IAS 8 explizit adressiert, gleichwohl im Kontext der Untersuchung besonders relevant, sind die Veröffentlichungen des IASB während des Standardsetzungsprozesses und die diesbezügliche Kommentierung.

Diese weiteren Erkenntnisquellen und ihre Konkretisierungen unterliegen **keiner weiteren Hierarchie** hinsichtlich ihrer Bedeutung oder Betrachtungsreihenfolge.[420] Für die Untersuchung in dieser Arbeit kommt der genannten Rechnungslegungsliteratur sowie den Veröffentlichungen von Standardsetzern im Kontext des Überarbeitungsprozesses die überragende Bedeutung zu. Die Rechnungslegungsmethode, die auf der Grundlage dieser Quellen hergeleitet wird, darf nicht mit den verpflichtend zu berücksichtigenden Erkenntnisquellen des IAS 8.11 **konfligieren**.[421] Die Vielfalt der Bilanzierungsmethoden, die sich durch die Prüfung der weiteren Erkenntnisquellen ergibt, wird somit durch die Orientierung an anderen IFRS und am Rahmenkonzept relativiert.[422]

345. Integration in den hermeneutischen Auslegungsprozess

Die Regelungen des IAS 8.10–12 sind in erster Linie auf den Anwendungsfall bestehender Regelungslücken bezogen.[423] Regelungslücken unterscheiden sich von Auslegungsfragen insofern, als der Auslegung eine existierende, auszulegende Vorschrift zugrunde liegt.[424] Das Vorgehen gemäß IAS 8 sollte aufgrund dieses maßgeblichen Unterschieds nicht isoliert auf Auslegungsfragen angewendet werden, sondern in den **hermeneutischen Auslegungsprozess** integriert werden.[425] Das Ziel einer hermeneutischen Auslegung ist es, unter Heranziehung aller

---

417 Vgl. BLAUM, U./HOLZWARTH, J./WENDLANDT, G., in: Baetge u. a., Rechnungslegung nach IFRS, 2. Aufl., Teil B, IAS 8, Rn. 64.

418 Da solche Vorgehensweisen maßgeblich von den anwendenden Unternehmen gestaltet werden, muss ihre Betrachtung insbesondere unter Einbezug mehrerer Unternehmen ausgewogen sein.

419 Vgl. BLAUM, U./HOLZWARTH, J./WENDLANDT, G., in: Baetge u. a., Rechnungslegung nach IFRS, 2. Aufl., Teil B, IAS 8, Rn. 64; RUHNKE, K./NERLICH, C., Behandlung von Regelungslücken, S. 393.

420 Dies wird implizit aus den Formulierungen des IAS 8.12 deutlich; vgl. auch WOJCIK, K.-P., IAS/IFRS als europäisches Recht, S. 288. Bei den verpflichtend anzuwendenden Quellen gem. IAS 8.11 stellte der Standard hingegen explizit auf eine Betrachtungsreihenfolge ab, vgl. Fn. 390.

421 Vgl. IAS 8.12 und IAS 8.BC17; BLAUM, U./HOLZWARTH, J./WENDLANDT, G., in: Baetge u. a., Rechnungslegung nach IFRS, 2. Aufl., Teil B, IAS 8, Rn. 61.

422 WOJCIK, K.-P., IAS/IFRS als europäisches Recht, S. 289.

423 Vgl. Abschnitt 342.

424 Vgl. RUHNKE, K./NERLICH, C., Behandlung von Regelungslücken, S. 389.

425 Vgl. GIMPEL-HENNING, N., Sukzessive Anteilserwerbe im IFRS-Konzernabschluss, S. 33. Dies gilt besonders für die in IAS 8 genannten Erkenntnisquellen, wie in den folgenden Ausführungen deutlich wird.

anerkannten Auslegungskriterien den Sinn der betrachteten Regelung sukzessive zu verstehen und anhand dessen eine geeignete Rechnungslegungsmethode zu erschließen.[426]

Die Auslegung bezieht die Betrachtung des Wortlauts und Wortsinns der Norm (**semantische Auslegung**) ein.[427] Diese sind unter Berücksichtigung des allgemeinen Sprachgebrauchs und des besonderen Sprachgebrauchs im geltenden Rechtskanon, in diesem Kontext die spezifische Bedeutung der Sprache innerhalb der IFRS, zu untersuchen.[428] Auf diese Weise können Anhaltspunkte für den Sinn und den Zweck der Regelung, bzw. ausgewählten Regelungen des IFRS 16, erschlossen werden.[429] Mittels der **systematischen Auslegung** wird die auszulegende Regelung in ihren Kontext eingeordnet,[430] um sie dann als Teil des gesamten Regelungskanons zu würdigen.[431] Sie berücksichtigt somit besonders die Forderung nach einem konsistenten Regelungskanon (sog. Gleichheitsgrundsatz).[432] Insofern wird IFRS 16 verschiedentlich im Kontext anderer IFRS betrachtet. Hier finden sich auch die in IAS 8.11 genannten Analogieschlüsse aus anderen IFRS oder der Rückgriff auf das Rahmenkonzept als verpflichtende Erkenntnisquellen wieder.[433]

Darüber hinaus kann die Regelung **historisch ausgelegt** werden. Auf diese Weise werden die Entstehungs- und die Entwicklungsgeschichte der Vorschrift berücksichtigt und diesbezügliche Gesetzesmaterialien betrachtet.[434] Die historische Auslegung kann für IFRS-Regelungen zuweilen recht umfassend sein, da zusätzlich zu den Standards zunehmend mehr begleitende Materialien veröffentlicht werden. Besonders die illustrierenden Beispiele (*illustrative examples*), die Grundlagen für Schlussfolgerungen (*basis for conclusions*), abweichende Meinungen (*dissenting opinions*), aber auch Arbeitspapiere zu den Sitzungen des IASB bzw. des IFRS IC

---

426 GIMPEL-HENNING, N., Sukzessive Anteilserwerbe im IFRS-Konzernabschluss, S. 33; TIPKE, K., in: Handwörterbuch unbestimmter Rechtsbegriffe, Teil A. Grundsätzliches: Auslegung unbestimmter Rechtsbegriffe, S. 5; BAETGE, J./KIRSCH, H.-J./THIELE, S., Bilanzen, S. 109–113.

427 Vgl. CASSEL, J., Unternehmensbewertung im IFRS-Abschluss, S. 92.

428 Vgl. LARENZ, K., Methodenlehre der Rechtswissenschaft, S. 320. Zu den Herausforderungen, die aus der Mehrsprachigkeit der endorsed IFRS erwachsen, vgl. WOJCIK, K.-P., IAS/IFRS als europäisches Recht, S. 268; die Bedeutung der Qualität der Übersetzung hervorhebend HAUCK, A./PRINZ, U., Auslegung IAS/IFRS, S. 639.

429 Ein eindeutiger Wortsinn wird sich gleichwohl weder für den allgemeinen noch für den speziellen Sprachgebrauch ergeben, vgl. NERLICH, C., Entwicklung einer Auslegungsmethodik für IFRS, S. 39, und illustrierend LARENZ, K., Methodenlehre der Rechtswissenschaft, S. 321.

430 Vgl. VOGENAUER, S., Auslegung von Gesetzen, S. 1257. Diese ist annahmegemäß besonders bedeutsam für das richtige Verständnis der Regelung, vgl. LARENZ, K., Methodenlehre der Rechtswissenschaft, S. 324 f.

431 Vgl. RIESENHUBER, K., in: Methoden des Europäischen Privatrechts, § 8: Die Auslegung, S. 194.

432 Vgl. CASSEL, J., Unternehmensbewertung im IFRS-Abschluss, S. 93. Dieser äußert sich auch im *Preface to IFRS*, vgl. IASB (Hrsg.), Preface to IFRS, Rn. 12.

433 Vgl. GIMPEL-HENNING, N., Sukzessive Anteilserwerbe im IFRS-Konzernabschluss, S. 33.

434 Vgl. WANK, R., Auslegung von Gesetzen, S. 68–70; CASSEL, J., Unternehmensbewertung im IFRS-Abschluss, S. 94; RÖHL, K. F., Allgemeine Rechtslehre, S. 599; als Perspektive der genetiven Auslegung darstellend RÖHL, K. F./RÖHL, H. C., Allgemein Rechtslehre, S. 619 f.; TIPKE, K., in: Handwörterbuch unbestimmter Rechtsbegriffe, Teil A. Grundsätzliches: Auslegung unbestimmter Rechtsbegriffe, S. 7.

(*staff paper*) können hilfreich sein.[435] Für die historische Auslegung werden besonders die Materialien des Überarbeitungsprozesses hinzugezogen.

Zudem kann die **objektiv-teleologische Auslegung** angewendet werden. Dabei wird die Regelung anhand ihres Grundgedankens und des „objektive[n, Anm. d. Verf.] Zweck[s] des Rechts“[436] ausgelegt.[437] Diese Auslegungsmethode ist durch die Vorschrift IAS 8.10, die bei der Herleitung einer Rechnungslegungsmethode eine Orientierung an den Zielen der IFRS-Rechnungslegung – also ebendiesem Rechtszweck – vorschreibt, bereits implizit Teil des IAS 8.[438] Der spezifische Zweck einer Einzelregelung ist zwar hilfreich für die Auslegung. Er ist indes nur unregelmäßig zu erkennen, da sie entweder gar nicht oder nur unzureichend präzise formuliert werden.[439] Im Übrigen können für die Auslegung noch der Bedeutungszusammenhang der Vorschrift herangezogen und die Verfassungskonformität geprüft werden.[440]

Die beschriebenen Auslegungskriterien unterliegen **keiner festen Rangfolge** hinsichtlich ihrer Heranziehung.[441] Ihre individuelle Bedeutung ist vielmehr im betrachteten Einzelfall zu prüfen.[442] Dies gilt auch für die Auslegung der Vorschriften des IFRS 16 als ein Gegenstand der Untersuchung. Die Methoden werden aufgrund ihrer situativen Eignung für spezifische Regelungsaspekte in unterschiedlichem Maße herangezogen. Der historischen Auslegung kommt aufgrund der Eigenschaft der Vorschriften als Ergebnis des jüngst abgeschlossenen Überarbeitungsprojektes durchgehend eine hohe Bedeutung zu.

35 Zwischenfazit

Die Zielsetzung des IFRS-Abschlusses ist die Vermittlung von Finanzinformationen, die den primären Adressaten für ihre Entscheidungen über die Bereitstellung von Ressourcen an die berichterstattende Einheit nützlich sind. Um entscheidungsnützlich zu sein, müssen die vermittelten Informationen fundamentalen und fördernden qualitativen Anforderungen entsprechen. Die konzeptionelle Zielsetzung stellt einen bedeutsamen Bezugspunkt beim Umgang mit Regelungslücken und bei der Auslegung bestehender Regelungen dar. So soll die durch das Management für den entsprechenden Sachverhalt bestimmte Rechnungslegungsmethode gemäß

---

435 Gl. A. GIMPEL-HENNING, N., Sukzessive Anteilserwerbe im IFRS-Konzernabschluss, S. 33.

436 Vgl. LARENZ, K., Methodenlehre der Rechtswissenschaft, S. 333.

437 Vgl. LARENZ, K., Methodenlehre der Rechtswissenschaft, S. 332 f.; TIPKE, K., in: Handwörterbuch unbestimmter Rechtsbegriffe, Teil A. Grundsätzliches: Auslegung unbestimmter Rechtsbegriffe, S. 6. Diese Methode wird z. T. als ein den weiteren Methoden übergeordnetes Vorgehen angesehen, vgl. etwa TIPKE, K., in: Handwörterbuch unbestimmter Rechtsbegriffe, Teil A. Grundsätzliches: Auslegung unbestimmter Rechtsbegriffe, S. 7; RÜTHERS, B./FISCHER, C./BIRK, A., Rechtstheorie, Rn. 725–729; m. w. N. CASSEL, J., Unternehmensbewertung im IFRS-Abschluss, S. 42 f.

438 Vgl. NERLICH, C., Entwicklung einer Auslegungsmethodik für IFRS, S. 299 bzw. zur Berücksichtigung des Ziels der IFRS-Rechnungslegung im Auslegungsprozess auch S. 295.

439 Vgl. RIESENHUBER, K., in: Methoden des Europäischen Privatrechts, § 8: Die Auslegung, S. 202; METZ, C., Unternehmenskauf, S. 23; NERLICH, C., Entwicklung einer Auslegungsmethodik für IFRS, S. 299.

440 Diese Elemente sind für die Untersuchung von untergeordneter Bedeutung. Vgl. weiterführend für diese Elemente und die Hermeneutik BAETGE, J./KIRSCH, H.-J./THIELE, S., Bilanzen, S. 109–113.

441 Vgl. SCHNEIDER, S., Auslegung der IFRS bei Softwareentwicklung, S. 143; TIPKE, K., in: Handwörterbuch unbestimmter Rechtsbegriffe, Teil A. Grundsätzliches: Auslegung unbestimmter Rechtsbegriffe, S. 5.

442 Vgl. LARENZ, K., Methodenlehre der Rechtswissenschaft, S. 343.

IAS 8 der postulierten Entscheidungsnützlichkeit entsprechen. Zu diesem Zweck soll die Methode auf Basis anderer IFRS, die ähnliche oder verwandte Sachverhalte regeln, oder aus den Ausführungen des *Conceptual Framework* hergeleitet werden. Neben diesen verpflichtend heranzuziehenden Quellen können noch weitere in den Prüfprozess einfließen, sofern sie inhaltlich nicht mit den Regelungen anderer IFRS oder dem Rahmenkonzept konfligieren. Als Bestandteile der hermeneutischen Methode werden im vierten anknüpfenden vierten Kapitel, der kritischen Analyse und Konkretisierung ausgewählter Vorschriften des IFRS 16, besonders die semantische, systematische, historische und objektiv-teleologische Auslegung bemüht.

4 Kritische Analyse und Konkretisierung der Vorschriften des IFRS 16 zur bilanziellen Abbildung von Leasingverhältnissen beim Leasingnehmer

41 Überblick

Der Gegenstand des vierten Kapitels ist die Analyse und Konkretisierung ausgewählter Vorschriften des IFRS 16 zur Bilanzierung von Leasingverhältnissen beim Leasingnehmer. Das Kapitel gliedert sich neben dieser Vorbemerkung in drei weitere Oberabschnitte. So werden zuerst die Vorschriften zur Definition eines Leasingverhältnisses untersucht (Abschnitt 42). Anknüpfend wird die Bestimmung der Dauer eines Leasingverhältnisses thematisiert (Abschnitt 43). Schließlich werden die Regelungen zur bilanziellen Abbildung der aus dem Leasingverhältnis resultierenden Bilanzposten, dem Nutzungsrecht und der Leasingverbindlichkeit, einer kritischen Analyse und Konkretisierung unterzogen (Abschnitt 44). Durch diese Struktur soll die Bilanzierung eines Leasingverhältnisses beim Leasingnehmer umfassend untersucht werden.

Für die Analyse und Konkretisierung werden im Besonderen die Ziele des Überarbeitungsprojektes zu den Vorschriften für die Bilanzierung von Leasingverhältnissen, die Entwicklungen im Projektverlauf, vergleichbare Regelungen anderer IFRS und das jüngst veröffentlichte *Conceptual Framework* als konzeptioneller Bezugspunkt bemüht.[443]

42 Begründung des Leasingverhältnisses

421. Die Bedeutung der Einordnung als Leasingverhältnis

Im Zeitpunkt des Inkrafttretens des Leasingvertrages haben die beteiligten Parteien zu prüfen, ob das vertragliche Verhältnis ein Leasingverhältnis darstellt.[444] Ein Vertrag ist nach der Definition des IFRS 16 als Leasingvertrag zu klassifizieren, wenn er das Recht zur Kontrolle der Verwendung eines identifizierten Vermögenswertes für eine bestimmte zeitliche Dauer im Austausch für eine Gegenleistung überträgt.[445] Dem Leasingnehmer steht ein solches Recht zur Kontrolle über diese zeitliche Periode zu, wenn er einerseits das Recht besitzt, den substanziell gesamten wirtschaftlichen Nutzen aus der Verwendung des identifizierten Vermögenswertes zu erhalten und andererseits das Recht zur Bestimmung über die Verwendung innehat.[446] IFRS 16 übernimmt somit das bereits in anderen IFRS[447] angewendete Kontrollkonzept und

443 Vgl. für die Erkenntnisquellen in der folgenden Untersuchung Abschnitt 344.

444 Die Einschätzung zum Zeitpunkt des Inkrafttretens, und nicht zum Zeitpunkt des tatsächlichen Beginns des Leasingverhältnisses, ist der beabsichtigten Konsistenz der Regelungen zu denjenigen für Leasinggeber geschuldet. Dieser hat das Leasingverhältnis zu ebendiesem Zeitpunkt als *operating lease* oder *finance lease* zu klassifizieren, vgl. IFRS 16.BC110. Zum sachlichen Anwendungsbereich des IFRS 16 vgl. Abschnitt 23.

445 Vgl. IFRS 16.9.

446 Vgl. IFRS 16.B9.

447 Vgl. u. a. IFRS 10.7 und IFRS 15.31.

räumt ihm eine **zentrale Bedeutung** im Rahmen der Bestimmung eines Leasingverhältnisses ein.[448]

Aus der Definition und den konkretisierenden Anforderungen des Rechtes zur Kontrolle wird deutlich, dass die Einordnung eines Vertrages als Leasingvertrag entscheidend von der kumulativen Erfüllung von **drei Kriterien** abhängt:

- dem Vorliegen eines identifizierten Vermögenswertes,
- dem Recht zum Erhalt des substanziell gesamten wirtschaftlichen Nutzens, und
- dem Recht zur Bestimmung der Verwendung.[449]

Erfüllen die vertraglichen Bedingungen mindestens eines dieser „Kernelemente“[450] nicht, liegt kein Leasingvertrag vor.[451] Der Vertrag ist dann als Dienstleistungsvertrag zu klassifizieren.[452] Die beschriebenen Teilaspekte der Definition werden in den folgenden Abschnitten 422., 423. und 424. diskutiert. Den Oberabschnitt zur Definition eines Leasingverhältnisses abschließend werden die Regelungen unter Bezugnahme auf die geleistete Konkretisierung gewürdigt (Abschnitt 425.).

Die mit der Klassifizierung als Leasingverhältnis verbundene Bilanzierung beim Leasingnehmer unterscheidet sich maßgeblich von der im Falle eines Dienstleistungsvertrages. Während ein Leasingvertrag bilanziell den Ansatz eines Nutzungsrechtes und einer Verbindlichkeit impliziert,[453] wirkt sich ein Dienstleistungsvertrag nicht in der Bilanz des Leasingnehmers aus. Der Kunde erfasst für gewöhnlich nur die mit diesem schwebenden Geschäft verbundene periodisierten Aufwendungen.[454] Die Definition eines Leasingverhältnisses nach IFRS 16 ist vor

---

448 Vgl. IFRS 16.BC107 f.; IASB (Hrsg.), Staff Paper 3A (October 2014), Rn. 10 (a); BAUER, C./GALLERT, T. H., Leasingbilanzierung nach IFRS 16, S. 32; BRUNE, J. W., Leasingverhältnisse nach IFRS 16, S. 121 f.; NEMET, M./HEYD, R., Leasingverhältnisse nach IFRS 16, S. 67; DINH THI, T./HEINING, A.-K./SEITZ, B., Status Quo, S. 283.

449 Dies wird implizit auch durch die Struktur der Ausführungen des Standards deutlich, vgl. IFRS 16.B13–B30.

450 FISCHER, D. T., Neue Leasingbilanzierung, S. 58.

451 Vgl. graphisch veranschaulichend KPMG (Hrsg.), IFRS 16, S. 5. Sofern in den genannten Abschnitten ausgeführt wird, dass das im jeweiligen Abschnitt thematisierte Kriterium erfüllt ist und ein Leasingverhältnis vorliegt, wird implizit vorausgesetzt, dass die weiteren Definitionskriterien ebenfalls erfüllt werden.

452 Vgl. dazu IFRS 16.BC105. Hier wird bspw. angeführt, dass ein Dienstleistungsvertrag typischerweise vorliegt, wenn der Anbieter der Dienstleistung während der vertraglich festgeschriebenen Laufzeit weiterhin die Kontrolle über die Verwendung des Vermögenswertes besitzt, vgl. auch BARDENS, A./DUHR, A./HEINING, A.-K., IFRS 16 im Konzern, S. 260; FINDEISEN, K.-D./ADOLPH, P., Aktueller Stand und weitere Entwicklung, S. 2728. Ferner zu den Unterschieden von Leasing- und Dienstleistungsverträgen IFRS 16.BC32–BC34; zu ihrer Interaktion KOCH, C./TESCHE, T./PFIRMANN, A., Interaktion von IFRS 16 mit IFRS 15, S. 346–350.

453 Vgl. IFRS 16.BC107.

454 Vgl. BEYHS, O./LABRENZ, H., Bilanzpolitische Spielräume für Leasingnehmer, S. 455; KPMG (Hrsg.), IFRS 16, S. 5. Für den Leasinggeber ergibt sich dadurch eine bilanzielle Erfassung des zugrunde liegenden Geschäftsvorfalls nach den Vorschriften zur Umsatzrealisierung gem. IFRS 15, vgl. ECKL, E. U. A., IFRS 16 „Leases“ (Teil 1), S. 670.

dem Hintergrund der Implikationen für die Bilanzwirksamkeit des zugrunde liegenden Vertrages also **besonders bedeutsam.**[455] Für das Ziel einer *Off-Balance-Sheet*-Abbildung von (faktischen) Leasingverhältnissen wird die (Nicht-)Erfüllung der Definitionskriterien zurecht als eine der zentralen Möglichkeiten angesehen.[456] Eine besondere Aufmerksamkeit kommt zudem der Fragestellung zu, inwiefern die im späten Stadium des Entwicklungsprozesses eingefügten Anwendungshinweise des IFRS 16[457] und die weiteren Dokumente aus dem Standardsetzungsprozess Zweifelsfragen in der Bilanzierung klären und eine konsistente Anwendung der Vorschriften sicherstellen können.

422. Identifizierung eines Vermögenswertes

422.1 Übersicht der zu beurteilenden Teilregelungen

Damit ein Leasingvertrag begründet werden kann, muss gemäß dem ersten Definitionskriterium ein Vermögenswert identifiziert werden. Die Identifizierung ist der Ausgangspunkt für die Beurteilung, ob der potenzielle Leasingnehmer[458] das Recht über die Kontrolle der Verwendung des Vermögenswertes haben kann und demzufolge die Definitionskriterien erfüllt werden können.[459]

Die Identifizierung unterliegt verschiedenen Bedingungen. So müssen dem Leasingverhältnis zugrunde liegende Vermögenswerte im Vertragswerk explizit oder implizit spezifiziert werden.[460] Ferner hat ein spezifizierter Vermögenswert der Anforderung der physischen Separierbarkeit zu entsprechen, damit er als identifiziert gelten kann.[461] Zudem müssen in der Vertrags-

---

455 Vgl. BARDENS, A./DUHR, A./HEINING, A.-K., IFRS 16 im Konzern, S. 260; ECKL, E. U. A., IFRS 16 „Leases" (Teil 1), S. 669; GANSSAUGE, K./KLOCKMANN, I./ALYMOV, A., Definition eines Leasingverhältnisses, S. 742; GRUBER, T./HARTMANN-WENDELS, T., IFRS 16 aus bilanzpolitischer Sicht, S. 443; GANSSAUGE, K./MEURER, H., Reform der Leasingbilanzierung, S. 222. Die Vielzahl der in den *Illustrative Examples* beschriebenen Beispielsachverhalten zur Definition ist vermutlich auch dieser Bedeutung geschuldet, vgl. IFRS 16.IE1 f.

456 Vgl. EFRAG (Hrsg.), IFRS 16 Impact Assessment, S. 54.

457 Diese wurden erst aufgrund der Rückmeldung der interessierten Öffentlichkeit zum ED/2013/6 an den Standardsetzer berücksichtigt, vgl. IFRS 16.BC108.

458 Die Bezeichnung „potenzieller Leasingnehmer" bzw. „potenzieller Leasinggeber" soll verdeutlichen, dass abhängig von der Erfüllung der Definitionskriterien die die Leistung empfangende Partei entweder der Empfänger einer Dienstleistung (im Falle der Klassifizierung als Dienstleistungsvertrag) oder der Leasingnehmer (im Falle der Klassifizierung als Leasingvertrag) ist; vgl. im Übrigen ebenfalls diesen Terminus verwendend FREIBERG, J./PANEK, N./EHRCKE, H., Leasingverhältnisse nach IFRS 16, S. 2095. Eine Benennung als „Leasingnehmer" bzw. „Leasinggeber" würde an den Stellen zu widersprüchlichen Aussagen führen, aus denen auf eine Nicht-Erfüllung der Definitionskriterien geschlossen wird. Wenn im Folgenden die weiteren Kriterien der Definition eines Leasingverhältnisses diskutiert werden, werden die Parteien anstatt „Dienstleitungsempfänger bzw. potenzieller Leasingnehmer" oder „Dienstleitungsanbieter bzw. potenzieller Leasinggeber" abkürzend als „potenzieller Leasingnehmer bzw. –geber" bezeichnet.

459 Darüber hinaus wird auf diese Weise bestimmt, welchen Vermögenswert der Leasinggeber bei einem *finance lease* auszubuchen hat, vgl. IFRS 16.BC111.

460 Vgl. IFRS 16.B13; BARDENS, A./DUHR, A./HEINING, A.-K., IFRS 16 im Konzern, S. 260; vgl. Abschnitt 422.2.

461 Vgl. IFRS 16.B20; vgl. Abschnitt 422.3.

gestaltung berücksichtigte Austauschrechte des potenziellen Leasinggebers für die Identifizierung des Leasingobjektes dahingehend untersucht werden, ob sie substanziell sind.[462] Die genannten Bedingungen sind Gegenstand der folgenden Ausführungen. Wenn anhand dieser Kriterien kein Vermögenswert identifiziert wird kann, liegt kein Leasingverhältnis vor. Vielmehr handelt es sich dann um einen Dienstleistungsvertrag.[463]

422.2 Explizite oder implizite Spezifizierung des Vermögenswertes

Durch die Identifizierung des Vermögenswertes wird im ersten Schritt der Bestimmung eines Leasingverhältnisses geklärt, was der dem Leasingverhältnis zugrunde liegende Gegenstand ist. Ein Vermögenswert kann einerseits identifiziert werden, indem er **explizit** im Leasingvertrag spezifiziert wird.[464] Diese Konstellation ist für gewöhnlich bei Leasingverträgen anzutreffen. Der zugrunde liegende Vermögenswert ist dann bereits zum Zeitpunkt des Vertragsabschlusses klar definiert.[465] Die Spezifizierung ist durch die schriftliche Fixierung im Vertragswerk regelmäßig klar und eindeutig.[466] Bei einem Leasingvertrag über mobile Leasingobjekte (bspw. Transportmittel wie PKW, EDV-Einrichtung) dürfte regelmäßig eine explizite Spezifizierung über die Berücksichtigung der individuellen, durch den Produzenten vergebenen Seriennummer erfolgen. Hingegen dürfte eine schlichte Nennung des Modells für eine explizite Spezifizierung nicht ausreichend sein. Bei nicht mobilen Leasingobjekten (Maschinen, Kraftwerke) dürfte sich eine explizite Spezifizierung regelmäßig über die im Vertragswerk fixierte, geographische Verortung des Vermögenswertes oder andere die Verortung oder vergleichbare Spezifika unmissverständlich klarstellende Parameter ergeben.

Vermögenswerte müssen allerdings nicht zwingend explizit vertraglich bestimmt und zum Zeitpunkt des Inkrafttretens des Vertrages identifiziert worden sein. Der Vermögenswert kann auch erst zu dem Zeitpunkt, zu dem er dem potenziellen Leasingnehmer zur Verfügung gestellt wird, identifiziert werden.[467] Eine vertragliche Klarstellung, dass ein Vermögenswert zur Erfüllung

---

462 Vgl. IFRS 16.B14; vgl. Abschnitt 422.4. Das Konzept des identifizierten Vermögenswertes ist ähnlich zu den Vorschriften des im Kontext des IAS 17 im Jahr 2004 veröffentlichten IFRIC 4 *Determining whether an Arrangement contains a Lease*; vgl. BRUNE, J. W., Leasingverhältnisse nach IFRS 16, S. 123; BEHLING, K., Der neue Leasingstandard, S. 244. IFRIC 4 regelte als eines von zwei Kriterien für das Vorliegen eines Leasingverhältnisses, dass die Erfüllung des Vertrages von der Verwendung eines spezifizierten Vermögenswertes abhängig sein müsste, vgl. IFRIC 4.6 (a). Die Interpretation stellte somit nicht auf den identifizierten, sondern den spezifizierten Vermögenswert ab, der indes auch explizit oder implizit bestimmt werden könnte, vgl. IFRS 16.BC111; BRUNE, J. W., Leasingverhältnisse nach IFRS 16, S. 122. Zu IFRIC 4 auch ALVAREZ, M./BÜTTNER, M., Bilanzierung verdeckter Leasingverhältnisse, S. 45–52; FEHR, J., Die künftige Leasingbilanzierung, S. 9. Die konzeptionelle Einbeziehung der Vorschriften des IFRIC 4 in die Überarbeitung der Regelungen befürwortete der Board bereits im Rahmen des Diskussionspapiers, vgl. IASB (Hrsg.), DP/2009/1, Rn. 2.4.

463 Vgl. IFRS 16.BC111; BEYHS, O./LABRENZ, H., Bilanzpolitische Spielräume für Leasingnehmer, S. 455.

464 Vgl. IFRS 16.B13.

465 Vgl. für diesen und den vorherigen Satz GRADOW, A., Neugestaltung der Leasingbilanzierung, S. 29; DINH THI, T. U. A., Leasingbilanzierung nach IFRS 16, S. 236.

466 Vgl. BEHLING, K., Der neue Leasingstandard, S. 244; ECKL, E. U. A., IFRS 16 „Leases“ (Teil 1), S. 669. Vgl. dazu auch Beispiel 1 der *Illustrative Examples,* IFRS 16.IE2.

467 Vgl. IFRS 16.BC111.

des Vertrages benötigt wird, reicht in diesem Fall zum Zeitpunkt des Inkrafttretens aus. In Abgrenzung zur expliziten Spezifizierung wird das konkrete Leasingobjekt dann nicht vertraglich verankert, sondern seine Eigenschaft als dem Leasingverhältnis zugrunde liegender Vermögenswert geht implizit aus dem Vertrag und den sonstigen Umständen hervor.[468] In diesem Fall ist der Vermögenswert **implizit spezifiziert**.[469] Die Spezifizierung ist u. a. dann implizit, wenn der potenzielle Leasinggeber z. B. nur eine Maschine besitzt, die für die Erfüllung des Vertrages genutzt werden kann.[470] Dieser Umstand kann technischen Gründen oder wirtschaftlichen Überlegungen aufgrund verhältnismäßig hoher Produktionskosten geschuldet sein.[471]

Die Identifizierung im Wege der impliziten Spezifizierung ist herausfordernd, wenn der Vertrag nicht eindeutig als Leasingvertrag klassifiziert werden kann und diese Zuordnung auch aus einer Prüfung des Vertragswerkes nicht ersichtlich ist.[472] In diesem Fall sollten alle relevanten Tatsachen und Umstände des vertraglichen Verhältnisses, aber auch darüber übergeordnete ökonomische Rahmenbedingungen[473] bei der Prüfung einbezogen werden. Die implizite Spezifizierung des Vermögenswertes dürfte auf der Grundlage dieser **rechtlichen und wirtschaftlichen Rahmenbedingungen** deutlich werden.[474]

Die Orientierung an diesen Begleitumständen kann gleichwohl nicht darüber hinwegtäuschen, dass in der Argumentation für oder gegen eine implizite Spezifizierung eines Leasingobjektes aufgrund der **hohen Sachverhaltsspezifität** erhebliche Ermessenspielräume auftreten können, die die Implikationen für die bilanzielle Abbildung maßgeblich bestimmen. Vor diesem Hintergrund ist eine **umfassende Prüfung** der Umstände erforderlich, damit die resultierenden Informationen, die aus der Zuordnung als Dienstleistungs- oder Leasingverhältnis entstehen, ein Mindestmaß an Glaubwürdigkeit besitzen können. Auf diese Weise wird zudem bilanzpolitisches Gestaltungspotenzial aufgrund der ermessensbehafteten Klärung der impliziten Spezifizierungen bestmöglich vermieden.

---

468 Vgl. BARDENS, A./KRONER, M./MEURER, H., IFRS 16 (Teil 1), S. 386; BARDENS, A./KRONER, M./MEURER, H., IFRS 16 (Teil 2), S. 456.

469 Vgl. IFRS 16.B13; implizite Spezifizierung illustrierend FREIBERG, J./PANEK, N./EHRCKE, H., Leasingverhältnisse nach IFRS 16, S. 2093.

470 Vgl. BRUNE, J. W., Leasingverhältnisse nach IFRS 16, S. 123.

471 Vgl. ALVAREZ, M./BÜTTNER, M., Bilanzierung verdeckter Leasingverhältnisse, S. 46; BEHLING, K., Der neue Leasingstandard, S. 244; GRADOW, A., Neugestaltung der Leasingbilanzierung, S. 29 f.; KLAR, M./GÄDKE, N., Bilanzierung von Leasingverhältnissen, S. 31. Vgl. auch Beispiel 8 der *Illustrative Examples*, IFRS 16.IE2. Zur Bedeutung der impliziten Spezifizierung bei *contracting*-Vereinbarungen FREIBERG, J./DIEMERS, M., Contracting-Vereinbarungen, S. 211.

472 Vgl. BARDENS, A./KRONER, M./MEURER, H., Neuer Standardentwurf (Teil 1), S. 455.

473 Vgl. GRADOW, A., Neugestaltung der Leasingbilanzierung, S. 62.

474 Vgl. im Ergebnis gl. A. noch im Kontext des IFRIC 4 ALVAREZ, M./BÜTTNER, M., Bilanzierung verdeckter Leasingverhältnisse, S. 46.

422.3 Anforderung der physischen Separierbarkeit des dem Leasingverhältnis zugrunde liegenden Vermögenswertes

422.31 Inhaltliche Einführung

Der dem Leasingverhältnis zugrunde liegende Vermögenswert muss über seine explizite oder implizite Spezifizierung hinaus von anderen Vermögenswerten **physisch abgrenzbar** sein. Somit kann auch lediglich ein Bestandteil eines Vermögenswertes Gegenstand eines Leasing-vertrages nach IFRS 16 sein, wenn er physisch abgrenzbar ist.[475] Diese Bedingung ist auf die konzeptionelle Orientierung der Vorschriften am Kontrollkriterium zurückzuführen.[476]

Demnach kommen bspw. wertmäßig bedeutende Bestandteile eines Flugzeuges, u. a. ein Triebwerk, aufgrund einer nicht gegebenen physischen Separierbarkeit als Leasingobjekt nicht in Betracht. Über sie kann keine Kontrolle unabhängig von derjenigen über das Flugzeug vorliegen. Eine andere Folgerung kommt z. B. für Parkplätze in einem Parkhaus in Betracht. Wird ein bestimmter Parkplatz individuell bezeichnet und vergeben, ist er physisch abgrenzbar. Wird er hingegen nicht weiter spezifiziert oder von anderen durch eine Bezeichnung oder Kennnummer separiert, ist das Kriterium nicht erfüllt.[477] In diesem Fall ist er Bestandteil der Gesamtheit aller Parkmöglichkeiten. Besonders für diese Konstellation werden die vertraglichen Gestaltungsspielräume der involvierten Parteien, die die Regelungen eröffnen, deutlich. Obgleich der Sachverhalt wirtschaftlich betrachtet als identisch zu beurteilen sein könnte, da in beiden Fällen Parkplätze eines Parkhauses angemietet werden, resultiert die bilanzielle Abbildung als Leasing- oder Dienstleistungsverhältnis aus dem Detaillierungsgrad der vertraglichen Bestimmungen.

Bei der Prüfung sind somit **wirtschaftliche Zusammenhänge** zwischen separierbaren Teilen des übergeordneten Vermögenswertes **zu vernachlässigen**. Es ist allein auf den Aspekt der Kontrollmöglichkeit des Leasingobjektes abzustellen. Auch wenn eine aus wirtschaftlichen Erwägungen heraus getrennte Nutzung des physisch abgrenzbaren Vermögenswertes wirtschaftlich betrachtet keinen Mehrwert stiftet, kann er trotzdem separat kontrollierbar sein und somit die Anforderung erfüllen.

---

475 Vgl. IFRS 16.B20; BARDENS, A./KRONER, M./MEURER, H., IFRS 16 (Teil 1), S. 386.

476 Vgl. IFRS 16.BC116. Eine Berücksichtigung nicht physisch abgrenzbarer Vermögenswerte hätte andernfalls die Menge der Verträge, welche die Leasingdefinition erfüllen, ausgeweitet, obgleich sie bei einer wirtschaftlichen Betrachtungsweise regelmäßig als Dienstleistungsverhältnis klassifiziert würden, vgl. IASB (Hrsg.), Staff Paper 1D (April 2011), Rn. 23.

477 Vgl. LÜDENBACH, N./HOFFMANN, W.-D./FREIBERG, J., in: Haufe IFRS-Kommentar, 16. Aufl., § 15a, Rn. 32 f.

422.32 Ausnahmsweise Möglichkeit der Identifizierung anteiliger Kapazitäten als Leasingobjekt

422.321. Substanzieller Anteil an der gesamten Kapazität

Auch anteilige Kapazitäten eines Vermögenswertes können grundsätzlich kein Leasingobjekt sein.[478] So unterstellt der Board, dass eine Partei für gewöhnlich keine Kontrolle über eine anteilige Kapazität eines Vermögenswertes innehaben kann, wenn diese nicht physisch abgrenzbar ist. Die Kontrolle kann demnach nicht durch den potenziellen Leasingnehmer erfolgen, weil Entscheidungen über die Verwendung nicht individuell auf der Ebene leasingnehmerspezifischer Kapazitäten getroffen werden könnten. Vielmehr könnten sie nur auf der Ebene der Nutzung des Vermögenswertes insgesamt getroffen werden.[479] Auf dieser Ebene besitzt demnach regelmäßig der potenzielle Leasinggeber das Bestimmungsrecht.

Allerdings gilt für nicht physisch abgrenzbare Vermögenswerte, z. B. ebensolche Kapazitäten eines Vermögenswertes, eine Ausnahmeregelung. Sie können Gegenstandteil von Leasingverhältnissen sein, wenn die vertraglich geregelte Kapazität der **substanziell gesamten Kapazität** des Vermögenswertes entspricht.[480] In dieser Konstellation wird implizit gefolgert, dass dem potenziellen Leasingnehmer das Recht zusteht, den substanziell gesamten Nutzen aus dem Vermögenswert zu erhalten.[481] Dies ist das zweite Definitionskriterium für ein Leasingverhältnis. Im soeben vorgebrachten Beispiel des Parkhauses könnte im Falle nicht weiter spezifizierter Parkplätze somit das Parkhaus als Ganzes als Leasingobjekt infrage kommen, wenn nahezu alle Parkplätze in Anspruch genommen werden. Zudem kann etwa eine vertraglich vereinbarte Nutzung einer anteiligen Kapazität einer Pipeline grundsätzlich nicht als Leasingverhältnis qualifiziert werden, weil Anteile an ihr regelmäßig nicht physisch abgrenzbar sind. Nur wenn der potenzielle Leasingnehmer den substanziellen Anteil der Pipeline nutzt, d. h. sie nahezu vollständig beansprucht, kann sie als Leasingobjekt identifiziert werden.

422.322. Nicht substanzieller Anteil an der gesamten Kapazität

Der potenzielle Leasingnehmer muss nicht zwingend über die gesamten Kapazitäten des zugrunde liegenden Leasinggegenstandes **informiert** sein. Derartige Unwissenheit kann u. U. vorliegen, wenn vertraglich nicht die anteilige Nutzung der Kapazität in Abhängigkeit von der Gesamtkapazität festgelegt wird, sondern eine absolute Menge der durch die Kapazität zu transferierenden Referenzgröße. So könnte bspw. festgelegt werden, wie viele Tonnen Öl absolut durch eine bestimmte Pipeline transferiert werden, anstatt vertraglich die Verfügung über einen

---

478 Vgl. die Formulierung *capacity portion of an asset*, IFRS 16.B20; dazu auch die Beispiele 3 und 6 der *Illustrative Examples*, IFRS 16.IE2.

479 Vgl. IFRS 16.BC116; dazu bereits IASB (Hrsg.), Staff Paper 1D (April 2011), Rn. 24; gl. A. EFRAG (Hrsg.), Preliminary Consultation Document, Rn. 18; BAUER, C./GALLERT, T. H., Leasingbilanzierung nach IFRS 16, S. 322; BARDENS, A./KRONER, M./MEURER, H., Neuer Standardentwurf (Teil 1), S. 456.

480 Diese Konstellation sollte gleichwohl nur ausnahmsweise auftreten, vgl. GANSSAUGE, K./KLOCKMANN, I./ALYMOV, A., Definition eines Leasingverhältnisses, S. 738.

481 Sachgerechterweise wird ein linearer Zusammenhang zwischen dem Anteil der Kapazität und dem Anteil des wirtschaftlichen Nutzens unterstellt.

bestimmten Anteil der gesamten Kapazität zu regeln. Aus der Festlegung des absoluten Volumens kann der potenzielle Leasingnehmer grundsätzlich kein Urteil über seinen Anteil an der Gesamtkapazität treffen. Sofern der potenzielle Leasingnehmer keine weiteren Informationen besitzt, sollte dies darauf hindeuten, dass der potenzielle Leasingnehmer nicht über einen substanziellen Anteil der Kapazität des Vermögenswertes verfügt. Ein nahezu exklusives Nutzungsrecht, das sich im Erhalt des substanziell gesamten wirtschaftlichen Nutzens aus dem Gegenstand widerspiegelt und Voraussetzung für die Qualifizierung als Leasingverhältnis ist, würde aus der vertraglichen Vereinbarung ersichtlich.[482] Die vorliegende **Unsicherheit der Beurteilung** wird insofern als Hinweis für eine nicht mögliche physische Abgrenzbarkeit gedeutet. Sie indiziert eine Einordnung als Dienstleistungsvertrag.

Ausnahmsweise könnten jedoch nicht substanzielle Kapazitäten des potenziellen Leasingnehmers zur Qualifizierung eines Vermögenswertes als Leasingobjekt führen. Dies wäre denkbar, wenn erwartet wird, dass die Gesamtkapazitäten des Leasingobjektes größer sind als die **voraussichtlich insgesamt verwendeten Anteile** daran. Der Leasingnehmer könnte zwar keinen substanziellen Anteil nutzen; gleichwohl könnte die vertragliche und ökonomische Konstellation darauf hinweisen, dass er für die Zeit des Kontraktes der **einzige Nutzer** der Kapazitäten ist.[483] Dies könnte darin begründet sein, dass der Leasinggeber die Kapazitäten unter Berücksichtigung der Planung für die Zukunft beabsichtigt zu umfassend geplant hat.[484] In dieser Konstellation nutzt der Leasingnehmer insofern faktisch den substanziellen Anteil an der Kapazität, als eine darüber hinaus gehende Nutzung (vorerst) nicht erwartet wird.

Der Einschätzung liegen allerdings Ermessensspielräume zugrunde. Daher muss zum Zweck der Objektivierung der künftigen Erwartungen zumindest sichergestellt werden, dass der Leasinggeber sich hinsichtlich der erwarteten Entwicklungen über den geplanten Zeitraum des Leasingverhältnisses hinreichend sicher ist und die faktisch alleinige Nutzung der Kapazitäten durch die vertraglichen Bedingungen oder weitere Tatsachen oder Umstände deutlich wird. Die Bestimmung als identifizierter Vermögenswert und Würdigung als Leasingverhältnis ist dann sachgerecht.

Die Vorschriften schließen zudem Konstellationen aus, in denen der potenzielle Leasingnehmer einen nicht substanziellen Anteil der gesamten Kapazität nutzt, allerdings über diesen trotzdem **die Kontrolle ausüben** kann. Diese Möglichkeit der Kontrolle kann vor allem bei IT-bezogenen Gegenständen wie Glasfaserkabeln vorliegen.[485] Der potenzielle Leasingnehmer kann bei

---

482 Gl. A. BHP BILLITON (Hrsg.), Comment Letter ED/2013/6, S. 3 f. Dies folgt analog aus den Erläuterungen des Standardsetzers zu substanziellen Austauschrechten, bei denen auch die Substanz für die beteiligten Parteien aus den Tatsachen und Umständen klar ersichtlich würde, vgl. IFRS 16.BC115.

483 Gl. A. KPMG (Hrsg.), Insights into IFRS, S. 1324.

484 Vgl. illustierend KPMG (Hrsg.), Insights into IFRS, S. 1324

485 Vgl. hier und im Folgenden AOSSG (Hrsg.), Comment Letter ED/2013/6, Rn. 3; UNESA (Hrsg.), Comment Letter ED/2013/6, S. 3; FMCG SAUDI ARABIA (Hrsg.), Comment Letter ED/2013/6, S. 1; gleichwohl unterstellt der IASB in diesem Fall, dass die Kriterien nicht erfüllt sind, vgl. Beispiel 3 der *Illustrative Examples*, IFRS 16.IE2. Wenn im Folgenden auf Kommentierungsschreiben verwiesen wird, impliziert das, dass die Äußerungen zum ED/2013/6 auch für den finalen IFRS 16 gelten. In anderen Fällen werden

solchen Leasingobjekten ggf. für seinen Anteil, und abgegrenzt von weiteren Parteien, die Anteile an der Kapazität nutzen und den substanziell gesamten Nutzen aus seinem Anteil an der gesamten Kapazität erhalten. Die Regelungen lassen eine solche Würdigung des Sachverhalts jedoch nicht zu, auch wenn die wirtschaftliche Substanz eines solchen vertraglichen Verhältnisses auf ein Leasingverhältnis hinweist und die Bilanzierung diesem Umstand Rechnung tragen sollte.[486] Der der Vertrag als Dienstleistungsvertrag zu klassifizieren ist, werden die tatsächlichen wirtschaftlichen Verhältnisse nicht zwingend angemessen abgebildet.

Gleichwohl kann vermutet werden, dass das Motiv des Standardsetzers darin besteht, aufgrund von anwendungsbezogenen Erwägungen von diesen besonderen Umständen zu abstrahieren, um den Vorschriften keine zusätzliche Komplexität zu verleihen. Zudem wäre eine gleichermaßen komplexe Prüfung der detaillierten technischen Umstände erforderlich. Während die insofern eingeschränkten Ermessensspielräume grundsätzlich zu glaubwürdigeren Informationen führen können, schränkt die Abstrahierung von besonderen Umständen für die Bilanzierung ebendiese wiederum ein.

422.33 Optionen zur Erweiterung der vertraglich vereinbarten Kapazität

Darüber hinaus adressiert der Standard nicht, wie Optionen zur Kapazitätserweiterung zu berücksichtigen sind, die über die vertraglich fest vereinbarten Kapazitäten hinaus das Recht zur Nutzung weiterer Anteile an der Gesamtkapazität verbriefen.[487] Ihr Einbezug könnte – bspw. im Falle aller Residualanteile – dazu führen, dass dem potenziellen Leasingnehmer bei ihrer Ausübung insgesamt die **substanziell gesamte Kapazität** des Vermögenswertes zusteht. Dann wäre das Kriterium über das Vorliegen eines identifizierten Vermögenswertes aufgrund des substanziellen Anteils an der Kapazität erfüllt.[488]

Für eine Berücksichtigung von Optionen zur Kapazitätsausweitung könnte die beabsichtigte Konsistenz in der Anwendung des Kontrollkonzepts mit IFRS 10 sprechen. Nach diesen Vorschriften sind potenzielle Rechte im Kontext der Beurteilung der Kontrolle zu berücksichtigen, wenn sie substanziell, also tatsächlich ausübbar,[489] sind. Sofern Optionen zur potenziellen Ausweitung der vertraglich zugesicherten Kapazität in die Betrachtung, ob der substanziell gesamte

---

Erläuterungen hinzugefügt.

486 Vgl. ASC (Hrsg.), Comment Letter ED/2013/6, S. 4 f.

487 Potenzielle Rechte sind auch gem. IFRS 10 bei der Bestimmung der Beherrschung zu berücksichtigen, vgl. IFRS 10.B47–B50; dazu LÜDENBACH, N./FREIBERG, J., Der Beherrschungsbegriff, S. 46.

488 Vgl. IFRS 16.B20; so könnte dem betroffenen Abnehmer ein fest vereinbarter Anteil von 60 % der gesamten Kapazität zustehen und könnte darüber hinaus noch eine Option über weitere 40 % der gesamten Kapazität besitzen. Bei Ausübung dieser Option würde dem potenziellen Leasingnehmer dann die substanziell gesamte Kapazität zustehen.

489 Die Beurteilung über die Bestimmungsmacht eines Investors bzw. Mutterunternehmens über ein Tochterunternehmen erfolgt auf Basis gegenwärtig bestehender Rechte, vgl. IFRS 10.7 (a) und IFRS 10.10; BRUNE, J. W., in: Beck IFRS HB, 5. Aufl., § 30, Rn. 17. Diese umfassen neben existierenden Stimmrechten oder ähnlichen Rechten auch potenzielle Stimmrechte, vgl. IFRS 10.IN7, IFRS 10.B38 und IFRS 10.B47; BAETGE, J./HAYN, S./STRÖHER, T., in: Baetge u. a., Rechnungslegung nach IFRS, 2. Aufl., Teil B, IFRS 10, Rn. 77; EHSEN-RÜHL, J./ALTHOFF, F., Konsolidierungspflicht ohne Stimmrechtsmehrheit, S. 212 f., und zu

wirtschaftliche Nutzen zufließt, einbezogen würden, sollte aus Konsistenzerwägungen analog zu IFRS 10 zwischen substanziellen und nicht substanziellen potenziellen Optionen unterschieden werden. Nur wenn die Optionen auf potenzielle Kapazitäten substanziell sind, würde dem potenziellen Leasingnehmer die substanzielle gesamte Kapazität zustehen. Das Definitionskriterium wäre dann erfüllt.

Für Leasingverträge ist anzunehmen, dass solche Rechte regelmäßig substanziell sind, wenn sie Bestandteil des Leasingvertrages sind. Denn Optionen auf auszuweitende Kapazitäten, die nicht tatsächlich verfügbar wären, hätten keine wirtschaftliche Substanz und somit für den potenziellen Leasingnehmer faktisch keine Bedeutung. Zudem wäre unklar, wieso der Leasingnehmer sie dann durch Leasingzahlungen vergüten sollte. Im Ergebnis könnte vorläufig gefolgert werden, dass vertraglich vereinbarte Optionen zur Kapazitätsausweitung in die Nutzenbetrachtung einfließen sollten. Den tatsächlichen wirtschaftlichen Verhältnissen würde in höherem Maße entsprochen.

Gegen diese Schlussfolgerung spricht indes, dass IFRS 16 vermutlich bewusst keine Regelungen zu diesem Aspekt aufweist. Vor diesem Hintergrund könnten die Regeln dahingehend auszulegen sein, dass der Standardsetzer vermeiden möchte, durch den Einbezug von weiteren Optionen, die in der Gesamtschau zu einem Erhalt des substanziellen gesamten wirtschaftlichen Nutzens führen, viele De-facto-Dienstleistungsverträge zu Leasingverhältnissen umzuklassifizieren.[490] Auf eine bewusste Ausgrenzung könnte zudem regelungsstrukturell hinweisen, dass IFRS 16 vergleichbare optionierte Vertragsbestandteile vor allem bei Rechten zur potenziellen Verlängerung oder Kündigung des Leasingverhältnisses[491] durch explizite Regelungen berücksichtigt. Diese sind faktisch substanziell im hier beschriebenen Sinn, da sie jederzeit ausübbar sind.[492]

Im Ergebnis sind das unterstellte Motiv des Boards und die regelungsstrukturelle Konsistenz, d.h. die Argumentation gegen die Einbeziehung, die gewichtigeren Gründe. Daher sollten die optionierte Kapazitäten, solange sie **nicht ausgeübt** werden, nicht in die Betrachtung eingehen, ob dem potenziellen Leasingnehmer die substanzielle Kapazität zufließt. Sie sollten gleichwohl

einer möglichen Doppel- bzw. Nichtkonsolidierung S. 219. Allerdings müssen die potenziellen Stimmrechte substanziell sein, d. h. der Investor muss die praktische Möglichkeit haben, das Recht auszuüben, vgl. IFRS 10.B22. Dabei sind alle relevanten Tatsachen und Umstände zu berücksichtigen, u. a. wirtschaftliche oder weitere Barrieren, die den Investor an der Ausübung hindern könnten, vgl. IFRS 10.B23 (a); zur Substanz der Stimmrechte auch graphisch veranschaulichend EHSEN-RÜHL, J./ALTHOFF, F., Konsolidierungspflicht ohne Stimmrechtsmehrheit, S. 216.

490 So wurde bereits zum ED/2010/9 kritisch kommentiert, dass die Regelungen zur Definition zu einer deutlichen Ausweitung der Zahl von Leasingverträgen im Vergleich zu Dienstleistungsverträgen führen würden, vgl. dazu Abschnitt 223.

491 Vgl. dazu Abschnitt 433.

492 Sie werden gleichwohl erst zum Zeitpunkt, zu dem die Ausübung der Option hinreichend sicher ist, in der Laufzeit berücksichtigt, vgl. Abschnitt 433.1.

zwingend zu dem Zeitpunkt, zu dem die Optionen **ausgeübt** werden, eingehen. Die vertraglichen Umstände müssten dann erneut beurteilt werden. Auf diese Weise wird sichergestellt, dass die bilanzielle Abbildung jederzeit den tatsächlichen Verhältnissen entspricht.

422.4 Substanzielle Austauschrechte

422.41 Inhaltliche Einführung

IFRS 16 räumt den Rechten zum Austausch von Vermögenswerten durch den potenziellen Leasinggeber während der Laufzeit eines vertraglichen Verhältnisses eine zentrale Bedeutung ein. Demnach kann ein Leasingnehmer den Vermögenswert kontrollieren, wenn der potenzielle Leasinggeber kein substanzielles Recht zum Austausch besitzt.[493] Die Substanz des Rechtes determiniert somit die Klassifizierung als Leasingverhältnis (kein substanzielles Austauschrecht liegt vor) oder Dienstleistungsverhältnis (substanzielles Austauschrecht liegt vor).[494] Die Berücksichtigung von Austauschrechten stellt eine Neuerung gegenüber den bisherigen Regelungen des IAS 17 dar und ist erneut eine Implikation der Einbeziehung des Kontrollkonzepts in IFRS 16.[495]

Der Begriff des substanziellen Austauschrechtes ist **auslegungsbedürftig**.[496] Er wird regelungsseitig durch **zwei Bedingungen** und erläuternde Hinweise konkretisiert.[497] So muss der

493 Vgl. IFRS 16.B14 und IFRS 16.BC112 f.; Behling, K., Der neue Leasingstandard, S. 243. Dieser Fall ist nach Meinung des Standardsetzers regelmäßig anzutreffen, vgl. IFRS 16.BC114; Freiberg, J./Panek, N./Ehrcke, H., Leasingverhältnisse nach IFRS 16, S. 2093. Gemäß IFRS 10 besteht ein ähnlicher Zusammenhang zwischen der Kontrolle und substanziellen Rechten, vgl. IFRS 10.B22. So können substanzielle Rechte anderer Parteien die Beherrschung durch den Investor verhindern, vgl. IFRS 10.B25.

494 Vgl. IFRS 16.BC112; Beyhs, O./Labrenz, H., Bilanzpolitische Spielräume für Leasingnehmer, S. 455. Vgl. in Bezug auf den Ermessensspielraum wegen der bilanziellen Konsequenzen kritisch Baker Tilly (Hrsg.), Comment Letter ED/2013/6, S. 3; RBS (Hrsg.), Comment Letter ED/2013/6, S. 2; ARDF (Hrsg.), Comment Letter ED/2013/6, S. 17; auch zu weiteren konkretisierungsbedürftigen Begriffen innerhalb der Vorschriften des IFRS 16 EBA (Hrsg.), Comment Letter ED/2013/6, S. 4 f.

495 Vgl. Bauer, C./Gallert, T. H., Leasingbilanzierung nach IFRS 16, S. 322; Gehrer, J./Krakuhn, J./Meyer, S., Status der neuen Leasingbilanzierung, S. 430; HSBC (Hrsg.), Comment Letter ED/2013/6, S. 3. Nach diesem können Rechte zu Beherrschung führen, wenn sie substanziell sind, vgl. IFRS 10.B22; Küting, K./Mojadadr, M., Control-Konzept nach IFRS 10, S. 274 f.; Zülch, H./Popp, M., Reformation der IFRS-Konzernrechnungslegung, S. 249. Inhaltlich lehnen sich diese Vorschriften zu substanziellen Austauschrechten an diejenigen des IFRIC 4 an, vgl. Brune, J. W., Leasingverhältnisse nach IFRS 16, S. 121–124; die Kriterien gehen aber über diejenigen nach IFRIC 4 hinaus, vgl. Ganssauge, K./Klockmann, I./Alymov, A., Definition eines Leasingverhältnisses, S. 738.

496 Vgl. im Kontext des IFRS 10, gleichwohl auch für den IFRS 16 geltend, Popp, M., Control-Konzept nach IFRS 10, S. 269, und mit Verweis auf weitere unbestimmte Rechtsbegriffe S. 304 f. In diesem Zusammenhang auch auf die Bedeutung des Wirtschaftsprüfers hinweisend Schosser, K./Fink, C., Neuregelung zur Bilanzierung, S. 96.

497 Vgl. Bardens, A./Kroner, M./Meurer, H., IFRS 16 (Teil 1), S. 386. Die diesbezüglichen Vorschriften sowie Art und Umfang ihrer Berücksichtigung unterlagen im Projektverlauf verschiedenen Änderungen, vgl. zum erhöhten Umfang der diesbezüglichen Vorschriften im Zeitverlauf IASB (Hrsg.), ED/2010/9, Rn. B2; IASB (Hrsg.), ED/2013/6, Rn. 8–10 und Rn. BC105 (b); IFRS 16.B14–B20. Besonders in der Kommentierung zum letzten *Exposure Draft* ED/2013/6 wurde die Bedeutung der Regelungen zu Austauschrechten deutlich, da die Mehrheit der Bilanzierenden weitere Klarstellungen zu diesen Rechten forderte, vgl. IASB (Hrsg.), Comment Letter Summary ED/2013/6, Rn. 103 (b); dazu DRSC (Hrsg.), Comment Letter ED/2013/6, S. 6; Flowserve (Hrsg.), Comment Letter ED/2013/6, S. 2.

potenzielle Leasinggeber einerseits die praktische Fähigkeit zum Austausch des Vermögenswertes während der Vertragslaufzeit haben und andererseits wirtschaftlich von diesem Austausch profitieren.[498] Die Bedingungen müssen **kumulativ** erfüllt werden, damit dem Recht zum Austausch Substanz zugesprochen werden kann.[499] Eine praktische Fähigkeit rechtfertigt demnach keine Substanz, wenn der Austausch für den Leasinggeber nicht wirtschaftlich sinnvoll ist. Außerdem kann die Einordnung als substanzielles Recht trotz eines profitablen Austausches an der praktischen Fähigkeit zum Austausch scheitern.

Die Beurteilung, ob das Austauschrecht substanziell ist, wird ausschließlich auf der Grundlage der Tatsachen und Umstände zum **Zeitpunkt des Inkrafttretens** des Vertrages vorgenommen.[500] Wenn der potenzielle Leasingnehmer nicht abschließend und mit hinreichender Überzeugung beurteilen kann, ob vertraglich vereinbarte Austauschrechte des potenziellen Leasinggebers substanziell sind, ist davon auszugehen, dass sie es nicht sind.[501] Demnach sollte die Substanz von Austauschrechten regelmäßig aus den Tatsachen und Umstände deutlich werden.[502] Vor allem impliziert eine bloße Berücksichtigung von Austauschrechten im Vertragswerk **nicht zwingend**, dass sie substanziell sind.[503] Ihre Substanz ist vielmehr vertrags-individuell zu beurteilen.

422.42 Kriterium der praktischen Fähigkeit zum Austausch des Vermögenswertes während der Perioden der Nutzung

422.421. Praktische Fähigkeit zum Austausch

Damit das Recht zum Austausch des betroffenen Vermögenswertes substanziell ist, muss der potenzielle Leasinggeber während der vertraglichen Laufzeit die praktische Fähigkeit (*practical ability*) haben, den betroffenen Vermögenswert durch einen alternativen Vermögenswert *(alternative asset)* zu substituieren.[504] Die Bedingung setzt sich somit aus den beiden Teilaspekten „praktische Fähigkeit“ und „alternativer Vermögenswert“ zusammen.[505] Für die Betrachtung muss nach der möglichen Einschränkung zum Austausch im Zeitverlauf differenziert

---

498 Vgl. IFRS 16.B14. Das ICAEW schlägt gar als drittes Kriterium vor, dass potenzielle Austauschrechte auch von den Auswirkungen ihrer Ausübung auf die Beziehung zwischen Lieferanten und Kunden abhängig gemacht werden. Diese Betrachtung umgeht Aspekte der Kontrolle, weshalb es konzeptionell nicht zu den bestehenden Regelungen passt, vgl. ICAEW (Hrsg.), Comment Letter ED/2013/6, S. 6.

499 Vgl. IFRS 16.B14.

500 Vgl. IFRS 16.B16.

501 Vgl. IFRS 16.B19.

502 Vgl. IFRS 16.BC115. Ein ähnliches Verhältnis zwischen Grundsatz und Ausnahme liegt bei den Vorschriften zur physischen Abgrenzbarkeit des Leasinggegenstandes vor; danach ist für gewöhnlich und ohne weitere Informationen zum Sachverhalt regelmäßig zu unterstellen, dass dem Nutzer der anteiligen Kapazität nicht der gesamte wirtschaftliche Nutzen aus dem die Kapazität bereitstellenden Vermögenswert zukommt, vgl. Abschnitt 423.2.

503 Vgl. auch CONFEDERATION OF SWEDISH ENTERPRISE (Hrsg.), Comment Letter ED/2013/6, S. 3.

504 Vgl. IFRS 16.B14. Ein ähnliches Kriterium führt IFRS 10 im Rahmen der Beurteilung der Substanz eines Rechtes an: Demnach muss der Investor die praktische Möglichkeit haben, das Recht auszuüben, vgl. IFRS 10.B22; dazu BRUNE, J. W., in: Beck IFRS HB, 5. Aufl., § 30, Rn. 17 f.

505 Die Vorschriften ähneln damit den Vorschriften des IFRS 10. Diese fordern ebenfalls die praktische Fähigkeit zur Ausübung eines Rechts, damit es substanziell ist; vgl. IFRS 10.B22; KÜTING, K./MOJADADR, M., Control-Konzept nach IFRS 10, S. 280.

werden. Im Folgenden wird vorerst unterstellt, dass der mögliche Austausch des potenziellen Leasinggebers über die Laufzeit des Vertrages **in zeitlicher Hinsicht uneingeschränkt** ist.

Die praktische Fähigkeit zum Austausch zielt auf die Perspektive der **Möglichkeit der tatsächlichen Umsetzung** des Austausches durch den potenziellen Leasinggeber ab. Sie wird vor allem durch das Wesen des Vermögenswertes bestimmt. So besitzt die Möglichkeit eines Austausches von mobilen Leasingobjekten naturgemäß eine höhere Wahrscheinlichkeit als ein Austausch von immobilen Leasinggegenständen. Dies ergibt sich einerseits daraus, dass eine Unterbrechung der Verwendung des Leasingobjektes durch den Leasingnehmer im Falle des Austausches ggf. nur sehr kurz andauern kann, wohingegen ein immobiler Vermögenswert aufgrund seines Auf- und Abbaus eine längere Rüstzeit benötigt. Damit verbunden ist der Austausch bei den letztgenannten organisatorisch und finanziell aufwendiger für den potenziellen Leasinggeber. Das macht den Austausch grundsätzlich weniger wahrscheinlich.

Ferner muss der potenzielle Leasinggeber für den Austausch jederzeit einen physischen Zugang zum Vermögenswert haben können, sofern die vertraglichen Bedingungen vorsehen, dass der Austausch im Verfügungsbereich des Leasingnehmers stattfindet.[506] Kann der Leasinggeber indes fordern, dass der Vermögenswert in seinem Verfügungsbereich ausgetauscht wird, benötigt er keinen Zugang. Außerdem müssen für die Durchführung der Substitution organisatorische Anforderungen erfüllt werden, insbesondere Fachpersonal und weitere Ressourcen zur operationalen Umsetzung zur Verfügung stehen.[507] Die Bedeutung der Barrieren ist umso höher einzuschätzen, je individualisierter der Vermögenswert angefertigt wurde.[508] Denn damit dürften die technischen Anforderungen und der finanzielle Aufwand steigen.[509]

Die Einschätzung des potenziellen Leasingnehmers zu den leasinggeberspezifischen Voraussetzungen des Austausches wird somit maßgeblich durch **das Wesen und die Individualisierung** des Vermögenswertes für den Leasingnehmer bestimmt.[510] Die Wahrscheinlichkeit, dass eine praktische Fähigkeit zum Austausch gegeben ist, dürfte bei nicht mobilen Gegenständen bzw. bei in hohem Maße individualisierten Leasingobjekten gering, die Erfüllung der Voraussetzung also zunehmend unwahrscheinlich sein. Auch wenn mobilen Leasingobjekten im Vergleich grundsätzlich eine höhere Wahrscheinlichkeit des Austausches beizumessen ist, kann das für die Gesamtheit aller mobiler Vermögenswerte nicht gefolgert werden. So dürften sich signifikante Unterschiede zwischen der Betrachtung eines Austauschrechtes für ein Flugzeug

---

506 Vgl. die Möglichkeit des Zugangs pauschal infrage stellend PwC (Hrsg.), Comment Letter ED/2013/6, S. 3.

507 Ein ähnliches Kriterium schreibt IFRS 10 vor. Demnach dürfen keine *operational barriers* den Halter der Rechte an der Ausübung der Rechte hindern, vgl. IFRS 10.B23 (vi).

508 Die bedeutenden Barrieren hervorhebend PwC (Hrsg.), Comment Letter ED/2013/6, S. 3.

509 Die Individualisierung eines Vermögenswertes ist bspw. sehr hoch, wenn der potenzielle Leasingnehmer das Design des Leasinggegenstandes maßgeblich mitbestimmen darf; vgl. zum Einfluss des Designs des Vermögenswertes bei der Bestimmung der Kontrolle des Vermögenswertes Abschnitt 424.33.

510 Auf die Bedeutung seiner Einschätzung der Ressourcen beim Leasinggeber hinweisend ACTEO (Hrsg.), Comment Letter ED/2013/6, S. 518. A. A. PwC (Hrsg.), Comment Letter ED/2013/6, S. 3.

und für IT-Zubehör (bspw. Drucker) ergeben. Im Ergebnis ist eine **Einzelfallbetrachtung** erforderlich. Für die Einschätzung über die praktische Fähigkeit sollten zum Zweck der Objektivierung unterstützend Beurteilungen bei vergleichbaren Verträgen und vergangene Entscheidungen hinzugezogen werden.

Auch wenn der potenzielle Leasingnehmer die beschriebenen Anforderungen als erfüllt ansieht, kann die praktische Fähigkeit zum Austausch aufgrund bestimmter **zeitlicher Restriktionen eingeschränkt** werden. Denn Austauschrechte sind nicht substanziell, wenn der potenzielle Leasinggeber das Recht zum Austausch nicht dauerhaft, sondern nur an oder nach einem bestimmten Zeitpunkt hat oder der Austausch an den Eintritt eines bestimmten Ereignisses geknüpft ist.[511] Durch diese Umstände bedingte Rechte verbriefen für den potenziellen Leasinggeber nur eine zeitlich eingeschränkte Verfügung über den Vermögenswert bzw. über seinen Austausch. Diese ist für die Zuordnung der Kontrolle zum potenziellen Leasinggeber nicht ausreichend.[512]

Die Restriktion hinsichtlich eines zu bestimmenden Zeitpunktes, ab dem das Austauschrecht vorliegt, bedarf keiner weiteren Klärung, da ein Zeitpunkt regelmäßig klar und eindeutig definiert ist. Dagegen kann der Eintritt eines **Ereignisses** unsicher sein. Bei einer sehr hohen Wahrscheinlichkeit des Eintritts besteht insofern faktisch eine Restriktion, als das Ereignis sehr wahrscheinlich eintritt und der Zugang zum Leasingobjekt demnach zeitlich eingeschränkt ist. Diese Konstellation impliziert ein nicht substanzielles Austauschrecht des potenziellen Leasinggebers bzw. ein Leasingverhältnis (vgl. die rechte Seite der Abbildung 4-1). Diese Restriktion ähnelt hinsichtlich ihres wirtschaftlichen Gehalts zwar einer zeitlichen Restriktion, allerdings ist ihr Eintrittszeitpunkt variabel. Der tatsächliche Eintritt des Ereignisses muss jedoch mit sich verringernder Wahrscheinlichkeit zunehmend infrage gestellt werden. Je geringer die Wahrscheinlichkeit des Eintritts ist, desto mehr ist davon auszugehen, dass die Anknüpfung des Austauschrechtes zwar vertraglich, aber nicht faktisch einer Restriktion unterliegt. Im Falle einer zu vernachlässigenden, nicht bedeutsamen Wahrscheinlichkeit wäre der Zugriff faktisch zeitlich uneingeschränkt. Dann wäre das Austauschrecht als substanziell bzw. der Kontrakt als Dienstleitungsverhältnis zu charakterisieren (vgl. die linke Seite der Abbildung 4-1).

Neben sehr hohen und sehr niedrigen Wahrscheinlichkeiten können Ereignisse vertraglich fixiert werden, deren Eintritt aus Sicht beider Vertragsparteien, also objektiv **unsicher** ist. In diesem Fall besitzt die vertragliche Bedingung insofern einen tatsächlichen wirtschaftlichen Gehalt, als der Eintritt bzw. der Nicht-Eintritt nicht im Vorhinein bereits faktisch klar ist. In

---

511 Vgl. IFRS 16.B15 und IFRS 16.BC114. Analog dazu weist IFRS 10 auf den Umstand hin, dass Bedingungen und Konditionen vorliegen können, die mögliche Zeitpunkte der Ausübung eng begrenzen, vgl. IFRS 10.B23 (iii).

512 Vgl. IFRS 16.B15; BERGER, J./NARDMANN, H., Auswirkungen auf Unternehmen, S. 425.

diesem Fall ist auf die Aussage des Standards zu rekurrieren, dass der potenzielle Leasingnehmer von nicht substanziellen Austauschrechten ausgehen soll, wenn er die Substanz nicht ohne Weiteres bestimmen kann.[513]

Die Einschränkung des praktischen Zugangs im Zeitverlauf hat somit entweder den Charakter einer pro-forma-Regelung, deren Einschätzung über die Wahrscheinlichkeit eindeutig ist, oder die Bedingung weist tatsächlich eine wirtschaftliche Substanz aufgrund einer unklaren Wahrscheinlichkeitsverteilung des Ereigniseintritts auf (vgl. die mittlere Darstellung in Abbildung 4-1). Die Überlegungen sowie die Bilanzierungsfolge werden in der folgenden Abbildung 4-1 deutlich gemacht.

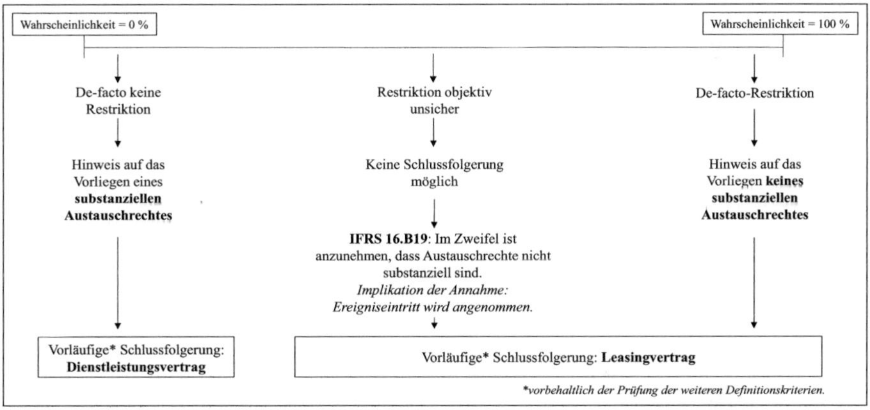

Abbildung 4-1: Bestimmung der Substanz eines Austauschrechtes in Abhängigkeit der Wahrscheinlichkeit des Eintritts eines Ereignisses

422.422. Alternativer Vermögenswert

Die praktische Fähigkeit zum Austausch des ursprünglichen Vermögenswertes ist darüber hinaus nur dann gegeben, wenn ein für die Substitution geeigneter alternativer Vermögenswert

- jederzeit und ohne weitere Umstände verfügbar ist, oder
- zumindest innerhalb eines angemessenen Zeitraums beschafft werden kann.[514]

Der Begriff des alternativen Vermögenswertes wird **nicht weiter konkretisiert**. Die Anforderungen sind maßgeblich für die Beurteilung des potenziellen Leasingnehmers, ob der potenzielle Leasinggeber einen solchen bereitstellen und das Austauschrecht substanziell sein kann.[515]

513 Vgl. IFRS 16.B19 und auch die Ausführungen in 422.433.

514 Vgl. IFRS 16.B14 (a). Damit verbunden wird impliziert, dass der Leasinggeber auch die finanziellen Mittel zur ggf. erforderlichen kurzfristigen Beschaffung des Vermögenswertes vorhält, vgl. dazu FEE (Hrsg.), Comment Letter ED/2013/6, S. 5.

515 Vgl. Edison Electric Institution (Hrsg.), Comment Letter ED/2013/6, S. 10.

Die Anforderungen könnten sich vorrangig aus den wirtschaftlichen Überlegungen bzw. den Ansprüchen entweder des potenziellen Leasinggebers oder des Leasingnehmers ergeben. Der Leasinggeber dürfte allerdings keine Ansprüche an die Wahl eines geeigneten alternativen Vermögenswertes haben. Er muss ihn lediglich bereitstellen und nicht von der tatsächlichen Nutzung als Leasingobjekt profitieren. Zudem dürfte er im Falle seiner Befugnis zur Auswahl denjenigen wählen, der zu den geringsten Kosten des Austausches führt. Dieses Motiv ignoriert die vertraglichen Charakteristika des Leasingverhältnisses, besonders die Bedeutung des Vermögenswerts für den Leasingnehmer. Die Anforderungen sollten sich vielmehr nach den Ansprüchen des potenziellen Leasingnehmers richten. Dieser muss den alternativen Leasinggegenstand verwenden können, ohne dass sich sein Nutzen aus der Verwendung gegenüber derjenigen des ursprünglichen Vermögenswertes vermindert. Dies gilt umso mehr, als die vertraglichen Parameter, besonders die Gegenleistung des Leasingnehmers, durch den Austausch grundsätzlich nicht geändert werden. Die ökonomischen Begebenheiten des Leasingverhältnisses werden in der Entscheidung auf diese Weise sachgerecht berücksichtigt.

Die Anforderung ist vor diesem Hintergrund aber nicht zwingend so restriktiv auszulegen, dass lediglich ein identischer Vermögenswert die Anforderung erfüllt. Gleichwohl sollte ein unter wirtschaftlichen Gesichtspunkten in hohem Maße ähnliches Leasingobjekt, das den Ansprüchen des potenziellen Leasingnehmers an die Eigenschaften des Vermögenswertes in ähnlicher Weise genügt, vorausgesetzt werden.[516] Ein **wirtschaftlich in hohem Maße ähnlicher Vermögenswert** zeichnet sich dadurch aus, dass er den Zweck, den der potenzielle Leasinggeber mit dem ursprünglichen Vermögenswert verfolgt, in vergleichbarer Art und Weise erfüllen kann und weitere entscheidungsrelevante Parameter ähnlich ausgeprägt sind.[517] So wäre bei einem Leasingverhältnis über einen PKW nicht zwingend dasselbe Modell mit denselben Spezifikationen, jedoch zumindest ein vergleichbares Modell, dessen Spezifikationen in hohem Maße ähnlich sind, zu fordern. Alternativ sollte bei IT-Zubehör wie einem Drucker sichergestellt werden, dass die Funktionalität des ersetzenden Objektes mit dem des ursprünglichen übereinstimmt oder darüber hinaus geht (bspw. sollte eine Scan-Funktion des bisherigen Gerätes gleichermaßen vorhanden sein oder die Druckgeschwindigkeit in hohem Maße ähnlich sein).

Die Anforderungen an den alternativen Vermögenswert steigen mit der Spezifität des ursprünglichen Vermögenswertes, also mit dem Ausmaß der Individualisierung für den betroffenen potenziellen Leasingnehmer.[518] In der hinsichtlich der Spezifität extremsten Ausprägung, in der das Leasingobjekt für den Leasingnehmer designt und erstellt wird,[519] dürfte nur ein identischer

---

516 Vgl. dies infrage stellend KPMG (Hrsg.), Comment Letter ED/2013/6, S. 9; PKF (Hrsg.), Comment Letter ED/2013/6, S. 2.

517 Vgl. im Kontext in unterschiedlichem Maße identischer kurzfristiger Leasingverhältnisse bei Laufzeitstrukturierungen Abschnitt 434.23.

518 Vgl. auch SIEMENS (Hrsg.), Comment Letter ED/2013/6, S. 3.

519 Vgl. dazu Abschnitt 424.33.

Leasinggegenstand die Ansprüche des Leasingnehmers erfüllen.[520] Sofern eine Maschine für den potenziellen Leasingnehmer individuell angefertigt wurde, bspw. aufgrund einer besonderen Produktionstechnik oder eines -outputs, muss der substituierende Vermögenswert dieselben Eigenschaften erfüllen. Die **Spezifität** ist daher das **dominante Merkmal** in der Betrachtung. Im Ergebnis nimmt mit zunehmender Individualisierung des Vermögenswertes – bzw. mit damit implizierten höheren Anforderungen an den substituierenden Vermögenswert – grundsätzlich die Wahrscheinlichkeit ab, dass ein alternativer Vermögenswert für einen möglichen Austausch des ursprünglichen Vermögenswertes vorgehalten wird bzw. beschafft werden kann. Die Wahrscheinlichkeit, dass das Austauschrecht substanziell ist, sinkt mit zunehmender Spezifität des Vermögenswertes.

Gemäß den Regelungen muss der alternative Vermögenswert zumindest innerhalb eines angemessenen Zeitraums beschafft werden. Die Angemessenheit eines **Zeitintervalls** ist abhängig von der Spezifität des Vermögenswertes. Die leasingnehmerindividuelle Spezifität des Leasingobjektes kann sich einerseits dahingehend auswirken, dass der Leasinggeber aufgrund der Anfertigung dieses spezifischeren Leasingobjektes ein längeres Zeitintervall benötigt als ein für einen gewöhnlicheren Vermögenswert. Andererseits könnte das Intervall aus der Perspektive des Leasingnehmers durch die Spezifität des Leasingobjektes sogar zu verkürzen sein. Die Spezifität steigt mit der Orientierung an individuellen Vorgaben des potenziellen Leasingnehmers. Eine ausgeprägtere Spezifizierung deutet darauf hin, dass er für ihn eine bedeutende Rolle in seinem Geschäftsbetrieb einnimmt und umso mehr von einem vorübergehenden Ausfall betroffen ist. Konsistent zur Betrachtung der Anforderungen an einen alternativen Vermögenswert ist den **Bedürfnissen des Leasingnehmers** mehr Gewicht einzuräumen. Demnach sollte sich das angemessene Zeitintervall mit einer zunehmenden Individualisierung des Leasingobjektes grundsätzlich verkürzen, auch wenn dieser Anforderung im Einzelfall ggf. nicht entsprochen werden kann.

422.43 Kriterium der wirtschaftlichen Nutzenziehung aus dem Austausch des Vermögenswertes

422.431. Bei der Betrachtung einzubeziehende Nutzenpotenziale

Der potenzielle Leasinggeber muss zudem von der Ausübung des Austauschrechtes **wirtschaftlich profitieren**, damit das Austauschrecht substanziell ist. Demnach müssen die wirtschaftlichen Anreize durch die Substitution, d. h. die Nutzenpotenziale (*economic benefits associated*

---

520 So ist bspw. ein PKW, der nur zum Zweck der Überbrückung von Distanzen auf dem Firmengelände eingesetzt wird, in sehr geringem Maße individualisiert und kann durch ähnliche PKW ersetzt werden. Hingegen berücksichtigt ein für die Ansprüche des Kunden installiertes Kraftwerk, produziertes Flugzeug oder angefertigte Maschine als Teil der Wertschöpfungskette in hohem Maße die Vorstellungen des Kunden, weshalb hier nur ein nahezu identischer Vermögenswert infrage kommt; vgl. dazu auch GANSSAUGE, K./KLOCKMANN, I./ALYMOV, A., Definition eines Leasingverhältnisses, S. 737.

with substituting the asset), die Kosten überwiegen (*costs associated with substituting the asset*).[521]

Wirtschaftliche Anreize aus der Substitution können etwa in **Einsparpotenzialen** begründet sein. Solche, die sich aus dem laufenden Vertrag mit dem potenziellen Leasingnehmer ergeben, können sich vor allem in Kostenersparnissen in Bezug auf den laufenden Vertrag ausdrücken.[522] Diese könnten sich u. a. in geringeren Aufwendungen für die Instandhaltung oder aufgrund von erforderlichen Reparaturen des Vermögenswertes ergeben. Das Ausmaß einer Kostenersparnis wird auch durch die Individualisierung des ursprünglichen Vermögenswertes bestimmt. Mit zunehmender Individualisierung nimmt das Potenzial von Kostensenkungen ab, da einerseits ein alternativer Vermögenswert für den potenziellen Leasingnehmer angepasst werden müsste, um einen vergleichbaren Nutzen zu erzielen,[523] und andererseits die Instandhaltung sowohl organisatorisch als auch in finanzieller Hinsicht aufwendiger wird.

Darüber hinaus sind wirtschaftliche Anreize für den potenziellen Leasinggeber in Form eines Mehrwertes durch eine **alternative Verwendung** des Leasingobjektes denkbar. Der potenzielle Leasinggeber kann solche Anreize realisieren, indem er für den ursprünglichen Vermögenswert eine vorteilhaftere Verwendung hat. Diese könnte darin bestehen, den ursprünglichen Vermögenswert Dritten zu für ihn besseren Konditionen zur Verfügung zu stellen oder gar zu veräußern. Die Vorteilhaftigkeit zur alternativen Verwendung verringert sich naturgemäß mit einem entsprechend höheren Individualisierungsgrad des ursprünglichen Vermögenswertes, da seine Konfiguration für das neue Vertragsverhältnis angepasst werden muss.

Der Begriff der wirtschaftlichen Anreize bedarf also einer weiten Auslegung, um mögliche Quellen umfassend einzubeziehen und die Umstände des Austausches bestmöglich zu erfassen.[524] Dieses Vorgehen berücksichtigt nicht nur die vertragliche Beziehung mit dem potenziellen Leasingnehmer, sondern auch darüber hinausgehende Nutzungsalternativen des Vermögenswertes. Die Gesamtheit der einzubeziehenden wirtschaftlichen Anreize wird maßgeblich durch den Grad der Individualisierung des Vermögenswertes beeinflusst.[525]

---

521 Vgl. IFRS 16.B14 (b) und IFRS 16.BC113. Die hierarchische Stellung dieser Anforderung weicht von derjenigen innerhalb des Kriterienkataloges für substanzielle Rechte nach IFRS 10 ab. Dort müssen substanzielle Rechte zu dem Zeitpunkt ausübbar sein, zu dem die Entscheidungen zur Festlegung der relevanten Geschäftstätigkeiten zu treffen sind, vgl. IFRS 10.B24; ZÜLCH, H./POPP, M., Reformation der IFRS-Konzernrechnungslegung, S. 249. Die Leitlinien zur Bestimmung der Substanz divergieren somit, vgl. IFRS 10.BC95. Der wirtschaftliche Vorteil der Ausübung des Rechtes ist für IFRS 10 nur einer von mehreren Anhaltspunkten für die Bestimmung, ob das Recht substanziell ist. Die Schlussfolgerung des IASB während des Standardsetzungsprozesses, dass die Vorschriften konsistent zu IFRS 10 sind, ist insofern unpräzise, vgl. IASB (Hrsg.), Agenda Paper 3A, May 2014, Rn. 32.

522 Vgl. GANSSAUGE, K./KLOCKMANN, I./ALYMOV, A., Definition eines Leasingverhältnisses, S. 738.

523 Vgl. GANSSAUGE, K./KLOCKMANN, I./ALYMOV, A., Definition eines Leasingverhältnisses, S. 738; dazu auch Abschnitt 422.42.

524 Vgl. GANSSAUGE, K./KLOCKMANN, I./ALYMOV, A., Definition eines Leasingverhältnisses, S. 738, und EWELT-KNAUER, C., in: Baetge u. a., Rechnungslegung nach IFRS, 2. Aufl., Teil B, IFRS 16, Rn. 22, die darüber hinaus zurecht auch ideelle Faktoren wie Reputationsgewinne bzw. -verluste einbezieht.

525 Der Grad der Individualisierung war bereits bei der Betrachtung der Anforderungen an einen alternativen

Die Gesamtheit der alternativen Verwendungsmöglichkeiten des Vermögenswertes und der Sparpotenziale wird durch IFRS 16 dahingehend eingeschränkt, dass nur **wahrscheinliche Szenarien bzw. Nutzenquellen** einzubeziehen sind.[526] Eine grundsätzliche rechtliche Möglichkeit der Umsetzung reicht demnach nicht aus, da auf diesem Wege auch unwahrscheinliche Szenarien einbezogen werden dürften.[527] Das Urteil über die Vorteilhaftigkeit könnte auf diese Weise insofern beeinflusst werden, als die wahrscheinlichen Szenarien nicht hinreichende Nutzenpotenziale umfassen. Nicht wahrscheinliche Szenarien sind u. a. die Vereinbarung mit einem künftigen Kunden des potenziellen Leasinggebers, die Verwendung des Vermögenswertes zu einem Preis über dem Marktpreis zu erwerben.[528] Demnach sind nur solche Umstände zu berücksichtigen, für die gewöhnliche Marktbedingungen unterstellt werden können. Außerdem ist die Einführung einer neuen Technologie, die zum Zeitpunkt des Inkrafttretens des Vertrages noch nicht ausgereift ist, annahmegemäß unwahrscheinlich.[529] Damit dürften vor allem Konstellationen angesprochen werden, in denen die jeweilige Technologie noch nicht marktreif ist und demnach nicht vermarket werden kann. Vermarktbare Technologien sind im Umkehrschluss zu berücksichtigen.

Ferner wird eine substanzielle Differenz zwischen der Verwendung des Vermögenswertes durch dem potenziellen Leasingnehmer bzw. der Leistung des Leasingobjektes und der vermuteten Verwendung zum Zeitpunkt des Inkrafttretens als unwahrscheinlich charakterisiert.[530] Dieser Indikator zielt auf eine von der ursprünglichen Vereinbarung abweichende, intensivere (Ab)-Nutzung bzw. Inanspruchnahme des Leasingobjektes in einem Umfang ab, den der Leasinggeber unter gewöhnlichen Umständen nicht erwarten würde.

Schließlich soll ein möglicher substanzieller Unterschied des Marktpreises des Vermögenswertes zwischen dem Zeitpunkt des Inkrafttretens des Vertrages und der Perioden des laufenden Vertrages nicht berücksichtigt werden, sofern er nicht wahrscheinlich ist.[531] Ein substanzieller Preisunterschied dürfte sich in einer außergewöhnlichen Anpassung des Preises äußern, die nicht durch die marktbezogenen und weitere ökonomische Bedingungen (bspw. die Inflationsrate oder eine andere Wettbewerberstruktur) begründet werden kann. Preisabweichungen aufgrund von Inflationsanpassungen oder wegen gewöhnlicher wettbewerbsbezogener Überlegungen sind hingegen für die Beurteilung der Substanz unkritisch und in die Beurteilung einzubeziehen.

Im Ergebnis verbleibt trotz der Ausführungen ein **erheblicher Ermessensspielraum** bei der Beurteilung bestehender wirtschaftliche Anreize und der beizumessenden Wahrscheinlichkeit

Vermögenswert besonders bedeutsam, vgl. dazu Abschnitt 422.42.

526 Vgl. IFRS 16.B16.

527 Dies infrage stellend DRSC (Hrsg.), Comment Letter ED/2013/6, S. 6.

528 Vgl. IFRS 16.B16 (a).

529 Vgl. IFRS 16.B16 (b).

530 Vgl. IFRS 16.B16 (c).

531 Vgl. IFRS 16.B16 (d).

ihres Eintretens. Dies ist einerseits konzeptionell zu begrüßen, um die wirtschaftlichen Verhältnisse so umfassend wie möglich zu berücksichtigen. Andererseits ist die Glaubwürdigkeit der resultierenden Informationen dadurch beeinträchtigt. Die unternehmensübergreifende Vergleichbarkeit von Entscheidungen über die Substanz der Rechte wird aufgrund divergierender Auslegungen, vor allem der Wahrscheinlichkeit von Ereignissen, eingeschränkt.

422.432. Bei der Betrachtung einzubeziehende Kosten

Den wirtschaftlichen Anreizen, die aus der Substitution des Vermögenswertes resultieren, müssen die mit dem Austausch verbundenen Kosten gegenübergestellt werden. Die Vorschriften lassen gleichwohl offen, welche Kosten in die Betrachtung einzubeziehen sind.[532] Dies ist insofern kritisch, als die einzubeziehenden Kosten aufgrund der vielfältigen Bezugspunkte wegen mittelbarer Ausstrahlungseffekte grundsätzlich (noch) größeren Spielraum lassen als die möglichen Quellen des wirtschaftlichen Nutzens. Deshalb könnten die Vertragsparteien die einzubeziehenden Indikatoren auf ein bestimmtes Gestaltungsziel ausrichten, sodass die Anforderungen an ein substanzielles Austauschrecht erfüllt bzw. nicht erfüllt werden. Eine uneinheitliche Auslegung der Begriffe führt demnach zu strukturellen Verzerrungen in der Betrachtung.

Um Konsistenz der Betrachtung von Kosten und Nutzen herzustellen, sollten analog zu den zu bewertenden Nutzenpotenzialen auch der hier zugrunde zu legende Kostenbegriff weit ausgelegt werden. Somit sollten nicht nur mit dem ursprünglichen Vertrag verbundene Kosten, sondern auch mit einem neuen Vertrag über das Leasingobjekt verbundene Kosten in der Betrachtung berücksichtigt werden. Gleichwohl darf diese Auslegung nicht dazu führen, dass Kosten einbezogen werden, die lediglich mittelbar aufgrund des Austausches entstehen. Sie müssen dem ursprünglichen Vertrag bzw. der Umsetzung eines neuen Vertragsverhältnisses vielmehr **direkt zurechenbar** sein. Im Rahmen des Austausches könnten bspw. sowohl beim ursprünglichen als auch beim neuen Leasingnehmer Installations- und Montagekosten, Kosten des Transports und der weiteren Organisation für den potenziellen Leasinggeber anfallen.[533] Nicht direkt zurechenbare Kosten sind hingegen bspw. solche, die durch den Betrieb des Leasingobjektes entstehen. Auch Verwaltungs- und Gemeinkosten sollten nicht einbezogen werden.[534] Diese werden nicht ausschließlich durch das Leasingverhältnis ausgelöst.

Die Kosten einer Substitution werden ähnlich zu der Betrachtung von Nutzenpotenzialen durch verschiedene Parameter beeinflusst. So kann u. a. ein positiver Wirkungszusammenhang zwischen dem Ausmaß der Individualisierung des Vermögenswertes und den anfallenden Kosten vermutet werden. So muss der für den ursprünglichen potenziellen Leasingnehmer individualisierte Vermögenswert für die Bedürfnisse des alternativen potenziellen Leasingnehmers umso

532 Vgl. DEUTSCHE TELEKOM (Hrsg.), Comment Letter ED/2013/6, S. 9; SOUTHERN COMPANY (Hrsg.), Comment Letter ED/2013/6, S. 2; NORTHGATE (Hrsg.), Comment Letter ED/2013/6, S. 2.

533 Diese werden auch in IAS 16 aufgeführt, vgl. IAS 16.17 (d).

534 Diese werden im Übrigen auch von IAS 16 ausgeschlossen, vgl. IAS 16.19 (d).

umfänglicher angepasst werden. Dies kann bei einem entsprechend hohen finanziellen Aufwand sogar einen Austausch verhindern, wenn das Kosten-Nutzen-Verhältnis nicht mehr vorteilhaft ist.[535] Zudem sind die Kosten aufgrund des damit verbundenen organisatorischen Aufwands grundsätzlich höher, wenn der Vermögenswert beim potenziellen Leasingnehmer verortet ist.[536] Außerdem beeinflusst das **Wesen des Leasingobjektes** als mobiler oder immobiler Vermögenswert die Kosten. Mobile Leasingobjekte sollten demnach grundsätzlich geringere Kosten auslösen. Gleichwohl können sich, wie bereits erwähnt, auch innerhalb dieser Gruppe signifikante Unterschiede in der Beurteilung ergeben. Über diese Kosten hinaus können zudem Kosten entstehen, die in der vertraglichen Vereinbarung für den Fall eines Austausches fixiert wurden. Hierunter könnten Vertragsstrafen oder Zahlungen, die im Rahmen des Austausches anfallen und vertraglich vereinbart wurden, fallen.[537] Analog zu Nutzenpotenzialen sind im Übrigen auch für Kosten ausschließlich **wahrscheinlicher Szenarien** zu berücksichtigen,[538] um ein konsistentes Vorgehen zu gewährleisten.

Gleichwohl kann die Konsistenz der bei der Betrachtung einzubeziehenden Kosten- und Nutzenquellen sachverhaltsübergreifend nur **geschäftsmodellspezifisch** sichergestellt werden. Dies resultiert daraus, dass in bestimmten Geschäftsmodellen die Kosten des Austausches strukturell höher sein könnten als der Nutzen aus der Substitution.[539] Auch der umgekehrte Fall wäre denkbar. Diese Einschränkung stellt sicher, dass bei der Betrachtung der Substanz branchenspezifische Charakteristika berücksichtigt werden, deren Auslassung dazu führen könnte, dass die Kosten-Nutzen-Betrachtung zu strukturell verzerrten Schlussfolgerungen zwischen verschiedenen Branchen führt. Eine Vergleichbarkeit in der Beurteilung kann demnach nur auf der Ebene vergleichbarer Geschäftsmodelle gewährleistet werden.

422.433. Anforderungen an die Nutzen-Kosten-Abwägung

Die Vorschriften regeln in übergeordneter Hinsicht nicht, ob die Betrachtung des wirtschaftlichen Anreizes aufgrund des Austausches auf absoluten Werten, d. h. anhand einer quantitativen Abwägung der wertmäßigen Nutzen- und Kostenpotenziale, oder auf relativen Wertverhältnissen, besonders vertraglichen Margen oder Kosten in Verhältnis zu aus dem Vertrag resultierenden Leasingzahlungen, basieren sollte.[540] Die absoluten Wertverhältnisse variieren in Abhängigkeit von dem Leasingobjekt, was anhand der Betrachtung des Vergleiches eines Flugzeuges und eines gewöhnlichen Druckers deutlich wird. Gleiches gilt für relative Wertverhältnisse. Bei diesen werden die Kosten- oder Nutzenpotenziale ins Verhältnis zu Referenzwerten gesetzt,

---

535 Vgl. GANSSAUGE, K./KLOCKMANN, I./ALYMOV, A., Definition eines Leasingverhältnisses, S. 738; DEUTSCHE TELEKOM (Hrsg.), Comment Letter ED/2013/6, S. 9.

536 Vgl. IFRS 16.B16; PWC (Hrsg.), Comment Letter ED/2013/6, S. 3.

537 Diese Hinweise entstammen dem IFRS 10, können aber aufgrund des Kontextes, in dem sie dort eingebettet sind, ohne Weiteres hier berücksichtigt werden, vgl. IFRS 10.B23 (a) (i)-(ii).

538 Vgl. IFRS 16.B16.

539 Vgl. NORTHGATE (Hrsg.), Comment Letter ED/2013/6, S. 2.

540 Vgl. DRSC (Hrsg.), Comment Letter ED/2013/6, S. 6; DEUTSCHE TELEKOM (Hrsg.), Comment Letter ED/2013/6, S. 9; BVRLA (Hrsg.), Comment Letter ED/2013/6, S. 3; TYCO (Hrsg.), Comment Letter ED/2013/6, S. 2.

was gleichermaßen in sachverhaltsspezifische Werte resultieren sollte. Insofern sind grundsätzlich beide Ansätze denkbar. Für die Vorteilhaftigkeit einer absoluten Betrachtung könnte hingegen sprechen, dass die Regelungen keine Wertschwelle oder alternativen Referenzwert nennt, die für eine relative Betrachtung hilfreich wären. Es wird lediglich auf die Werteffekte der Determinanten „Nutzen“ und „Kosten“ abgestellt. Vor diesem Hintergrund sollten die **absoluten Werteffekte** als prioritärer Anknüpfungspunkt der Betrachtung herangezogen werden.

Ferner wird **keine Wertgrenze** fixiert, ab der die Abwägung von Nutzen und Kosten als vorteilhaft genug zu beurteilen ist, um auf ein substanzielles Austauschrecht des potenziellen Leasinggebers hinzuweisen. Dies könnte zum einen implizieren, dass bereits ein positiver Wertbeitrag ausreicht. Dafür spricht auch, dass die absolute Höhe der mit dem Austausch verbundenen Werteffekte maßgeblich durch die Art bzw. das Wesen des Leasinggegenstandes beeinflusst wird[541] und dieser Ansatz in jeder Konstellation anwendbar wäre. Er bedürfte keiner branchenindividuellen Anpassung. Auch die Implikationen eines denkbaren Schwellenwertes weisen darauf hin. Ein solcher Schwellenwert könnte aufgrund der branchenspezifischen Charakteristika nicht für sämtliche zu beurteilende Sachverhalte sachgerecht anwendbar sein. Er müsste aufgrund der Vielfalt aller Leasingverträge vielmehr subjektiv und sachverhaltsspezifisch bestimmt werden.

Gleichwohl könnte in regelungsstruktureller Hinsicht eine Orientierung an den Erleichterungsvorschriften für eine Einführung einer Schwelle sprechen. Nach diesen ist für Leasingverhältnisse von geringem Wert eine absolute Schwelle für ebendiese Geringwertigkeit in Höhe von 5.000 US-$[542] festgelegt. Dieser Richtwert war gleichwohl Gegenstand umfangreicher, sowohl konzeptionell getriebener als auch praxisbezogener Diskussionen im Projektverlauf.[543] Er lässt keinen Spielraum für eine objektspezifische Betrachtung, mithin auch keine Möglichkeiten für eine Abwägung von Geringwertigkeit.[544] Gegen eine Eignung dieser Schwelle als Grundlage für einen Analogieschluss spricht jedoch, dass sie vor dem Hintergrund von Leasingverträgen über Bürobedarf eingeführt wurde.[545] Zudem wurde der Wert umfassend kritisiert. Auch aufgrund der spezifischen Anwendung und dem eingeschränkten Verbindlichkeits-grad aufgrund der Angabe in den Ausführungen der *Basis for Conclusions* scheidet eine Orientierung an den Erleichterungsvorschriften als Argumentation aus.[546]

---

541 So ergeben sich hinsichtlich der möglichen entstehenden Kosten und Erlöse bspw. bei Büroartikeln und Flugzeugen in hohem Maße unterschiedliche Wertdimensionen.

542 Vgl. IFRS 16.BC100.

543 Vgl. bereits Fn. 181.

544 Vgl. dazu auch Abschnitt 23.

545 Vgl. IFRS 16.BC100.

546 Vgl. Fn. 181.

Im Ergebnis ist eine **sachverhaltsspezifische Betrachtung der absoluten wertmäßigen Auswirkungen** geboten. Der Nutzen muss die Kosten insoweit lediglich übersteigen. Die unternehmensübergreifende Vergleichbarkeit wird durch diesen Ansatz zwar eingeschränkt, gleichwohl aufgrund des beabsichtigt einheitlichen Vorgehens wiederum gestärkt.

422.434. Widerlegbare Vermutung zu dem Nutzen-Kosten-Verhältnis

Die Beurteilung eines wirtschaftlichen Anreizes des potenziellen Leasinggebers ist für den potenziellen Leasingnehmer mit Herausforderungen, vor allem in der Plausibilisierung der wertmäßigen Auswirkungen, verbunden, wie bisher deutlich wurde.[547] Der Standardsetzer ist sich dieser Problematik bewusst. Er äußert die widerlegbare Vermutung, dass der potenzielle Leasinggeber in der überwiegenden Zahl der Verträge aufgrund der mit dem Austausch des Vermögenswertes verbundenen Kosten von der Ausübung des Substitutionsrechtes **nicht profitiert**. Der wirtschaftliche Nutzen steht in diesen Fällen also in keinem angemessenen Verhältnis zu den erwarteten Kosten.[548] Somit kann der potenzielle Leasingnehmer in entsprechenden Zweifelsfällen davon ausgehen, dass das **Austauschrecht nicht substanziell** ist. Das vertragliche Verhältnis ist dann als Leasingverhältnis zu klassifizieren.

422.44 Möglichkeit nachträglicher Änderungen der Beurteilung der Substanz

Nachträgliche Änderungen der Beurteilung über die Substanz von Austauschrechten sind nach IFRS 16 **nicht vorgesehen**.[549] Der Beurteilung über die Substanz sind lediglich die Fakten und Umstände zum Zeitpunkt des Inkrafttretens des Vertrages zugrunde zu legen.[550] Wertbegründende Informationen im zeitlichen Verlauf sind somit, wie bereits nach IAS 17,[551] explizit zu ignorieren. Mit dieser Regelung übergeht der Standardsetzer – anders als nach IFRS 10[552] – die

547 Vgl. BEYHS, O./LABRENZ, H., Bilanzpolitische Spielräume für Leasingnehmer, S. 456; SCHOSSER, K./FINK, C., Neuregelung zur Bilanzierung, S. 96; SOUTHERN COMPANY (Hrsg.), Comment Letter ED/2013/6, S. 2; DEUTSCHE TELEKOM (Hrsg.), Comment Letter ED/2013/6, S. 9; EDISON ELECTRIC INSTITUTION (Hrsg.), Comment Letter ED/2013/6, S. 10.

548 Vgl. IFRS 16.BC113.

549 Vgl. anmerkend DRSC (Hrsg.), Comment Letter ED/2013/6, S. 6.

550 Vgl. IFRS 16.B16. Ferner sind zu diesem Zeitpunkt als wahrscheinlich erachtete künftige Ereignisse heranzuziehen. Diese wurden bereits in Abschnitt 422.431 angesprochen.

551 Vgl. IAS 17.13. Die Beurteilung bezieht sich nach IAS 17 gleichwohl auf die Klassifizierung des Leasingverhältnisses.

552 Eine derartige Neubeurteilung ist gemäß IFRS 10 gleichwohl zulässig. Demnach kann sich der Charakter eines Rechtes im Zeitverlauf ändern. Rechte werden im Kontext des IFRS 10 als substanzielle Rechte oder Schutzrechte klassifiziert, vgl. BRUNE, J. W., in: Beck IFRS HB, 5. Aufl., § 30, Rn. 17; ZÜLCH, H./POPP, M., Überblick über das neue Control-Konzept, S. 1534. Demnach soll der Investor eine erneute Beurteilung seiner Beherrschung über das Tochterunternehmen vornehmen, wenn die Tatsachen und Umstände zu einem späteren Zeitpunkt darauf hindeuten, dass Änderungen hinsichtlich der Elemente des Beherrschungsbegriffes vorliegen könnten, vgl. IFRS 10.8 und zu den drei Elementen IFRS 10.7; IFRS 16.BC153. Vgl. zu den Implikationen der abweichenden Beurteilung POPP, M., Control-Konzept nach IFRS 10, S. 277; im Kontext von Kreditvereinbarungen dazu DIETRICH, A./STOEK, C., Anwendung des IAS 28 auf reine Kreditbeziehungen, S. 349 f.; DIETRICH, A./KRAKUHN, J./SIERLEJA, L., Beurteilung bedingter Rechte, S. 432; GIMPEL-HENNING, N., Sukzessive Anteilserwerbe im IFRS-Konzernabschluss, S. 41; zur Abgrenzung von substanziellen Rechten und Schutzrechten MEYER, M., Substanzielle Rechte und Schutzrechte, S. 271–274.

Möglichkeit, dass sich die Beurteilung der Substanz von Austauschrechten im Zeitverlauf ändern könnte, weil die Kriterien im Nachhinein divergierend zum Zeitpunkt des Inkrafttreten des Vertrages als „nicht mehr erfüllt“ bzw. „erfüllt“ erachtet werden..

Eine abweichende Regelung, die eine Änderung zu einem späteren als dem Zeitpunkt des Inkrafttretens zuließe, hätte **bedeutende Implikationen** für die Bilanzierung gehabt. Mit der Evaluierung der Substanz der Austauschrechte entscheidet sich, ob ein identifizierbarer Vermögenswert vorliegt und somit eine der Voraussetzungen für ein Leasing- oder Dienstleistungsverhältnis gegeben ist.[553] Somit müsste der potenzielle Leasinggeber nachträglich zwischen der Bilanzierung gemäß IFRS 15 und IFRS 16 wechseln. Auch der potenzielle Leasingnehmer würde entsprechend nachträglich den Vorschriften des IFRS 15 oder IFRS 16 folgen.[554] Die Komplexität der Umstellung der bilanziellen Abbildung würde zunehmen, wenn die Substanz von Austauschrechten mehr als einmal abweichend evaluiert würden. Die Vorschrift führt dazu, dass die Veränderung der tatsächlichen wirtschaftlichen Verhältnisse aufgrund einer divergierenden Beurteilung der Austauschrechte nicht durch eine entsprechend veränderte bilanzielle Abbildung reflektiert werden können.

Die Vorschriften zur Definition eines Leasingverhältnisses sollten konsistent konkretisiert werden. Dies gilt besonders für die hier diskutierte Möglichkeit, die Erfüllung der Definitionskriterien nachträglich – vor allem abweichend – erneut zu beurteilen. Aufgrund dieser Forderung ist für die ausstehenden Kriterien der Definition eines Leasingverhältnisses zu folgern, dass **Neubeurteilungen** über ihre Erfüllung **grundsätzlich nicht zulässig sind**, sofern sie nicht regelungsseitig explizit ermöglicht werden.

422.45 Bei der Beurteilung der Substanz von Austauschrechten nicht zu beachtende Rechte

Der Standardsetzer benennt hinsichtlich eines Austausches des Vermögenswertes auch Rechte und Verpflichtungen des potenziellen Leasinggebers, die für die Substanz von Austauschrechten und die Zuordnung der Kontrolle über den Vermögenswertes zum potenziellen Leasingnehmer **unschädlich** sind. Zu diesen Rechten oder Verpflichtungen zählen solche in Bezug auf den Austausch wegen einer erforderlichen **Reparatur oder Instandhaltung**, etwa wenn der Vermögenswert nicht ordnungsgemäß funktioniert oder eine technische Verbesserung (*technical upgrade*) durchgeführt werden kann.[555]

Die **Begründung** für die Unschädlichkeit kann aus den bisherigen Erkenntnissen **abgeleitet** werden. So steht bei einem Austausch aus den beschriebenen Motiven nicht der wirtschaftliche

553 Vgl. dazu Abschnitt 422.41.

554 Die bilanziellen Auswirkungen wurden in den Abschnitten 223. und 224. bereits ausgeführt.

555 Vgl. IFRS 16.B18 und IFRS 16.BC114. Diese Maßnahmen unterliegen nicht ausschließlich einer kurzfristigen Planung. Besonders Instandhaltungen oder Wartungen dürften mit zeitlicher Regelmäßigkeit zu erwarten sein. Gleichwohl eine generelle Kurzfristigkeit unterstellend LANGE, T./MÜLLER, S., Bilanzierung von Leasingverhältnissen (Teil 1), S. 112.

Vorteil für den potenziellen Leasinggeber[556] im Vordergrund, sondern die Erfüllung der vertraglichen Bedingungen und die Sicherstellung der Fähigkeit zur Verwendung durch den potenziellen Leasingnehmer. Die Durchführung des Austausches ist für den potenziellen Leasinggeber allenfalls mit Kosten verbunden. Ein wirtschaftlicher Anreiz für den potenziellen Leasinggeber besteht insofern nicht. Ähnliches gilt für technische Verbesserungen des Vermögenswertes: Diese begründen einen Nutzenzuwachs für den potenziellen Leasingnehmer, jedoch nicht für den potenziellen Leasinggeber. Außerdem unterscheiden sich diese Rechte von substanziellen Rechten auch dahingehend, dass sie dauerhaft vorliegen und ihre Anknüpfung an bestimmte Zeitpunkte oder Ereignisse zu keiner abweichenden Beurteilung führt.[557]

422.46 Zwischenfazit

Die praktische Fähigkeit zum Austausch wird weitgehend durch das Wesen des Vermögenswertes bestimmt. Sie zielt vor allem auf umsetzungsspezifische Aspekte ab. Das Vorliegen eines alternativen Vermögenswertes wird maßgeblich durch die Spezifität des ursprünglichen Vermögenswertes bestimmt. Mit einer zunehmenden Individualisierung des Leasingobjektes für den Leasingnehmer nimmt die Wahrscheinlichkeit des Vorliegens ab. Gemäß der zweiten Anforderung muss für den potenziellen Leasinggeber mit dem Austausch ein vorteilhaftes Verhältnis als Nutzen und Kosten einhergehen. Die Quellen beider Faktoren sind weit auszulegen. Demnach sind nicht nur Auswirkungen aus dem laufenden Vertrag, sondern auch Werteffekte aus einem neuen Vertrag einzubeziehen, um dem wirtschaftlichen Gehalt Rechnung zu tragen. Ermessensentscheidungen sind vor allem bei der Bestimmung wahrscheinlicher bzw. unwahrscheinlicher Szenarien erforderlich, die demzufolge (nicht) in die Betrachtung einfließen dürfen. Die Abwägung wird durch die Spezifität des Vermögenswertes beeinflusst. Sie wird mit zunehmender Spezifität nachteiliger für den potenziellen Leasinggeber, da geringeren Nutzen- höheren Kostenpotenzialen gegenüberstehen.

In der Gesamtschau ist die **Spezifität der dominierende Faktor** in der Bestimmung der Substanz von Austauschrechten. Die Kriterien zu ihrer Bestimmung weisen zwar einen hohen Abstraktionsgrad und eine damit einhergehende Individualisierbarkeit für den zu beurteilenden Sachverhalt auf, was positiv zu beurteilen ist. Allerdings gehen sie aus ebendiesen Gründen mit vielfältigen Interpretations- und Anwendungsspielräumen in der Beurteilung durch den potenziellen Leasingnehmer einher. Relevante und auch glaubwürdig darstellbare Informationen können vor diesem Hintergrund nur durch ein sorgfältiges Vorgehen des potenziellen Leasingnehmers im Prüfprozess sichergestellt werden. Eine konsistente Anwendung der Kriterien ist wünschenswert, kann indes aufgrund sachverhaltsspezifischer Besonderheiten nur unternehmens- bzw. geschäftsmodellübergreifend geleistet werden.

---

556 Vgl. zu dieser Anforderung Abschnitt 422.43.

557 Vgl. IFRS 16.B18. So setzt eine Reparatur regelmäßig ein Ereignis in Form eines vorübergehend nicht oder eingeschränkt betriebsbereiten Zustandes voraus. Tätigkeiten im Rahmen der Instandhaltung müssen demgegenüber nicht an einen bestimmten Zustand des Vermögenswertes geknüpft sein.

423. Das Recht zum Erhalt des substanziell gesamten wirtschaftlichen Nutzens

423.1 Einordnung in den Katalog der Definitionskriterien

Gemäß der zweiten Anforderung der Definition eines Leasingverhältnisses muss das Recht zur Kontrolle über den Vermögenswert über den Zeitraum des Vertrages an den potenziellen Leasingnehmer übertragen werden.[558] Das Recht zur Kontrolle wird durch zwei Kriterien konkretisiert. Erstens muss das Recht zum Erhalt des substanziell gesamten wirtschaftlichen Nutzens aus der Verwendung des identifizierten Vermögenswertes übertragen werden. Zweitens muss der potenzielle Leasingnehmer das Recht zur Bestimmung über seine Verwendung besitzen.[559] Die Vorschriften zum Kontrolle setzen sich somit, ähnlich zu den Vorschriften des IFRS 10 und IFRS 15,[560] aus dem *power*- und dem *benefit*- (bzw. *return*-)Element zusammen.[561] Das erstgenannte Recht, den substanziell gesamten wirtschaftlichen Nutzen aus dem Vermögenswert zu erhalten, ist Gegenstand dieses Abschnitts.[562]

423.2 Quellen und Quantifizierung des wirtschaftlichen Nutzens

Der potenzielle Leasingnehmer muss das Recht besitzen, den substanziell gesamten wirtschaftlichen Nutzen aus der Verwendung des Vermögenswertes zu erhalten.[563] Wirtschaftlicher Nutzen kann aus der Nutzung – vor allem zum Zweck der Produktion von Gütern oder Dienstleistungen oder für den gemeinsamen Einsatz mit anderen Vermögenswerten – entstehen.[564] Wietere Verwendungsalternativen, die zum Zufluss von wirtschaftlichem Nutzen führen können, sind das Halten des Vermögenswertes und die Untervermietung durch den potenziellen Leasingnehmer.[565] Die Quellen wirtschaftlichen Nutzens sind weniger **vielfältig** als diejenigen

---

558 Vgl. IFRS 16.B9.

559 Vgl. IFRS 16.B9.

560 Vgl. Freiberg, J./Panek, N./Ehrcke, H., Leasingverhältnisse nach IFRS 16, S. 2091; Gehrer, J./Krakuhn, J./Meyer, S., Status der neuen Leasingbilanzierung, S. 430.

561 Vgl. IFRS 10.7 sowie im Detail IFRS 10.10 und IFRS 10.14; Nemet, M./Heyd, R., Leasingverhältnisse nach IFRS 16, S. 67; darüber hinaus IFRS 15.33; einordnend Caliskan, S., Verfügungsmacht nach IFRS, S. 2–8; zu IFRS 10 Baetge, J./Hayn, S./Ströher, T., in: Baetge u. a., Rechnungslegung nach IFRS, 2. Aufl., Teil B, IFRS 10, Rn. 20; Freiberg, J./Teufel, C., Abgrenzung des Konsolidierungskreises, S. 9; m. w. N. im Kontext des IFRS 10 Gimpel-Henning, N., Sukzessive Anteilserwerbe im IFRS-Konzernabschluss, S. 39.

562 Potenzielle Erweiterungsrechte werden gemäß den Schlussfolgerungen der Ausführungen zum Kriterium des identifizierten Vermögenswertes nicht in die Untersuchung einbezogen, vgl. zu dem Urteil Abschnitt 422.33.

563 Vgl. IFRS 16.B21.

564 Diese Möglichkeiten werden im Rahmen der analogen Vorschriften des IFRS 15 explizit als Nutzungsmöglichkeiten formuliert und lassen sich ohne Weiteres auf die Regelungen des IFRS 16 übertragen, vgl. IFRS 15.33 (a) und IFRS 15.33 (b). Die Gültigkeit dieses Analogieschlusses wird unter Zuhilfenahme des damaligen *Staff Paper* umso klarer, denn dort wurden diese beiden Möglichkeiten noch explizit ausformuliert, vgl. IASB (Hrsg.), Staff Paper 3A (October 2014), Rn. 39.

565 Vgl. IFRS 16.B21; die bilanzielle Abbildung von Untermietverhlätnissen illustrierend Kirsch, H., Abbildung von Leasingverträgen, S. 323–327. Die Vorschriften sind an dieser Stelle nicht präzise formuliert. So ist das übergeordnete Recht als *right to obtain substantially all of the economic benefits from use of the asset* definiert. Die Verwendung (*use*) wird wiederum in die beschriebenen Kategorien *use*, *holding* und *subleasing* unterteilt. Diese Arbeit schreibt dem übergeordneten *use* daher die grundsätzliche Verwendung des potenziellen Leasingnehmers zu, während die Nutzenkategorie *use* die tatsächliche Nutzung meint. Diese Auslegung berücksichtigt dann auch die Abgrenzung zwischen *use* und *hold*.

des IFRS 15.[566] Sie erfassen aber alle im Kontext von Leasingverhältnissen relevanten Verwendungsmöglichkeiten des Leasingobjektes und Möglichkeiten der Generierung von wirtschaftlichem Nutzen. Andere Quellen der Nutzengewinnung könnten sich zwar aus den analogen Vorschriften des IFRS 15 ergeben, der weitere Möglichkeiten zu seiner Generierung regelt. Darunter fallen der Verkauf oder Austausch des Vermögenswertes, die Verwendung im Rahmen der Schuldentilgung oder Kostenreduzierung oder die Pfändung.[567] Gleichwohl sind diese aufgrund der fehlenden Eignung im Kontext von Leasingverhältnissen nicht anwendbar.[568]

Der wirtschaftliche Nutzen kann **direkt**, und in objektiv quantifizierbarer Weise, in Form von Erlösen aus dem Verkauf der durch das Leasingobjekt produzierten Dienstleistungen bzw. Güter, d. h. aus der Nutzung des Leasingobjektes, oder durch Zahlungen aus einem Untermietverhältnis zufließen. In die Betrachtung sind neben den primären Produktionsergebnissen auch aus der Nutzung resultierende Nebenprodukte einzubeziehen.[569] Neben solchen, die direkt vermarktet werden können und insofern unmittelbar Zahlungsflüsse generieren, sind auch solche Nebenprodukte zu berücksichtigen, die im Wertschöpfungsprozess des potenziellen Leasingnehnehmers weiterverwendet werden. Darüber hinaus kann der Nutzen auch **indirekt** über bare Ausstrahlungseffekte durch die Nutzung des Vermögenswertes generiert werden.[570] Für die Beurteilung im Falle eines Nutzenzuflusses durch Transaktionen sind regelmäßig gewöhnliche, kommerzielle Transaktionen mit unabhängigen, nicht verbundenen Dritten zugrunde zu legen.[571]

Hingegen lässt sich der wirtschaftliche Nutzen des Haltens nicht in einer vergleichbaren Weise bestimmen. Das Halten eines Leasingobjektes kann an sich grundsätzlich nicht unmittelbar zu Zahlungsströmen oder ähnliche messbaren Ergebnissen führen. Der wirtschaftliche Nutzen äu-

---

566 Vgl. zu den analogen Regelungen IFRS 15.33; BRUNE, J. W., Leasingverhältnisse nach IFRS 16, S. 122; ECKL, E. U. A., IFRS 16 „Leases“ (Teil 1), S. 670; EWELT-KNAUER, C., in: Baetge u. a., Rechnungslegung nach IFRS, 2. Aufl., Teil B, IFRS 16, Rn. 27. Hinsichtlich der weiten Auslegung der Nutzenquellen entspricht dieses Kriterium der analogen Anforderung des IFRS 10, vgl. GIMPEL-HENNING, N., Sukzessive Anteilserwerbe im IFRS-Konzernabschluss, S. 39; BÖCKEM, H./STIBI, B./ZOEGER, O., Revision des Konsolidierungskreises, S. 402; ZÜLCH, H./POPP, M., Überblick über das neue Control-Konzept, S. 1537.

567 Vgl. IFRS 15.33 (c), (d) und (e).

568 Zu dieser Schlussfolgerung auch kommend IASB (Hrsg.), Agenda Paper 3A, May 2014, Rn. 38.

569 Vgl. IFRS 16.B21. Zu den Nebenprodukten zählen bspw. handelbare Guthaben aus der Nutzung regenerativer Energien, vgl. IFRS 16.BC118.

570 Vgl. IFRS 16.B21. Solche Auswirkungen können Marktanteilsgewinne, Effizienzvorteile oder andere Verbundeffekte, aber auch unterstützende Funktionen innerhalb der Geschäftstätigkeit sein, vgl. auch EWELT-KNAUER, C., in: Baetge u. a., Rechnungslegung nach IFRS, 2. Aufl., Teil B, IFRS 16, Rn. 28.

571 Vgl. IFRS 16.B21. Mit den Dritten sind sowohl die unmittelbaren Transaktionspartner im Rahmen einer Untervermietung als auch die mittelbaren im Rahmen einer Vermarktung von Produktionsergebnissen des Leasinggegenstandes gemeint; die Unklarheit hinterfragend DEUTSCHE BANK (Hrsg.), Comment Letter ED/2013/6, S. 4; DEUTSCHE TELEKOM (Hrsg.), Comment Letter ED/2013/6, S. 11; darüber hinaus auch weitere Anwendungshinweise zur Anforderung des Erhalts des substanziell gesamten wirtschaftlichen Nutzens fordernd HOTARAC (Hrsg.), Comment Letter ED/2013/6, S. 3; TUI (Hrsg.), Comment Letter ED/2013/6, S. 3; ARDF (Hrsg.), Comment Letter ED/2013/6, S. 15. Hinsichtlich der Unabhängigkeit ist der Begriff *third party* konsistent zu seinen Bedeutungen im Kontext des IFRS 10 und IFRS 15 auszulegen, vgl. IFRS 10.BCZ180 und IFRS 15.47.

ßert sich vielmehr in der dauerhaften, sofortigen Verfügbarkeit des Vermögenswertes im Bedarfsfall. Auf diese Weise können Opportunitäten, die sich durch das Leasingobjekt ergeben, jederzeit wahrgenommen werden. So könnte der potenzielle Leasingnehmer u. a. eine produzierende Maschine leasen, weil seine Unternehmensplanung von einem wahrscheinlichen Bedarf in kommenden Perioden ausgeht und er das Risiko des nicht gesicherten Bezugs in kommenden Perioden vermeiden will. Besonders bei knappen Ressourcen[572] kann unterstellt werden, dass die Absicht, ein Leasingverhältnis über ebenjene Ressource einzugehen, auch im vorübergehend gesperrten Zugang zum Vermögenswert durch andere Leasingnehmer bestehen könnte.[573]

Die Vorschriften sehen keine **quantifizierbare Schwelle** vor, ab der der Anteil des wirtschaftlichen Nutzens substanziell ist.[574] Unter Rückgriff auf die Vorschriften des IFRIC 4 – und gleichzeitig konsistent zur Auslegung im Kontext des IFRS 9[575] – dürfte der substanziell gesamte wirtschaftliche Nutzen mit mehr als 90 % des gesamten wirtschaftlichen Nutzens, der aus der Verwendung des Leasingobjektes generiert werden kann, zu quantifizieren sein.[576] Demnach muss dem potenziellen Leasingnehmer mindestens 90 % des quantifizierten Gesamtnutzens zukommen, damit er den substanziellen Anteil erhält und das Definitionskriterium erfüllt.

Dem potenziellen Leasingnehmer als die Partei, die das Leasingobjekt über den Zeitraum des Leasingverhältnisses kontrolliert, sollte jedoch regelmäßig der gesamte Nutzenanteil zukommen. Sofern der Anteil **weniger als 100 %** beträgt, wird die Möglichkeit einer objektiven Ermittlung des tatsächlichen Anteils durch das Leasingobjekt und das Wesen seines Outputs bestimmt. So dürfte der wirtschaftliche Nutzen bei einer produzierenden Maschine oder einem Transportmittel als Leasingobjekt hinreichend messbar sein, indem auf den Zweck des Leasingobjektes abgestellt wird, bspw. den Output oder die geplante Inanspruchnahme. Dies sind gleichzeitig die naheliegendsten Beurteilungsdimensionen. Gleichwohl dürfte der wirtschaftliche Nutzen in Konstellationen, in denen die Verwendung des Leasingobjektes nicht über eine eindeutige Bemessungsgrundlage zu beurteilen ist, nur ermessensbehaftet zu schätzen sein.[577]

---

572 Vgl. IASB (Hrsg.), Staff Paper 3A (October 2014), Rn. 39 (c).

573 Gemäß IFRS 13 besitzt der Vermögenswert einen sog. *defensive value*, vgl. IFRS 13.30 und illustrierend u. a. IFRS 13.IE9.

574 Auch im Kontext des IAS 17 wurde der Anteil nicht quantifiziert, vgl. PwC (Hrsg.), Manual of Accounting, S. 15042.

575 Das Kriterium ist im Zusammenhang mit modifizierten finanziellen Vermögenswerten bedeutsam, da die bilanziellen Folgewirkungen einer Modifikation von der Einschätzung der Änderung als substanziell bzw. nicht substanziell abhängen, vgl. FLICK, P./KRAKUHN, J./THEISS, W., Restrukturierung von Kreditvereinbarungen, S. 39; SCHRÖDER, T., Abbildung modifizierter finanzieller Vermögenswerte, S. 580.

576 Vgl. BEHLING, K., Der neue Leasingstandard, S. 244; BRUNE, J. W., Leasingverhältnisse nach IFRS 16, S. 122, Fn. 22; KÜMPEL, T./BECKER, M., Verdeckte Leasingkomponenten, S. 5; Gl. A. FREIBERG, J./DIEMERS, M., Contracting-Vereinbarungen, S. 214; im Kontext des IAS 17 STOCKINGER, M., Auswirkungen der Reform der Leasingbilanzierung, S. 11; vgl. gleichwohl zu unterschiedlichen Auslegungen in der Übersetzung des Terminus *substantial* über die IFRS insgesamt KÜTING, K., Unbestimmte Rechtsbegriffe, S. 2092.

577 Vgl. ECKL, E. U. A., IFRS 16 „Leases“ (Teil 1), S. 670.

Der Verweis auf die Substanz des Anteils lindert die Schwäche insofern, als impliziert wird, dass eine Beurteilung auf der Grundlage der rechtlichen und wirtschaftlichen Umstände regelmäßig zu eindeutigen Ergebnissen führen sollte. Demnach sollte klar ersichtlich werden, wann der Anteil nicht substanziell ist.

Der Ansatz der Regelungen ist demnach scheinbar auf solche Vermögenswerte ausgerichtet, die physischen und insbesondere quantifizierbaren Output erzeugen.[578] Sie greifen zu kurz, wenn sich der Nutzen **nicht unmittelbar quantifizieren** lässt, u. a. weil der Gegenstand keine direkt messbaren Produktionsergebnisse erzeugt und vorerst somit keine offensichtliche Beurteilungsgrundlage vorliegt. Vor allem auf bestimmte IT-bezogene technische Geräte wie Server, Router oder Glasfaserkabel sind die Kriterien daher nicht unmittelbar anwendbar. Die Nutzung dieser Gruppe von Leasinggegenständen stiftet wirtschaftlichen Nutzen für den potenziellen Leasingnehmer, der hinsichtlich seines Wesens nicht mit dem produzierten Output anderer nicht technischer bzw. produzierender Leasinggegenstände vergleichbar und insbesondere nur eingeschränkt quantifizierbar ist. Hilfsweise muss in diesen Fällen die für den jeweiligen Vermögenswert naheliegendste Beurteilungsgrundlage bzw. der primäre Parameter, anhand dessen der Zufluss des wirtschaftlichen Nutzens aus der Verwendung des Leasingobjektes am zutreffendsten beurteilt werden kann, herangezogen werden. Die Anwendung wird aufgrund des Bezugs zu einer quantifizierbaren Beurteilungsgrundlage bestmöglich objektiviert.

Bei einem Router wäre demnach denkbar, den Zufluss wirtschaftlichen Nutzens u. a. anhand der zeitlichen Nutzung oder anhand des in Anspruch genommenen Volumens der übertragenen Daten zu bestimmen. Gemäß der Orientierung an der naheliegendsten Beurteilungsgrundlage und unter wirtschaftlichen Gesichtspunkten könnte gefolgert werden, dass die Verwendung des Routers am zutreffendsten durch die zeitliche Nutzung beschrieben wird. Demnach wäre diese Dimension heranzuziehen. Die Bezugsgrundlage der Schwelle ist im Ergebnis regelmäßig unter Berücksichtigung einer **wirtschaftlichen Perspektive** zu definieren.[579]

Überdies ist bei der Beurteilung nur der wirtschaftliche Nutzen aus dem **wirtschaftlichen Besitz** zu betrachten.[580] Zudem dürfen nach den Vorschriften nur solche Nutzenpotenziale bei der Bestimmung des Erhalts des substanziellen Nutzenanteils betrachtet werden, die aus einer Verwendungsmöglichkeit resultieren, die vertraglich geregelt ist.[581] Die Verwendung des Vermögenswertes kann u. a. an geographische oder zeitliche Restriktionen sowie an andere verbrauchsmäßige Bedingungen geknüpft sein. Diese Einschränkungen beziehen sich regelmäßig auf die Nutzung des Vermögenswertes als Verwendungsalternative.[582] Die Verwendung des Vermögenswertes außerhalb dieser vertraglichen Vereinbarungen ist nicht in die Betrachtung

578 Vgl. kritisch GANSSAUGE, K./KLOCKMANN, I./ALYMOV, A., Definition eines Leasingverhältnisses, S. 739.

579 Gl. A. EWELT-KNAUER, C., in: Baetge u. a., Rechnungslegung nach IFRS, 2. Aufl., Teil B, IFRS 16, Rn. 27.

580 Vgl. IFRS 16.BC118.

581 Vgl. IFRS 16.B22.

582 Vgl. illustrierend IFRS 16.B22 (a) bzw. IFRS 16.B22 (b); illustrierend BERGER, J./NARDMANN, H., Auswirkungen auf Unternehmen, S. 425; ECKL, E. U. A., IFRS 16 „Leases“ (Teil 1), S. 670.

einzubeziehen.[583] Zuflüsse, die an den **rechtlichen Besitz des Vermögenswertes** geknüpft sind, sind hingegen nicht zu berücksichtigen.[584] Dieser Regelung liegt zugrunde, dass ein Leasingverhältnis nicht das rechtliche Eigentum an dem Vermögenswert überträgt, sondern lediglich das Recht zu der vorübergehenden Kontrolle, d. h. das wirtschaftliche Eigentum, verbrieft.[585] Finanzielle Vorteile, die u. a. aus steuerlichen Gründen, aus Subventionen oder aus Verwertungsgewinnen resultieren sind dem rechtlichen Besitz zuzuschreiben und dürfen deswegen nicht Teil der Betrachtung des Nutzens in diesem Zusammenhang sein.[586]

423.3 Irrelevanz von Rückvergütungen für die Beurteilung des Nutzenzuflusses

Der Standard regelt darüber hinaus die Weiterleitung des (anteiligen) Zuflusses von wirtschaftlichem Nutzen in Form von **Rückvergütungen**. Dies sind variable, finanzielle Leistungen des potenziellen Leasingnehmers an den potenziellen Leasinggeber oder an andere Parteien, die den Zahlungsflüssen aus der Verwendung des Vermögenswertes entnommen werden.[587] Sie können u. a. umsatz- oder leistungsabhängig sein[588] und sind für die Bestimmung, ob der potenzielle Leasingnehmer den substanziell gesamten wirtschaftlichen Nutzen erhält, unschädlich. Der Board argumentiert nachvollziehbar, dass Rückvergütungen aus den Zahlungen resultieren, die der potenzielle Leasingnehmer im Rahmen der Verwendung des Vermögenswertes im ersten Schritt erhält.[589] Sie verringern erst im zweiten Schritt die insofern zu charakterisierenden „Netto"-Zuflüsse, die dem potenziellen Leasingnehmer verbleiben.[590]

---

583 Vgl. IFRS 16.B22. Die Verwendung außerhalb der vertraglichen Bedingungen impliziert im Übrigen einen Vertragsbruch, vgl. EWELT-KNAUER, C., in: Baetge u. a., Rechnungslegung nach IFRS, 2. Aufl., Teil B, IFRS 16, Rn. 27.

584 Vgl. IFRS 16.BC118.

585 Vgl. IFRS 16.BC118; BARDENS, A./KRONER, M./MEURER, H., IFRS 16 (Teil 1), S. 387.

586 Vgl. IFRS 16.BC118 und Beispiel 9 der *Illustrative Examples*, IFRS 16.IE2; GRUBER, T./HARTMANN-WENDELS, T., IFRS 16 aus bilanzpolitischer Sicht, S. 443; HOMMEL, M./DEHMEL, I./ZEITLER, N., Systematische Inkonsistenzen, S. 1772. Gleichwohl beschreiben die *Basis for Conclusions*, dass der potenzielle Leasingnehmer den Vermögenswert kontrolliert, wenn er wichtige Entscheidungen (*important decisions*) über den Vermögenswert in derselben Art und Weise treffen kann wie auch für im Besitz befindliche Vermögenswerte, vgl. IFRS 16.BC105. Hier soll die Fiktion des Besitzes also unterstellt werden, während die finanziellen Effekte aus dem Besitz indes explizit nicht Teil der Betrachtung des Nutzenzuflusses sein dürfen.

587 Vgl. IFRS 16.B23.

588 Vgl. BARDENS, A./KRONER, M./MEURER, H., IFRS 16 (Teil 1), S. 386.

589 Vgl. HOMMEL, M./DEHMEL, I./ZEITLER, N., Systematische Inkonsistenzen, S. 1772; EWELT-KNAUER, C., in: Baetge u. a., Rechnungslegung nach IFRS, 2. Aufl., Teil B, IFRS 16, Rn. 27; BRUNE, J. W., Leasingverhältnisse nach IFRS 16, S. 122.

590 Rückvergütungen können etwa umsatzabhängige Zahlungen an den potenziellen Leasinggeber sein. Sie werden aus den Zahlungen, die im ersten Schritt an den potenziellen Leasingnehmer fließen, nach Erhalt an den Leasinggeber weitergeleitet, vgl. IFRS 16.B23; BARDENS, A./KRONER, M./MEURER, H., IFRS 16 (Teil 1), S. 386.

423.4 Auswirkungen der Bündelung des substanziell gesamten wirtschaftlichen Nutzens durch mehrere Parteien

423.41 Weiterleitung des substanziellen Anteils am wirtschaftlichen Nutzen

Die Würdigung der vertraglichen Umstände wird erschwert, wenn **Weiterleitungsvereinbarungen** vorliegen. Weiterleitungsvereinbarungen beziehen sich auf die unmittelbare Weitergabe eines bestimmen Anteils des wirtschaftlichen Nutzens, z. B. in Ausprägung der durch das Leasingobjekt erzielten Zahlungsmittelzuflüsse, an eine dritte Partei.[591] Identisch zu Rückvergütungen werden Weiterleitungsvereinbarungen demnach aus dem wirtschaftlichen Nutzen, der aus der Verwendung des Leasinggegenstandes entsteht, bedient. Der potenzielle Leasingnehmer hat in diesen Fällen wirtschaftlich betrachtet keine Möglichkeit, vom entstandenen wirtschaftlichen Nutzen zu profitieren bzw. ihn dauerhaft zu besitzen.[592] Für die folgenden Ausführungen wird danach differenziert, ob der weiterzuleitende Anteil substanziell oder nicht substanziell ist. Zudem wird unterstellt, dass diese Parteien nicht im Wege eines Konzerns miteinander verbunden sind.

Der potenzielle Leasingnehmer könnte der dritten Partei den substanziellen Anteil am wirtschaftlichen Nutzen weiterleiten. Die Bedeutung des substanziellen Anteils ist mit dem gleichnamigen Definitionskriterium identisch und stellt demnach mindestens 90 % des gesamten wirtschaftlichen Nutzens dar. Analog zur Vorgehensweise bei Rückvergütungen könnte argumentiert werden, dass sich zwar der Anteil an den zugrunde liegenden Zahlungen, jedoch die **wirtschaftliche Substanz** der Transaktion nicht verändert. Demnach läge faktisch und formalrechtlich weiterhin ein Leasingverhältnis zwischen dem Leasinggeber und dem ursprünglichen Leasingnehmer vor. Diese Würdigung vernachlässigt, dass dem potenziellen Leasingnehmer der entstandene wirtschaftliche Nutzen bei einer wirtschaftlichen Betrachtungsweise nicht zugeschrieben werden kann. Vielmehr kommt er der dritten Partei zu. Der Leasingnehmer stellt lediglich das durchleitende Element in dieser Konstruktion dar. Insofern erfüllt er das zweite Definitionskriterium eines Leasingverhältnisses faktisch nicht. Eine solche Konstellation dürfte regelmäßig weitere Rechte der dritten Partei implizieren. Besonders dürfte mit der Tatsache, dass ihr bereits der substanziell gesamte wirtschaftliche Nutzen zusteht, auch eine vertragliche Vereinbarung über die Bestimmung der Verwendung des Vermögenswertes, dem dritten Definitionskriterium, vorliegen. Der potenzielle Leasingnehmer dürfte demnach regelmäßig auch das Recht zur Kontrolle der Verwendung an die dritte Partei abtreten.

Da in dieser Konstellation auch das verbleibende Kriterium der Definition eines Leasingverhältnisses, das Vorliegen eines identifizierten Vermögenswertes, erfüllt sein dürfte, liegt hinsichtlich der Erfüllung der Definitionskriterien eine besondere Situation vor: Faktisch erfüllt die dritte Partei alle definitorischen Voraussetzungen für ein Leasingverhältnis. Im Ergebnis ist der potenzielle Leasingnehmer dann der vertragliche und insofern rechtliche Leasingnehmer,

591 Vgl. EWELT-KNAUER, C., in: Baetge u. a., Rechnungslegung nach IFRS, 2. Aufl., Teil B, IFRS 16, Rn. 27.

592 Im Gegenzug dürfte er allerdings von der dritten Partei vergütet werden.

während die dritte Partei unter wirtschaftlichen Gesichtspunkten der faktische bzw. **wirtschaftliche Leasingnehmer** ist. Der rechtliche Leasingnehmer erfüllt die Definitionskriterien zwar „nach außen", weshalb er grundsätzlich zutreffend die mit dem Leasingverhältnis verbundenen bilanziellen Implikationen trägt. Gleichwohl besitzt der wirtschaftliche Leasingnehmer die mit dem Leasingverhältnis verbundenen Rechte, vor allem über die Nutzung des Leasingobjektes, wird jedoch hinsichtlich der bilanziellen Abbildung nicht tangiert. Die Abbildung 4-2 verdeutlicht diese Überlegungen (Schritt 1 und 2).

Eine solche Konstellation ist vor allem aufgrund von bilanzpolitischen sowie haftungs- oder bonitätsbezogenen Überlegungen zweier wirtschaftlich verbundener Unternehmen denkbar.[593] Solche Strukturierungen bilden eine Möglichkeit für **außerbilanzielle Leasingverhältnisse** des faktischen Leasingnehmers.[594] Derlei Gestaltungspotenziale sollten vermieden werden, um einerseits der Kritik an den Vorschriften des IAS 17 zu begegnen und andererseits die wünschenswerte Glaubwürdigkeit der resultierenden Informationen nicht zu konterkarieren.[595] Um die tatsächlichen wirtschaftlichen Verhältnisse angemessen zu reflektieren, sollte der wirtschaftliche Leasingnehmer für die Zwecke der bilanziellen Abbildung des Leasingverhältnisses als der tatsächliche Vertragspartner bezeichnet werden (Schritt 3).[596] Auf diese Weise würde den Gestaltungspotenzialen bei diesem Konstrukt begegnet. Die Abbildung 4-2 illustriert diese Ausführungen.

Die bilanzielle Abbildung in dieser Konstellation kann gleichwohl nicht identisch zu derjenigen bei einem rechtlichen Leasingverhältnis sein. Sie muss **zwingend abweichen**, weil der wirtschaftliche Leasingnehmer keine Leasingzahlungen an den potenziellen Leasinggeber leistet und daher keine Verbindlichkeit aus dem Leasingverhältnis hat. Unter Bezugnahme auf den *substance over form*-Grundsatz des *Conceptual Framework*[597] könnte aber eine **ähnliche Bilanzierungsweise**, die den Kern der Strukturierung erfasst, sachgerecht sein. Demnach würde eine Aktivierung des Nutzungsrechtes beim faktischen Leasingnehmer den tatsächlichen wirtschaftlichen Verhältnissen entsprechen. Darüber hinaus sollte der wirtschaftliche Leasingnehmer gegenüber dem rechtlichen Leasingnehmer eine Verbindlichkeit in Höhe der ursprünglichen Leasingzahlungen passivieren. Der rechtliche Leasingnehmer sollte eine korrespondie-

---

593 Vgl. zu ebensolchen Motiven im Zusammenhang mit der Strukturierung von Transaktionen bei gemeinschaftlichen Tätigkeiten LÜDENBACH, N./HOFFMANN, W.-D./FREIBERG, J., in: Haufe IFRS-Kommentar, 16. Aufl., § 34, Rn. 35.

594 Vgl. EWELT-KNAUER, C., in: Baetge u. a., Rechnungslegung nach IFRS, 2. Aufl., Teil B, IFRS 16, Rn. 27.

595 Vgl. zur Kritik an den Vorschriften des IAS 17 Abschnitt 212.

596 Diese Diskussion wird losgelöst von der Frage betrachtet, wie – und besonders bei welchem Vertragspartner – Leasingobjektgesellschaften als mögliche Form von Zweckgesellschaften bilanziell zu erfassen sind; vgl. zu dieser Diskussion im Zusammenhang mit IFRS 10 FREIBERG, J./PANEK, N., Leasingobjektgesellschaften im IFRS-Konsolidierungskreis, S. 343–347; BUSCH, J./ZWIRNER, C., Konsolidierung von Zweckgesellschaften, S. 374–376; FREIBERG, J./TEUFEL, C., Abgrenzung des Konsolidierungskreises, S. 12 f.; MEYER, M., off-balance-sheet Bilanzierung von Leasingtransaktionen, S. 6; zur Motivation der Errichtung von Leasingobjektgesellschaften EWELT-KNAUER, C., Der Konzernabschluss als Berichtselement der wirtschaftlichen Einheit, S. 65–67.

597 Vgl. Abschnitt 331.3.

rende Forderung in identischer Höhe aktivieren und das Nutzungsrecht konsequenterweise bilanziell ausbuchen. Diese Bilanzierungsweise geht zwar über die tatsächlichen rechtlichen Verhältnisse aus. Sie führt jedoch unter Berücksichtigung des ***substance over form*-Grundsatzes** zu einer wesentlich glaubwürdigeren Darstellung.[598] Die bilanziellen Implikationen betreffen somit auch die Partei, die aus dem Leasingverhältnis faktisch Nutzen ziehen kann. Sie weist nicht nur hinsichtlich der bilanziellen Abbildung beim wirtschaftlichen Leasingnehmer, sondern auch für die bilanzielle Abbildung beim rechtlichen Leasingnehmer eine höhere Entscheidungsnützlichkeit aufgrund der Orientierung an den tatsächlichen wirtschaftlichen Verhältnissen auf.

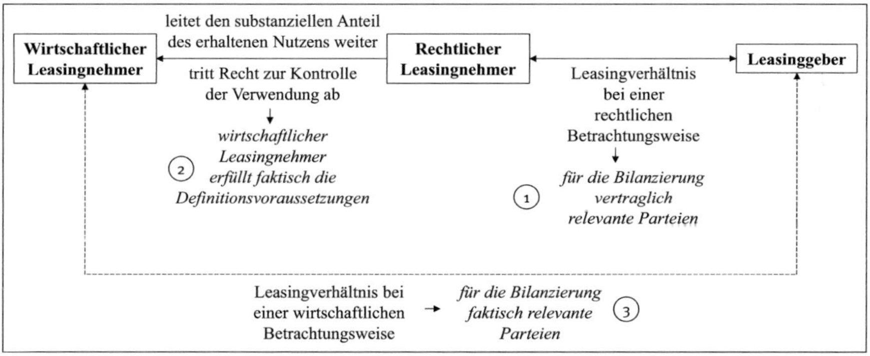

Abbildung 4-2: Leasingverhältnis bei einer rechtlichen und bei einer wirtschaftlichen Betrachtungsweise

Gegen ein solches Vorgehen könnte zwar eingewendet werden, dass die bilanzielle Abbildung des Vertragsverhältnisses nicht symmetrisch wäre, da die andere Vertragspartei weiterhin zwei Dienstleistungsverhältnisse (mit dem Tochter- und dem Mutterunternehmen) bilanziert. Allerdings kann diese konzeptionelle Einschränkung in Kauf genommen werden, weil die Bilanzierung beim Leasingnehmer- und Leasinggeber gemäß IFRS 16 konzeptionell ohnehin nicht aufeinander abgestimmt ist.[599]

423.42 Weiterleitung eines nicht substanziellen Anteils am wirtschaftlichen Nutzen

Abweichend zu dem gerade diskutierten Sachverhalt ist denkbar, dass zwei Parteien ein Anteil am wirtschaftlichen Nutzen aus einem Vermögenswert zusteht. Diese Anteile sind jeweils nicht substanziell. Beide Anteile würden in der Gesamtschau jedoch den gesamten oder zumindest einen substanziellen Anteil am gesamten wirtschaftlichen Nutzen verkörpern. So könnten die Unternehmen jeweils 50 % der Kapazitäten einer Pipeline-Kapazität beanspruchen. Sie würden **zusammen die gesamte Kapazität** auf sich vereinen. Dann würde das zweite Definitionskriterium für ein Leasingverhältnis, der Erhalt des substanziell gesamten wirtschaftlichen Nutzens,

598 Vgl. zum *substance over form*-Leitgedanken CF.2.12 i. V. m. CF.4.59 und ausführlich Abschnitt 331.3.

599 Vgl. zur Bilanzierung beim Leasingnehmer grundlegend Abschnitt 23.

durch keine Partei isoliert erfüllt. Die vertraglichen Verhältnisse beider Parteien mit der anbietenden Partei wären isoliert als Dienstleistungsverhältnis zu würdigen. Auch in diesem Fall könnte in der Folge die Konstellation vorliegen, dass einer der beiden Parteien aufgrund entsprechender bilateraler Vereinbarungen der wirtschaftliche Nutzen der anderen Partei zufließt und diese Partei demnach faktisch den gesamten wirtschaftlichen Nutzen aus beiden Kontrakten erhält. Dann würde ebendiese Partei – identisch zum soeben betrachteten Sachverhalt – faktisch das zweite Definitionskriterium für ein Leasingverhältnis erfüllen. Ob analog zur anderen betrachteten Konstellation auch hier die Schlussfolgerung sachgerecht wäre, dass daraus ein **faktisches Leasingverhältnis** lediglich dieser einen Partei resultiert, ist gleichwohl aus mehreren Gründen fraglich.

So kann in dieser Konstellation nicht ohne weitere Überlegungen vorausgesetzt werden, dass ein identifizierter Vermögenswert (erstes Definitionskriterium) vorliegt. Er würde in diesem Sachverhalt allenfalls implizit durch die Gesamtumstände spezifiziert. Mit dieser Spezifizierung ist indes verbunden, dass der Vermögenswert, der die Kapazitäten bereitstellt, nicht austauschbar ist bzw. nur ebendieser Vermögenswert zur Erfüllung der vertraglichen Pflichten herangezogen werden kann.[600] Die Erfüllung dieser Anforderung dürfte eher die Ausnahme als die Regel sein.

In Bezug auf das diskutierte Definitionskriterium des Zuflusses des substanziell gesamten wirtschaftlichen Nutzens müssten für die Voraussetzung, dass der wirtschaftliche Nutzen faktisch lediglich einer Partei zufließt, die beiden Parteien zunächst Kenntnis haben, dass sie gemeinsam die substanzielle Kapazität des Vermögenswertes in Anspruch nehmen. Hierfür müssten entweder prozentuale Anteile im Vertragswerk geregelt sein oder die insgesamt mögliche Kapazität müsste auf eine andere Weise deutlich werden. Diese Konstellation könnte zwar vorliegen, dürfte gleichwohl nicht als regelmäßig gegeben vorausgesetzt werden.

Schließlich müssten die die Dienstleistung empfangenden Parteien das dritte Definitionskriterium erfüllen, nämlich faktisch das Recht zur Bestimmung über die Verwendung innehaben. Die Erfüllung dieser Voraussetzung kann nicht ohne Weiteres aus der Erfüllung des zweiten Kriteriums abgeleitet werden. Aus dem Sachverhalt wird lediglich deutlich, dass beide Parteien für sich einen anteiligen Nutzen aus dem Vermögenswert ziehen, bspw. in Form eines Auftrages über die Produktion eines bestimmten Outputs. Der Anbieter erfüllt demnach beide Aufträge grundsätzlich unabhängig voneinander. Dass die Parteien zusammen – und in der Folge aufgrund bilateraler Vereinbarungen eine Partei isoliert – über die Verwendung der Maschine bestimmen kann, ist demnach nicht zwingend zu vermuten.

Im Ergebnis dürften die Definitionskriterien für ein Leasingverhältnis **faktisch durch keine der Parteien isoliert** erfüllt werden. Insbesondere kann nicht geschlussfolgert werden, dass analog zum im letzten Abschnitt diskutierten Sachverhalt eine angepasste bilanzielle Abbildung

600 Vgl. zur impliziten Spezifizierung bereits Abschnitt 422.2.

bei den Parteien die tatsächlichen wirtschaftlichen Verhältnisse zutreffender darstellt als ein Vorgehen gemäß den gewöhnlichen Vorschriften. Demnach ist die bilanzielle Erfassung zweier Dienstleistungsverhältnisse für beide Parteien grundsätzlich zutreffend. Diese Schlussfolgerung bietet aufgrund der bleibenden Bilanzunwirksamkeit gleichzeitig Spielraum für die bilanzpolitisch getriebene Gestaltung von solchen Kontrakten.

423.43 Bündelung des substanziell gesamten wirtschaftlichen Nutzens durch Konzernunternehmen

Der substanziell gesamte wirtschaftliche Nutzen kann schließlich auch durch Unternehmen gebündelt werden, die im Wege eines Konzerns miteinander verbunden sind. Die Unternehmen könnten ein Mutterunternehmen und ein gemäß IFRS 10 beherrschtes Tochterunternehmen sein.[601] So könnte das **Tochterunternehmen** ein Leasingverhältnis mit einer dritten Partei eingegangen sein und dem Mutterunternehmen den wirtschaftlichen Nutzen aus dem Leasingverhältnis weiterleiten. In dem Fall, dass das Tochterunternehmen den substanziellen Anteil am gesamten wirtschaftlichen Nutzen erhält und diesen an das Mutterunternehmen weitergibt, würden sich dieselben Schlussfolgerungen ergeben wie im bereits diskutierten Fall,[602] in dem die Unternehmen nicht durch einen Konzernstruktur miteinander verbunden sind. Demnach würde das Mutterunternehmen als der faktische Leasingnehmer zu würdigen sein. Es sollte demnach die beschriebenen bilanziellen Anpassungen vornehmen.

Die Überlegungen sind indes lediglich auf der Ebene der Einzelabschlüsse der Unternehmen von Bedeutung. Auf der Ebene des **Konzernabschlusses** als Abschluss der wirtschaftlichen Einheit des Konzerns[603] hat die Zuordnung des Leasingverhältnisses keine Auswirkungen. In diesem werden die Einzelabschlüsse der Unternehmen zusammengefasst und im zweiten Schritt die ökonomischen Verflechtungen eliminiert. [604] Das Leasingverhältnis besteht auf dieser Ebene zwischen dem Leasinggeber und der wirtschaftlichen Einheit. Welches Konzernunternehmen ein faktisches Nutzungsrecht bilanziert, ist nicht von Bedeutung.[605]

Alternativ könnten dem Mutter- und dem Tochterunternehmen jeweils anteilige Kapazitäten aus isolierten Kontrakten in einem **nicht substanziellen Umfang** zustehen. Auf der Ebene der Einzelunternehmen liegen dann keine Leasingverhältnisse vor. Auf der Ebene des Konzerns würde das Definitionskriterium jedoch annahmegemäß erfüllt, da insgesamt der substanzielle Anteil auf den Konzern fällt. Für diesen Fall sind die Folgerungen zur ausbleibenden Erfüllung

601 Vgl. zur Beherrschung IFRS 10.5–9 und BAETGE, J./HAYN, S./STRÖHER, T., in: Baetge u. a., Rechnungslegung nach IFRS, 2. Aufl., Teil B, IFRS 10, Rn. 55–66.

602 Vgl. Abschnitt 423.41.

603 Vgl. BAETGE, J./KIRSCH, H.-J./THIELE, S., Konzernbilanzen; zum Begriff der wirtschaftlichen Einheit weiterführend EWELT-KNAUER, C., Der Konzernabschluss als Berichtselement der wirtschaftlichen Einheit, S. 27–70.

604 Vgl. m. w. N. EWELT-KNAUER, C., Der Konzernabschluss als Berichtselement der wirtschaftlichen Einheit, S. 42; BAETGE, J./KIRSCH, H.-J./THIELE, S., Konzernbilanzen, S. 81.

605 Vgl. in diesem Zusammenhang weiterführend außerbilanzielle Gestaltungspotenziale durch eine Auslagerung von Kontrakten auf Joint Ventures diskutierend LABRENZ, H./THORAND, L., Gestaltungspotenziale, S. 388–398.

der weiteren Definitionskriterien aus der bereits diskutierten Konstellation nicht verbundener Unternehmen[606] zu übernehmen. Demnach dürfte die gewöhnliche bilanzielle Abbildung zweier Dienstleistungsverhältnisse – sowohl im Einzel- als auch im Konzernabschluss – die tatsächlichen wirtschaftlichen Verhältnisse auch im Konzernfall regelmäßig zutreffend wiedergeben.

424. Das Recht zur Bestimmung über die Verwendung

424.1 Übersicht über mögliche Konstellationen der Erfüllung des Definitionskriteriums

Das erste Kriterium zur Bestimmung der Kontrolle der Nutzung, den substanziell gesamten wirtschaftlichen Nutzen aus der Verwendung des Vermögenswertes zu erhalten (*benefit*-element),[607] wird durch eine zweite Anforderung ergänzt, die Gegenstand dieses Abschnitts ist. Nach dieser muss das Recht zur Bestimmung über die Verwendung des Vermögenswertes beim potenziellen Leasingnehmer liegen, damit er das Leasingobjekt kontrolliert und das vertragliche Verhältnis als Leasingverhältnis klassifiziert wird. Diese Anforderung stellt das *power*-Element der Regelungen dar.[608]

Einem potenziellen Leasingnehmer wird das Recht zur Bestimmung über die Verwendung zugerechnet, wenn eine der beiden folgenden Bedingungen (unter Berücksichtigung der untergeordneten Anforderungen) erfüllt wird:[609]

- Der potenzielle Leasingnehmer hat das Recht zur Bestimmung, wie und zu welchem Zweck[610] der identifizierbare Vermögenswert verwendet wird, **während der Periode der Nutzung** (Abschnitt 424.2); oder
- die **relevanten Entscheidungen** hinsichtlich der Art und Weise sowie des Zwecks der Nutzung sind **vorbestimmt** (Abschnitt 424.3), und:
    - der potenzielle Leasingnehmer hat das **Recht zum Betrieb** des Vermögenswertes (oder das Recht, über Dritte zu verfügen, die den Vermögenswert nach seinen Vorgaben betreiben) während der Periode der Nutzung, ohne dass der potenzielle Leasinggeber das Recht hat, den Betrieb zu beeinflussen; oder
    - der potenzielle Leasingnehmer hat bei der Entwicklung des **Designs des Vermögenswertes** vollumfänglich bzw. bei der Entwicklung spezifischer Bestandteile des Designs

[606] Vgl. Abschnitt 423.42.

[607] Vgl. dazu ausführlich Abschnitt 423.

[608] Vgl. zur Konsistenz der Vorschriften zur Kontrolle gem. IFRS 16 mit IFRS 10 und IFRS 15 bereits die Ausführungen in Abschnitt 423.1 und IFRS 16.BC117.

[609] Vgl. hier und für die folgenden Anforderungen IFRS 16.B24. Die Übersetzung lehnt sich eng an den Wortlaut an. Darauf ist die Inkonsistenz im Wortlaut der beiden übergeordneten Punkte zurückzuführen.

[610] Die ursprüngliche Formulierung lautet *how and for what purpose*. Dieser Ausdruck wird im Folgenden verschiedentlich substantiviert und mit „Art und Weise sowie Zweck der Verwendung" übersetzt, vgl. ebenso ECKL, E. U. A., IFRS 16 „Leases" (Teil 1), S. 670; EWELT-KNAUER, C., in: Baetge u. a., Rechnungslegung nach IFRS, 2. Aufl., Teil B, IFRS 16, Rn. 29.

derart mitgewirkt, dass die Art und Weise sowie der Zweck der Verwendung des Vermögenswertes über die Zeit der Nutzung vorgegeben ist.

Liegt das Recht zur Bestimmung der Verwendung auf der Grundlage der Prüfung der beschriebenen Anforderungen beim potenziellen Leasinggeber, liegt kein Leasingverhältnis vor.[611] Die Analyse und Konkretisierung dieser besonderen Vorschriften ist für die Beurteilung eines evtl. vorliegenden Leasingverhältnisses aufgrund der unklaren Begrifflichkeiten in hohem Maße erforderlich.[612]

424.2 Bestimmung der Art und Weise sowie des Zwecks der Verwendung während der vertraglichen Laufzeit

424.21 Orientierung an Entscheidungsrechten

Der potenzielle Leasingnehmer besitzt das Recht zur Bestimmung der Art und Weise sowie des Zwecks der Verwendung, wenn er ebendiese Aspekte während der Periode der Verwendung beeinflussen und insbesondere ändern kann.[613] Änderungen der Verwendung beschränken sich ausschließlich auf Verwendungsmöglichkeiten, die vertraglich vereinbart wurden. Entscheidungen über die Art und Weise sowie den Zweck der Verwendung sind für die Betrachtung der Kontrolle bedeutsam, weil sie sich unmittelbar auf die **Generierung wirtschaftlichen Nutzens** aus dem Leasingobjekt auswirken. Die Rechte zu diesen Entscheidungen stehen im Zentrum der Abwägung, wem die Kontrolle des Leasingobjektes zuzuordnen ist. Hinsichtlich dieses Aspektes unterscheiden sie sich von anderen Rechten, u. a. solchen über den Betrieb und die Instandhaltung des Vermögenswertes, die bei der Beurteilung der Kontrolle deshalb nicht herangezogen werden sollen.[614]

Die Bedeutung des Terminus „Art und Weise sowie Zweck der Verwendung" (*how and for what purpose*)[615] wird aus den Vorschriften nicht unmittelbar deutlich. Allerdings äußert sich der Standardsetzer in den ergänzenden *Basis for Conclusions.* Demnach ist eine separate Würdigung der beiden Teilaspekte des Begriffes nicht erforderlich. Der Begriff ist vielmehr als feststehender Begriff zu interpretieren und somit zwingend **gesamtheitlich zu beurteilen**.[616] Auch wenn der Verbindlichkeitsgrad der Klarstellung aufgrund der Verortung außerhalb der Regelungen grundsätzlich zu hinterfragen ist,[617] wird diese Ansicht aufgrund der Maßgeblich-

---

611 Vgl. IFRS 16.BC119. Potenzielle Erweiterungsrechte werden gemäß den Schlussfolgerungen der Ausführungen zum Kriterium des identifizierten Vermögenswertes nicht in die Untersuchung einbezogen, vgl. zu dem Urteil Abschnitt 422.33.

612 Gl. A. BEYHS, O./LABRENZ, H., Bilanzpolitische Spielräume für Leasingnehmer, S. 455.

613 Vgl. hier und im Folgenden IFRS 16.B25.

614 Vgl. IFRS 16.BC120. Die Vorschriften sind insofern konsistent zu den Regelungen des IFRS 10, als die genannten Entscheidungen hinsichtlich des wirtschaftlichen Gehalts ähnlich zu solchen sind, die im Rahmen der Einschätzung zur Beherrschung über ein anderes Unternehmen herangezogen werden, vgl. IFRS 16.BC120.

615 Vgl. Fn. 610.

616 Vgl. IFRS 16.BC120.

617 Vgl. Fn. 182.

keit für die weiteren Vorschriften im Folgenden übernommen. Ob der potenzielle Leasingnehmer das Bestimmungsrecht besitzt, wird somit nicht gesondert für die „Art und Weise" und den „Zweck" der Verwendung, sondern unter Berücksichtigung beider Faktoren gemeinsam evaluiert.[618]

Die Schlussfolgerung, dass den beiden Teilbegriffen alleine deshalb ein „tautologischer Charakter"[619] beigemessen werden kann,[620] ist vor dem Hintergrund der Äußerungen des Standardsetzers zwar nachvollziehbar, hinsichtlich der Bedeutungen der Begriffe jedoch zumindest diskussionswürdig. Dem Wortsinn nach könnten grundsätzlich unterschiedliche Bedeutungen und Zielrichtungen für die Art und Weise einerseits und den Zweck andererseits unterstellt werden. Denn die Art und Weise bezieht sich in erster Linie auf die tatsächliche Verwendung des Vermögenswertes, während der Zweck der Verwendung in einem logisch vorgelagerten Schritt festgestellt würde.[621] Die Begriffe sind hinsichtlich ihrer Bedeutung insofern nicht gänzlich deckungsgleich. Gleichzeitig kann aber auch nicht von einer vollumfänglichen inhaltlichen Überschneidungsfreiheit ausgegangen werden.[622]

Zur Beurteilung, ob der potenzielle Leasingnehmer die Art und Weise sowie den Zweck der Verwendung bestimmen und somit ändern kann, sind diejenigen **Entscheidungsrechte** heranzuziehen, die für die Änderungen der Art und Weise sowie des Zwecks **am relevantesten** sind.[623] Entscheidungsrechte sind grundlegend relevant, wenn sie den wirtschaftlichen Nutzen, der durch die Verwendung des Vermögenswertes entsteht, beeinflussen.[624] Daraus wird bereits deutlich, dass diese Rechte die Aspekte der Verwendung des Leasingobjektes adressieren. Abhängig vom zu beurteilenden Sachverhalt sind Entscheidungsrechte z. B. Rechte über die Änderung des Typs des Outputs, der durch den Vermögenswertes generiert wird.[625] Sie können aber auch das Recht zur Änderung des Zeitpunktes der Produktion des Outputs verbriefen.[626] Ferner können Entscheidungsrechte zur Bestimmung des Ortes der Produktion des Outputs berechtigen.[627] Auch Rechte über die Frage, ob und in welcher Quantität der Output produziert

618 Vgl. IFRS 16.BC120.

619 Vgl. EWELT-KNAUER, C., in: Baetge u. a., Rechnungslegung nach IFRS, 2. Aufl., Teil B, IFRS 16, Rn. 29.

620 Vgl. HOMMEL, M./DEHMEL, I./ZEITLER, N., Systematische Inkonsistenzen, S. 1772.

621 Den Formulierungen im diesbezüglichen *Staff Paper* ist implizit zu entnehmen, dass der Board sich dessen bewusst ist, vgl. IASB (Hrsg.), Staff Paper 3A (October 2014), Rn. 29.

622 Vgl. EWELT-KNAUER, C., in: Baetge u. a., Rechnungslegung nach IFRS, 2. Aufl., Teil B, IFRS 16, Rn. 29; HOMMEL, M./DEHMEL, I./ZEITLER, N., Systematische Inkonsistenzen, S. 1772.

623 Vgl. IFRS 16.B25 und IFRS 16.BC117. Ohne diese Entscheidungsrechte hätte der potenzielle Leasingnehmer keine Kontrolle über die Verwendung und wäre in dieser Hinsicht einem Kunden einer Dienstleistung gleichgestellt, vgl. IFRS 16.BC118.

624 Vgl. IFRS 16.B25.

625 Solche Entscheidungsrechte können den Rechteinhaber zur Bestimmung über die Art der Verwendung des Vermögenswertes befugen, bspw. über die Art der Nutzung einer Verkaufsfläche oder eines Containers, vgl. IFRS 16.B26 (a).

626 Demnach könnte der Rechteinhaber bspw. über den Zeitpunkt bzw. die Zeitintervalle der Nutzung eines Kraftwerkes bestimmen, vgl. IFRS 16.B26 (b).

627 Der Rechteinhaber könnte etwa über den Verwendungsort eines mobilen Leasinggegenstandes oder eines Gegenstandes des Anlagevermögens bestimmen, vgl. IFRS 16.B26 (c).

werden soll, sind regelmäßig Entscheidungsrechte.[628] Die Beispiele sind nicht abschließend. Allen genannten Entscheidungen über die Verwendung des Vermögenswertes ist gemein, dass sie **zumindest mittelbar seinen Output betreffen**. Bei einer produzierenden Maschine würden die Entscheidungsrechte demnach alle Aspekte ansprechen, die mit den Produktionsergebnissen zusammenhängen.

Ob sich Entscheidungsrechte über den Output hinaus auch auf weitere Bezugspunkte stützen können, bleibt zwar offen.[629] Der Standardsetzer dürfte durch den Bezug auf den Output allerdings beabsichtigt haben, klarzustellen, dass Entscheidungsrechte alle mit der Verwendung des Leasingobjektes in Zusammenhang stehenden Aspekte adressieren. In Übereinstimmung mit den Vorschriften des IFRS 15 steht somit die „**wirtschaftliche Verfügungsmöglichkeit**“[630] im Vordergrund der Betrachtung, wer die Kontrolle über den Vermögenswert besitzt.

424.22 Zuordnung des Rechtes zur Bestimmung anhand der Verteilung der relevantesten Entscheidungsrechte

424.221. Identifizierung der relevantesten Entscheidungsrechte

Sowohl der potenzielle Leasingnehmer als auch der potenzielle Leasinggeber können Entscheidungsrechte besitzen. So könnte beispielsweise der potenzielle Leasinggeber die Art des Outputs einer Maschine festlegen, während der potenzielle Leasingnehmer alle übrigen Parameter, u. a. die gesamte Leistung des Gegenstandes kontrolliert. Die **zentrale Herausforderung** liegt dann in der Zuordnung des Bestimmungsrechtes zu einer der beiden Parteien. Liegen die relevantesten Entscheidungsrechte beim potenziellen Leasinggeber, besitzt er das Bestimmungsrecht. Dann liegt ein Dienstleistungsverhältnis vor.[631] Umgekehrt existiert ein Leasingverhältnis, wenn das Bestimmungsrecht beim potenziellen Leasingnehmer liegt.

Für diese Abwägung kommt im ersten Schritt der **Abgrenzung der relevanten von den relevantesten Entscheidungsrechten** – also der Identifizierung der wirtschaftlich bedeutendsten Entscheidungsrechte – eine zentrale Rolle zu.[632] IFRS 16 äußert sich nicht weiter zu ihrer Differenzierung, setzt jedoch implizit diese Abgrenzung voraus, indem ausdrücklich die relevantesten Entscheidungsrechte adressiert werden (*consider the decision-making rights that are most relevant*).[633] Da relevante Entscheidungsrechte durch die Beeinflussung des wirtschaftlichen Nutzens gekennzeichnet sind, ist für die relevantesten Entscheidungsrechte zu schlussfolgern, dass sie den wirtschaftlichen Nutzen besonders umfassend beeinflussen. Die Abgrenzung ist verständlich, da nicht alle Entscheidungsrechte den wirtschaftlichen Nutzen gleichermaßen

---

628 So könnte der Rechteinhaber darüber bestimmen, ob und in welcher Menge überhaupt Strom aus einem Kraftwerk generiert werden soll, vgl. IFRS 16.B26 (d).

629 Vgl. kritisch DEUTSCHE TELEKOM (Hrsg.), Comment Letter ED/2013/6, S. 10.

630 BRUNE, J. W., Leasingverhältnisse nach IFRS 16, S. 122.

631 Vgl. auch IFRS 16.BC119.

632 Vgl. BARDENS, A./KRONER, M./MEURER, H., IFRS 16 (Teil 1), S. 387; ECKL, E. U. A., IFRS 16 „Leases“ (Teil 1), S. 670.

633 Bereits im Kontext des ED/2013/6 kritisierend SIEMENS (Hrsg.), Comment Letter ED/2013/6, S. 3.

beeinflussen. Ihre **relative Bedeutung** ist vielmehr **sachverhaltsspezifisch**. Bei einem produzierenden Leasinggegenstand könnte das Recht, über die Art des Outputs zu entscheiden, wesentlich bedeutsamer sein als das Recht, den Zeitraum der Produktion zu bestimmen. Alternativ dürften für ein Leasingobjekt, das zu Transportzwecken verwendet wird, das Recht zur Entscheidung über die maximal zulässige Transportleistung und den Gegenstand des Transports regelmäßig von höherer Bedeutung für den Leasingnehmer sein als Rechte zur Einschränkung der zeitlichen Nutzung. Konsistent zur Betrachtung des wirtschaftlichen Nutzens im Kontext der substanziellen Austauschrechte[634] sollten nicht nur die unmittelbaren, sondern auch die mittelbaren Effekte des Entscheidungsrechtes auf den wirtschaftlichen Nutzen einbezogen werden. Zudem sind in die Betrachtung, welcher Partei die relevantesten Entscheidungsrechte zukommen, nur solche einzubeziehen, die sich auf eine Verwendung innerhalb der vertraglich vereinbarten Verwendungsmöglichkeiten beziehen.[635]

Die Abgrenzung könnte auf der Grundlage des **individuellen Beitrags** eines Entscheidungsrechtes zum gesamten wirtschaftlichen Nutzen vorgenommen werden. Demnach würde zwischen den relevanten und den relevantesten Entscheidungsrechte über eine wertmäßig festzulegende Schwelle unterschieden werden. Diese könnte sowohl prozentual (bspw. mindestens 20 % des gesamten wirtschaftlichen Nutzens) als auch finanziell (bspw. die in Geldeinheiten quantifizierten Auswirkungen) definiert sein. Auf diese Weise würden die beiden Rechtegruppen zwar eindeutig voneinander getrennt. Gegen eine solche Schwelle spricht indes, dass sie nicht allgemeingültig festgelegt werden könnte. Vielmehr müsste sie aufgrund der Vielfalt aller Leasingverträge sachverhaltsspezifisch ermittelt werden. Informationen über den gleichen Sachverhalt würden unternehmensübergreifend u. U. abweichend abgebildet und die zwischenbetriebliche Vergleichbarkeit beeinträchtigt.

Überdies ist die dafür erforderliche **Quantifizierung der Auswirkungen** jedes einzelnen Entscheidungsrechtes nicht immer hinreichend objektivierbar möglich. Während sich bspw. bei einem produzierenden Leasingobjekt die Auswirkungen des Rechte über die Bestimmung der Art des Outputs intuitiv schätzen lassen, wären bspw. geographische Einschränkungen der Nutzung vor allem über Opportunitätsgedanken messbar. Überdies ist auch die Ermittlung des gesamten wirtschaftlichen Nutzens als Referenzgröße ermessensbehaftet. Insgesamt wäre die Darstellung aufgrund der Ermessensspielräume bei der Beurteilung nur eingeschränkt glaubwürdig.

Darüber hinaus könnte die Trennung in relevante und relevanteste Entscheidungsrechte auf die beschriebene Weise dazu führen, dass in ihrer wirtschaftlichen Bedeutung **vergleichbare Rechte unterschiedlich behandelt** würden. Wirtschaftlich vergleichbare Rechte würden sich dadurch auszeichnen, dass sie hinsichtlich ihres Beitrags zum gesamten wirtschaftlichen Nutzen in hohem Maße ähnlich sein würden. Ihre unterschiedliche Berücksichtigung könnte sich

634 Vgl. Abschnitt 422.431.

635 Vgl. IFRS 16.B26; BRUNE, J. W., Leasingverhältnisse nach IFRS 16, S. 122.

dadurch ergeben, dass die wertmäßige Schwelle ebendiese Rechte separieren würde, obgleich in der Gesamtschau unter Berücksichtigung der weiteren Entscheidungsrechte eine einheitliche Einbeziehung geboten gewesen wäre.[636] Eine Schwellenbetrachtung zur Bestimmung der relevantesten Entscheidungsrechte ist im Ergebnis mit vielfältigen konzeptionellen und praktischen Einschränkungen verbunden. Zudem würde sie die tatsächlichen wirtschaftlichen Umstände ggf. nur eingeschränkt reflektieren.

Alternativ wäre denkbar, nicht nur die absoluten Auswirkungen der Entscheidungsrechte in das Zentrum der Betrachtung zu stellen, sondern die relativen Verhältnisse der Rechte zueinander zu berücksichtigen. Bei einem produzierenden Leasingobjekt dürften demnach das Entscheidungsrecht über die Art des Outputs und die zugelassene Menge des Outputs regelmäßig zu den relevantesten Rechten zählen, da ein wesentlicher Bestandteil des wirtschaftlichen Nutzens aus dem Gegenstand über diese Rechte generiert wird. Hingegen wären Rechte über geographische Beschränkungen u. U. vergleichsweise weniger bedeutsam. Dieses Vorgehen ist dem erstgenannten insofern überlegen, als es die wirtschaftliche Bedeutung jedes Entscheidungsrechtes ins Verhältnis zu den weiteren Entscheidungsrechten setzt und somit die Rechte vor dem Hintergrund ihrer Gesamtheit würdigt. Eine formal bedingte Trennung der Rechte durch eine festgelegte Schwelle wird somit vermieden. Dieses Vorgehen würde zwar zu sachverhalts-spezifischen Ergebnissen führen, wäre aber allgemein anwendbar.

Die Beurteilung, welche Entscheidungsrechte die relevantesten sind, sollte daher zwingend ihre **relativen Bedeutungen** für den gesamten wirtschaftlichen Nutzen berücksichtigen. Die relative Bedeutung ist zwar individuell für den zu beurteilenden Sachverhalt zu prüfen, was in einen vergleichsweise größeren Umsetzungsaufwand resultiert.[637] Gleichwohl sollten bei der Mehrheit zu beurteilender Sachverhalte die relevantesten Entscheidungsrechte anhand des primären Zwecks des Vermögenswertes und der Absichten des potenziellen Leasingnehmers deutlich werden. Eine Abgrenzung relevanter von den relevantesten Entscheidungsrechten ergibt sich nach diesem Vorgehen als Ergebnis der Abwägung der Rechte.

424.222. Zuordnung des Bestimmungsrechtes

Die Erkenntnisse liefern die Grundlage für den zweiten Schritt der Beurteilung, welcher der Parteien das Bestimmungsrecht zuzuschreiben ist. Vor allem **zwei Alternativen** sind denkbar. Einerseits könnte die Betrachtung in den Vordergrund stellen, wer das bedeutendste Entscheidungsrecht besitzt. In diesem Fall würde der Partei mit dem im Ergebnis relevantesten Entscheidungsrecht das Recht zur Bestimmung zugewiesen. Andererseits könnte die Gesamtheit

---

636 So wäre ein Sachverhalt denkbar, in dem aufgrund einer festen Schwelle nur ein relevantes Entscheidungsrecht als am relevantesten klassifiziert würde und weitere Rechte, auch wenn sie nah am Schwellenwert liegen, so nicht in die Betrachtung eingehen würden. Eine andere Konstellation wäre denkbar, wenn mehrere Entscheidungsrechte ähnlich bedeutsam eingeschätzt werden und sich als Gruppe von den übrigen, weniger bedeutsamen Entscheidungsrechten abheben, jedoch aufgrund des Schwellenwertes nicht gemeinsam als relevanteste Entscheidungsrechte zu beurteilen wären.

637 Die Anwendung an einem Beispiel illustrierend BARDENS, A./KRONER, M./MEURER, H., IFRS 16 (Teil 1), S. 387.

aller relevantesten Entscheidungsrechte und ihre Auswirkungen auf den gesamten wirtschaftlichen Nutzen einbezogen werden.

Der erstgenannte Ansatz – die Orientierung am **bedeutendsten Entscheidungsrecht** – kann vor allem dann zu unbefriedigenden Ergebnissen führen, wenn einer Partei das signifikanteste Entscheidungsrecht zusteht, während die zweite Partei die übrigen relevantesten Entscheidungsrechte besitzt. Dies kann einerseits darin begründet sein, dass das zweitwichtigste Entscheidungsrecht hinsichtlich seines Nutzenbeitrags nahezu identisch mit dem wichtigsten ist. Die wirtschaftlichen Gegebenheiten werden dann nicht angemessen berücksichtigt. Andererseits könnten die kumulierten Nutzenbeiträge der übrigen Rechte höher sein. Bei einer produzierenden Maschine als Gegenstand des Leasingverhältnisses könnte demnach das Entscheidungsrecht über den Art des Outputs isoliert bei einer Partei liegen, während die übrigen Entscheidungsrechte, vor allem die Menge des Outputs, bei der anderen Partei liegen würden. Auch wenn das Recht zur Bestimmung die Art des Outputs das relevanteste Recht wäre, könnte der wirtschaftliche Nutzen in der Gesamtschau im Wesentlichen durch die übrigen Rechte bestimmt werden.[638] Dies würde nach diesem Vorgehen jedoch nicht berücksichtigt. Die tatsächlichen wirtschaftlichen Verhältnisse würden nicht zutreffend wiedergegeben.

Hingegen würde bei einer Betrachtung der **Gesamtheit aller einzubeziehender Entscheidungsrechte**, dem zweiten Ansatz, im diskutierten Fall der zweiten Partei das Recht zur Bestimmung obliegen, da das relevanteste Entscheidungsrecht weniger wirtschaftlichen Nutzen stiftet als die Summe der übrigen Rechte. Die kumulierten Beiträge der Entscheidungsrechte zum wirtschaftlichen Nutzen gingen demnach explizit in die Betrachtung ein. Dieses Vorgehen berücksichtigt die tatsächlichen ökonomischen Gegebenheiten in wesentlich sachgerechterer Weise. Es ist deshalb nach der hier vertretenen Auffassung zu befürworten. Die Methode wurde im Übrigen bereits im Prozess der Überarbeitung seitens vereinzelter Kommentierender als vorteilhaft beurteilt.[639] Konsistent zur Abgrenzung von relevanten und relevantesten Entscheidungsrechte ist auch diese somit auf der Grundlage der relativen Verhältnisse der Entscheidungsrechte zueinander vorzunehmen.[640]

---

638 Wenn das Entscheidungsrecht über die Art des Outputs beim potenzieller Leasinggeber liegen und die übrigen Rechte der potenzielle Leasingnehmer innehaben würde, läge das Bestimmungsrecht nach diesem Ansatz aufgrund der Zuordnung des relevantesten Entscheidungsrechtes beim potenziellen Leasinggeber, obwohl der wirtschaftliche Nutzen in der Gesamtschau mehrheitlich durch die übrigen Entscheidungsrechte des Leasingnehmers beeinflusst würde.

639 Vgl. u. a. FEI CANADA (Hrsg.), Comment Letter ED/2013/6, S. 6; RIO TINTO (Hrsg.), Comment Letter ED/2013/6, S. 2.

640 Mit dieser Auslegung ist IFRS 16 grundsätzlich konform mit den Vorschriften des IFRS 10. Nach diesen beherrscht ein Investor ein Investee, wenn er die relevanten Aktivitäten steuert, die die Rückflüsse am umfangreichsten beeinflussen, vgl. IFRS 10.13. Das Vorgehen dürfte für zwei Investoren identisch sein. Es weicht indes für mehr als zwei Investoren ab. Dann ist demjenigen Investor die Beherrschung zuzuschreiben, der die für die Rückflüsse bedeutendste Aktivität steuern kann, vgl. BAETGE, J./HAYN, S./STRÖHER, T., in: Baetge u. a., Rechnungslegung nach IFRS, 2. Aufl., Teil B, IFRS 10, Tz. 76. In diesem Fall ist somit das Vorgehen geboten, das im Kontext der Beurteilung von Leasingverhältnissen als weniger geeignet beurteilt wird. Dies ist auf die Eigenheit der Beurteilung nach IFRS 10 zurückzuführen, dass mehr als zwei Parteien in der Beurteilung eine Rolle spielen können.

Die Abbildung 4-3 verdeutlicht die bisherigen Ausführungen. Exemplarisch liegen in der betrachten Konstellation acht Entscheidungsrechte vor. Zunächst werden die sachverhaltsspezifischen Entscheidungsrechte hinsichtlich ihrer Bedeutung für den wirtschaftlichen Nutzen geordnet. Auf dieser Grundlage werden schematisch die relevanten von den relevantesten Entscheidungsrechten abgegrenzt. Demnach sind die Entscheidungsrechte eins bis fünf als relevanteste Rechte zu bestimmen. Die Rechte sechs bis acht sind hingegen von relativ untergeordneter Bedeutung und im Folgenden zu ignorieren (Schritt 1). Die verbleibenden, relevantesten Entscheidungsrechte werden sodann hinsichtlich der kumulierten wirtschaftlichen Bedeutung der Rechte des Leasingnehmers und -gebers geprüft, indem ihre Beiträge zum gesamten wirtschaftlichen Nutzen abgewägt werden. In der Summe sind die relevantesten Entscheidungsrechte des Leasingnehmers bedeutsamer als das absolut relevanteste Entscheidungsrecht des Leasinggebers. Auf dieser Grundlage wird das Bestimmungsrecht über das Leasingobjekt dem Leasingnehmer zugewiesen. Der Kontrakt ist als Leasingverhältnis zu würdigen (Schritt 2).

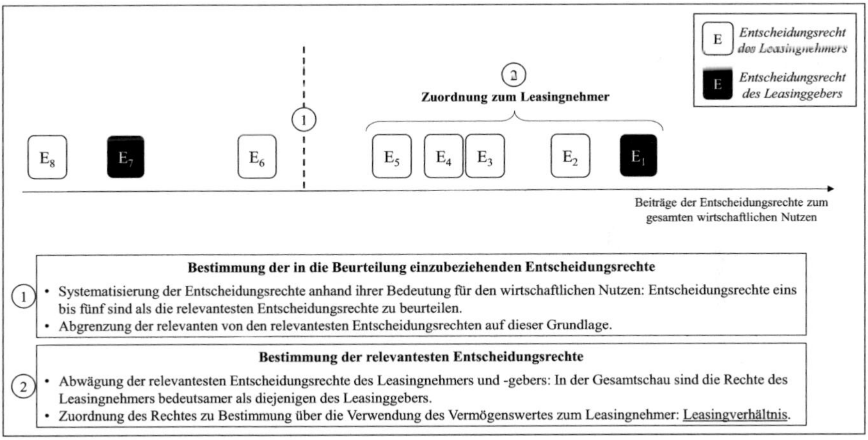

Abbildung 4-3: Bestimmung der relevantesten Entscheidungsrechte und Zuordnung des Bestimmungsrechtes

424.23 Bei der Bestimmung nicht zu beachtende Rechte

424.231. Rechte zur effizienten Verwendung des Vermögenswertes

Neben den Entscheidungsrechten sind regelmäßig weitere Rechte Bestandteil vertraglicher Vereinbarungen über Leasingverhältnisse. Darunter fallen die Rechte zum **Betrieb** oder zur **Instandhaltung** des Leasinggegenstandes.[641] Diese Rechte sind zwar essenziell für die effiziente Verwendung des Vermögenswertes. Sie sind jedoch nicht in die Beurteilung, wer das Recht zur Bestimmung über die Verwendung des Vermögenswertes besitzt, einzubeziehen. Sie

[641] Vgl. hier und im Folgenden IFRS 16.B27.

verbriefen keine Rechte zur Bestimmung über die Art und Weise oder den Zweck der Verwendung des Vermögenswertes, sondern ergeben sich vielmehr aus den Entscheidungen zu diesen Aspekten.[642] Sie erzeugen außerdem keinen vergleichbaren wirtschaftlichen Nutzen.[643] Demzufolge können sie dem potenziellen Leasinggeber zukommen, ohne die Klassifizierung des Vertragsverhältnisses als Leasingverhältnis zu gefährden.[644]

Die untergeordnete Bedeutung dieser auf die praktische Verwendung ausgerichteten Rechte ist **konsistent** mit der entsprechenden Beurteilung bei substanziellen Austauschrechten. Auch hier wirkt sich die Zuteilung dieser Rechte auf eine der beiden Parteien nicht auf die übergeordnete Fragestellung aus, ob Austauschrechte substanziell sind und somit ein Leasingverhältnis vorliegt.[645] Die Konsistenz ist regelungskonzeptionell positiv zu beurteilen.

424.232. Schutzrechte

Vertraglich vereinbarte Schutzrechte des potenziellen Leasinggebers, welche Partei das Recht zur Bestimmung über die Verwendung des Vermögenswertes hat, sind für die Beurteilung grundsätzlich nicht von Bedeutung.[646] Diese Rechte schützen gewöhnlicherweise die Interessen des potenziellen Leasinggebers als rechtlicher Eigentümer.[647] Sie können sich auf das Leasingobjekt selbst, auf das den Betrieb oder die Instandhaltung sicherstellende Personal oder auf die Einhaltung gesetzlicher Vorschriften beziehen. Sie dürften umso bedeutender für den Leasinggeber werden, je mehr Verwendungsmöglichkeiten das Leasingobjekt bietet, da dann vielfältigere Anknüpfungspunkte für schützwürdige Aspekte der Verwendung vorliegen. Im Regelfall sollten Schutzrechte lediglich den Umfang der durch das Nutzungsrecht verbrieften **Nutzungsmöglichkeiten beschränken**.[648] Geographische, zeitliche oder leistungsbezogene Einschränkungen der Nutzung sind grundsätzlich unkritisch und „typischerweise“ (*typically*) nicht für die Zuordnung des Bestimmungsrechtes heranzuziehen. [649] Der Leasingnehmer kann innerhalb dieser Beschränkungen über die Art und Weise der Verwendung bestimmen.

Eine verbindliche Aussage zu dem Verhältnis von Schutz- und Bestimmungsrechten wird demnach vermieden. Ähnlich relativierend sind die Ausführungen der *Basis for Conclusions*: Demnach sind Schutzrechte „gewöhnlicherweise“ (*generally*) unschädlich für die Zuordnung des Bestimmungsrechts.[650] Beide Aussagen lassen implizit offen, dass Fallkonstellationen bestehen

---

642 Vgl. IASB (Hrsg.), Staff Paper 3A (October 2014), Rn. 32; BRUNE, J. W., Leasingverhältnisse nach IFRS 16, S. 122.

643 Vgl. IFRS 16.BC120.

644 Vgl. IFRS 16.B27.

645 Vgl. dazu Abschnitt 422.45.

646 Vgl. hier und im Folgenden IFRS 16.B30.

647 Vgl. GANSSAUGE, K./KLOCKMANN, I./ALYMOV, A., Definition eines Leasingverhältnisses, S. 739. Diese Definition entspricht im Übrigen derjenigen des IFRS 10, vgl. IFRS 10.Appendix A.

648 Vgl. KÖSTER, O./REPETZ, S., Fluch oder Segen für den Schweizer Markt, S. 646; DILßNER, M./MÜLLER, S., Leasingbilanzierung auf dem Prüfstand, S. 166; BEYHS, O./LABRENZ, H., Bilanzpolitische Spielräume für Leasingnehmer, S. 456.

649 Vgl. IFRS 16.B30.

650 Vgl. IFRS 16.BC124.

können, in denen sich Schutzrechte so umfangreich sein können, dass sie sich auf die Zuordnung des Rechtes zur Bestimmung über die Verwendung auswirken können. Demnach könnte durch die Berücksichtigung der Schutzrechte auch dem potenziellen Leasinggeber das Bestimmungsrecht zugewiesen werden; dann läge ein Dienstleistungsverhältnis vor.

Die Abgrenzung von Entscheidungs- und Schutzrechten ist nicht nur im Kontext von Leasingverhältnissen unklar. Die Problematik besteht auch im Kontext des IFRS 10 bei der Abgrenzung von substanziellen Rechten und Schutzrechten.[651] Auf die Bedeutung für die Beurteilung von Leasingverhältnissen wurde auch im Rahmen der Überarbeitung der Vorschriften durch die Kommentierenden kritisch hingewiesen.[652] Der Standardsetzer präzisierte seine Absichten im Laufe des Überarbeitungsprozesses. So würden sich Schutzrechte nur bei einer entsprechend ausgeprägten Bedeutung für die Verwendung des Vermögenswertes auf die Zuordnung des Bestimmungsrechtes zu einer der beiden Parteien auswirken.[653] Demnach ist ihre **Restriktivität** der Schutzrechte **maßgeblich** für die Beurteilung.

Vor allem wenn Schutzrechte und Entscheidungsrechte auf dieselben vertraglich zu regelnden Sachverhalte abzielen,[654] könnten Schutzrechte als faktisch implizites Recht zur Bestimmung ausgelegt werden. Abgrenzungsprobleme dürften sich somit vor allem für **betriebsbezogene Schutzrechte** ergeben.[655] So könnten Schutzrechte u. a. die Menge und die Art des Outputs eines produzierenden Leasingobjektes signifikant einschränken, sodass der potenzielle Leasingnehmer im Rahmen der durch den potenziellen Leasinggeber vertraglich ermöglichten Verwendungsmöglichkeiten nur noch eine unwesentliche Entscheidungsbefugnis hat. Seine verbleibenden Rechte können den wirtschaftlichen Nutzen dann nicht mehr signifikant beeinflussen. So könnte sich eine entsprechende Einschränkung bspw. über die weitgehende Restriktion möglicher zulässiger Güter (vor allem Gefahrstoffe) für den Transport über das Leasingobjekt (bspw. ein LKW oder Schiffe) und sein geographisches Anwendungsgebiet ergeben. Der potenzielle Leasingnehmer könnte unter wirtschaftlichen Gesichtspunkten über die Verwendung des Leasingobjektes nicht mehr bestimmen, wenn er die wesentlichen Parameter der Verwendung faktisch nicht mehr beeinflussen kann. Alternativ könnten die vertraglichen Bedingungen umfangreiche **Zustimmungsvorbehalte** für die Verwendung des Leasingobjektes durch den potenziellen Leasingnehmer vorsehen, die eine Kontrolle des Leasingobjektes durch den Leasingnehmer bei einer wirtschaftlichen Betrachtung verhindern.[656] Dann dürfte nicht mehr von

---

[651] Vgl. MEYER, M., Substanzielle Rechte und Schutzrechte, S. 274 f. DIETRICH, A./STOEK, C., Anwendung des IAS 28 auf reine Kreditbeziehungen, S. 350–353.

[652] Vgl. ESMA (Hrsg.), Comment Letter ED/2013/6, S. 3; ERNST & YOUNG (Hrsg.), Comment Letter ED/2013/6, S. 4; DEUTSCHE TELEKOM (Hrsg.), Comment Letter ED/2013/6, S. 8; SOCIETE GENERALE (Hrsg.), Comment Letter ED/2013/6, S. 4. Die Vorschriften des ED/2013/6 waren zwar weniger umfänglich, jedoch im Kern identisch.

[653] Vgl. IASB (Hrsg.), Staff Paper 3A (October 2014), Rn. 37.

[654] Vgl. IFRS 16.B27 und IFRS 16.B30.

[655] Vgl. im Kontext des IFRS 10 MEYER, M., Substanzielle Rechte und Schutzrechte, S. 273.

[656] Vgl. gleichermaßen im Kontext des IFRS 10 MEYER, M., Substanzielle Rechte und Schutzrechte, S. 273.

einer Kontrolle durch den potenziellen Leasingnehmer ausgegangen werden. Das Bestimmungsrecht würde ihm unter Berücksichtigung der Gesamtumstände nicht zugesprochen werden, sodass das vertragliche Verhältnis nicht als Leasingverhältnis zu klassifizieren wäre.

Eine Abwägung von Entscheidungsrechten des potenziellen Leasingnehmers und Schutzrechten des potenziellen Leasinggebers ist im Ergebnis unvermeidlich, wenn eine Beurteilung der rechtlichen und ökonomischen Gesamtumstände darauf hinweist, dass der Einfluss der Schutzrechte über das gewöhnliche Maß hinausgeht. Vor allem ist sie mit Ermessensspielräumen behaftet, da die Beurteilung nicht hinreichend objektivierbar ist und alle Aspekte des zu beurteilenden Sachverhalts berücksichtigt sowie gewichtet werden müssen. Gleichwohl müssen Schutzrechte des potenziellen Leasinggebers unter Berücksichtigung der Äußerungen des IASB einen **besonders großen Umfang** haben, damit nicht mehr von einer Kontrolle des Leasingobjektes durch den potenziellen Leasingnehmer ausgegangen werden kann. Damit geht einher, dass in diesen Fällen kritisch zu prüfen ist, ob eine Klassifizierung als Dienstleistungsverhältnis die wirtschaftlichen Gegebenheiten zutreffender abbildet. Auch im Kontext von IFRS 10 liegt keine konzeptionell und praktisch zufriedenstellendere Lösung vor als die Gesamtheit der Umstände detailliert zu prüfen.[657]

424.3 Bestimmung der Art und Weise sowie des Zwecks der Verwendung vor der vertraglichen Laufzeit

424.31 Mögliche Konstellationen

Die Beurteilung darüber, welche Partei das Recht zur Bestimmung über die Verwendung des Vermögenswertes besitzt, erfolgt auf einer anderen Grundlage, wenn die diesbezüglichen Entscheidungen nicht während der vertraglichen Laufzeit, sondern bereits davor getroffen wurden.[658] Es müssen **andere Kriterien** herangezogen werden, um einer der beiden beteiligten Vertragsparteien das Recht zur Bestimmung der Verwendung zuweisen zu können. Gemäß den Vorschriften kommt dem potenziellen Leasingnehmer das Bestimmungsrecht unter einer der folgenden Bedingungen zu:

- er hat das **Recht zum Betrieb** des Vermögenswertes (oder kann es an Dritte weitergeben, die den Betrieb in einer durch den potenziellen Leasingnehmer vorgeschriebenen Art und Weise übernehmen) und der potenzielle Leasinggeber hat kein Recht zur Änderung dieser Betriebsanweisungen;[659] oder
- der potenzielle Leasingnehmer hat das **Design bzw. spezifische Aspekte des Designs** des Vermögenswertes derart bestimmt, dass die Art und Weise sowie der Zweck der Verwendung des Vermögenswertes aufgrund ebendiesen Designs vorbestimmt ist.[660]

657 Vgl. im Kontext des IFRS 10 schlussfolgernd MEYER, M., Substanzielle Rechte und Schutzrechte, S. 274 f.
658 Vgl. IFRS 16.BC122.
659 Vgl. IFRS 16.B24 (i); dazu Abschnitt 424.32.
660 Vgl. IFRS 16.B24 (ii); dazu Abschnitt 424.33.

Die Möglichkeit, über die relevanten Entscheidungen während der Laufzeit zu bestimmen, ist in diesen Konstellationen nicht mehr gegeben.[661] Vielmehr wurden die relevanten Entscheidungsrechte und Schutzrechte bereits festgelegt bzw. zwischen dem potenziellen Leasingnehmer und -geber verteilt. Hinsichtlich dieser Eigenheit weist die Konstellation Ähnlichkeit zu strukturierten Einheiten[662] auf, für die IFRS 10 anzuwenden ist. In beiden Fällen sind die relevanten Entscheidungen bzw. Aktivitäten vor der Verwendung bzw. den Tätigkeiten vorbestimmt.[663] Daran anlehnend wird die Konstellation, in der die Entscheidungsrechte über das Leasingobjekt vorbestimmt sind, auch durch den Begriff „Autopilot[664](-mechanismus)" konkretisiert.

Die Vorschriften haben vor dem Hintergrund **formalrechtlicher Gestaltungsmöglichkeiten** besondere Bedeutung. Demnach könnte die Strukturierung dieser Konstellationen durch das beabsichtigte Gestaltungsziel, der Klassifizierung als Leasing- oder Dienstleistungsverhältnis, getrieben sein.[665] Wird eines der Kriterien durch den potenziellen Leasingnehmer nicht erfüllt, liegt kein Leasingverhältnis vor.[666]

424.32 Das Recht zum Betrieb des Vermögenswertes

Zum einen kann für die Zuordnung des Rechtes zur Bestimmung über die Verwendung die Verteilung des Rechtes zum Betrieb maßgeblich sein.[667] Dem potenziellen Leasingnehmer kommt gemäß den Vorschriften das Bestimmungsrecht zu, wenn er das Recht zum Betrieb des Vermögenswertes während der vertraglichen Laufzeit besitzt und der potenzielle Leasinggeber kein Mitspracherecht hat.[668] Andernfalls qualifiziert das Verhältnis nicht als Leasingverhältnis.

Die **Bedeutung** des Betriebsrechtes **ändert sich** weitreichend. Für die Beurteilung wird auf ein Recht abgestellt, das im Falle der Bestimmung während der Laufzeit (Abschnitt 424.2) für die

---

661 Vgl. IFRS 16.BC121; eine Ähnlichkeit zum Autopilotmechanismus bei Zweckgesellschaften feststellend EWELT-KNAUER, C., in: Baetge u. a., Rechnungslegung nach IFRS, 2. Aufl., Teil B, IFRS 16, Rn. 30.

662 Vgl. weiterführend zu diesem Begriff EWELT-KNAUER, C., Der Konzernabschluss als Berichtselement der wirtschaftlichen Einheit, S. 53; BÖCKEM, H./STIBI, B./ZOEGER, O., Revision des Konsolidierungskreises, S. 406; POLLMANN, R./HUTH, C., Behandlung strukturierter Gesellschaften im IFRS-Konzernabschluss, S. 865; LÜDENBACH, N./FREIBERG, J., Der Beherrschungsbegriff, S. 42.

663 Vgl. EWELT-KNAUER, C., in: Baetge u. a., Rechnungslegung nach IFRS, 2. Aufl., Teil B, IFRS 16, Rn. 30; FREIBERG, J./PANEK, N., Leasingobjektgesellschaften im IFRS-Konsolidierungskreis, S. 347. Bei dieser werden gleichermaßen alle Entscheidungen im Gründungszeitpunkt festgelegt, so dass während der Laufzeit keine Entscheidungen mehr erforderlich sind, vgl. hierzu EWELT-KNAUER, C., Der Konzernabschluss als Berichtselement der wirtschaftlichen Einheit, S. 53; BUSCH, J./ZWIRNER, C., Konsolidierung von Zweckgesellschaften, S. 374.

664 BEHLING, K., Der neue Leasingstandard, S. 246; FREIBERG, J./DIEMERS, M., Contracting-Vereinbarungen, S. 214; GANSSAUGE, K./KLOCKMANN, I./ALYMOV, A., Definition eines Leasingverhältnisses, S. 741.

665 Vgl. EWELT-KNAUER, C., in: Baetge u. a., Rechnungslegung nach IFRS, 2. Aufl., Teil B, IFRS 16, Rn. 30.

666 Vgl. GANSSAUGE, K./KLOCKMANN, I./ALYMOV, A., Definition eines Leasingverhältnisses, S. 736.

667 Vgl. IFRS 16.B27.

668 Vgl. IFRS 16.B24 (i). Von der Bestimmung des Designs des Vermögenswertes wird abstrahiert, d. h. es wird davon ausgegangen, dass der potenzielle Leasingnehmer darin nicht involviert ist; vgl. dazu Abschnitt 424.33.

Zuordnung der Bestimmung zu einer der Vertragsparteien unbedeutend ist.[669] Dies führt deshalb zwar zwingend zu einer Inkonsistenz der Bedeutung der Rechte fallübergreifend. Gleichwohl ist sie unumgänglich, denn würde die Hierarchie ihrer Bedeutung in der alternativen Konstellation übernommen – was aus Gründen der Konsistenz grundsätzlich zu begrüßen wäre –, hätte im Ergebnis keine Partei das Recht zur Kontrolle über den Vermögenswert.[670] Diese Schlussfolgerung kann sachgerechterweise nicht vorgenommen werden.

Die Aufwertung der Bedeutung des Betriebsrechtes könnte für die Zuordnung der Kontrolle implizieren, dass auch die weiteren, für gewöhnlich nicht bedeutenden Rechte, bspw. über die Instandhaltung und Reparatur, in die Betrachtung einbezogen werden müssten. Dagegen sprechen indes die unterschiedlichen Wesenszüge der Rechtsgruppen. Das Betriebsrecht bezieht sich auf die Umsetzung der vorbestimmten Entscheidungen. Hingegen dienen die anderen Rechte auch im Fall der vorbestimmten Entscheidungsrechte nur der Sicherstellung des Betriebes. Für ihre Irrelevanz spricht zudem die Regelungskonsistenz, da sie auch im Kontext der Beurteilung der Substanz von Austauschrechten für die Beurteilung nicht herangezogen werden.[671] Daher erfährt nur das Betriebsrecht eine gesonderte Bedeutung.

424.33 Vorbestimmung des Designs des Vermögenswertes

424.331. Maßgebliche Mitwirkung des potenziellen Leasingnehmers

Alternativ können die relevanten Entscheidungen über die Art und Weise sowie den Zweck der Verwendung vorbestimmt sein, indem der potenzielle Leasingnehmer das Design bzw. spezifische Aspekte des Designs derart bestimmt, dass die Art und Weise sowie der Zweck der Verwendung bereits vor der Vertragslaufzeit festgelegt sind.[672] Die Vorschriften führen das **erforderliche Ausmaß der Mitwirkung** des potenziellen Leasingnehmers in der Konzeption des Designs nicht aus. Demnach ist unklar, welche Aspekte des Leasingobjektes durch das „Design" angesprochen werden. Darüber hinaus muss geklärt werden, ob der Standardsetzer mit dem Begriff „Design" bzw. „spezifische Aspekte des Designs" nur solche adressiert, die auf die Bedürfnisse des potenziellen Leasingnehmers bezogen sind, oder alle Entscheidungen zum Design des Vermögenswertes betrifft. Die Formulierung des IFRS 16 wurde zwar hinsichtlich des Wortlautes enger gefasst als diejenige in ED/2013/6, die anstatt des Bestimmung lediglich eine Involvierung in die Erstellung des Designs als ausreichend erachtete (*involved in*

669 Vgl. IFRS 16.B27.

670 Dies befürwortend HSBC (Hrsg.), Comment Letter ED/2013/6, S. 4 f. Ebendiese Folgerung ist gleichwohl nach IFRS 10 explizit möglich, nach dem im Zweifel das Ergebnis der Beurteilung sein kann, dass das mögliche Tochterunternehmen durch keine Partei beherrscht wird und insofern kein Tochterunternehmen ist. Vgl. diese Inkonsistenz kritisierend HSBC (Hrsg.), Comment Letter ED/2013/6, S. 4 f. Insofern wird der Kontrollbegriff diesbezüglich zwar erneut abweichend umgesetzt. Die Divergenz ist jedoch inhaltlich zu rechtfertigen, da anders als bei einer ausbleibenden Beherrschung eines Tochterunternehmens ein Vermögenswert zwingend durch eine Partei kontrolliert werden muss.

671 Vgl. IFRS 16.B18.

672 Vgl. IFRS 16.B24(ii).

designing the asset).[673] Die Unklarheit der Ausführungen und die resultierende Unsicherheit der Anforderungen zur Erfüllung dieses Kriteriums werden dadurch jedoch nicht gemindert.[674]

Maßgeblich für das sachgerechte Verständnis des Begriffes „Design" ist, dass aus der Einschätzung, welche Partei das Design bestimmt, das Recht zur Bestimmung über das Leasingobjekt abgeleitet wird. Daher müssen nicht zwingend sämtliche Aspekte adressiert werden, sondern der Fokus sollte auf jenen liegen, die faktisch Hinweise auf die Zuordnung der Kontrolle liefern. Die Aspekte sollten sich analog zu der Beurteilung der Kontrolle anhand von Entscheidungsrechten[675] im Kern auf den Output beziehen. Sie sollten daher die Parameter adressieren, die den wirtschaftlichen Nutzen, der aus dem Leasingobjekt generiert werden kann, beeinflussen. Dazu gehören vor allem die **Funktionsweise** und die **technologische, outputorientierte Ausgestaltung**. Bei einem produzierenden Leasingobjekt wird demnach durch das Design festgelegt, welchen Output die Maschine generieren kann, welchen Input sie dafür benötigt, welche Leistung sie besitzt bzw. sie erreichen kann und wie sie in den Wertschöpfungsprozess integriert werden kann. Darüber hinausgehende Fragen, die sich auf die Fertigstellung des Leasingobjektes für den Leasingnehmer beziehen, nachdem die relevanten Entscheidungen zum Design getroffen wurden (bspw. die Gestaltung des Mantels der Maschine), beeinflussen dagegen den wirtschaftlichen Nutzen nur unwesentlich. Sie sind demnach nicht entscheidend für das Design im Sinne der Regelungen.

Der Begriff rekurriert demnach auf die wirtschaftlichen Absichten und die **Motive der Verwendung** des Leasingobjektes durch den potenziellen Leasingnehmer.[676] Diese Konkretisierung gewährleistet, dass die Beurteilung der Zuordnung der Kontrolle über das Leasingobjekt sowohl im Fall der vorbestimmten als auch der nicht vorbestimmten Verwendung des Leasingobjektes einheitlich auf denselben Parametern der Verwendung gründet. Diese Konsistenz innerhalb der Vorschriften zu diesem Definitionskriterium ist zwingend erforderlich, damit in allen Konstellationen dieselben Tatbestände zur Abwägung der Rechtezuordnung herangezogen werden.

Für das Ausmaß der Mitwirkung des potenziellen Leasingnehmers folgt daraus, dass er in der Lage sein muss, diejenigen Aspekte des Designs zu bestimmen, die für die Art und Weise sowie den Zweck der Verwendung relevant sind. Daraus geht ferner hervor, dass sich die Teilnahme

673 Vgl. IASB (Hrsg.), ED/2013/6, Rn. 15; u. a. im Bezug auf die inhaltliche Divergenz mit den analogen Regelungen des IFRS 10 kritisch IDW (Hrsg.), Comment Letter ED/2013/6, S. 4; FEE (Hrsg.), Comment Letter ED/2013/6, S. 4; AASB (Hrsg.), Comment Letter ED/2013/6, S. 6; DELOITTE (Hrsg.), Comment Letter ED/2013/6, S. 5; eine Anpassung an die Bedeutung im Kontext des IFRS 10 fordernd ISRAEL ASB (Hrsg.), Comment Letter ED/2013/6, S. 2.

674 Vgl. dazu kritisch EFRAG (Hrsg.), IFRS 16 Fieldwork, Rn. 8; PWC (Hrsg.), IFRS 16, S. 4; DEUTSCHE TELEKOM (Hrsg.), Comment Letter ED/2013/6, S. 10. Die Kommentierenden beziehen sich zwar noch auf die Formulierungen des ED/2013/6, die Kritik ist inhaltlich gleichwohl weiterhin begründet.

675 Vgl. Abschnitt 424.21.

676 Grundsätzlich dürften das Verständnis und die Bedeutung der „Design"-Begriffes nach IFRS 16 zu demjenigen aus IFRS 10 identisch sein. Nach IFRS 10 sind bei der Beurteilung der Kontrolle u. a. *purpose and design* (Zweck und Ausgestaltung) des Beteiligungsunternehmens heranzuziehen, vgl. IFRS 10.B5.

des potenziellen Leasingnehmers lediglich auf die die **Konzeption des Designs** beziehen muss.[677] Er muss die Konzeption aber nicht selbständig umsetzen. Vielmehr sind zu diesem Zeitpunkt die die Kontrolle determinierenden Entscheidungen bereits getroffen worden. Die Umsetzung ist für das Urteil insofern nicht von Bedeutung.[678] Zudem resultiert aus den bisherigen Überlegungen, dass die Mitwirkung des Leasingnehmers ausschließlich **qualitativ** beurteilt wird.[679] So wird sichergestellt, dass die Beiträge der Parteien zur Klärung des Designs im Hinblick auf ihre Bedeutung für die spätere Nutzenziehung gewichtet werden. Eine quantitative Betrachtung der Involvierung, bspw. anhand der investierten Zeit des potenziellen Leasingnehmers oder anderer Parteien, stellt nicht sicher, dass die Einflüsse der Parteien auf die Aspekte des Designs berücksichtigt werden. Ein solches Vorgehen würde nicht zwingend die tatsächlichen wirtschaftlichen Verhältnisse reflektieren.

424.332. Bedeutung der weiteren Rechte zur effizienten Verwendung des Vermögenswertes bei der Vorbestimmung des Designs

Die Bedeutung und Zuordnung weiterer, die effiziente Verwendung sicherstellender Rechte werden für den Fall, dass das Design vorbestimmt ist, nicht durch IFRS 16 adressiert.[680] Aus dieser Auslassung könnte regelungssystematisch geschlossen werden, dass sie für die Beurteilung zu vernachlässigen sind. Für diese Folgerung spricht, dass die entsprechende Partei das Leasingobjekt unter Berücksichtigung der Entscheidungen des Leasingnehmers zum Design betreibt. Die betreibende Partei hat keinen Spielraum in Bezug auf die Nutzung des Vermögenswertes, da sie durch das Design vorbestimmt ist.[681] Das Betriebsrecht kann daher sowohl dem potenziellen Leasingnehmer als auch dem potenziellen Leasinggeber zugeordnet werden, ohne dass es schädlich für die Klassifizierung als Leasingverhältnis ist.[682] Dieselbe Schlussfol-

---

677 Gl. A. HENNEBERGER, M./BENNER, M., Zusammenspiel und Abgrenzung, S. 255; BARDENS, A./KRONER, M./MEURER, H., IFRS 16 (Teil 1), S. 387; BEYHS, O./LABRENZ, H., Bilanzpolitische Spielräume für Leasingnehmer, S. 455; FREIBERG, J./PANEK, N./EHRCKE, H., Leasingverhältnisse nach IFRS 16, S. 2094; LANGE, T./MÜLLER, S., Bilanzierung von Leasingverhältnissen (Teil 1), S. 113.

678 In die Herstellung des Vermögenswertes sind zudem regelmäßig beide Vertragspartner involviert, vgl. BRUNE, J. W., Leasingverhältnisse nach IFRS 16, S. 122; GANSSAUGE, K./KLOCKMANN, I./ALYMOV, A., Definition eines Leasingverhältnisses, S. 757; besonders in Bezug auf die Rohstoffindustrie CAPP (Hrsg.), Comment Letter ED/2013/6, S. 2.

679 Vgl. bereits kritisch zur zugrunde zu legenden Dimension der Involvierung EDISON ELECTRIC INSTITUTION (Hrsg.), Comment Letter ED/2013/6, S. 3.

680 Vgl. IFRS 16.B27; FEI CANADA (Hrsg.), Comment Letter ED/2013/6, S. 6.

681 Vgl. Beispiel 9A der *Illustrative Examples*, IFRS 16.IE2. Darauf weisen auch die Unterlagen zur Boardsitzung im Dezember 2014 hin. Gemäß den getroffenen Entscheidungen implizierte die Mitwirkung des Leasingnehmers im Design des Vermögenswertes nicht nur, dass die Art und Weise sowie der Zweck der Verwendung vorbestimmt sei, sondern auch, wie der Vermögenswert während der vertraglichen Laufzeit zu betreiben sei, vgl. IASB (Hrsg.), Staff Paper 3A (December 2014), Rn. 5. Obgleich zu dieser Thematik in Sitzungsunterlagen späterer Sitzungen keine weiteren Aussagen getroffen wurden, finden sich die genannten vorläufigen Entscheidungen nicht in den finalen Regelungen wieder.

682 Diese Regelung ist besonders bedeutsam etwa für die Rohstoffindustrie, in der Vermögenswerte regelmäßig vom rechtlichen Besitzer, d. h. dem Leasinggeber, betrieben werden, vgl. dazu TRANSCANADA (Hrsg.), Comment Letter ED/2013/6, S. 6; FEI CANADA (Hrsg.), Comment Letter ED/2013/6, S. 6; NOBLE CORPORATION (Hrsg.), Comment Letter ED/2013/6, S. 4; DELOITTE (Hrsg.), Comment Letter ED/2013/6, S. 5.

gerung zur Zuordnung gilt für die Verwendung unterstützenden Rechte, wie solche zur Instandhaltung oder Wartung.[683] Diese sind, identisch zu den betrachteten Konstellationen, für die Beurteilung nicht von Bedeutung.

425. Abschließende Würdigung der konkretisierten Regelungen

Die Bedeutung der Vorschriften zur Definition eines Leasingverhältnisses resultiert vor allem aus den bilanziellen Implikationen, die eine (ausbleibende) Erfüllung der Kriterien mit sich bringt: eine Klassifizierung entweder als Dienstleistungs- oder als Leasingverhältnis. Ihre Bilanzierungsweisen unterscheiden sich für den Kunden bzw. Leasingnehmer bedeutsam.[684] Implizit formuliert der Standardsetzer mit den neuen Regelungen des IFRS 16 das **Ziel**, eine standardübergreifende Anwendung des Kontrollprinzips und durch die umfangreichen Anwendungshinweise eine unternehmensübergreifend konsistente Klassifizierung von Leasing- bzw. Dienstleistungsverhältnissen zu erreichen.[685]

Die Definitionsvorschriften umfassen drei Kriterien, die kumulativ erfüllt sein müssen. Zunächst muss ein **identifizierter Vermögenswert**, das Leasingobjekt, vorliegen. Während dies für einfache Konstellationen ohne weiteres festgestellt werden kann, können bereits ohne eine erhebliche Steigerung der vertraglichen Komplexität verschiedenste Probleme bei der Beurteilung des Vorliegens auftreten. So kann der Vermögenswert nicht explizit im Vertrag spezifiziert sein, sondern muss implizit spezifiziert werden. In diesen Fällen müssen alle relevanten Tatsachen sowie wirtschaftlichen und rechtlichen Umstände für die Beurteilung herangezogen werden, ob der Vermögenswert implizit spezifiziert ist. Eine Einzelfallbetrachtung ist geboten. Besondere Herausforderungen ergeben sich auch für die Betrachtung von Kapazitäten als mögliche Leasingobjekte. Die Vorschriften weichen zugunsten einer vereinfachten Anwendung von einer grundsätzlich erforderlichen detaillierteren Betrachtung ab, die den Einzelfall umfänglicher würdigen könnte. Darüber hinaus wird das Vorliegen eines identifizierten Vermögenswertes durch das Vorliegen substanzieller Austauschrechte bestimmt. Das Urteil über die Substanz wird entscheidend durch die Spezifizierung des Leasingobjektes beeinflusst. Die Kriterien zur Bestimmung der Substanz unterliegen erheblichen Ermessensspielräumen, was im Wesentlichen ihrem hohen Abstraktionsgrad geschuldet ist. Dies mindert die Glaubwürdigkeit der resultierenden Informationen, weshalb eine sorgfältige Prüfung erforderlich ist.

Über das Vorliegen eines identifizierten Vermögenswertes hinaus muss dem potenziellen Leasingnehmer das Recht zur Kontrolle über den Vermögenswert zukommen. Diese Anforderung konkretisiert sich zum einen in dem Kriterium, dass er das **Recht zum Erhalt des substanziell gesamten wirtschaftlichen Nutzens** besitzen muss. Die Vorschriften schaffen im Vergleich der Definitionskriterien die geringsten Spielräume bei der Beurteilung und sind weitgehend

683 Vgl. die Abschnitte 422.45, 424.231. und 424.32.
684 Vgl. IFRS 16.BC107.
685 Vgl. IFRS 16.BC106–BC109.

ohne besondere Herausforderungen oder Ermessensspielräume anwendbar, weshalb ihre Anwendung relevante und glaubwürdige Informationen generieren kann. Gleichwohl sind hinsichtlich der Erfüllung dieses Kriteriums Transaktionsstrukturen denkbar, die darauf abzielen, dass nicht der tatsächliche Leasingnehmer, sondern eine weitere Partei diese Anforderung und auch die übrigen Kriterien faktisch erfüllt. Solche Gestaltungen dürften bilanzpolitisch motiviert sein. In diesen Fällen ist der rechtliche Leasingnehmer nicht der faktische Leasingnehmer, sondern die andere Partei, d. h. der wirtschaftliche Leasingnehmer. Für diese Konstellationen ist eine abweichende bilanzielle Abbildung geboten, die die tatsächlichen wirtschaftlichen Umständen zutreffender abbildet. Die Vorschriften werden für diese Konstellation mit dem Ziel einer konzeptionell vorteilhaften Bilanzierungsweise konkretisiert.

Überdies muss dem potenziellen Leasingnehmer zum anderen das **Recht zur Bestimmung der Art und Weise sowie des Zwecks der Verwendung** zukommen. Der Regelungsansatz über die Verteilung der relevantesten Entscheidungsrechte bedarf einer Konkretisierung, welche Verteilung der Entscheidungsrechte zu welcher Schlussfolgerung über die Klassifizierung des vertraglichen Verhältnisses führt. Die Entscheidung über die Zuordnung des Bestimmungsrechtes ist anhand der Verteilung der relevantesten Entscheidungsrechte und unter Bezug auf ihre relative wirtschaftliche Bedeutung für das Leasingverhältnis zu treffen. Jedoch kann auch diese Konkretisierung die konzeptionellen Schwächen aufgrund erheblicher Ermessensspielräume[686] nicht beheben. Im Falle der Vorbestimmung dieser Rechte bedarf besonders die Mitwirkung am Design als dann maßgebliches Kriterium einer Konkretisierung. In die Beurteilung, ob der Leasingnehmer das Design maßgeblich mitbestimmt hat, sind demnach nur konzeptionelle Aspekte zu berücksichtigen, die outputbezogen sind und unmittelbar mit der Generierung wirtschaftlichen Nutzens zusammenhängen. Auf diese Weise wird eine Konsistenz zur Konstellation, in der das Design nicht vorbestimmt ist, hergestellt.

Das Ziel, eine **vereinfachte und konsistente Anwendung** der Definitionsvorschriften zu erreichen, wird nur eingeschränkt erreicht. Die Vorschriften sind für einfache Konstellationen ohne weitere Herausforderungen anwendbar. Die resultierenden Informationen besitzen einen hohen Grad an Entscheidungsnützlichkeit. Diese Folgerung gilt indes nicht für komplexere Szenarien. Besonders für diese bedürfen die Vorschriften einer detaillierten Auslegung. Diese ist aufgrund ihres hohen Abstraktionsgrades mit umfassenden Ermessensspielräumen verbunden. Die nachteiligen Implikationen für die Entscheidungsnützlichkeit der aus der Anwendung der Vorschriften resultierenden Informationen sind unmittelbar daran geknüpft. Die Vorschriften werden ihrem Anspruch vor dem Hintergrund der vom Standardsetzer kommunizierten, besonderen **Bedeutung** in der Gesamtschau nur **eingeschränkt gerecht.**

---

686 Gl. A. EFRAG (Hrsg.), IFRS 16 Endorsement Advice, Rn. 20 und 141.

43 Zeitraum des Leasingverhältnisses

431. Inhaltliche Einordnung

Nachdem das vertragliche Verhältnis auf der Grundlage der Definitionskriterien[687] als Leasingverhältnis klassifiziert wurde,[688] ist u. a. zum Zweck der bilanziellen Abbildung sein Zeitraum zu bestimmen. Der Zeitraum setzt sich aus dem **nicht kündbaren Zeitraum** (Abschnitt 432.) und den über **Verlängerungs- bzw. Kündigungsoptionen**[689] abgedeckten Perioden (Abschnitt 433.) zusammen.[690] Durch Optionen des Leasingnehmers abgedeckte Zeiträume sind nur in die Dauer des Leasingverhältnisses einzubeziehen, wenn ihre Ausübung als hinreichend sicher gilt.[691] Die hinreichende Sicherheit der Ausübung dieser Optionen ist erneut zu beurteilen, wenn bedeutende Ereignisse auf eine abweichende Beurteilung zu späteren Zeitpunkten hinweisen.[692] Die Vorschriften sehen nicht vor, dass beide Parteien zwingend zu einer einheitlichen Einschätzung über den Zeitraum des Leasingverhältnisses kommen müssen.[693]

Die Dauer des Leasingverhältnisses wirkt sich unmittelbar auf die **Bewertung** des Nutzungsrechtes und der Verbindlichkeit aus dem Leasingverhältnis aus. Je länger der Zeitraum geschätzt wird, desto mehr periodenbezogene Bestandteile, besonders Leasingzahlungen, werden in die Bewertung der genannten Bilanzposten einbezogen und desto höher ist ihr Wert.[694] Aufgrund der Bedeutung der Schätzung des Zeitraums für die Bilanzierung ist davon auszugehen, dass die Deutsche Prüfstelle für Rechnungslegung e. V. die Bestimmung der Laufzeit in den kommenden Jahren als einen ihrer **Prüfungsschwerpunkte** deklarieren wird.[695]

Das Ziel der folgenden Ausführungen besteht neben einer Analyse der Vorschriften vor allem in der Konkretisierung sowohl der Anforderungen an die Beurteilung der hinreichenden Sicherheit der Optionsausübung als auch der Voraussetzungen für eine nachträgliche Neueinschätzung der Leasingdauer. Anschließend werden zwei spezifische, im Schrifttum und in der Kommentierung zum Standardsetzungsprozess besonders diskutierte Laufzeitgestaltungen, bei denen die Regelungen für Laufzeitoptionen und kurzfristige Zeiträume maßgeblich sind, betrachtet.

---

687 Vgl. dazu Abschnitt 42.

688 Die Parteien werden deshalb im Folgenden nicht mehr als „potenzieller Leasingnehmer bzw. -geber", sondern als (insofern tatsächlicher) „Leasingnehmer bzw. -geber" bezeichnet.

689 Kündigungsoptionen waren in IAS 17 noch nicht vorgesehen und werden insofern durch IFRS 16 erstmalig explizit adressiert, vgl. BARDENS, A./DUHR, A./HEINING, A.-K., IFRS 16 im Konzern, S. 261.

690 Vgl. IFRS 16.18 und IFRS 16.B36.

691 Vgl. IFRS 16.19; dazu Abschnitt 433.2.

692 Vgl. IFRS 16.20; dazu Abschnitt 433.3.

693 Vgl. LANGE, T./MÜLLER, S., Bilanzierung von Leasingverhältnissen (Teil 1), S. 113; GRUBER, T./HARTMANN-WENDELS, T., IFRS 16 aus bilanzpolitischer Sicht, S. 447; auch bereits zum ED/2013/6 ISRAEL ASB (Hrsg.), Comment Letter ED/2013/6, S. 5; TUI (Hrsg.), Comment Letter ED/2013/6, S. 6.

694 Vgl. EWELT-KNAUER, C., in: Baetge u. a., Rechnungslegung nach IFRS, 2. Aufl., Teil B, IFRS 16, Rn. 59; im Kontext des ED/2013/6 IASB (Hrsg.), Staff Paper 3A (March 2014), Rn. 5 und Rn. 42; zur Bedeutung dieses Wirkungszusammenhangs ENGELS, J./DREESEN, H., Leasingbilanzierung in der internationalen Rechnungslegung, S. 198.

695 Gl. A. BEHLING, K., Der neue Leasingstandard, S. 247.

432. Nicht kündbarer Zeitraum

432.1 Durchsetzbarkeit von Rechten und Verpflichtungen als zentrale Anforderung

Der regelmäßig grundlegende Bestandteil der Leasingdauer ist der nicht kündbare Zeitraum.[696] Er ist derjenige Zeitraum, über den **durchsetzbare Rechte und Verpflichtungen** für die beteiligten Parteien bestehen. Insofern ist der nicht kündbare Zeitraum eine „definitorische Voraussetzung“[697] für die Klassifizierung eines Vertrages als Leasingvertrag. Wenn keine durchsetzbaren Rechte bzw. Verpflichtungen vorliegen, liegt demnach kein Leasingverhältnis vor.[698] Sofern der Vertrag keine Optionen zur Verlängerung bzw. zur Kündigung vorsieht oder ihre Ausübung nicht als hinreichend sicher beurteilt wird, bestimmt sich die Dauer ausschließlich nach dem nicht kündbaren Zeitraum. Er ist dann für die Bilanzierung maßgeblich.[699]

Die vertragliche Dauer des Leasingverhältnisses muss nicht identisch mit der Zahl der Perioden sein, für die der Leasingnehmer Zahlungen zu leisten hat. So kann der nicht kündbare Zeitraum auch mietfreie Perioden umfassen.[700] Diese zeichnen sich dadurch aus, dass der Leasingnehmer zwar Rechte und Verpflichtungen besitzt, gleichwohl keine Gegenleistungen in Form von Zahlungen leisten muss. Sie werden durch den Leasinggeber u. a. aus Anreizgründen gewährt.[701] Zahlungsfreie Perioden und solche, die durch Kündigungsoptionen des Leasingnehmers abgedeckt werden, wirken sich indes nicht auf die Durchsetzbarkeit von Rechten und Verpflichtungen aus.

432.2 Indikatoren für eine nicht mehr vorliegende Durchsetzbarkeit

Wenn die Rechte und Verpflichtungen aus dem Vertrag nicht mehr durchsetzbar sind, erlischt das Leasingverhältnis.[702] Die mangelnde Durchsetzbarkeit der vertraglichen Rechte und Verpflichtungen des Leasingverhältnisses kann etwa an bzw. ab einem konkreten vertraglich festgelegten Zeitpunkt möglich oder an bestimmte Vertragsparameter geknüpft sein.[703] Ein Vertrag ist nicht mehr durchsetzbar, wenn der Leasingnehmer und der Leasinggeber jeweils das Recht zur Kündigung des Leasingverhältnisses haben, ohne die Zustimmung der anderen **Partei** einzuholen. Ferner äußert sich die fehlende Durchsetzbarkeit darin, dass die Kündigung durch eine der Parteien in eine **nicht signifikante Strafe** für den Kündigenden resultiert.[704] Im Sinne des Wortlauts sind unter einer Strafe entsprechende Strafzahlungen zu verstehen.[705]

---

696 Vgl. FREIBERG, J., Bestimmung des Zeitraums, S. 284.

697 EWELT-KNAUER, C., in: Baetge u. a., Rechnungslegung nach IFRS, 2. Aufl., Teil B, IFRS 16, Rn. 59; IFRS 16.BC127.

698 Vgl. FREIBERG, J./PANEK, N./EHRCKE, H., Leasingverhältnisse nach IFRS 16, S. 2092.

699 Vgl. IFRS 16.18.

700 Vgl. IFRS 16.B36.

701 Vgl. IFRS 16.B36; LANGE, T./MÜLLER, S., Bilanzierung von Leasingverhältnissen (Teil 2), S. 167.

702 Vgl. implizit IFRS 16.B34.

703 Vgl. IFRS 16.B38.

704 Vgl. IFRS 16.B34; FREIBERG, J./PANEK, N./EHRCKE, H., Leasingverhältnisse nach IFRS 16, S. 2092.

705 Vgl. dies als Auslegung im engeren Sinne einordnend LÜDENBACH, N./HOFFMANN, W.-D./FREIBERG, J., in: Haufe IFRS-Kommentar, 16. Aufl., § 15a, Rn. 24.

Mit der Einschätzung des Zeitraums, über den durchsetzbare Rechte und Verpflichtungen vorliegen, ist die Beurteilung über die Signifikanz der Strafe unmittelbar verbunden. Wird die Strafe der Kündigung in einer Periode als signifikant beurteilt, ist davon auszugehen, dass der Vertrag weiterhin durchsetzbar ist und die entsprechende Periode in den Zeitraum des Leasingverhältnisses einzubeziehen ist. Wird ihr allerdings keine Signifikanz zugeschrieben, dürften die Rechte und Verpflichtungen nicht mehr durchsetzbar sein. Die an die Kündigung geknüpfte Periode terminiert dann den Zeitraum des Leasingverhältnisses.

Die Regeln schreiben nicht vor, wie die Signifikanz einer Strafe festgestellt werden soll.[706] Für die Annäherung an ein sachgerechtes Verständnis wird zunächst die unmittelbare **finanzielle Dimension** untersucht. Im ersten Schritt ist dafür zu beurteilen, ob sich die Signifikanz schlicht an einem absoluten Wert, d. h. einem wertmäßigen Betrag, orientieren oder die Signifikanz relativ im Vergleich zu weiteren vertraglich vereinbarten Zahlungen beurteilen sollte. Für eine **absolute Betrachtung** spricht die vertrags- und sachverhaltsübergreifende Konsistenz in der Anwendung. Außerdem könnte diese Betrachtungsweise aus Gründen der Konsistenz innerhalb des IFRS 16 zu befürworten sein. So orientiert sich der Standard bei der Ausnahmeregelung für geringwertige Leasingverhältnisse auch an einer absoluten Wertgrenze. Diese Regelung eignet sich jedoch nur bedingt als Grundlage für einen Analogieschluss, wie auch in Abschnitt 422.433 deutlich wurde.[707]

Weitere Gründe sprechen gegen eine Betrachtung der absoluten Höhe der Strafe. So ist etwa die Diversität der Gesamtheit aller Leasingverträge ein Indiz gegen eine vertragsübergreifend absolute Betrachtung. Eine gegebene Strafe könnte bei verhältnismäßig geringen Leasingzahlungen bzw. geringwertigen Vermögenswerten unverhältnismäßig hoch sein, während sie bei hohen Zahlungen bzw. hochwertigen Vermögenswerten als vernachlässigbar gewertet werden könnte. Die Signifikanz dürfte demnach etwa bei Leasingverhältnissen über Flugzeuge und über EDV-Bedarf wie Drucker ggf. nicht einheitlich beurteilt werden. Außerdem wird die Signifikanz einer Strafe durch die (Rest-)Laufzeit beeinflusst. Je länger die Restlaufzeit nach einer außerordentlichen Kündigung ist, umso mehr vertraglich zugesicherte Leasingzahlungen muss der Leasinggeber kompensieren bzw. umso mehr Zahlungen muss der Leasingnehmer nicht mehr leisten. Die vorgebrachten Gründe gegen die Eignung einer absoluten Betrachtung einer signifikanten Strafe sind gleichzeitig Argumente für eine **relative Betrachtung**. Nach der hier vertretenen Auffassung ist diese sachgerechter. Die nicht gegebene Signifikanz einer Strafe muss demnach **vertragsindividuell** und mit Bezug auf andere vertraglich vereinbarte Parameter determiniert werden, damit dem Einzelfall Rechnung getragen werden kann.

---

706 Vgl. FREIBERG, J., Bestimmung des Zeitraums, S. 285; LÜDENBACH, N./HOFFMANN, W.-D./FREIBERG, J., in: Haufe IFRS-Kommentar, 16. Aufl., § 15a, Rn. 24.

707 Diese wurde jedoch vor dem Hintergrund konkreter zugrunde liegender Leasinggegenstände bzw. -sachverhalte festgelegt. Insofern hat diese Wertgrenze eher den Charakter einer sachverhaltsspezifischen Regelung, vgl. IFRS 16.BC100; vgl. für die weiteren Gründe gegen die Eignung als Argumentationsgrundlage Abschnitt 422.433.

Im zweiten Schritt ist zu prüfen, ob ein **relativer Schwellenwert** für die Bestimmung vorteilhaft bzw. erforderlich sein könnte. Dies könnte ein prozentualer Richtwert in Abhängigkeit von einer Bemessungsgrundlage sein, die sich aus dem Vertragswerk ergibt. Dieses Vorgehen ist vorteilhaft, da es für alle denkbaren Sachverhalte angewendet werden könnte, indem bestimmte Posten sachverhaltsunabhängig und vertragsübergreifend gegeneinander abgewägt werden. Zudem wäre die Beurteilung der Signifikanz anhand der schlichten Entsprechung des Kriteriums einfach. Als Anknüpfungspunkt für die **Bemessungsgrundlage** eignen sich naheliegend die Zahlungen des Leasingnehmers für das Leasingverhältnis. Neben den in die Bilanzposten aus dem Leasingverhältnis eingehenden Leasingzahlungen sollten besonders auch die nicht ansatzfähigen Zahlungskomponenten – vor allem variable Leasingzahlungen, z. B. leistungsabhängige Rückvergütungen – berücksichtigt werden.[708] Die fehlende Ansatzfähigkeit ist Überlegungen des Standardsetzers geschuldet,[709] die einer Berücksichtigung zu dem Zweck der Bestimmung einer Bemessungsgrundlage nicht im Wege stehen dürfen. Schließlich sind sie wirtschaftlich betrachtet ein Bestandteil der Leasingzahlungen, die nur abweichend bilanziert werden. Demnach sollten alle Vor- und Nachteile aus dem Leasingkontrakt in der Abwägung berücksichtigt werden. Die Konkretisierung eines **einheitlichen prozentualen Richtwertes**, ab dem die Strafe als nicht signifikant gilt, ist aufgrund der Vielfalt aller Leasingverträge allerdings problematisch. So dürfte sich die Signifikanz branchen- und sachverhaltsabhängig unterschiedlich ergeben.

Die sachgerechte Konkretisierung des Begriffes „nicht signifikant" könnte ferner anhand seiner Bedeutungen in anderen Vorschriften des IFRS-Regelungswerkes approximiert werden. Aufgrund der unterschiedlichen Verwendungen in den IFRS, der in deren Kontexten ebenfalls ausbleibenden wertmäßigen Konkretisierungen und auch der vielfältigen standardspezifischen Übersetzungen[710] trägt dieses Vorgehen jedoch nicht zu einer Lösung des Problems bei. Somit ergibt sich der relative Schwellenwert regelmäßig **vertrags- bzw. leasingobjektindividuell**. Die Bewertung im Einzelfall unterstützend sollten vergleichbare aktuelle oder vergangene Leasingverhältnisse betrachtet werden, um das Urteil in einem höheren Maße zu objektivieren. Die Entscheidungsträger besitzen demnach **erhebliche Ermessensspielräume** bei dieser Abwägung.

Die sachgerechte Konkretisierung des Begriffes sollte neben dieser unmittelbar finanziellen Betrachtung auch weitergehende Faktoren berücksichtigen, die zur Signifikanz einer Strafe beitragen können. Demnach müssen auch Indikatoren einbezogen werden, die ökonomisch betrachtet gleichermaßen als Strafe aufgefasst werden könnten, aber über die reine Strafzahlung

---

708 Vgl. zu den zu passivierenden Leasingzahlungen Abschnitt 442.13.

709 Vgl. der Argumentation gegen ihren Ansatz Abschnitt 442.134.

710 Vgl. zu den vielfältigen Übersetzungen des Begriffes *significant* in den deutschsprachigen IFRS PLIETZSCH, E., Übersetzung von Wahrscheinlichkeitsbegriffen im Rahmen der IFRS, S. 305 f. Anstatt einer allgemeingültigen wertmäßigen Annäherung beabsichtigen die Standards eine Erläuterung mithilfe von Beispielen, vgl. CHRIST, A., Verbriefungsplattformen nach IFRS, S. 172 f.

hinausgehen.[711] Dazu zählen bspw. andere Faktoren in Bezug auf den Vertrag, das Unternehmen oder das wirtschaftliche Umfeld. Demnach sollte zusätzlich die **ökonomische Nachteilhaftigkeit** der Strafe beurteilt werden. Die Gesamtbeurteilung würde auf diese Weise zwar von der isolierten Betrachtung der Zahlungen losgelöst, gleichwohl würde sie umfassender objektiviert. Zudem würden die wirtschaftlichen Gegebenheiten vermutlich umfassender erfasst. Dieses erweiterte Begriffsverständnis sollte demnach regelmäßig zugrunde gelegt werden.

433. Optionen des Leasingnehmers zur Verlängerung oder vorzeitigen Kündigung des Leasingverhältnisses

433.1 Einführende Betrachtung

Neben dem nicht kündbaren Zeitraum gewähren Leasinggeber dem Leasingnehmer regelmäßig Optionen in Bezug auf die Laufzeit des Leasingverhältnisses. [712] Laufzeitoptionen bieten dem Leasingnehmer eine **zeitliche Flexibilität** für die Nutzung des Leasingobjektes.[713] Einerseits können vertragliche Optionen darauf abzielen, die Laufzeit des Leasingverhältnisses zu verlängern. Andererseits kann der Leasingnehmer durch Optionen in die Lage versetzt werden, das Leasingverhältnis vorzeitig aufzulösen und insofern den (terminologisch bedingt[714]) eigentlich nicht kündbaren Zeitraum zu verkürzen.[715] Diese Kündigungsoptionen werden mit dem IFRS 16 erstmals in die Vorschriften zur Leasingbilanzierung aufgenommen.

Ob die durch Verlängerungs- und Kündigungsoptionen betroffenen Perioden in den der Bilanzierung zugrunde zu legenden Zeitraum des Leasingverhältnisses eingehen, hängt von der Beurteilung über die hinreichende Sicherheit ihrer Ausübung ab.[716] Ebendieses Kriterium der hinreichenden Sicherheit wird ausschließlich durch den Leasingnehmer beurteilt. Demnach implizieren die Vorschriften, dass nur Entscheidungen, die innerhalb der **Kontrolle des Leasingnehmers** sind, bei der Bestimmung des Zeitraums des Leasingverhältnisses zu berücksichtigen sind.[717]

---

711 Vgl. hier und für die folgenden zwei Sätze LÜDENBACH, N./HOFFMANN, W.-D./FREIBERG, J., in: Haufe IFRS-Kommentar, 16. Aufl., § 15a, Rn. 24 f.

712 Vgl. IFRS 16.BC152. Im Standardsetzungsprozess wurden verschiedene Möglichkeiten zur bilanziellen Berücksichtigung von Laufzeitoptionen erörtert und Argumente für und gegen die vorgeschlagenen Konzepte gesammelt, vgl. IFRS 16.BC153–BC157.

713 Vgl. BAETGE, J./EWELT-KNAUER, C./GRAUPE, F., Überarbeitung des IFRS-Leasingstandards, S. 358.

714 Ein möglicherweise falsches Verständnis der Begriffe des nicht kündbaren Zeitraums und der Kündigungsoption ist auf die Übernahme des Begriffes aus IAS 17 zurückzuführen. So suggeriert der Begriff des nicht kündbaren Zeitraums eine nicht vorhandene Kündbarkeit. Gerade diese wird durch die Kündigungsoption jedoch ermöglicht. Vgl. zur Definition des nicht kündbaren Zeitraums IAS 17.Appendix A; dazu LORENZ, K., Leasingverhältnisse, S. 11.

715 Vgl. BARDENS, A./DUHR, A./HEINING, A.-K., IFRS 16 im Konzern, S. 261.

716 Vgl. dazu Abschnitt 433.2. In Bezug auf die Berücksichtigung von Zahlungen aus Laufzeitoptionen wurde die konzeptionelle Übereinstimmung den Vorschriften des *Conceptual Framework* zum Vorliegen einer Schuld diskutiert, vgl. dazu die Ausführungen in Abschnitt 442.142.

717 Im Gegenzug sind Perioden, für die eine Kündigungsoption seitens des Leasinggebers besteht, für den Leasingnehmer als fester Bestandteil des nicht kündbaren Zeitraums zu werten. Die Vorschriften unterstellen somit implizit, dass der Leasinggeber seine vorzeitigen Kündigungsrechte nicht ausübt. Sofern der Leasinggeber die Möglichkeit besitzt, vor dem Vertragsende fristlos zu kündigen, liegt die Kontrolle über den

Durch die Einbeziehung von Optionen lässt sich derselbe Zeitraum über drei verschiedene Laufzeitstrukturierungen erreichen, wie die Abbildung 4-4 zeigt. Die Strukturierung dürfte regelmäßig durch die ökonomischen Beweggründe des Leasingnehmers, u. a. finanzielle Aspekten, den Grad der wirtschaftlichen Abhängigkeit von dem Leasingobjekt im Kontext der Geschäftstätigkeit und weiteren Begleitumständen des Leasingverhältnisses bestimmt werden. Eine Verlängerungsoption dürfte demnach mit anderen ökonomischen Erwägungen des Leasingnehmers verbunden sein als eine Kündigungsoption. Eine zielgerichtete Strukturierung der Laufzeit kann vor dem Hintergrund der unmittelbaren Auswirkungen der Einschätzung über die hinreichende Sicherheit der Ausübung auf die Bewertung der Bilanzposten aber auch bilanzpolitischen Erwägungen geschuldet sein.[718]

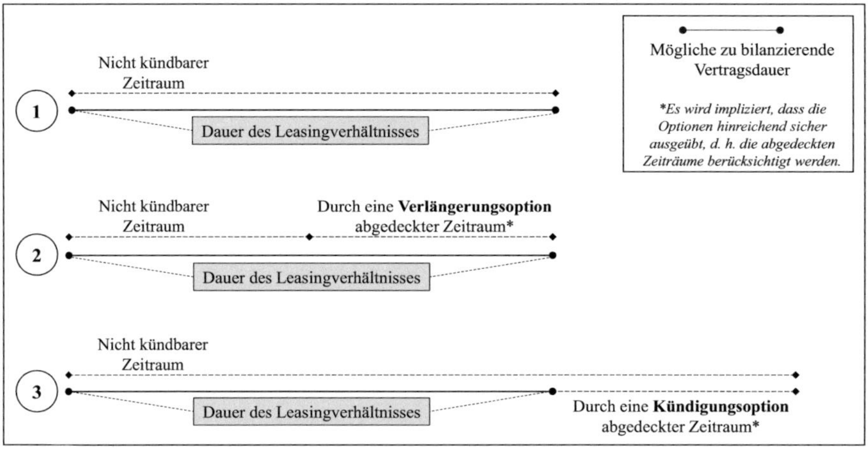

Abbildung 4-4: Mögliche Strukturierungen, die zu derselben Laufzeit führen

433.2 Das Kriterium der hinreichenden Sicherheit der Ausübung

433.21 Konkretisierung der übergeordneten Anforderung der hinreichenden Sicherheit

Entscheidend für die Einbeziehung einer Laufzeitoption in die der Bilanzierung zugrunde zu legenden Dauer des Leasingverhältnisses ist die Beurteilung, ob die Ausübung hinreichend sicher ist. Die Beurteilung des Vorliegens der hinreichenden Sicherheit wird zwar standardseitig

Vermögenswert nicht mehr ausschließlich beim Leasingnehmer, sondern sie wird durch die Entscheidungen des Leasinggebers zu einer möglichen Kündigung bestimmt, gl. A. HOMMEL, M./DEHMEL, I./ZEITLER, N., Systematische Inkonsistenzen, S. 1773. Vgl. zu Möglichkeiten der außerordentlichen Kündigung durch den Leasinggeber ARTZ, M., in: Der Leasingvertrag, 7. Aufl., Abschnitt L, Rn. 2. Das Urteil wird abgeschwächt, wenn der Vertrag eine Kündigungsfrist beinhaltet. Dann folgt auf die Kündigung durch den Leasinggeber eine weitere, gleichwohl zeitlich begrenzte Periode der Kontrolle durch den Leasingnehmer bis zum Zeitpunkt des Vertragsablaufes.

718 Vgl. KÜMPEL, T./BECKER, M., Bilanzielle Zurechnung von Leasingobjekten, S. 1473.

durch Anwendungshinweise erleichtert, aber nicht quantitativ etwa in Form einer Wahrscheinlichkeitsbetrachtung approximiert.[719] Ein einheitliches Verständnis der zugrunde zu legenden Wahrscheinlichkeit könnte vor allem die Glaubwürdigkeit und unternehmensübergreifende Vergleichbarkeit der resultierenden Informationen, die auf dieser Grundlage über den Zeitraum des Leasingverhältnisses vermittelt werden, verbessern[720] und eine konsistente Anwendung in der Praxis gewährleisten.

Die Bedeutung des Kriteriums der hinreichenden Sicherheit kann einerseits **vorwiegend qualitativ** über die Vorschläge im Standardsetzungsprozess konkretisiert werden. So wurde im ED/2010/9 vorgeschlagen, die Bestimmung der Dauer des Leasingverhältnisses – und somit implizit die Ausübung von Optionen – an das Urteil darüber zu knüpfen, welche Dauer eher wahrscheinlich als unwahrscheinlich (*more likely than not to occur*) ist.[721] Dieses Kriterium wurde im Überarbeitungsprozess aufgrund der nicht ausreichenden Restriktivität und der geringen Objektivität kritisiert. Es wurde im ED/2013/6 durch eine einschränkendere Anforderung ersetzt.[722] Nach dieser sollten Laufzeitoptionen in die Bestimmung der Länge des Vertragsverhältnisses eingehen, wenn der Leasingnehmer für ihre Ausübung einen **signifikanten wirtschaftlichen Anreiz** (*significant economic incentive*) hat.[723]

Die Restriktivität des neuen Kriteriums sollte mit derjenigen des Kriteriums der hinreichenden Sicherheit der Inanspruchnahme von Verlängerungsoptionen aus IAS 17 identisch sein.[724] Der neue Begriff sollte das Kriterium des IAS 17 lediglich aus anwendungserleichternden Überlegungen ersetzen. So beurteilte der Board die Entscheidung, ob ein signifikanter wirtschaftlicher Anreiz vorliegt, vor allem wegen seiner in höherem Maße möglichen Objektivierbarkeit praxistauglicher als eine Einschätzung einer hinreichenden Sicherheit der Optionsausübung.[725] Aufgrund der identischen Auslegung der beiden Begriffe „hinreichende Sicherheit" und „signifikanter wirtschaftlicher Anreiz" wurde die Substitution des bisherigen Kriteriums gleichwohl nicht als Erleichterung in der Anwendung, sondern vielmehr als überflüssig und für die

---

719 Vgl. die resultierenden Ermessensspielräume betonend DEHMEL, I./HOMMEL, M./RAMMERT, S., Nutzungsverhältnisse, S. 2348; ECKL, E. U. A., IFRS 16 „Leases" (Teil 1), S. 672; DEUTSCHE TELEKOM (Hrsg.), Comment Letter ED/2013/6, S. 18.

720 Andernfalls könnte das Kriterium inkonsistent angewendet werden, vgl. EFRAG (Hrsg.), IFRS 16 Endorsement Advice, S. 145; auf die Konsequenzen der Verwendung unbestimmter Rechtsbegriffe hinweisend MERKT, H., Bilanzierungsentscheidungen und unternehmerisches Ermessen, S. 358.

721 Vgl. IASB (Hrsg.), ED/2010/9, Rn. B16.

722 Vgl. IASB (Hrsg.), ED/2010/9, Rn. B16; IASB (Hrsg.), Comment Letter Summary ED/2010/9, Rn. 46 f.

723 Vgl. IASB (Hrsg.), ED/2013/6, Appendix A und Rn. 139 (b); zu den Rückmeldungen der Kommentierenden, die bereits auf die Einbeziehung des wirtschaftlichen Zwangs der Ausübung eingingen, IASB (Hrsg.), Staff Paper 5B (February 2011), Rn. 28. Vgl. zur Einführung des Begriffes auch die Diskussion um die Berücksichtigung des wirtschaftlichen Zwangs in der Definition einer faktischen Verpflichtung im Diskussionspapier DP/2013/1 des *Conceptual Framework*, IASB (Hrsg.), DP/2013/1, Rn. 3.39–3.62 und Rn. 3.103–3.108. Vgl. ferner die Ausführungen des Boards im Kontext des ED/2015/3, die klarstellen, dass wirtschaftlicher Zwang alleine noch keine gegenwärtige Verpflichtung erzeugen kann, IASB (Hrsg.), ED/2015/3, Rn. BC4.74 f.

724 Vgl. IASB (Hrsg.), Staff Paper 3A (March 2014), Rn. 7; IAS 17.4.

725 Vgl. IASB (Hrsg.), Staff Paper 3A (March 2014), Rn. 13; IASB (Hrsg.), ED/2013/6, Rn. BC140. Ferner würden die ökonomischen Gegebenheiten durch diese Anforderung besser erfasst, vgl. IASB (Hrsg.), Staff Paper 3A (March 2014), Rn. 38.

Anwender komplexitätserhöhend kritisiert.[726] Für den finalen Standard IFRS 16 wurde letztlich der aus IAS 17 bekannte Begriff der hinreichenden Sicherheit mit der identischen Bedeutung übernommen. Die Aussage des Boards, dass bezüglich des signifikanten wirtschaftlichen Anreizes von einer **„relativ hohen Hürde“**[727] (*relatively high hurdle*) auszugehen ist, gilt somit gleichermaßen für das Urteil einer hinreichenden Sicherheit.[728] Die Ausübung ist dann als hinreichend sicher einzuordnen, wenn der Leasingnehmer sich der Ausübung aufgrund der wirtschaftlichen Vorteilhaftigkeit faktisch nicht entziehen kann (*cannot avoid exercising the option*).[729]

Die Bedeutung des Begriffes der hinreichenden Sicherheit kann andererseits durch **Ansätze zur Quantifizierung** im Schrifttum konkretisiert werden. Diese Beiträge ordnen unbestimmten Wahrscheinlichkeitsbegriffen ebensolche quantitativen Wahrscheinlichkeiten zu.[730] Dem Terminus der hinreichenden Sicherheit wurden Wahrscheinlichkeiten von 79 %[731] bis zu 85 %[732] bzw. ein Wahrscheinlichkeitsintervall von 80 % bis 90 %[733] beigemessen. Obgleich die genauen Werte naturgemäß abhängig vom Vorgehen zur Ermittlung der Wahrscheinlichkeit, bspw. in der Wahl der befragten Gruppen schwanken,[734] – was auch kulturell bedingt sein kann[735] – besteht überwiegende Einigkeit[736] hinsichtlich der Konkretisierung des Begriffes.

Im Ergebnis unterstützen diese Befunde die vorläufige Schlussfolgerung und entsprechen der hier vertretenen Auffassung, dass **hohe Anforderungen** an das Vorliegen einer hinreichenden Sicherheit zu stellen sind.[737] Unter Berücksichtigung der Einordnung in das Spektrum der

---

726 Vgl. DINH THI, T./FINK, C./SCHULTZE, W., Reform der Leasingbilanzierung, S. 459. Vgl. ferner die Kommentierungsschreiben von EFRAG (Hrsg.), Comment Letter ED/2013/6, S. 9; WESFARMERS (Hrsg.), Comment Letter ED/2013/6, S. 5; BT GROUP (Hrsg.), Comment Letter ED/2013/6, S. 5; ANC (Hrsg.), Comment Letter ED/2013/6, S. 17; gleichwohl zugunsten des neuen Begriffes kommentierend DEUTSCHE TELEKOM (Hrsg.), Comment Letter ED/2013/6, S. 19.

727 IASB (Hrsg.), ED/2013/6, Rn. BC127.

728 Gl. A. HOMMEL, M./DEHMEL, I./ZEITLER, N., Systematische Inkonsistenzen, S. 1773.

729 Vgl. IASB (Hrsg.), Staff Paper 3A (March 2014), Rn. 34; KÜMPEL, T./BECKER, M., Bilanzielle Zurechnung von Leasingobjekten, S. 1473. Die neuen Vorschriften sind hinsichtlich dieses Kriteriums zur Einschätzung von Optionen nicht konsistent zu den entsprechenden Regelungen des gleichermaßen aktuellen IFRS 15. Dieser Standard sieht u. a. im Kontext von Verkaufsoptionen vor, bei Vertragsbeginn zu beurteilen, ob ein signifikanter wirtschaftlicher Anreiz zur Ausübung des Verkaufsrechtes vorliegt, vgl. IFRS 15.B70; weiterführend IFRS 15.B71–B76.

730 Vgl. übersichtsartig HOMMEL, M./DEHMEL, I./ZEITLER, N., Systematische Inkonsistenzen, S. 1773.

731 Vgl. LASWAD, F./MAK, Y. T., Interpretations of Probability Expressions, S. 16–23.

732 Vgl. WAGENHOFER, A., Internationale Rechnungslegungsstandards – IAS/IFRS, S. 272, der die Zuordnung auf Basis von Einschätzungen von Finanzvorständen vornimmt.

733 Vgl. SIMON, J., Interpretation of probability expressions by financial directors and auditors, S. 623.

734 Vgl. etwa zu unterschiedlichen Auslegungen zwischen Wirtschaftsprüfern und Finanzvorständen SIMON, J., Interpretation of probability expressions by financial directors and auditors, S. 612 und S. 615.

735 Vgl. bspw. eine Studie der koreanischen und australischen Standardsetzer, die zu unterschiedlichen Ergebnissen (80 % bzw. 90 %) führt, KASB (Hrsg.), Accounting Judgements, S. 22; weiterführend zum Einfluss der Kultur auf die Rechnungslegung BLAESING-VOETS, C., Kulturelle Einflüsse, S. 11–28, und zu den Auswirkungen auf Impairment Tests gem. IAS 36 S. 29–49.

736 Grundsätzlich gl. A. LÜDENBACH, N./HOFFMANN, W.-D./FREIBERG, J., in: Haufe IFRS-Kommentar, 16. Aufl., § 15a, Rn. 84, die allerdings bereits eine Wahrscheinlichkeit von 75 % als sachgerecht ansehen.

737 Gl. A. LÜDENBACH, N./HOFFMANN, W.-D./FREIBERG, J., in: Haufe IFRS-Kommentar, 16. Aufl., § 15a, Rn. 84.

Wahrscheinlichkeitsbegriffe in der IFRS-Rechnungslegung, vor allem der Abgrenzung zu noch restriktiveren Termini,[738] verbleibt somit ein wesentliches Restrisiko, dass das Vorliegen der hinreichenden Sicherheit falsch beurteilt wird. Die Wahl des Begriffes ist aus einer wirtschaftlichen Perspektive heraus gerade deshalb sachgerecht. Noch restriktivere Wahrscheinlichkeitsbegriffe, vor allem *assured* und *virtually certain* mit beizumessenden Wahrscheinlichkeiten bis zu 95 %,[739] unterstellen faktisch eine absolute Sicherheit. Sie lassen keine Unsicherheit zu, was im Kontext der Beurteilung von Laufzeitoptionen jedoch gerade erforderlich ist, da sich die Einschätzung zur Ausübung aufgrund unerwarteter Ereignisse im Zeitverlauf naturgemäß ändern kann.

Das einheitliche Verständnis über die wahrscheinlichkeitsorientierte Quantifizierung und die wirtschaftlichen Implikationen dieser Schwelle tragen zu relevanteren Informationen aus den Entscheidungen über die hinreichende Sicherheit bei. Ferner kann ein akzeptables Maß der Glaubwürdigkeit aufgrund der konsistenten Anwendung erzeugt werden. Außerdem werden die resultierenden Informationen unternehmens- und periodenübergreifend vergleichbarer. Gleichwohl werden sie nicht zwingend nachprüfbarer, da die Zuordnung von Wahrscheinlichkeiten zu künftigen Entscheidungen oder Ereignissen regelmäßig mit Ermessensspielräumen behaftet ist. Diese wird allerdings durch die Konkretisierung anhand einer Wahrscheinlichkeit wesentlich gemindert.

433.22 Beurteilung des Vorliegens der hinreichenden Sicherheit

433.221. Konkretisierung des wirtschaftlichen Anreizes

Um zu beurteilen, ob die Ausübung der Laufzeitoption durch den Leasingnehmer hinreichend sicher ist, hat er sämtliche Tatsachen und Umstände zu beurteilen, die einen wirtschaftlichen Anreiz zur Ausübung der Verlängerungs- oder Kündigungsoption bieten. Das Vorliegen eines wirtschaftlichen Anreizes ist eine notwendige Bedingung, dass die entsprechenden Rahmenbedingungen in das Urteil einbezogen werden.[740] Seine Konkretisierung ist daher entscheidend. In der Gesamtschau ist schließlich abzuwägen, ob auf dieser Grundlage eine hinreichende Sicherheit zur Optionsausübung resultiert.

Der wirtschaftliche Anreiz könnte entweder absolut oder relativ quantifiziert werden. Eine **relative Betrachtung** würde voraussetzen, dass der betrachtete Umstand ins Verhältnis zu anderen Parametern gesetzt werden müsste. Die Referenzgröße für die relative Betrachtung dürfte sich regelmäßig aus dem laufenden Leasingverhältnis ergeben, da sich die Laufzeitoption auf diesen bezieht. Finanzielle Informationen wären wegen ihrer Quantifizierbarkeit besonders für eine relative Betrachtung, sowohl aus Ausgangs- als auch als Referenzgröße, geeignet. So könnten bspw. die Vertragskosten den Kosten der Optionsausübung gegenübergestellt werden, um ein Urteil über einen wirtschaftlichen Anreiz aus diesem Sachverhalt zu fällen. Alternativ

738 Vgl. dazu HOMMEL, M./DEHMEL, I./ZEITLER, N., Systematische Inkonsistenzen, S. 1773.
739 Vgl. dazu HOMMEL, M./DEHMEL, I./ZEITLER, N., Systematische Inkonsistenzen, S. 1773.
740 Vgl. IFRS 16.B37.

dürften die Kosten der Verlängerung gegen den ausbleibenden wirtschaftlichen Nutzen seiner Verwendung, etwa in Form von Umsätzen, abgewägt werden.

Ebendiese Quantifizierbarkeit kann indes nicht für alle zu berücksichtigenden Umstände vorausgesetzt werden. So wäre ein relativer Bezug nur eingeschränkt möglich, wenn qualitative Überlegungen in die Entscheidung über das Vorliegen eines wirtschaftlichen Anreizes eingehen würden. So könnte sich ein solcher Anreiz auch aus der wirtschaftlichen Bedeutung des Vermögenswertes für den Leasingnehmer ergeben. Eine unmittelbare quantitative Vergleichsgröße ist dann schwierig zu ermitteln. Lediglich mittelbar könnten bspw. die Auswirkungen eines Verlustes ebendieses Leasingobjektes herangezogen werden. Vielmehr dürften jedoch qualitative Überlegungen zu Beurteilung eines wirtschaftlichen Anreizes herangezogen werden.

Zudem müsste im nächsten Schritt bestimmt werden, ob ein wirtschaftlicher Anreiz bei einer relativen Betrachtung erst ab einem bestimmten Schwellenwert gegeben wäre. Demnach würde ein solcher Anreiz bspw. nur vorliegen, wenn die zusätzlichen Kosten einen bestimmten prozentualen Anteil nicht übersteigen würden. Eine Schwelle, die wirtschaftliche Anreize von keinen Anreiz bietenden Tatbeständen abgrenzt, kann aufgrund der Vielfalt aller Leasingverträge nicht allgemeingültig festgelegt werden. Vielmehr dürften wirtschaftliche Anreize regelmäßig vertrags-, leasingobjekt- und leasingnehmerspezifisch beurteilt werden. Einige Aspekte dürften zudem aufgrund einer vorwiegend qualitativen Betrachtung nur schwer zu quantifizieren sein. Eine relative Betrachtung des Vorliegens eines wirtschaftlichen Anreizes ist aus den genannten Gründen regelmäßig **mit erheblichen Herausforderungen verbunden**.

Diese Komplikationen deuten darauf hin, dass die Betrachtung in einer **absoluten Dimension** vorteilhaft sein könnte. Demnach sollten die Auswirkungen der Nutzenpotenzialen und der Kostenquellen gegenübergestellt werden. Die Abwägung müsste nicht zwingend quantitativ sein, vielmehr ist auch eine qualitative Betrachtung möglich. Dieser Ansatz gewährleistet, dass nicht nur finanzielle, sondern auch nicht-finanzielle Informationen sachgerecht berücksichtigt werden können. Somit würde auch eine Gegenüberstellung von quantitativen und qualitativen Informationen möglich. So wäre z. B. eine Beurteilung eines wirtschaftlichen Anreizes aufgrund der wirtschaftlichen Abhängigkeit des Leasingnehmers, in der qualitative Informationen besonders bedeutsam sind, in sachgerechterer Weise umsetzbar.

Trotz dieser Folgerung bleibt vorerst unklar, ab welchem Verhältnis von anreizfördernden und nicht einen Anreiz bietenden Elementen ein wirtschaftlicher Anreiz i. S. d. Regelungen vorliegt. Dazu sollten die Ausführungen zur hinreichenden Sicherheit der Optionsausübung bemüht werden. So wurde bereits deutlich, dass der Begriff „hinreichende Sicherheit" identisch zu „signifikanter wirtschaftlicher Anreiz" auszulegen ist.[741] Das Vorliegen hinreichender Sicherheit bzw. eines signifikanten wirtschaftlichen Anreizes ist mit hohen Anforderungen und

741 Vgl. dazu Abschnitt 433.21.

einer entsprechend hohen Wahrscheinlichkeit der Ausübung verknüpft.[742] Die relative Betrachtungsweise im Kontext der Wahrscheinlichkeit der Optionsausübung muss für die Betrachtung des wirtschaftlichen Anreizes in eine absolute Dimension transformiert werden. Maßgeblich dafür ist, dass eine zunehmende Wahrscheinlichkeit der Optionsausübung ein besseres Kosten-Nutzen-Verhältnis impliziert. Ein signifikanter wirtschaftlicher Anreiz ist demnach mit einem sehr vorteilhaften absoluten Wertverhältnis von Nutzen und Kosten verbunden. Daraus folgt nach der hier vertretenen Auffassung unmittelbar, dass ein („gewöhnlicher") wirtschaftlicher Anreiz mit einem absoluten Wertverhältnis einhergeht, dass **gerade vorteilhaft** ist. Demnach muss der Nutzen, der aus dem betrachteten Umstand entsteht, die Kosten lediglich übersteigen. Besonders bei der Abwägung qualitativer Information ergeben sich für den Leasingnehmer zwar erhebliche Ermessensspielräume. Gleichwohl stellt dieses Vorgehen sicher, dass für alle Anwendungsfälle der Beurteilung des wirtschaftlichen Anreizes eine konsistente Handlungsweise möglich ist.

433.222. Einen wirtschaftlichen Anreiz bietende Tatsachen und Umstände

433.222.1 Vorteilhafte Kostenstrukturen

Die Tatsachen und Umstände, die einen wirtschaftlichen Anreiz bieten können, die Laufzeit- oder Kündigungsoption auszuüben, werden detalliert geregelt.[743] Dabei sind zwingend nur Fakten bzw. Tatsachen zu berücksichtigen. Reine Absichtserklärungen der handelnden Personen reichen nicht aus.[744]

Zu den Tatsachen und Umständen zählt die Betrachtung von entstehenden Kosten im Kontext der Laufzeitoption. So sollen die vertraglichen Bedingungen für die abgedeckten Perioden mit den Angebotsbedingungen am Markt verglichen werden.[745] Neben der Höhe der Leasingzahlungen für die optionierten Perioden sollen auch die Bedingungen weiterer Optionen im Anschluss an optionierte Perioden in die Abwägung eingehen. Diesbezüglich sollte vorausgesetzt werden, dass die zu vergleichenden Leasingverhältnisse **wirtschaftlich identisch** sind oder im Falle ähnlicher Kontrakte eine angemessene Anpassung stattfindet, um eine sachgerechte Gegenüberstellung zu gewährleisten. Demnach sollte z. B. ein bestehendes Leasingverhältnis über einen Drucker ohne besondere Funktionen nicht ohne erforderliche Anpassungen mit Angebotsbedingungen am Markt über einen Leasingvertrag über einen Drucker mit zusätzlichen Funktionen verglichen werden. Aufgrund der Mehrleistungen dieses Druckers sind entsprechende Mehrzahlungen zu erwarten, die bei der Betrachtung korrigiert werden müssten.

Darüber hinaus sollen neben diesen Kostenbestandteilen weitere mit der Beendigung des laufenden Vertrages zusammenhängende Kosten geprüft werden.[746] Dazu gehören Kosten der

742 Vgl. dazu Abschnitt 433.21.
743 Vgl. IFRS 16.B37.
744 Vgl. EWELT-KNAUER, C., in: Baetge u. a., Rechnungslegung nach IFRS, 2. Aufl., Teil B, IFRS 16, Rn. 59.
745 Vgl. hier und für den folgenden Satz IFRS 16.B37 (a).
746 Vgl. hier und für den folgenden Satz IFRS 16.B37 (c).

Kündigung, Verhandlungskosten, Anbahnungskosten und andere betriebsbezogene Implementierungskosten. Den unterschiedlichen Kostenarten und -quellen kann entnommen werden, dass dem Leasingverhältnis bzw. seiner Laufzeitverlängerung **direkt zurechenbare Kosten** in die Beurteilung eingehen sollen. Darüber hinaus vorliegende Kosten sind hinsichtlich ihres Bezugs auf die Laufzeitoption nur schwer voneinander abzugrenzen und beziehen sich ggf. nicht ausschließlich auf den zu beurteilenden Sachverhalt. Zudem sollten nur **realistische**, aus den genannten Aspekten resultierende Kostenpotenziale in die Abwägung einzubeziehen.[747] Diese beiden Anforderungen objektivieren die Betrachtung.

Ein wirtschaftlicher Anreiz für die Ausübung einer Verlängerungsoption ergibt sich demnach, wenn die Gesamtheit der Kosten der Vertragsverlängerung gegenüber den Kosten eines neuen Vertrages für den Leasingnehmer vorteilhaft, also niedriger ist. Eine weitere Qualifizierung ist nicht erforderlich; die simple Vorteilhaftigkeit ist ausreichend. Umgekehrt ist die Ausübung einer Kündigungsoption wahrscheinlich, wenn die Abwägung für den Leasingnehmer nachteilig ist.

Eine isolierte Betrachtung der Ausübungswahrscheinlichkeit nur auf der Grundlage von Kosten – bzw. generell nur unter Berücksichtigung eines Indikators – ist nicht ausreichend. Vielmehr müssen auch die im Folgenden erläuterten Faktoren einbezogen werden, um die wirtschaftlichen Umstände bestmöglich zu erfassen.

433.222.2 Signifikante Mietereinbauten

Neben den Kosten soll der aus der Ausübung der Laufzeitoption entstehende **Nutzen aus der Verwendung** des Vermögenswertes evaluiert werden. Besonders sollen für diese Betrachtung signifikante Investitionen des Leasingnehmers in den Vermögenswert (*significant leasehold improvements*) evaluiert werden, die zu dem Zeitpunkt, zu dem die Laufzeitoption tatsächlich ausübbar ist, zu einem signifikanten wirtschaftlichen Anreiz der Ausübung führen.[748] Solche Mietereinbauten resultieren primär aus den Verwendungsabsichten des Leasingnehmers, die mit dem Vermögenswert im Zustand der Lieferung nicht realisierbar sind, bzw. wenn die gewünschte Verwendung durch den Leasingnehmer mit dem Vermögenswert im Ausgangszustand zwar möglich ist, aber nur einen eingeschränkten Nutzen stiftet.[749] Die Betrachtung dürfte gleichermaßen quantitative und qualitative Aspekte umfassen, bspw. in der Ausprägung möglicher finanzieller und unternehmensstrategischer Auswirkungen.

Die Eigenschaft dieser Verbesserung, einen **signifikanten wirtschaftlichen Anreiz** mit sich zu bringen, ist für die Einbeziehung des Sachverhalts in die Abwägung der Optionsausübung die **kritische Eigenschaft**. Sie impliziert, dass solche Mietereinbauten, die nur einen gewöhnlichen

---

[747] Vgl. zur identischen Forderung im Kontext substanzieller Austauschrechte Abschnitt 422.431.

[748] Vgl. IFRS 16.B37 (b).

[749] Vgl. FREIBERG, J., Bilanzielle Abbildung von Mietereinbauten, S. 58.

wirtschaftlichen Anreiz für den Leasingnehmer auslösen, in der Betrachtung nicht berücksichtigt werden sollen. Der Anreiz muss demnach besonders ausgeprägt und offensichtlich sein. Dies ergibt sich auch aus dem identischen Begriff im Kontext der Konkretisierung der Anforderung der hinreichenden Sicherheit.[750] Signifikante Mietereinbauten erzeugen einen wirtschaftlichen Anreiz zur Ausübung von Verlängerungsoptionen, wenn sowohl ihr finanzieller als auch ihr nicht-finanzieller Nutzen die Kosten ebendieser Investitionen übersteigt.

433.222.3 Bedeutung des Leasingobjektes für den Leasingnehmer und weitere Bedingungen

Zudem soll bei der Betrachtung der Nutzen- bzw. Kostenpotenziale die **wirtschaftliche Abhängigkeit** vom Vermögenswert berücksichtigt werden.[751] Diese Abhängigkeit wird u. a. durch die Bedeutung des Leasinggegenstandes für den Geschäftsbetrieb bzw. durch die Möglichkeit des Erwerbs eines alternativen, substituierenden Vermögenswertes beeinflusst. Vor allem bestimmt sie den Grad der Spezifizierung des Leasingobjektes. Eine ausgeprägte Spezifizierung ist vor allem für Leasingobjekte zu vermuten, die unmittelbar im individuellen Produktions- bzw. Wertschöpfungsprozess des Leasingnehmers verwendet werden. In diesem Fall sind alternative Vermögenswerte nur mit vergleichsweise großen Mühen bzw. gar nicht verfügbar, sodass der betroffene Vermögenswert auch deshalb einen hohen Stellenwert für den Leasingnehmer besitzt.[752] In der extremsten Ausprägung könnte der Vermögenswert für die Verwendung des Leasingnehmers durch ebendiesen designt worden sein.[753] Gleichwohl ist unstrittig, dass Vermögenswerte als Teil des Produktionsprozesses auch eine geringe Spezifität besitzen können. Ein regelmäßig geringer Grad der Spezifität dürfte vor allem bei Leasinggegenständen vorliegen, die für unterstützende Funktionen innerhalb des Unternehmens bzw. des Geschäftsbetriebes verwendet werden, z. b. EDV-Geräte wie Drucker.

Ein wirtschaftlicher Anreiz zur Ausübung einer Verlängerungsoption sollte vor diesem Hintergrund besonders dann vorliegen, wenn die wirtschaftliche Abhängigkeit des Leasingnehmers von dem Leasingobjekt sehr ausgeprägt ist. Umgekehrt dürfte eine Kündigungsoption einen Anreiz bieten, wenn die wirtschaftliche Abhängigkeit, etwa aufgrund einer nicht vorliegenden Spezifizierung des Leasingobjektes, nahezu nicht vorliegt.

Abschließend soll der Leasingnehmer noch weitere Bedingungen, an die die Ausübung der Laufzeitoption geknüpft wird, berücksichtigen.[754] Darunter fallen sachverhaltsspezifische Umstände, die nicht den anderen Kategorien zuzuordnen sind. So könnte die Verlängerung eines spezifischen Leasingverhältnisses Auswirkungen auf weitere Kontrakte mit demselben Leasinggeber, bspw. auf kostenbezogene Aspekte, oder auf das geschäftliche Verhältnis mit diesem

---

750 Vgl. Abschnitt 433.21.
751 Vgl. hier und für den folgenden Satz IFRS 16.B37 (d).
752 Vgl. zum Vorliegen alternativer Vermögenswerte bereits die Ausführungen in Abschnitt 422.422.
753 Vgl. Abschnitt 424.33.
754 Vgl. IFRS 16.B37 (e).

im Allgemeinen aufweisen. Alternativ könnte eine Verlängerungsoption auch durch wettbewerbsbezogene Überlegungen motiviert sein, sodass die Verfügung anderer Unternehmen über das Leasingobjekt über eine gewisse zeitliche Dauer verhindert werden soll.

433.222.4 Gesamtheitliche Betrachtung

Eine isolierte Betrachtung der beschriebenen Faktoren ist nicht vorgesehen. Sie würde der Komplexität der Entscheidungsfindung nicht gerecht.[755] Ferner wären die Informationen, die durch eine isolierte Betrachtung vermittelt würden, nur eingeschränkt relevant und umso weniger glaubwürdig, da die wirtschaftlichen Umstände nicht gesamtheitlich in das Urteil eingehen würden. Vielmehr sind die Informationen gesamtheitlich zu würdigen. Die Vorschriften lassen hinsichtlich der Integration aller zu beachtender Tatsachen und Umstände **Spielraum zur Gewichtung** in der abschließenden Beurteilung über die Ausübungssicherheit.[756] Dies ist aufgrund der Vielfalt möglicher Leasingverträge insofern sachgerecht und konzeptionell begrüßenswert, als Leasingnehmer in ihrer Gewichtung die individuellen ökonomischen Umstände berücksichtigen können.

Fraglich ist, ob aus den Indikatoren eine allgemeingültige **Bedeutungshierarchie** abgeleitet werden kann. Aus einer rein quantitativen Betrachtung des Umfangs der Regelungen heraus könnte den kostenbezogenen Anhaltspunkten eine besondere Bedeutung zugewiesen werden. Diese vorläufige Schlussfolgerung greift zu kurz, denn sie ignoriert vor allem die qualitativ zu erfassenden wirtschaftlichen Gegebenheiten. Vor ebendiesem Hintergrund nimmt die **Spezifität des Leasingobjektes** für den Leasingnehmer eine bedeutende Rolle ein. Einerseits werden mit zunehmender Ausprägung dieses Faktors andere Aspekte, insbesondere kostenbezogene Überlegungen, nachrangig. Andererseits wird die Verfügbarkeit alternativer Vermögenswerte maßgeblich durch die Spezifität bestimmt. Umgekehrt wird die Entscheidungsfindung mit einer zunehmenden Substitutionsmöglichkeit aufgrund einer weniger ausgeprägten Spezifizierung primär durch die Kosten bestimmt. Nutzenpotenziale aus Mietereinbauten sind dementgegen unabhängig von der Spezifität zu betrachten. Solche Verbesserungen können sowohl bei wenig als auch bei viel spezialisierten Vermögenswerten einen signifikanten wirtschaftlichen Nutzen stiften.

Im Ergebnis ist die **Spezifität** des Leasingobjektes zwar das **dominante Charakteristikum** in der Beurteilung der hinreichenden Sicherheit. Gleichwohl darf diese Abwägung nicht dazu führen, dass andere Faktoren generell vernachlässigt werden. Ihre Ausprägung bestimmt die Bedeutung der anderen Indikatoren. Eine Betrachtung der grundlegenden Wechselwirkungen ist deshalb unabdingbar. Der vorliegende Entscheidungsspielraum könnte auch missbräuchlich verwendet werden, indem die Auswahl der einzubeziehenden Tatsachen und Umstände durch

[755] Gl. A. im Kontext von Neueinschätzungen zur vertraglichen Laufzeit, gleichwohl übertragbar GEHRER, J. U. A., Schätzungsänderungen und Vertragsanpassungen, S. 59.

[756] Vgl. ECKL, E. U. A., IFRS 16 „Leases“ (Teil 1), S. 672.

das bilanzpolitisch motivierte Urteil über die hinreichende Sicherheit beeinflusst wird. Auch vor diesem Hintergrund ist eine gesamtheitliche Betrachtung geboten.

433.223. Plausibilisierende Annahmen des Standardsetzers

Neben diesen kosten-, nutzen-, vermögenswert- und unternehmensspezifischen Faktoren[757] werden weitere Annahmen kodifiziert, die bei der Beurteilung der Wahrscheinlichkeit der Optionsausübung betrachtet werden sollen. So verweisen die Regelungen auf den Zusammenhang zwischen der **Dauer des nicht kündbaren Zeitraums und der Optionsausübung**. Es wird unterstellt, dass mit einer kürzeren Grundmietzeit eine höhere Ausübungswahrscheinlichkeit für Verlängerungsoptionen und eine niedrigere Ausübungswahrscheinlichkeit für Kündigungsoptionen verbunden ist.[758] Die Aussage gründet ausschließlich auf den Kosten der Substitution durch einen alternativen Vermögenswert, die nach der Auffassung des Standardsetzers bei einer kürzeren Laufzeit verhältnismäßig höher seien als bei einer längeren. Sie vernachlässigt jedoch eine Einordnung der entstehenden Kosten vor dem Hintergrund weiterer mit dem Vertrag verbundener Kosten. Eine solche relative Betrachtung könnte etwa auch ergeben, dass die Substitutionskosten im Kontext der gesamten Belastungen für den Leasingnehmer vernachlässigbar sind. Außerdem werden qualitative Faktoren vernachlässigt. Die Annahme soll vor diesem Hintergrund lediglich auf den grundsätzlichen Wirkungszusammenhang verweisen. Die Bedeutung dieser Tendenzaussage ist in der Gesamtschau vergleichsweise gering. Sie sollte für die Gesamtbeurteilung der Ausübungswahrscheinlichkeit allenfalls ergänzend und zur **Plausibilisierung des Urteils** über die hinreichende Sicherheit hinzugezogen werden.[759]

Darüber hinaus heben die Vorschriften in einer Empfehlung hervor, dass **vergangene Verhaltensweisen** (*past practices*) des Leasingnehmers berücksichtigt werden sollen, weil sie in der Einschätzung der Ausübungswahrscheinlichkeit hilfreich sein können. So sind die typischen Nutzungsdauern von genutzten Vermögenswerten – unabhängig von den tatsächlichen Besitzverhältnissen[760] – und die ökonomischen Gründe für diese Nutzungsperioden sowie Entscheidungen zu Laufzeitoptionen vergangener Verträge heranzuziehen. Die Berücksichtigung vergangener Handlungsweisen ist grundsätzlich sinnvoll und kann zu sachgerechteren Beurteilungen führen. Ob ihr Heranziehen zu sachgerechten Schlussfolgerungen führt, ist identisch zur ersten Annahme aber von den weiteren situationsspezifischen Umständen abhängig.[761]

---

757 Vgl. ECKL, E. U. A., IFRS 16 „Leases“ (Teil 1), S. 672.

758 Vgl. hier und für den folgenden Satz IFRS 16.B39; LANGE, T./MÜLLER, S., Bilanzierung von Leasingverhältnissen (Teil 1), S. 114.

759 Vgl. ferner zum Informationsgehalt aufgrund der *ceteris paribus*-Betrachtung BERGER, J./NARDMANN, H., Auswirkungen auf Unternehmen, S. 426; Kosten-Nutzen-Kalküle unterstellend HOMMEL, M./DEHMEL, I./ZEITLER, N., Systematische Inkonsistenzen, S. 1773.

760 Nutzungsdauern von Vermögenswerten, die im rechtlichen Besitz des Leasingnehmers sind, und solche von geleasten Vermögenswerten sind gemäß den Vorschriften gleichwertig heranzuziehen, vgl. IFRS 16.B40.

761 Vgl. LANGE, T./MÜLLER, S., Bilanzierung von Leasingverhältnissen (Teil 1), S. 114.

433.3 Neueinschätzungen der Ausübung von Optionen während der vertraglichen Laufzeit

433.31 Einführung

Unter bestimmten Umständen kann eine nachträgliche Anpassung des Urteils über die hinreichende Sicherheit der Optionsausübung während der Laufzeit erforderlich werden. Die Vorschriften ermöglichen eine solche nachträgliche Beurteilung sachgerechterweise, damit der Leasingnehmer bei seinen Entscheidungen über die Laufzeit die angemessene Flexibilität besitzt. Eine Neueinschätzung ist demnach möglich, wenn ein **signifikantes Ereignis** (*significant event*) oder ein **signifikanter Wechsel der Umstände** (*significant change in circumstances*) auftritt. Die Eigenschaft der Signifikanz betont, dass nur solche Tatbestände in die Betrachtung eingehen sollen, die sich in bedeutsamem Maße auf die Nutzenziehung auswirken.[762] An die abweichende Einschätzung der hinreichenden Sicherheit der Optionsausübung knüpft unmittelbar eine Anpassung der Bewertungen der Verbindlichkeit und des Nutzungsrechtes um die Werteffekte aus den durch die Laufzeitoptionen abgedeckten Perioden an.[763] Eine jährliche Überprüfung, z. B. analog zu den Vorschriften für Wertminderungstests für bestimmte immaterielle Vermögenswerte und Geschäfts- oder Firmenwerte nach IAS 36[764], die losgelöst von vorliegenden Indikatoren durchgeführt würde, ist nicht vorgesehen.[765] Gleichwohl könnte sie aufgrund der vermutlich häufigeren Anpassungen durch den jährlichen Rhythmus zu relevanteren Informationen führen.[766]

433.32 Anhaltspunkte für eine Neueinschätzung

Signifikante Ereignisse oder Wechsel der Umstände müssen in der **Kontrolle des Leasingnehmers** liegen, damit sie eine Neueinschätzung auslösen können.[767] Demnach muss der Leasingnehmer für das Ereignis oder den Wechsel der Umstände durch seine Handlungen verantwortlich sein bzw. er muss die Tatbestände selbständig auslösen, indem er diesbezügliche Entscheidungen trifft. Lediglich Entscheidungen, die er auf der Grundlage dieser Daten ableitet, dürfen eine Neueinschätzung rechtfertigen.[768] Nicht in der Kontrolle des Leasingnehmers liegende Tatbestände sind Ereignisse oder divergierende Umstände in Bezug auf den Markt, auf dem der Leasingnehmer aktiv ist, oder auf andere ökonomische oder rechtliche Rahmenbedingungen.

---

762 Dies ist u. a. auch wegen der andernfalls häufigen Neueinschätzungen aufgrund nicht weiter qualifizierter Wechsel der Umstände oder Ereignisse zu begrüßen, vgl. auch ICAEW (Hrsg.), Comment Letter ED/2013/6, S. 5.

763 Vgl. dazu Abschnitt 443.4.

764 Vgl. IAS 36.10.

765 Vgl. u. a. mit Verweis auf Kosten-Nutzen-Überlegungen IFRS 16.BC185; GEHRER, J. U. A., Schätzungsänderungen und Vertragsanpassungen, S. 58.

766 Gl. A. DELOITTE (Hrsg.), iGAAP, S. 1535.

767 Vgl. IFRS 16.B41.

768 Vgl. IFRS 16.BC185; so auch bereits im ED/2013/6, vgl. IASB (Hrsg.), ED/2013/6, Rn. 27 (a). Die Berücksichtigung marktbasierter Informationen ist indes inkonsistent zur erstmaligen Beurteilung über die Optionsausübung. Bei dieser gehen marktbasierte Faktoren isoliert in die Betrachtung ein, vgl. GEHRER, J. U. A., Schätzungsänderungen und Vertragsanpassungen, S. 58; KPMG (Hrsg.), Comment Letter ED/2013/6, S. 19; DOLLAR GENERAL (Hrsg.), Comment Letter ED/2013/6, S. 8.

Diese werden nicht durch den Leasingnehmer beeinflusst oder ausgelöst. Der Ausschluss marktbasierter Informationen ist zu begrüßen, weil ihre Vielfalt nur schwer eingrenzbar ist. In der Folge könnten beliebige marktbezogene Indikatoren in die Evaluierung einbezogen werden, obgleich ihre Bedeutung bzw. ihre Auswirkungen auf den Leasingnehmer, sein Geschäftsmodell oder den Leasingvertrag untergeordnet sein könnten.[769]

Die Vorschriften geben Tatbestände vor, die in der Kontrolle des Leasingnehmers liegen und eine Neueinschätzung auslösen können. Die können sich unmittelbar auf die Verwendung des Leasingobjektes **während der vertraglichen Laufzeit** beziehen. So sind u. a. bei der erstmaligen Beurteilung nicht absehbare (*not anticipated*) signifikante Mietereinbauten, die zum Zeitpunkt der Möglichkeit der Optionsausübung einen signifikanten wirtschaftlichen Anreiz stiften, zu berücksichtigen.[770] Gleichermaßen stellen eine nicht absehbare signifikante Modifikation oder Spezifizierung des Vermögenswertes Indikatoren für eine Neueinschätzung dar.[771] Allerdings verbleiben Ermessensspielräume, weil ebendiese Signifikanz als kritische Anforderung nicht zweifelsfrei ermittelt werden kann. So kann etwa ein signifikanter Nutzenzuwachs durch Mietereinbauten oder durch Modifikationen – außer der Forderung, dass der Nutzenzuwachs aufgrund der zu fordernden Regelungskonsistenz deutlich sein muss[772] – nicht hinreichend objektiv von einer nicht signifikanten Nutzensteigerung abgegrenzt werden. Ein weiteres signifikantes Ereignis, dass eine Neueinschätzung auslösen kann, ist eine anfänglich nicht erwartete bzw. geplante **Untervermietung des Vermögenswertes** durch den Leasingnehmer über den bisher geschätzten Zeitraum hinaus.[773]

Zudem können **geschäftliche Entscheidungen** (*business decision*) des Leasingnehmers, die unmittelbar relevant für die (Nicht-)Ausübung einer Laufzeitoption ist, als signifikantes Ereignis gewürdigt werden.[774] Geschäftliche Entscheidungen müssen sich weder inhaltlich noch zeitlich unmittelbar auf das Leasingobjekt beziehen. Während die bisherigen Anhaltspunkte sich unmittelbar auf das Leasingobjekt beziehen, kann das Leasingverhältnis durch geschäftliche Entscheidungen auch nur **mittelbar betroffen** sein. So kann eine geschäftliche Entscheidung bspw. ein Abstoß von Geschäftsbereichen, in denen das Leasingobjekt verwendet wird, sein.[775] Der Vermögenswert ist nicht expliziter Gegenstand der Entscheidung, aber durch diese indirekt betroffen. Dieser Anhaltspunkt ist nicht immer sachgerecht. Vielmehr muss im Einzelfall geprüft werden, ob mit dem Abstoß des Geschäftsbereiches andere Handlungen, z. B. Umgliederungen des Leasingverhältnisses, verbunden sind. In deren Rahmen könnte das Leasingobjekt aus dem Geschäftsbereich herausgelöst und in einer anderen Verwendungsalternative genutzt werden. Die Vorschriften beziehen sich zudem nur auf die Ebene des Geschäftsbereiches. Der

---

769 Gl. A. CPA AUSTRALIA (Hrsg.), Comment Letter ED/2013/6, S. 5.
770 Vgl. IFRS 16.B41 (a).
771 Vgl. IFRS 16.B41 (b).
772 Vgl. Abschnitt 433.221. zur Abgrenzung eines signfikanten wirtschaftlichen Anreizes zum gewöhnlichen wirtschaftlichen Anreiz.
773 Vgl. IFRS 16.B41 (c).
774 Vgl. IFRS 16.B41 (d).
775 Vgl. IFRS 16.B41 (d), Beispiel 3.

Anhaltspunkt sollte jedoch umfassender ausgelegt werden, sodass sämtliche dem Leasingobjekt **„übergeordnete" Entscheidungen** gemeint sein dürften. Demnach könnte nicht nur ein Geschäftsbereich abgestoßen, sondern auch die Herstellung eines Produktes innerhalb eines Geschäftsbereiches eingestellt oder ausgeweitet werden.

Eine *business decision* kann schließlich auch auf Vermögenswerte rekurrieren, die **gemeinsam mit dem Leasingobjekt** im Wertschöpfungsprozess verwendet werden. In diesem Fall könnte das Leasingobjekt ggf. nicht mehr in der ursprünglich beabsichtigten Art und Weise genutzt werden.[776] Alternativ könnte ein Leasingverhältnis über komplementäre Vermögenswerte verlängert werden. Dies würde implizieren, dass auch das Leasingobjekt über einen längeren Zeitraum genutzt werden könnte. Darüber hinaus könnte ein alternativer Vermögenswert erworben werden, der das Leasingobjekt ersetzen soll. Dies würde die Vertragslaufzeit vermutlich einschränken.[777]

Im Vergleich zu den Entscheidungen, die sich entweder auf das Leasingobjekt selbst beziehen oder in denen es als Teil einer übergeordneten Organisationseinheit betrachtet wird, wohnt diesen Entscheidungen somit ein größerer Ermessensspielraum inne, weil verschiedenste Vermögenswerte eine unterschiedliche Nähe zum Leasingobjekt aufweisen könnten. Der Entscheidungsspielraum zu mit dem Leasingobjekt interagierenden Vermögenswerten ist zwar erforderlich, da eine starre Regelung die wirtschaftlichen Verhältnisse in Zweifelsfällen nicht angemessen abbilden könnte. Er kann jedoch zu im Zeitverlauf inkonsistenten Entscheidungen und zu weniger vergleichbaren Informationen führen. Um zu beurteilen, ob Entscheidungen über einen Vermögenswert eine *business decision* darstellen können, ist daher im Einzelfall abzuwägen, ob er gemeinsam mit dem Leasingobjekt in einem **hinreichend engen Funktionszusammenhang** steht. Ohne dieses Kriterium könnten aufgrund der hohen Subjektivität dieser Beurteilung jegliche Entscheidungen zu beliebigen Vermögenswerten als qualifizierende *business decision* herangezogen werden.

Geschäftliche Entscheidungen zu einem Vermögenswert, der für die Funktionsfähigkeit des Leasingobjektes maßgeblich ist, weil dieser sonst keinen oder einen wesentlich geringeren Nutzen für den Leasingnehmer erzeugen würde, wären demnach als Beweggrund für eine Neueinschätzung zulässig, weil eine Funktionseinheit unterstellt werden kann. Diese Entscheidungen wirken sich auf die Verwendung des Leasingobjektes aus. So wäre denkbar, dass der Input, der für die Produktion durch das Leasingobjekt benötigt wird, nur von dieser anderen Maschine geleistet werden kann. Auch Vermögenswerte, die z. B. im Produktionsprozess unmittelbar vor- oder nachgelagert sind, dürften ebenfalls berücksichtigt werden, sofern sie die Produktivität des Leasingobjektes beeinflussen. Entscheidungen zu weiteren Vermögenswerten, die nur einen mittelbaren Bezug zu dem Leasingobjekt aufweisen – etwa weil sie zwar in demselben

[776] Vgl. IFRS 16.B41 (d). Beispiel 1.
[777] Vgl. IFRS 16.B41 (d). Beispiel 2.

Produktionsprozess eingesetzt werden, allerdings nicht direkt miteinander in einer Verbindung stehen – dürften hingegen nicht hinzugezogen werden.

In der **Gesamtschau** können sich signifikante Ereignisse oder Wechsel der Umstände auf unterschiedliche Weisen auf das Leasingobjekt beziehen. So sind neben Entscheidungen, die das Leasingobjekt unmittelbar betreffen, auch solche heranzuziehen, in denen das Leasingobjekt mittelbar betroffen ist. Diesbezügliche Entscheidungen können somit operativen Erwägungen geschuldet sein, aber auch taktischer oder strategischer Natur sein. Neueinschätzungen dürften regelmäßig nicht auf der Ebene einer einzelnen Entscheidung gerechtfertigt werden, sondern sich vielmehr einer „**Mischung von Gründen**"[778] ergeben.

Analog zu den Leitlinien für die erstmalige Beurteilung der Optionsausübung[779] sind im Übrigen auch im Kontext nachträglicher Neueinschätzungen **plausibilisierende Annahmen** denkbar. Diese sind zwar **nicht kodifiziert**. Sie können jedoch unter Rückgriff auf die regelungsseitig für die anfängliche Urteilsfindung vorgeschriebenen abgeleitet werden und die Verlässlichkeit dieser Beurteilung erhöhen. Demnach sollten auch im Kontext nachträglicher Neueinschätzungen **vergangene Handlungsweisen** des Leasingnehmers für die Entscheidungsfindung betrachtet werden.[780] Eine häufig erforderliche, nachträgliche Neueinschätzung von Optionsausübungen vergleichbarer Verträge in der Vergangenheit kann darauf hinweisen, dass der Leasingnehmer die Ausübung von Laufzeitoptionen in der Vergangenheit zum Zeitpunkt der erstmaligen Bestimmung falsch eingeschätzt hat. Insofern würden regelmäßig erforderliche Neueinschätzungen darauf hinweisen, für die erstmalige Einschätzung der Laufzeit bei künftigen Leasingverhältnissen zu einem abweichenden Urteil zu kommen. Eine Neueinschätzung würde vor diesem Hintergrund aufgrund einer verlässlicheren Beurteilung zum Zeitpunkt der erstmaligen Beurteilung weniger wahrscheinlich. Ferner könnte ein Zusammenhang zwischen der **Dauer des Leasingverhältnisses** und der Wahrscheinlichkeit der nachträglichen Optionsausübung identifiziert werden. So ist davon auszugehen, dass eine Neueinschätzung umso wahrscheinlicher wird, je länger die durch den Leasingnehmer anfangs geschätzte Leasingdauer (unter Einbezug möglicher optionierter Zeiträume) ist. Dies ist vor allem darauf zurückzuführen, dass die Wahrscheinlichkeit des Vorliegens von signifikanten Ereignissen oder Veränderungen von Umständen, die sich auf die Indikatoren von Neueinschätzungen auswirken können, mit einem zunehmenden zeitlichen Horizont grundsätzlich steigt.[781] Dieser Wirkungszusammenhang sollte gleichwohl nicht zum Anlass genommen werden, Neueinschätzungen zu rechtfertigen. Vielmehr hebt dieser Zusammenhang umso mehr die Bedeutung einer verlässlichen Schätzung zum Zeitpunkt der erstmaligen Beurteilung hervor.

[778] GEHRER, J. U. A., Schätzungsänderungen und Vertragsanpassungen, S. 59.

[779] Vgl. Abschnitt 433.223.

[780] Vgl. zur analogen Annahme bei der erstmaligen Bestimmung IFRS 16.B40 und Abschnitt 433.223.

[781] Vgl. zur analogen Annahme bei der erstmaligen Bestimmung IFRS 16.B39 und Abschnitt 433.223.

433.33 Bedeutung der Signifikanz-Anforderung

Der Bezug auf ausschließlich **signifikante** Ereignisse oder signifikante Veränderungen der Umstände als Grundlage für eine Neueinschätzung des Zeitraumes suggeriert in der Gesamtschau, dass hohe Anforderungen an die Möglichkeit einer Neueinschätzung gestellt werden und diese zu einer tendenziell **restriktiven Anwendung** führen sollen.[782] Durch diese Restriktivität würden Ermessensspielräume der Bilanzierenden grundsätzlich eingeschränkt. Auch aufgrund der Auswirkungen von Neubeurteilungen sowohl implizit zum Zeitpunkt der Erstbewertung als auch explizit während der Folgebewertung ist analog zu den Ausführungen des vorherigen Abschnitts eine restriktive Auslegung des Begriffes der Signifikanz zu begrüßen. Entsprechende Wertanpassungen der Bilanzposten werden nur in begründeten Fällen vorgenommen und vor allem Gestaltungsspielräume im Hinblick auf die erstmalige Beurteilung der Laufzeit des Leasingverhältnisses minimiert. Diese Schlussfolgerung wird durch eine Studie gestützt, nach der Leasingverhältnisse unter Bezug auf IFRS 16 einen kürzeren Zeitraum aufweisen könnten, um die negativen finanziellen Auswirkungen auf die Bilanz bzw. diesbezügliche Kennzahlen möglichst gering zu halten.[783] Bei langfristigen Verträgen könnten Neueinschätzung daher mit dem Ziel, die bilanziellen Auswirkungen zu minimieren, insofern einen bedeutenden Parameter in der Bilanzierung darstellen, als eine Verlängerungsoption zu Beginn des Leasingverhältnisses als nicht hinreichend sicher in der Ausübung angesehen wird, gleichwohl zu einem späteren Zeitpunkt eine Neueinschätzung vorgenommen wird.

Gleichwohl wird die Restriktivität insofern eingeschränkt, als die Beurteilung der Signifikanz im Kontext der Indikatoren ermessensbehaftet ist.[784] Besonders der Indikator der geschäftlichen Entscheidung trägt nur bedingt zu einer restriktiven und objektiv nachvollziehbaren Ausübung von Neubeurteilungen bei. Die beabsichtigte **Restriktivität** der Neueinschätzungen wird somit teilweise **konterkariert**.

433.4 Zwischenfazit und Implikationen für die Strukturierung von Laufzeiten

Der Leasingnehmer soll zur Beurteilung, ob die Ausübung einer Laufzeitoption hinreichend sicher ist, alle relevanten Tatsachen und Umstände berücksichtigen. Die Tatsachen und Umstände sind dahingehend zu prüfen, ob sie dem Leasingnehmer einen wirtschaftlichen Anreiz zur Ausübung einer Laufzeitoption bieten. Ein wirtschaftlicher Anreiz liegt bereits dann vor, wenn der betrachtete Indikator eine nicht weiter qualifizierte Vorteilhaftigkeit anzeigt.

Die Faktoren bilden das Fundament des Urteils über die hinreichende Sicherheit der Optionsausübung. Nur eine **gesamtheitliche Betrachtung** unter Berücksichtigung der Interdependenzen zwischen den Faktoren führt zu einer Entscheidungsfindung, die in glaubwürdige Infor-

---

[782] Vgl. DRSC (Hrsg.), Comment Letter ED/2013/6, S. 15.

[783] Vgl. hier und für den folgenden Satz EFRAG (Hrsg.), IFRS 16 Impact Assessment, S. 55; BEATTIE, V./GOODACRE, A./THOMSON, S. J., Economic Consequences, S. 75–103.

[784] Der Board ist sich diesen subjektiven Einflüssen im Rahmen der Beurteilung der Signifikanz bewusst, vgl. IFRS 16.BC186.

mationen über den Sachverhalt resultieren kann. Die Beurteilung der relativen Bedeutung als auch die Auswahl der Gesamtheit der einzubeziehenden Tatbestände obliegt dem Leasingnehmer. Daraus muss nicht zwingend gefolgert werden, dass hinreichend viele relevante Tatbestände betrachtet werden müssen, um in der Gesamtschau einen bedeutsameren Anreiz zu schaffen. Vielmehr kann auch bereits ein Sachverhalt so bedeutsam in der Gesamtbetrachtung sein, dass er aufgrund seiner Vorteilhaftigkeit zu einer hinreichenden Sicherheit in der Optionsausübung führt.

Die durch die Vorschriften implizit vermittelte Restriktivität wird durch die vielfachen Ermessensentscheidungen in den verschiedenen Teilschritten des Beurteilungsprozesses konterkariert. Dies liegt im Wesentlichen in der Beurteilung eines wirtschaftlichen Anreizes der heranzuziehenden Tatsachen und Umstände, aber auch in der übergeordneten Beurteilung der hinreichenden Sicherheit begründet. Die subjektiven Einflüsse führen im Ergebnis dazu, dass die vermittelten Informationen zum Zeitpunkt der erstmaligen Beurteilung für die Adressaten eine eingeschränkte Glaubwürdigkeit besitzen. Darüber hinaus kann nicht sichergestellt werden, dass unternehmens- und periodenübergreifend dieselben Sachverhalte identisch beurteilt werden, was sich einschränkend auf die Vergleichbarkeit der Abschlussinformationen auswirkt

Eine Neubeurteilung der Laufzeit kann erforderlich werden bzw. dann erfolgen, wenn signifikante Ereignisse oder ebensolche Änderungen der Umstände vorliegen. Die durch den Bezug auf den Begriff der Signifikanz implizit implementierte Restriktivität ist weniger ausgeprägt als die Formulierungen suggerieren. Nicht nur durch die unklare Konkretisierung der Signifikanz, sondern besonders durch die Möglichkeit, geschäftspolitische Entscheidungen als auslösenden Tatbestand heranzuziehen, wird dem Leasingnehmer ein wesentlicher Ermessensspielraum gegeben. Mit dem Ziel daraus resultierender, entscheidungsnützlicher Informationen sollte die Beurteilung einer Neueinschätzung so flexibel wie notwendig und so restriktiv wie möglich erfolgen.

Die Vorschriften eröffnen im Ergebnis Möglichkeiten zur **Strukturierung der Vertragslaufzeit.**[785] So ist denkbar, eine Verlängerungsoption mit dem Ziel möglichst gering bewerteter Bilanzposten, aus bilanzanalytischen Gründen insbesondere der Verbindlichkeit, zu Beginn des Leasingverhältnisses als nicht hinreichend sicher zu schätzen, in den folgenden Perioden allerdings eine Neueinschätzung z. B. auf Basis geschäftspolitischer Entscheidungen vorzunehmen, sodass die Verlängerungsoption zum Beurteilungszeitpunkt hinreichend sicher wird. Die bilanziellen Auswirkungen der betroffenen Perioden werden erst zu diesem Zeitpunkt sichtbar. Die Bewertung der Bilanzposten wird auf diese Weise, verglichen mit einem Einbezug bereits zum Zeitpunkt der erstmaligen Beurteilung optionierter Zeiträume in die Bewertung, dauerhaft niedriger ausgewiesen.

785 Im Ergebnis auch GRUBER, T./HARTMANN-WENDELS, T., IFRS 16 aus bilanzpolitischer Sicht, S. 447.

So wäre eine vertragliche Konstellation denkbar, in der ein nicht kündbarer Zeitraum von sechs Jahren und eine Möglichkeit zur Verlängerung um weitere vier Jahre vorliegen. Sofern die Verlängerung bereits zum Beginn des Leasingverhältnisses als hinreichend sicher eingeschätzt wird, werden die Bilanzposten auf Basis des Zeitraums von zehn Jahren bewertet. Sofern die hinreichende Sicherheit allerdings erst zu einem späteren Zeitpunkt, bspw. zum Ende des vierten Jahres, im Wege einer Neueinschätzung festgestellt wird, wird zum Zeitpunkt der Erstbeurteilung eine Bewertung auf der Grundlage von sechs Vertragsjahren vorgenommen. Zum Ende des vierten Jahres wird die Bewertung sodann um die vier optionierten Jahre angepasst, sodass im Ergebnis zu dem Zeitpunkt wiederum eine Bewertung auf Basis der sechs noch ausstehenden Jahre erfolgt. Die Bewertung ist dann im Zeitverlauf geglätteter und vor allen in den ersten Jahren absolut geringer als im ersten Fall.

Wegen ebendieser Implikationen für die Bilanzierung sind die Einschätzungen zur hinreichenden Sicherheit der Optionsausübung insbesondere zum erstmaligen Beurteilungszeitpunkt zu einem Höchstmaß zu objektiveren. Auch an Neueinschätzungen sind hohe Restriktivitätsanforderungen zu legen, damit Möglichkeiten zur Strukturierung vermieden werden. Nur so können Informationen vermittelt werden, die für Adressaten im Zeitverlauf den tatsächlichen wirtschaftlichen Umständen entsprechen und relevant sind.

434. Konkretisierung der Vorschriften für besondere Gestaltungen der Laufzeit

434.1 Einführende Übersicht

Im Folgenden werden zwei Laufzeitgestaltungen betrachtet, die durch die diskutierten Regelungen nicht unmittelbar adressiert werden. Zum einen kann ein Leasingverhältnis, das dem wirtschaftlichen Gehalt nach eine nicht kurzfristige Laufzeit hat, nicht nur über einen nicht kündbaren Zeitraum zuzüglich etwaiger Laufzeitoptionen, sondern vielmehr über eine Verkettung mehrerer kurzfristiger Leasingverhältnisse strukturiert werden. Dieses Vorgehen dürfte vorwiegend bilanzpolitischen Erwägungen geschuldet sein, denn IFRS 16 bietet für kurzfristige Leasingverhältnisse Erleichterungsvorschriften.[786] Zum anderen gehen die Vorschriften nur auf Vertragsdauern ein, die auch unter Berücksichtigung von Laufzeitoptionen eine klar definierte Laufzeit besitzen. Ebendieser Fall liegt jedoch nicht bei Konstellationen vor, in denen sich die Laufzeit automatisch verlängert. Der für die bilanzielle Abbildung maßgebliche Zeitraum ist in diesem Fall aus den Regelungen nicht unmittelbar ersichtlich. Die Regelungen werden vor dem Hintergrund dieser nicht adressierten Sachverhalte konkretisiert.

[786] Vgl. den folgenden Abschnitt.

434.2 Verkettung kurzfristiger Leasingverhältnisse

434.21 Vorbemerkungen zu den Regelungen und der ökonomischen Bedeutung

434.211. Regelungen zu kurzfristigen Leasingverhältnissen

IFRS 16 sieht u. a. aufgrund von Kosten-Nutzen-Überlegungen[787] für kurzfristige Leasingverhältnisse Ausnahmevorschriften vor.[788] Kurzfristige Leasingverhältnisse haben eine Laufzeit von bis zu **zwölf Monaten**.[789] Die Laufzeit ist nach den gewöhnlichen Regelungen zur Bestimmung der Leasingdauer, also auch unter Einbezug etwaiger Laufzeitoptionen, zu ermitteln.[790] Wenngleich wirtschaftlich betrachtet auch darüber hinaus gehende Kontrakte als kurzfristig einzustufen sein könnten,[791] entspricht dieses Vorgehen des Boards den übergeordneten Zielen[792] der Reform.

Kurzfristige Kontrakte werden abweichend von gewöhnlichen Leasingverhältnissen bilanziell erfasst, indem lediglich die entstehenden Aufwendungen, besonders in Form der Leasingzahlungen, erfolgswirksam über die Laufzeit erfasst werden dürfen.[793] Wenn die Ausnahmeregelung für kurzfristige Leasingverhältnisse ausgeübt wird, ist sie auf alle Leasingverhältnisse, deren zugrunde liegende Vermögenswerte derselben Klasse angehören, einheitlich anzuwenden.[794]

434.212. Bedeutung kurzfristiger Leasingverhältnisse für die vertragliche Gestaltung der Laufzeit

Der Abschluss kurzfristiger Leasingverhältnisse kann einer erwünschten Flexibilität des Leasingnehmers im Hinblick auf die Verfügung über das Leasingobjekt geschuldet sein. Demnach

---

787 Vgl. GRUBER, T./HARTMANN-WENDELS, T., Leasing-Bilanzierung, S. 5. Der IASB sah zuerst lediglich eine Vereinfachung in der Bewertung dieser Leasingverhältnisse vor, mit der aber nach der Meinung der Kommentierenden keine signifikante Verbesserung des Kosten-Nutzen-Verhältnisses erreicht würde, vgl. IFRS 16.BC88.

788 Vgl. IFRS 16.5 und IFRS 16.Appendix A. Sie sind besonders im Mittelstand von Bedeutung, vgl. allerdings ohne weitere Argumente DINH THI, T. U. A., Leasingbilanzierung nach IFRS 16, S. 237; dazu bereits Abschnitt 23. Die Erleichterungsvorschriften gelten auch für geringwertige Leasingverhältnisse. Diese sind indes nicht Gegenstand dieser Arbeit. Vgl. aber bereits zur Diskussion um den Schwellenwert für die Geringwertigkeit Fn. 181.

789 Vgl. IFRS 16.Appendix A.

790 Vgl. BARDENS, A./KRONER, M./MEURER, H., IFRS 16 (Teil 1), S. 389.

791 Die genannte Höchstlaufzeit wurde besonders im Kontext des ED/2013/6 kritisiert. Die Kommentierenden forderten, den durch die Ausnahmeregelung abgedeckten Zeitraum auf fünf Jahre zu erweitern. Sie verwiesen auf die bessere Praxistauglichkeit aufgrund vielfacher Verträge, die zwar ihrem Wesen nach als kurzfristiges Leasingverhältnis charakterisiert würden, aber länger als zwölf Monate liefen. Der Board verwies jedoch auf den Charakter einer expliziten Ausnahmeregelung, die das Ziel einer möglichst vollständigen Erfassung der bilanziellen Auswirkungen aus laufenden Leasingverhältnissen nicht konterkarieren sollte. Er beließ den Zeitraum konsequenterweise bei bis zu zwölf Monaten. Vgl. dazu IASB (Hrsg.), Staff Paper 3H (March 2014), Rn. 17 und Rn. 27–37.

792 Vgl. dazu bereits Abschnitt 212.

793 Vgl. IFRS 16.6; zudem hat der Leasingnehmer Angaben über die Höhe der Aufwendungen aus kurzfristigen Leasingverhältnissen zu machen, vgl. IFRS 16.53 (c). Vgl. für eine Einordnung hinsichtlich der Bilanzwirksamkeit insgesamt BRUNE, J. W., Leasingverhältnisse nach IFRS 16, S. 124.

794 Vgl. IFRS 16.8; KIRSCH, H., IFRS 16 „Leases", S. 191.

hat der Leasingnehmer aufgrund der Kurzfristigkeit des laufenden Kontraktes eben daraus entstehende Pflichten nur für einen zeitlich begrenzten Zeitraum. Diese Flexibilität kann gleichwohl auch über die Berücksichtigung von Kündigungsoptionen in einem über mehrere Perioden laufenden Leasingverhältnis gewährleistet werden. Die regelmäßigen kurzfristigen Möglichkeiten, über die Laufzeit erneut zu entscheiden, dürften somit nicht zwingend der entscheidende Beweggrund für kurzfristige Leasingverhältnisse sein.

Vielmehr dürften sie besonders im Kontext der **Bilanzwirksamkeit** von Leasingverhältnissen von Bedeutung sein. So ist eine *Off-Balance-Sheet*-Gestaltung über mehr als eine Periode nach den Vorschriften des IFRS 16 grundsätzlich nur über eine Strukturierung mittels kurzfristiger Leasingverhältnisse denkbar,[795] indem kurzfristige Leasingverhältnisse im Zeitverlauf verkettet werden. Ebendiese Möglichkeit hat u. a. die EFRAG bereits hervorgehoben.[796] Demnach könnten mehrere bis zu zwölf Monate laufende Leasingverträge nacheinander abgeschlossen und so die üblichen Bilanzierungsimplikationen umgangen werden, um im Ergebnis eine dauerhafte außerbilanzielle Gestaltung (analog zu den Operating-Leasing-Verhältnissen gemäß IAS 17[797]) zu erreichen.[798] Dieselben Folgen ergäben sich, wenn ein Vertrag mit einer Grundmietzeit von bis zu zwölf Monaten und einer Laufzeitoption vorliegt, die Option jedoch dauerhaft als nicht hinreichend sicher in der Ausübung beurteilt wird.

Durch diese Bilanzierungsweise wird die perioden- und unternehmensübergreifende Vergleichbarkeit wirtschaftlich ähnlicher Leasingverträge eingeschränkt, indem die Kontrakte teilweise bilanzwirksam und –unwirksam abgebildet werden.[799] Darüber hinaus werden durch den ausbleibenden Ansatz der Bilanzposten weniger relevante Informationen vermittelt. Zudem sind sie weniger glaubwürdig, da die Ausnahmeregelung für kurzfristige Kontrakte auf dem Wesen nach nicht kurzfristige angewendet wird. Somit ergäben sich gerade die Implikationen für die Entscheidungsnützlichkeit, für die die Vorschriften nach IAS 17 kritisiert wurden.[800]

Im Folgenden soll untersucht werden, inwiefern die Vorschriften Anreize schaffen, mittels einer Strukturierung durch kurzfristige Verträge in ökonomischer Hinsicht nicht kurzfristige Verhältnisse dauerhaft bilanzunwirksam zu erfassen,[801] und sollen die Regelungen konkretisiert werden.

---

795 Vgl. BARDENS, A./KRONER, M./MEURER, H., Neuer Standardentwurf (Teil 1), S. 459.

796 Vgl. hier und für den folgenden Satz EFRAG (Hrsg.), IFRS 16 Impact Assessment, S. 53.

797 Vgl. zu den Möglichkeiten außerbilanzieller Abbildungen von Leasingverhältnissen gemäß IAS 17 Abschnitt 211.

798 Diese als eine potenzielle Implikation für das Verhalten von Leasingnehmern identifizierend EFRAG (Hrsg.), IFRS 16 Impact Assessment, S. 53.

799 Vgl. LOITZ, R., Auswirkungen des IFRS 16, S. 163.

800 Vgl. Abschnitt 21.

801 Vgl. hier und für den folgenden Satz FISCHER, D. T., Erwartete Effekte, S. 120; ECKL, E. U. A., IFRS 16 „Leases“ (Teil 1), S. 668; BARDENS, A./KRONER, M./MEURER, H., IFRS 16 (Teil 1), S. 389; HARTMANN-WENDELS, T./STARCK, M., Gestaltungsspielräume, S. 61; zu IAS 17 bereits Abschnitt 212.

434.22 Die bilanzielle Abbildung von verketteten kurzfristigen Leasingverhältnissen unter Berücksichtigung der Vorschriften und ökonomischer Aspekte

IFRS 16 wirkt einer solchen Strukturierung durch Leitlinien zur Beurteilung der Wahrscheinlichkeit einer Optionsausübung entgegen.[802] Diesen kommt besonders vor dem Hintergrund **kurzfristiger Leasingverhältnisse mit Verlängerungsoptionen** eine besondere Bedeutung zu. Demnach steigt die Wahrscheinlichkeit der Ausübung einer Verlängerungsoption bzw. der Nicht-Ausübung einer Kündigungsoption mit einer abnehmenden Dauer des nicht kündbaren Zeitraums an.[803] Hinsichtlich der Dauer stellt ein kurzfristiges Leasingverhältnis insofern den Grenzfall dar, als der Zeitraum nicht kürzer bestimmt werden kann. Die Annahme trifft auf solche Leasingverhältnisse insofern in höchstem Maße zu. Sofern bei kurzfristigen Leasingverhältnissen eine Verlängerungsoption vertraglich vereinbart ist, weist die Leitlinie auf eine hohe Wahrscheinlichkeit der Ausübung der Laufzeitoption hin, sodass sie im Ergebnis nicht mehr kurzfristig wären. Bei aufeinander folgenden, kurzfristigen Leasingverhältnissen ist dieser Wirkungszusammenhang umso dringlicher zu beachten.

Ferner sollen in Bezug auf die Ausübung von Laufzeitoptionen **vergangene Handlungsweisen** und die Beweggründe für diese herangezogen werden.[804] Diese Annahme ist besonders relevant für mehrere aufeinanderfolgende kurzfristige Verträge mit Verlängerungsoptionen. Sofern diese Laufzeitoptionen in der Vergangenheit nicht ausgeübt wurden, die Verträge jedoch über mehrere Perioden wiederholt abgeschlossen werden, sollte unter Rückgriff auf diesen Anhaltspunkt für die aktuelle bzw. für kommende Perioden gefolgert werden, dass die Verlängerungsoption von der Vergangenheit abweichend als hinreichend sicher beurteilt werden sollte. Somit würden optionierte Perioden im Erstbewertungszeitpunkt berücksichtigt, wodurch das Leasingverhältnis nicht mehr kurzfristig und somit gemäß den gewöhnlichen Regelungen bilanzwirksam würde. Dieser Wirkungszusammenhang sollte mit einer zunehmenden Zahl kurzfristiger Perioden umso dringlicher werden. Die beschriebenen Annahmen bewirken, dass eine ausbleibende Ausübung von Verlängerungsoptionen bei Leasingverhältnissen, die durch eine Verkettung kurzfristiger Verträge strukturiert sind, bereits für mittelfristige Laufzeiten besonders detailliert begründet und umso sorgfältiger geprüft werden muss.

Zudem könnten **ökonomische Aspekte** mit Bezug sowohl zum Leasingnehmer als auch zum Leasinggeber **unabhängig von Verlängerungsoptionen** bei der Beurteilung der Vorteilhaftigkeit dieser Strukturierung einzubeziehen sein. Leasinggeber dürften mit zunehmender Kurzfristigkeit die geforderten Zahlungen erhöhen, um die Unsicherheit in Bezug auf positive Ergebnisbeiträge aus künftigen, möglicherweise nicht mehr zustande kommenden Leasingverhältnissen mit dem Leasingnehmer zu kompensieren.[805] Für den Leasingnehmer könnte eine

---

802 Vgl. dazu bereits Abschnitt 433.223.

803 Vgl. IFRS 16.B39.

804 Vgl. IFRS 16.B40.

805 Vgl. FISCHER, D. T., Erwartete Effekte, S. 120; HARTMANN-WENDELS, T./STARCK, M., Gestaltungsspielräume, S. 62; IFRS 16.BC94; PROPERTY COUNCIL OF AUSTRALIA (Hrsg.), Comment Letter ED/2013/6, S. 5.

Kurzfristigkeit demnach, im Vergleich zu längerfristigen Verträgen über dieselben Leistungen aus dem Leasingvertrag, mit nachteiligen finanziellen Vertragsbedingungen verbunden sein. Daneben verbleibt dem Leasingnehmer das Risiko des nicht zustande kommenden Folgevertrages bzw. der faktischen Verlängerung des Leasingverhältnisses. Er hat insofern eine vertragliche Unsicherheit, als er nicht sicher sein kann, das zugrunde liegende Leasingobjekt als zentrales Motiv für den Abschluss des Leasingverhältnisses auch in den Folgeperioden über den Kontrakt erhalten zu können.

Der dauerhaften Inanspruchnahme der Ausnahmeregelung für kurzfristige Leasingverhältnisse mit und ohne Verlängerungsoptionen wird somit nicht nur durch Anwendungshinweise, sondern auch durch praktische Implikationen entgegengewirkt. Allerdings dürften die Argumente die Anwendung der Erleichterungsvorschrift aufgrund von bilanzpolitischen Motiven nicht verhindern. So könnten Leasingnehmer diese mit der Absicht einer gewünschten bilanziellen Abbildung in Kauf nehmen.

434.23 Konkretisierung für drei vertragliche Konstellationen mit unterschiedlichen Ausprägungen der Identität der kurzfristigen Leasingverhältnisse

434.231. Mindestumfang für eine bilanziell motivierte Vertragsgestaltung

Für die Konkretisierung ist grundlegend zu klären, ab welchem zeitlichen Umfang eine bilanzpolitisch motivierte Strukturierung unterstellt werden kann. Aufgrund der umfassenden Kritik an der außerbilanziellen Abbildung bereits nach IAS 17 und der Forderung einer bilanziellen Abbildung grundsätzlich aller mit dem Leasingverhältnis verbundenen Implikationen ist dieser Zeitraum auch i. S. d. Standardsetzers **möglichst restriktiv** festzulegen.

Ein kurzfristiges Leasingverhältnis kann aus unterschiedlichen Gründen einmalig erneuert bzw. faktisch verlängert werden. Die Gründe dafür sollten weitestgehend situationsspezifisch sein. Daher wird eine einmalige Verlängerung als unkritisch erachtet. Für eine abermalige, zweite Verlängerung des ursprünglichen Vertrages kann die Vermutung der situationsspezifischen Verlängerung jedoch nicht aufrechterhalten werden. Auch wenn sie erneut der individuellen Situation geschuldet sein könnte, würde der rechtlich ehemals kurzfristige Vertrag faktisch über drei Perioden laufen. Ein kurzfristiger Charakter dürfte dann nur schwer zu rechtfertigen sein. Für diesen Zeitraum wird demnach vermutet, dass die außerbilanzielle Gestaltung mittels kurzfristiger Verträge beabsichtigt ist. Daher wird im Ergebnis eine bilanziell motivierte Vertragsgestaltung ab einer **Laufzeit über mehr als zwei Perioden** unterstellt. Auf diese Weise wird den beschriebenen Zielen des Standardsetzers, vor allem der Bilanzwirksamkeit aller Leasingverträge durch IFRS 16, und seinem Verständnis von kurzfristigen Verträgen entsprochen.

Für die Konkretisierung werden die folgenden Ausführungen in drei Abschnitte gegliedert. Sie betrachten vertragliche Konstellationen, die sich in der Identität der Leasingverhältnisse unterscheiden. So werden aufeinander folgend vertraglich identische, wirtschaftlich identische und wirtschaftliche ähnliche, kurzfristige Leasingverhältnisse diskutiert. Diese Möglichkeiten sind die für die vertragliche Strukturierung relevanten.

434.232. Vertragliche Identität der aufeinander folgenden Leasingverhältnisse

Eine mögliche Strukturierung durch den Leasingnehmer besteht darin, vertraglich identische kurzfristige Leasingverhältnisse über mehr als zwei Perioden hinweg einzugehen. Vertragliche Identität äußert sich darin, dass **alle Parameter** der Verträge, besonders das Leasingobjekt als zentraler Grund für das Leasingverhältnis aus der Sicht des Leasingnehmers, im Zeitverlauf **identisch** sind. Bei einem Leasingvertrag über einen PKW würde vertragliche Identität bedeuten, dass im Zeitverlauf nicht zwingend dasselbe, allerdings das gleiche Modell mit denselben Spezifikationen Gegenstand des Leasingvertrages ist. Zahlungsanpassungen, die lediglich eine Angleichung an das Preisniveau bezwecken, sind für die Identitätsanforderung unkritisch. Hingegen würden Anpassungen, die darüber hinausgehen und in der Gesamtschau zu ökonomisch divergierenden Zahlungen führen, darin resultieren, dass keine vertragliche Identität mehr vorliegen würde.

Sofern der Leasingvertrag **Verlängerungsoptionen** vorsieht, die bisher nicht ausgeübt wurden, sollte ab der dritten faktischen Verlängerung zwingend eine hinreichende Sicherheit der Optionsausübung unterstellt werden. Die Verlängerungsoption wäre somit auszuüben. Dadurch würde der laufende Vertrag eine Laufzeit von mehr als zwölf Monaten (kurzfristiger Zeitraum zuzüglich dem optionierten Zeitraum) vorweisen. Dieses Vorgehen würde den bilanziellen Ansatz der mit dem Kontrakt verbundenen Bilanzposten implizieren.

Die bilanzielle Wirksamkeit könnte auch durch ein anderes Vorgehen sichergestellt werden, das für Leasingverträge sowohl **mit** als auch **ohne Verlängerungsoptionen** anwendbar wäre. Demnach sollte alternativ die **Ausnahmevorschrift**, dass kurzfristige Leasingverhältnisse lediglich aufwandswirksam erfasst werden dürfen, nicht mehr anwendbar sein. Dieses Vorgehen ist insofern möglich, als die Erleichterungsvorschriften ohnehin freiwillig sind.[806] Aus dieser „Ausnahme von der Ausnahme“ folgend würden solche kurzfristige Leasingverhältnisse zutreffenderweise ansatzpflichtig.

Beide Bilanzierungsweisen gewährleisten, dass relevantere Informationen über das faktisch nicht kurzfristige Leasingverhältnis vermittelt werden. Zudem bilden sie die tatsächlichen wirtschaftlichen Umstände sachgerechter ab. Neben einer verstärkten Entscheidungsnützlichkeit für die primären Adressaten im Allgemeinen resultieren die Vorschläge für den Leasinggeber im Besonderen in relevante Informationen, denn er kann dann aus dem Umfang der bilanziellen Abbildung beim Leasingnehmer schließen, ob dieser von einer länger als kurzfristigen Leasingperiode ausgeht. Dies dürfte auch für seine Geschäftstätigkeit bedeutend sein.

[806] Vgl. IFRS 16.5.

434.233. Wirtschaftliche Identität der aufeinander folgenden Leasingverhältnisse

Neben einer vertraglichen Identität dieser der Verkettung zugrunde liegenden Verträge können die Leasingverhältnisse auch eine wirtschaftliche Identität aufweisen. Diese grenzt sich von vertraglicher Identität insofern ab, als nicht alle vertraglichen Parameter identisch sind. Der Vertrag ist aber bei einer **wirtschaftlichen Betrachtungsweise** als **identisch** zu beurteilen. Er erfüllt besonders denselben Zweck für den Leasingnehmer bzw. wird von ihm aus denselben Absichten eingegangen. Vor allem sollte wirtschaftliche Identität über das Leasingobjekt definiert werden, da seine Verfügbarkeit für den Leasingnehmer der zentrale Beweggrund für das Leasingverhältnis ist. Es braucht nicht zwingend derselbe zu sein, sollte aber hinsichtlich seines Zwecks, seiner Funktionalität und weiterer entscheidungsrelevanter Eigenschaften (wirtschaftlich) identisch sein und dem alten Leasinggegenstand insofern gleichen. Bei einem Leasingvertrag über einen PKW würde wirtschaftliche Identität bedeuten, dass im Zeitverlauf nicht zwingend das gleiche Modell Gegenstand des Leasingvertrages sein muss, aber ein Modell gewählt wird, dass hinsichtlich der Spezifikationen vergleichbar ist, z. B. hinsichtlich der Größe, der Fahrleistung oder der Ladefläche.

Weiterhin sind modifizierte Zahlungsströme unkritisch, sofern Unterschiede nur das Preisniveau wiederspiegeln oder aufgrund des anderen Leasingobjektes angepasst werden. Eine weitere Detaillierung in der Unterscheidung zwischen vertraglich und wirtschaftlich identischen Leasingverhältnissen ist aufgrund der qualitativen Betrachtung zwar nicht möglich, allerdings auch nicht erforderlich, da die genannten Kriterien bereits ausschlaggebend für die Beurteilung sind.

Die Empfehlungen zur Beurteilung wirtschaftlich identischer Leasingverhältnisse **entsprechen** denjenigen im Kontext der **vertraglichen Identität**. Diese Folgerung gründet darin, dass die Leasingverhältnisse bei einer wirtschaftlichen Betrachtungsweise identisch sind. Auf diese Weise wird insbesondere sichergestellt, dass bilanzpolitisch motivierte Anpassungen des Leasingverhältnisses, die gerade darin begründet sind, eine vertragliche Identität zu unterbinden, zu keiner abweichenden bilanziellen Behandlung führen.

434.234. Wirtschaftliche Ähnlichkeit der aufeinander folgenden Leasingverhältnisse

Neben einer wirtschaftlichen oder vertraglichen Identität können aufeinander folgende, kurzfristige Leasingverhältnisse auch lediglich wirtschaftlich ähnlich strukturiert sein. Wirtschaftliche Ähnlichkeit impliziert, dass die **vertraglichen Parameter** nicht mehr identisch, sondern allenfalls **ähnlich** sind. Besonders kann nicht weiter unterstellt werden, dass der Zweck des Leasingverhältnisses für den Leasingnehmer identisch ist. Das Leasingobjekt der im Zeitverlauf unterschiedlichen Verträge erfüllt nicht zwingend denselben Zweck, dieselbe Funktionalität und kann ferner andere entscheidungsrelevante Eigenschaften aufweisen. Bei einem Leasingvertrag über einen LKW würde vertragliche Ähnlichkeit implizieren, dass zwar weiterhin ein LKW Gegenstand des Leasingverhältnisses ist, dieses jedoch hinsichtlich der entscheidungsrelevanten Eigenschaften mit den vorherigen vergleichbar ist (bspw. Größe, Ladefläche oder Fahrleistung). Somit kann auch bei einer ökonomischen Betrachtungsweise keine Identität der Leasingverhältnisse festgestellt werden. Diese Wesensunterschiede aufgrund nicht mehr vorhandener Identität können sich auch in abweichenden Zahlungsmodalitäten ausdrücken. Eine tiefergehende Differenzierung zwischen wirtschaftlich identischen und wirtschaftlich ähnlichen Leasingverhältnissen ist nicht zu leisten, weil die Betrachtung weitgehend qualitativ ist. Gleichwohl sollte die gefolgerte Vorgehensweise unter Berücksichtigung der Gesamtumstände zu regelmäßig eindeutigen Urteilen führen.

Für wirtschaftlich ähnliche Leasingverhältnisse dürfte die **Anwendung der gewöhnlichen Vorschriften** ohne weitere Besonderheiten sachgerecht sein. Eine beabsichtigte Strukturierung kann besonders aufgrund des divergierenden Charakters des Kontraktes nicht mehr unterstellt werden. Aufgrund des unterschiedlichen ökonomischen Gehalts des Vertrages kann die Inanspruchnahme des Wahlrechtes für die vereinfachte erfolgswirksame Erfassung der aus dem Leasingverhältnis resultierenden Zahlungen zu relevanten Informationen führen. Ferner werden die kurzfristigen Leasingverhältnisse glaubwürdig abgebildet. Aufgrund dieser Schlussfolgerung sind detailliertere Vorgaben zur Differenzierung zwischen wirtschaftlich identischen und wirtschaftlich ähnlichen Leasingverhältnissen auch nicht erforderlich.

Aufgrund der Bilanzwirksamkeit wirtschaftlich ähnlicher Leasingverhältnisse dürften sich Gestaltungsabsichten des Leasingnehmers vorwiegend auf die Abgrenzung von wirtschaftlich identischen und wirtschaftlich ähnlichen Kontrakten konzentrieren.

434.3 Sich automatisch verlängernde Leasingverhältnisse

434.31 Inhaltliche Einführung

Weitere Herausforderungen für eine entscheidungsnützliche bilanzielle Abbildung ergeben sich für Leasingverhältnisse, die sich nach einem zu Beginn des Vertragszeitraums nicht kündbaren Zeitraums **automatisch um ein bestimmtes Zeitintervall verlängern**, solange weder der Leasingnehmer noch der Vertragspartei den Vertrag kündigt. Diese Verträge sind insofern auf unbestimmte Zeit geschlossen.[807] Solche vertraglichen Gestaltungen sind wegen der zeitlichen Flexibilität für den Leasingnehmer im Zeitverlauf aufgrund der regelmäßiger Kündigungsmöglichkeiten attraktiv.[808]

Die Vorschriften sehen für diese besondere Vertragsstruktur **keine expliziten Bestimmungen** zur bilanziellen Behandlung vor. Dieser Umstand wurde durch die EFRAG kritisiert.[809] Die Regelungen gehen lediglich auf den gewöhnlichen Fall eines nicht kündbaren Zeitraums zuzüglich bzw. abzüglich einmaliger Verlängerungs- bzw. Kündigungsoptionen, und insofern auf zeitlich begrenzte Kontrakte, ein. Die Übertragung der gewöhnlichen Regelungen auf diesen

807 Vgl. zu dieser Vertragskonstellation allerdings im Kontext der Definitionsvorschriften ENGELS, J./DREESEN, H., Leasingbilanzierung in der internationalen Rechnungslegung, S. 194; FREIBERG, J./PANEK, N./EHRCKE, H., Leasingverhältnisse nach IFRS 16, S. 2092.

808 Vgl. ESMA (Hrsg.), Comment Letter ED/2013/6, S. 7.

809 Vgl. EFRAG (Hrsg.), IFRS 16 Endorsement Advice, Rn. 146.

Sachverhalt führt aufgrund ihrer mangelnden Eignung zu konzeptionellen Unklarheiten. So ist vor allem unklar, ob die Einschätzung der Laufzeit über eine Verlängerungsperiode hinaus vorgenommen werden dürfte. Dies könnte zu entscheidungsnützlicheren Informationen führen. Ferner wird nicht ersichtlich, zu welchen Zeitpunkten, in welchem Umfang und unter welchen Umständen eine Neueinschätzung des Zeitraums möglich sein sollte, damit die bilanzielle Abbildung den Charakter als sich automatisch verlängerndes Leasingverhältnis reflektiert.

Damit die Vorschriften des IFRS 16 den Sachverhalt adäquat adressieren können, muss für Vertragsverhältnisse mit einer sich automatisch verlängernden Vertragsdauer grundlegend unterstellt werden, dass Optionen zur Verlängerung des Leasingverhältnisses bzw. zur Kündigung regelmäßig ausgeübt bzw. nicht ausgeübt werden, d. h. die Ausübung als hinreichend sicher bzw. nicht hinreichend sicher beurteilt wird. Der Leasingnehmer befindet zu den periodisch wiederkehrenden Beurteilungszeitpunkten, i. d. R. zu den Kündigungsfristen, darüber, wann das Leasingverhältnis auslaufen soll, d. h. wann demzufolge die hinreichende Sicherheit der Ausübung der nächsten Verlängerungsoption nicht mehr vorliegt bzw. die Kündigung hinreichend sicher ist. Für die bilanzielle Abbildung eines solchen Leasingverhältnisses könnte sowohl eine rechtliche Perspektive als auch eine wirtschaftliche Sichtweise sachgerecht sein. Im Folgenden werden die Vorschriften vor diesem Hintergrund dahingehend untersucht, auf welche Weise der Zeitraum für diese Vertragsspezifikationen konzeptionell überzeugend abgebildet wird.

Die Konkretisierung erfolgt für verschiedene Konstellationen. Diese werden durch die Länge des **nicht kündbaren Zeitraums** und die Länge der **Verlängerungsintervalle** bestimmt. So wird

- erstens der Fall untersucht, in dem weder der nicht kündbare Zeitraum noch das Verlängerungsintervall kurzfristig sind;
- zweitens der Sachverhalt, dass entweder der nicht kündbare Zeitraum oder die Verlängerungsintervalle kurzfristig sind;
- und drittens die Konstellation, dass beide Bestandteile der Laufzeit kurzfristig sind.

In die Überlegungen fließt ferner die **Kündigungsfrist** ein. Zum Zweck der Untersuchung wird zutreffend[810] unterstellt, dass regelmäßig ein nicht kündbarer Zeitraum als vertraglich festgelegter, den Verlängerungen zeitlich vorgelagerter Bestandteil des Leasingverhältnisses vereinbart wird. Ferner wird angenommen, dass die erste Verlängerungsoption aufgrund der Beurteilung als hinreichend sicher in der Ausübung – bzw. wegen der nicht hinreichend siche-

[810] Vgl. zur Notwendigkeit des nicht kündbaren Zeitraumes bereits Abschnitt 432.1.

ren Kündigung – in die zeitliche Dauer des Leasingverhältnisses einbezogen wird. Diese Annahme ist erforderlich, gleichwohl unkritisch, weil die betrachteten Konstellationen ohnehin nur über eine Periode hinausgehende Zeiträume umfassen.[811]

434.32 Keine kurzfristigen vertraglichen Bestandteile des gesamten Zeitraums des Leasingverhältnisses

434.321. Mögliche Ansätze zur Bestimmung des für die Bilanzierung zugrunde zu legenden Zeitraums

Im ersten Fall sind sowohl der nicht kündbare Zeitraum als auch die Verlängerungsintervalle **länger als zwölf Monate**. Der für die Bilanzierung zugrunde zu legende Zeitraum könnte bestimmt werden, indem auf den nicht kündbaren Zeitraum zuzüglich der ersten Verlängerungsperiode abgestellt wird. Die weiteren, optionierten Perioden würden erst zu späteren Zeitpunkten berücksichtigt, wenn die Laufzeitoptionen tatsächlich rechtlich bindend ausgeübt werden. Bei dieser Auslegung wird insofern eine **rechtliche Perspektive** eingenommen, als die bilanzielle Abbildung nur diejenigen Rechte und Verpflichtungen, die zum jeweiligen Zeitpunkt bestehen, umfasst. Demnach wird besonderes Gewicht auf die Tatsache gelegt, dass der Leasingnehmer bis zur Kündigungsfrist lediglich für den zu Beginn des Leasingverhältnisses bestimmten Zeitraum – der nicht kündbare Zeitraum und die erste Verlängerungsperiode – das vertragliche Nutzungsrecht hat. Erst wenn die Kündigungsfrist für die zweite Verlängerungsoption überschritten ist und keine Vertragspartei gekündigt hat, wird die nächste Verlängerungsperiode einbezogen. Dann bestehen erneute Rechte und Verpflichtungen für eine weitere Periode. Das **zentrale Merkmal** des Sachverhalts, die automatische Verlängerung des Leasingverhältnisses, wirkt sich nach diesem Vorgehen **nicht in der bilanziellen Abbildung** aus.

Zur **Illustrierung** des Sachverhalts wird im Folgenden beispielhaft unterstellt, dass der nicht kündbare Zeitraum ein Jahr beträgt und der Vertrag nach diesem Jahr, sofern der Leasingnehmer nicht kündigt, um jeweils ein weiteres Jahr verlängert wird. Dies würde sich bis zur Kündigung des Leasingnehmers unbegrenzt wiederholen. Der der Bilanzierung zugrunde zu legende Zeitraum wird zu den auf den Zeitpunkt der erstmaligen Beurteilung folgenden Zeitpunkten gemeinsam durch den Zeitraum der Verlängerungsoption und den Zeitraum bestimmt, der zwischen der Kündigungsfrist und dem Vertragsende erfasst wird. Wenn die Kündigungsfrist mit den Ende des Verlängerungszeitraums identisch ist, bildet lediglich die Verlängerungsperiode die zeitliche Grundlage der bilanziellen Abbildung (Zeitraum ab der Kündigungsfrist K_1 in Abbildung 4-5). Im Beispiel würde der Zeitraum ein Jahr umfassen. Wenn die Kündigungsfrist hingegen bereits vor dem Ende der vorherigen Verlängerungsperiode abläuft, ergibt sich der für die Bilanzierung heranzuziehende Zeitraum aus der Periode der Verlängerung zuzüglich dem Zeitintvervall zwischen dem Kündigungszeitpunkt und dem Ende der vorherigen Periode. Falls die Kündigungsfrist z. B. bereits eine Periode vorher angelegt ist, beträgt der

811 Gleichwohl anmerkend, dass das nicht zwangsweise der Fall sein muss, INDIAN BANKS' ASSOCATION (Hrsg.), Comment Letter ED/2013/6, S. 3; AICPA (Hrsg.), Comment Letter ED/2013/6, S. 5.

neue zugrunde zu legende Zeitraum zwei Jahre (ein Jahr aufgrund der Verlängerungsoption zuzüglich noch einem Jahr ab der Kündigungsfrist; Zeitraum ab der Kündigungsfrist K_2 in Abbildung 4-5).

Die möglichen, der bilanziellen Abbildung zugrunde zu legenden Zeiträume werden in der Abbildung 4-5 dargestellt. Zum Zweck des besseren inhaltlichen Verständnisses wird auf der linken Seite der Abbildung die gewöhnliche Konstellation eines Leasingverhältnisses, ein nicht kündbarer Bestandteil zuzüglich einer Verlängerungsoption und die resultierenden, möglichen Zeiträume gezeigt.

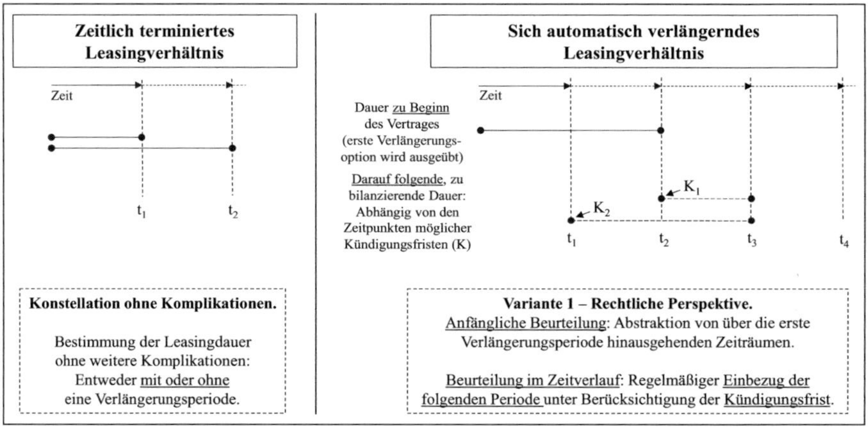

Abbildung 4-5: Bestimmung der Leasingdauer bei sich automatisch verlängernden Leasingverhältnissen – rechtliche Perspektive

Gemäß dem alternativen Vorgehen würde bereits die Ermittlung zum Erstbewertungszeitpunkt nicht nur den nicht kündbaren Zeitraum ggf. zuzüglich der ersten Verlängerungsperiode einbeziehen. Vielmehr würde auf den **wahrscheinlichsten Zeitraum** des Leasingverhältnisses abgestellt.[812] Demnach würde die Ermittlung der Dauer des Leasingverhältnisses auf der

812 Die Beurteilung gemäß dem wahrscheinlichsten Zeitraum besitzt Ähnlichkeit zu dem „Zeitraum, der hinreichend sicher ist“. Dieses Vorgehen ähnelt insofern in den Grundzügen der Konzeption zur Ermittlung des Zeitraums gemäß ED/2010/9. Nach dem Regelungsentwurf war der Zeitraum maßgeblich, der unter Berücksichtigung der Gesamtumstände überwiegend wahrscheinlich eintreten wird (*more likely than not to occur*), vgl. IASB (Hrsg.), ED/2010/9, Appendix A; weiterführend SEEBACHER, K. S., Analyse der ED/2010/9-Regelungen, S. 112–116 und Abschnitt 223. Dieses Konzept wurde im Kontext eines gewöhnlichen Leasingverhältnisses aus verschiedenen Gründen kritisiert. Die Stoßrichtungen der Kritiken sind jedoch auf den hier diskutierten Fall nicht bzw. nur eingeschränkt anzuwenden. So wurde bereits damals die konzeptionelle Inkonsistenz mit der Definition einer Schuld gemäß dem *Conceptual Framework* angemerkt. Diese Kritik wird weiterhin auch im Kontext des IFRS 16 ausgeübt, vgl. dazu IASB (Hrsg.), ED/2013/6, Rn. BC139 (a). Außerdem wurde die Höhe der Wahrscheinlichkeitsschwelle diskutiert, vgl. IASB (Hrsg.), ED/2013/6, Rn. BC139 (c). Lediglich die Kritik, dass divergierende Vertragskonstellationen und ökonomische Realitäten zu derselben Laufzeitschätzung führen könnten, könnte auf die hier vorgenommene Konkretisierung übertragen werden, vgl. IASB (Hrsg.), ED/2013/6, Rn. 139 (b). Jedoch kann auch das relativiert werden, da sich die Anmerkungen auf den Einbezug des nicht kündbaren Zeitraums fokussierten. In der hier diskutierten Konstellation stehen bis auf einen anfangs nicht kündbaren Zeitraum

Grundlage einer **wirtschaftlichen Sichtweise** erfolgen. Insofern würde die bilanzielle Abbildung dem Charakter als unendlich laufendes Leasingverhältnis Rechnung tragen. Das Beispiel fortführend würde der Leasingnehmer nicht nur beurteilen, ob er die erstmalige Verlängerungsoption ausübt, sondern bereits darüber hinausgehende, optionierte Zeiträume in die Betrachtung einbeziehen. Demnach wäre auch möglich, dass der Leasingnehmer zu Beginn des Leasingverhältnisses schätzt, dass er den Vertrag nach der zweiten Verlängerungsperiode, also nach drei Jahren kündigen wird. Dann wäre dieser Zeitraum entsprechend für Zwecke der Bilanzierung maßgeblich.

Identisch würde im Zeitverlauf vorgegangen, indem in regelmäßigen Abständen eine **Neubeurteilung** über diesen Zeitraum vorgenommen würde. In diesem Zuge würde der Leasingnehmer jeweils unabhängig von der vorherigen Schätzung evaluieren, welcher Zeitraum der aktuell wahrscheinlichste ist. Dieses Vorgehen impliziert, dass Neueinschätzungen des Zeitraums nicht an die gewöhnlichen Indikatoren geknüpft werden. Daraus würden sich entsprechende wertmäßige Effekte auf das Nutzungsrecht und die Verbindlichkeit ergeben. Die Zeitpunkte der Neubeurteilungen sollten sich an den **Kündigungsfristen** orientieren, da der Leasingnehmer ohnehin bis spätestens zu diesem Zeitpunkt eine Entscheidung zum Zeitraum treffen muss.

Die Abbildung 4-6 macht dieses Vorgehen graphisch deutlich. Zu den jeweiligen Stichtagen t_1 und t_2 wird beispielhaft die Möglichkeit unterschiedlicher möglicher, zu bilanzierender Zeiträume illustriert.

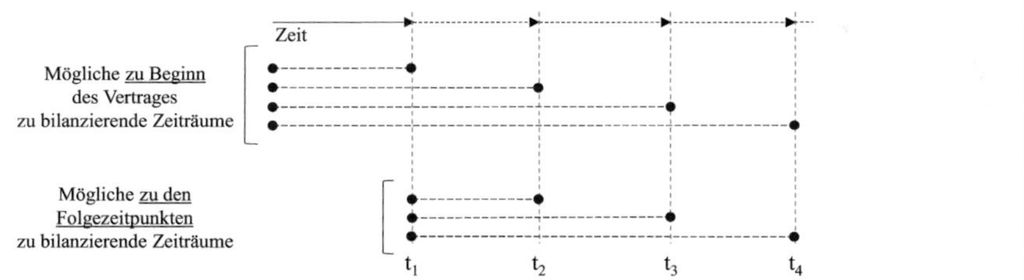

Variante 2 – Wirtschaftliche Betrachtungsweise.
Anfängliche Beurteilung: Mögliche Zeiträume, die zum Zeitpunkt der Beurteilung am wahrscheinlichsten sind. Der wahrscheinlichste dieser Zeiträume ist für die Bilanzierung maßgeblich.

Beurteilung im Zeitverlauf: Wiederholung des Vorgehens zu dem Zeitpunkt der Beurteilung über die vorzeitige Kündigung – unabhängig von der Beurteilung zum vorherigen Zeitpunkt. Der zu bilanzierende Zeitraum kann sich demnach regelmäßig ändern.

Abbildung 4-6: Bestimmung der Leasingdauer bei sich automatisch verlängernden Leasingverhältnissen – wirtschaftliche Betrachtungsweise

Beide Vorgehensweisen besitzen hinsichtlich der bilanziellen Konsequenzen **Gemeinsamkeiten und Unterschiede** mit Verlängerungsoptionen nach den gewöhnlichen Vorschriften. Diese

---

ausschließlich Verlängerungszeiträume im Zentrum der Betrachtung.

werden normalerweise einbezogen, wenn der Leasingnehmer sich hinreichend sicher ist, die Laufzeitoption zum Ausübungszeitpunkt tatsächlich zu ziehen. Der Unterschied zum Vorgehen nach der **rechtlichen Perspektive** für sich automatisch verlängernde Leasingverhältnisse liegt darin, dass der bilanzierte Zeitraum im gewöhnlichen Fall nicht vollumfänglich Rechte und Verpflichtungen verbrieft, denn die subjektive Einschätzung des Leasingnehmers über die Ausübung einer Verlängerungsoption entfaltet zum Beurteilungszeitpunkt noch keine rechtliche Bindung. Hingegen ist dies nach dem Vorgehen gemäß der rechtlichen Perspektive gerade der Fall. Der bilanzierte Zeitraum umfasst zu jedem Zeitpunkt den Zeitraum, für den Rechte und Verpflichtungen bestehen. Das Vorgehen gemäß der **wirtschaftlichen Sichtweise** stellt identisch zum gewöhnlichen Vorgehen eine subjektive Beurteilung des Leasingnehmers über die Laufzeit, die von tatsächlichen Rechten und Verpflichtungen losgelöst ist, in den Vordergrund. Abweichend ist eine Neubeurteilung allerdings regelmäßig vorgesehen, wohingegen das gewöhnliche Vorgehen nur in bestimmten Fällen Neueinschätzungen ermöglicht.

434.322. Abwägung der Implikationen der Ansätze

Für eine Bilanzierung gemäß der **rechtlichen Perspektive** spricht, dass die bilanzierten Werte ausschließlich diejenigen Perioden widerspiegeln, für die der Leasingnehmer bereits die Rechte und Verpflichtungen aus dem Vertrag hat. Insofern berücksichtigt diese Bilanzierungsweise die tatsächlichen rechtlichen Umstände. Besonders verhindert sie subjektive Ermessensspielräume bei Entscheidungen zur Bilanzierung durch den Leasingnehmer. Zudem ergeben sich keine Werteffekte aus Perioden, für die er noch keine Entscheidungen zur Verlängerung oder Kündigung getroffen hat. Die wirtschaftlichen Verhältnisse werden sachgerecht dargestellt, wenn der Leasingnehmer ebendiese Form der Vertragsstruktur wegen seiner zeitlichen Flexibilität bewusst gewählt hat.

Dem erstgenannten Argument ist jedoch entgegenzuhalten, dass die Orientierung an Rechten und Verpflichtungen im Kontext der gewöhnlichen Einbeziehung von Verlängerungsoptionen in dem gesamten Zeitraum des Leasingverhältnisses eben nicht maßgeblich ist. Vielmehr basiert sie auf der subjektiven Einschätzung des Leasingnehmers, indem er sein Urteil über die hinreichende Sicherheit der Ausübung der Laufzeitoption fällt. Eine Orientierung an Rechten und Verpflichtungen ist demnach nicht unbedingt erforderlich, um Konsistenz innerhalb der Regelungsanwendung zu erreichen. Ferner sprechen die bilanziellen Konsequenzen nicht zwingend für diesen Ansatz. Sofern der Zeitpunkt der Kündigungsfrist – d. h. der Zeitpunkt der erneuten Beurteilung einer Verlängerung – identisch mit dem Vertragsende ist, fällt der Wert der Bilanzposten vorübergehend auf null (siehe dazu auch Abbildung 4-7). Die rechtliche Betrachtungsweise suggeriert daher bilanziell, dass die Verlängerungszeiträume isoliert betrachtet jeweils neue Leasingverhältnisse darstellen, obgleich sich die bilanzielle Abbildung faktisch dauerhaft auf dasselbe Leasingverhältnis bezieht.

Konzeptionell führt eine Bilanzierung gemäß der rechtlichen Perspektive zwar zu glaubwürdigen Informationen, da die Beurteilung des Zeitraums keine bedeutsamen subjektiven Schätzungen des Leasingnehmers unterliegt. Zudem führt dieser Ansatz zu unternehmensübergreifend vergleichbaren Informationen. Indes mangelt es diesen Informationen an Relevanz für die Adressaten, da der durch den Leasingnehmer beabsichtigte Zeitraum überwiegend nicht den tatsächlichen wirtschaftlichen Umständen bzw. Absichten des Leasingnehmers entsprechend abgebildet werden dürfte. Auch die Glaubwürdigkeit der Informationen wird deshalb eingeschränkt.

Eine Bilanzierung gemäß der **wirtschaftlichen Sichtweise** stellt hingegen sicher, dass die der Bilanzierung zugrunde gelegte Leasingdauer der tatsächlich beabsichtigten Vertragsdauer entspricht. Diese Bilanzierungsweise ist zwar mit Ermessensspielräumen in der Bestimmung der der Laufzeit verbunden. Das Ergebnis sollte trotzdem in höherem Maße zur Abbildung der wirtschaftlichen Realität führen als das alternative Vorgehen. Hinsichtlich des Einbezugs von Perioden, die der Leasingnehmer beabsichtigt zu nutzen, würde zudem insofern Konsistenz mit den gewöhnlichen Regelungen erreicht, als für den Einbezug von Verlängerungsperioden das Urteil des Leasingnehmers über die hinreichende Sicherheit der Ausübung maßgeblich ist, womit ebenfalls von rechtlichen Verhältnissen abstrahiert wird. Indem der Leasingnehmer die optionierten Zeiträume in seiner Einschätzung berücksichtigt, vermitteln die daraus resultierenden finanziellen Informationen ein den tatsächlichen wirtschaftlichen Umständen eher entsprechendes Bild. Ferner erzeugt dieses Vorgehen relevantere Informationen für die Adressaten.

Die **konzeptionelle Vorteilhaftigkeit** und höhere Konsistenz innerhalb der Vorschriften des IFRS 16 deuten im Ergebnis vorerst auf eine Vorteilhaftigkeit einer bilanziellen Abbildung nach der **wirtschaftlichen Betrachtungsweise** hin. Die daraus resultierenden Informationen sind im Vergleich zum alternativen Ansatz relevanter und glaubwürdiger, da auf die zum jeweiligen Beurteilungszeitpunkt aktuelle Schätzung der Laufzeit abgestellt wird. Dem Vorgehen naturgemäß innewohnende Ermessensspielräume schwächen die Vorteilhaftigkeit zwar, beeinflussen das Gesamturteil indes nicht. Diese Schlussfolgerung entspricht im Übrigen in höherem Maße der grundsätzlichen Forderung des Standardsetzers nach einer bilanziellen Abbildung eines Sachverhalts anhand seiner wirtschaftlichen Substanz anstatt der rechtlichen Umstände.[813]

Für ein abschließendes Urteil über die Vorteilhaftigkeit sollten die mit der jeweiligen Sichtweise verbundenen **Auswirkungen auf die Bewertung der Bilanzposten**[814] berücksichtigt werden. Die Bilanzierung gemäß der **rechtlichen Perspektive**, also die Berücksichtigung der

813 Vgl. CF 2.12. und CF.BC2.33.

814 Grundsätzlich unterscheiden sich die Vorschriften zur Bewertung der Verbindlichkeit und des Nutzungsrechtes hinsichtlich der in die Bewertung einzubeziehenden Sachverhalte, vgl. graphisch gegenüberstellend Abbildung 4-8. Gleichwohl ist beiden gemein, dass mehr einzubeziehende Perioden aufgrund der zusätzlichen periodenbezogenen Zahlungen grundsätzlich den Wert beider Bilanzposten erhöhen (, solange sie nicht zahlungsfreie Perioden sind). Die Ausführungen beziehen sich auf diesen Zusammenhang.

kommenden Verlängerungsperiode als größtmöglicher zeitlicher Umfang, spiegelt im Zeitverlauf nur die Werte, die sich aus den einzelnen Verlängerungsintervallen ergeben, zuzüglich der verbleibenden Werte vorheriger Perioden ab der Kündigungsfrist wider (siehe illustrierend Abbildung 4-5). Die einzubeziehenden Perioden können im Zeitverlauf demnach das Intervall, das durch eine Verlängerungsoption abgedeckt wird, nicht überschreiten. Die wertmäßigen Auswirkungen werden zudem durch **Kündigungsfristen** beeinflusst. Während die absoluten Werte der Schwankungen tangiert werden (absolute Höhe der Wertentwicklung in Abbildung 4-7), bleibt das Schwankungsintervall im Zeitverlauf identisch. Dies führt zu gleichmäßigen Erfolgswirkungen. Abhängig vom Zeitpunkt der Frist der optionierten Verlängerungsperiode können somit entweder vergleichsweise hohe Werte (rechte Seite der Abbildung 4-7) oder niedrige Werte, vor allem auch ein Wert von null (linke Seite der Abbildung 4-7), erreicht werden.

Die Abbildung 4-7 verdeutlicht die Auswirkungen der Konstellationen mit unterschiedlichen Kündigungsfristen. Der Gleichlauf endet, sobald der Vertrag gekündigt wird. Sofern der Wert zu diesem Zeitpunkt größer als null ist, impliziert eine Kündigung eine sukzessive Abnahme der Werte auf null.

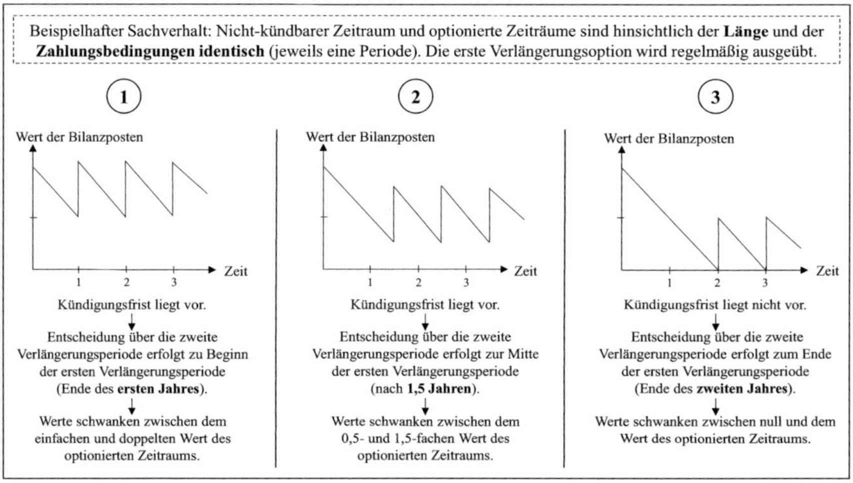

Abbildung 4-7: Wertmäßige Auswirkungen des Zeitpunktes der Kündigungsfrist bei einer bilanziellen Abbildung gemäß der rechtlichen Perspektive

Eine Bilanzierung nach der **wirtschaftlichen Betrachtungsweise** berücksichtigt hingegen zu allen Zeitpunkten der Neueinschätzungen die wahrscheinlich in Anspruch zu nehmenden Perioden. Auf diese Weise werden auf wertmäßige Auswirkungen ausgerichtete Strukturierungspotenziale unterbunden.[815] Das Vorgehen führt naturgemäß zu einer höheren Ergebnisvola-

815 Vgl. ebenso diesen Aspekt adressierend ESMA (Hrsg.), Comment Letter ED/2013/6, S. 7.

tilität, da die Neueinschätzungen zu den jeweiligen Beurteilungszeitpunkten zu unterschiedlichen wahrscheinlichsten Zeiträumen führen können. So wäre zu einem gegebenen Zeitpunkt einerseits eine vorzeitige Kündigung zum nächstmöglichen Zeitpunkt denkbar, was in einer zeitnahen Anpassung der Werte auf null resultiert. Andererseits könnte sich durch die Neubeurteilung eine sehr lang zu beurteilende Dauer ergeben, wodurch sich die Werte des Nutzungsrechtes und der Verbindlichkeit entsprechend erhöhen. Die wertmäßigen Effekte sind somit im Ergebnis im Vergleich zur Implementierung einer rechtlichen Betrachtungsweise weniger regelmäßig und konsistent im Zeitablauf. Dies ist gleichwohl nicht als eine negative Implikation des Ansatzes auszulegen, sondern vielmehr als die logische Folge aus seiner Anwendung zu verstehen. Dafür spricht auch, dass der Werteffekt bei einem gewöhnlichen Leasingverhältnis mit lediglich einer Verlängerungsoption gleichermaßen auftritt, wenn der Zeitraum mehrfach neu eingeschätzt wird.[816]

Unter Abwägung aller Argumente und Implikationen sollte die bilanzielle Abbildung gemäß der **wirtschaftlichen Betrachtungsweise** auf die Laufzeit des Leasingverhältnisses erfolgen. Die positiven Implikationen der bilanziellen Abbildung gemäß dem wahrscheinlichsten Zeitraum sind bedeutsamer einzuschätzen als die Folgen einer Bilanzierung gemäß einer rechtlichen Perspektive.

434.33 Ein kurzfristiger vertraglicher Bestandteil des gesamten Zeitraums des Leasingverhältnisses

In der soeben betrachteten Konstellation weisen die beiden konstituierenden Elemente des nicht kündbaren Zeitraums und der Verlängerungsoption jeweils mehr als zwölf Monate auf. Kurzfristigkeit von einem der Elemente wurde vorerst ausgeschlossen. Im Folgenden werden kurzfristige Zeiträume in die Betrachtung einbezogen.

Zum einen kann der **nicht kündbare Zeitraum** nur bis zu zwölf Monate andauern, während die Verlängerungsoption weiterhin auf einen länger als zwölf Monate andauernden Zeitraum ausgelegt ist. Der nicht kündbare Zeitraum ist dann isoliert betrachtet gemäß IFRS 16 als kurzfristig zu charakterisieren. Es könnte vermutet werden, dass diese Kurzfristigkeit bilanzielle Implikationen mit sich bringt. Indes resultieren gerade aufgrund der Eigenart sich automatisch verlängernder Verträge keine abweichenden Implikationen, da die erste Verlängerungsoption, wie zu Beginn unterstellt,[817] regelmäßig ausgeübt wird. Der optionierte Zeitraum wird deshalb bei der anfänglichen Bewertung der Bilanzposten einbezogen. Somit ist der für die Bilanzierung im Erstbewertungszeitpunkt zugrunde liegende Zeitraum zwingend länger als zwölf Monate. Auch die Folgeintervalle sind in diesem Fall länger als zwölf Monate. Hinsichtlich der Verlän-

816 Allerdings sollte der Effekt in diesen Fällen weniger stark ausgeprägt sein, da die Obergrenze der Bewertung, die sich durch die einbeziehbaren Perioden ergibt, naturgemäß durch den Kontrakt vorgegeben ist.

817 Ohne diese Annahme könnte der Zeitraum auch lediglich den nicht kündbaren Zeitraum umfassen. Für diesen ergeben sich dann allerdings keine Besonderheiten in der Betrachtung, vgl. Abschnitt 432.

gerungsoptionen ergeben sich deshalb keine vom soeben diskutierten Fall abweichenden Besonderheiten. Diese Konstellation ist in Bezug auf Herausforderungen aus der Kurzfristigkeit unkritisch. Die sachgerechte Bilanzierung folgt gemäß den Schlussfolgerungen des vorherigen Abschnitts.

Zum anderen kann der umgekehrte Fall vorliegen, indem der nicht kündbare Zeitraum zwar länger als zwölf Monate ist, hingegen die optionierten **Verlängerungsperioden** lediglich eine Laufzeit von bis zu zwölf Monaten haben und somit kurzfristig sind. Demnach wäre denkbar, dass sich Bilanzierungserleichterungen für die folgenden Verlängerungsperioden ergeben. Dem ist entgegenzuhalten, dass die Verlängerungsoptionen nur einen Bestandteil des gesamten Vertrages darstellen. Die Kurzfristigkeit der Verlängerungsoption darf nicht maßgeblich für die bilanzielle Abbildung des gesamten Kontraktes sein. Zudem wirkt sich die im vorherigen Abschnitt gefolgerte, wirtschaftliche Sichtweise auch auf diesen Sachverhalt aus, indem auch die kurzfristigen Verlängerungszeiträume für die Einschätzung der wahrscheinlichen Restlaufzeit des Vertrages gebündelt werden können. Die Bilanzierung folgt somit den Schlussfolgerungen der vorherigen Abschnitte. Es entstehen keine abweichenden Implikationen.

434.34 Ausschließlich kurzfristige vertragliche Bestandteile des gesamten Zeitraums des Leasingverhältnisses

Abschließend ist auch denkbar, dass sowohl der nicht kündbare Zeitraum als auch die optionierten Verlängerungszeitraume bis zu zwölf Monate lang sind. Beide Bestandteile sind dann kurzfristig. Allein in dieser Konstellation könnten vertragliche Gestaltungen ergeben, dass die Gesamtdauer des Leasingverhältnisses das Merkmal der Kurzfristigkeit erfüllt. Dieser Fall könnte z. B. dann vorliegen, wenn der nicht kündbare Zeitraum und die Verlängerungsoptionen jeweils zwei Monate umfassen, die Verlängerung bis zu drei Mal ausgeführt wird und somit ein gesamter Zeitraum von acht Monaten vorliegt.[818]

Trotz ausschließlich kurzfristiger Laufzeitelemente muss die gesamte Laufzeit jedoch nicht zwingend kurzfristig sein. Bei mehrmonatigen kurzfristigen Intervallen ist das Merkmal der Kurzfristigkeit für den gesamten Zeitraum, abhängig von der Länge der Intervalle ggf. bereits ab der ersten Verlängerungsperiode nicht mehr erfüllt, z. B. bei einem nicht kündbaren Zeitraum von sieben Monaten und einem Verlängerungsintervall mit einer Länge von sechs Monaten (in der Summe 13 Monate). Somit können vielfältige vertragliche Konstellationen auftreten, in der die Kurzfristigkeit über die vertragliche Gesamtdauer hinweg entweder erfüllt oder nicht erfüllt wird. Die Erkenntnis, dass diese **beiden Ausprägungen** über die Vertragsdauer hinweg **möglich** sind, ist für die Urteilsbildung zentral.

Ein gebotenes Vorgehen könnte darin bestehen, für den Zeitraum, in dem das Leasingverhältnis noch kurzfristig ist, die Ausnahmeregelungen für kurzfristige Leasingverhältnisse zu bemühen.

---

818 Darüber hinaus explizit den Fall monatlich kündbarer Verträge ansprechend u. a. IASB (Hrsg.), Comment Letter Summary ED/2010/9, Rn. 140 (a).

Wenn der Kontrakt indes die Frist überschreitet und **nicht mehr kurzfristig** ist, würde er **wie gewöhnlich bilanziell abgebildet**. Diese Bilanzierungsweise würde dazu führen, dass die beiden Möglichkeiten, ein in der Gesamtschau kurzfristiger oder nicht kurzfristiger Zeitraum, in unterschiedlicher Weise bilanziell abgebildet werden. Bei einer gesamten Laufzeit von 18 Monaten würde demnach bis zu einer Laufzeit von zwölf Monaten die Ausnahmeregelung greifen. Erst danach würde aufgrund der nicht mehr vorliegenden Kurzfristigkeit wie gewöhnlich bilanziert. Die Vorteilhaftigkeit dieses Vorgehens ergibt sich zum daraus, dass es für alle Ausprägungen der Laufzeit von Leasingverhältnissen einheitlich anwendbar sein würde. Damit könnte im Einzelfall eine konzeptionell überzeugende Bilanzierung sichergestellt werden. Zudem würden bilanzpolitisch motivierte Gestaltungsmöglichkeiten vermieden. Darüber hinaus orientiert sich die bilanzielle Abbildung des Sachverhalts jederzeit an den aktuellen Erkenntnissen und somit zu jeder Zeit an den tatsächlichen wirtschaftlichen bzw. rechtlichen Verhältnissen.

Gegen ein solches Vorgehen könnte zwar sprechen, dass die bilanzielle Abbildung für einen laufenden Vertrag im Zeitablauf geändert wird. Während für einen bestimmten Zeitraum zu Beginn die Ausnahmevorschriften für kurzfristige Leasingverhältnisse anwendbar wären, würden nach diesem Intervall nicht mehr die Ausnahmeregelung, sondern die gewöhnlichen die Vorschriften anwendbar sein, womit ein Ansatz des Nutzungsrechtes und der Verbindlichkeit verbunden wäre. Damit würde in zeitlicher Hinsicht nur ein Teil des Leasingverhältnisses bilanziell erfasst. Wenn das vertragliche Verhältnis insgesamt kürzer als zwei Jahre läuft, wäre zudem eine bilanzielle Folge, dass der erste kurzfristige Zeitraum gemäß den Ausnahmeregelungen bilanziert würde, während der verbleibende Zeitraum trotz seiner Kurzfristigkeit bilanziell erfasst würde. Diese Kritik zielt darauf ab, dass eine einheitliche Bilanzierung im Zeitverlauf grundsätzlich wünschenswert wäre. Ihre Bedeutung wird gleichwohl geringer eingeschätzt als die Vorteilhaftigkeit aufgrund der durchgängigen Maßgabe der tatsächlichen Verhältnisse für die Bilanzierung des Leasingverhältnisses. Im Ergebnis wird diese Vorgehensweise als **konzeptionell geeignet** beurteilt.

Alternativ wäre ein zweites Vorgehen denkbar. Dieses würde einen besonderen Fokus darauf legen, dass die bilanzielle Abbildung **für alle Kontrakte einheitlich** wäre, und in den Vordergrund stellen, dass Verträge, die in der Gesamtlänge kurzfristig sind, eine Teilmenge aller Verträge bzw. Vertragslaufzeiten sind. Unter Maßgabe dieser Eigenschaft wäre eine einheitliche bilanzielle Abbildung aller Leasingverhältnisse gemäß den gewöhnlichen Vorschriften, d. h. der Ansatz der damit verbundenen Bilanzposten, sachgerecht. Jedoch abstrahiert diese Bilanzierungsweise von den Konstellationen, die in der Gesamtbetrachtung kurzfristig sind, denn dieser Vorschlag würde auch für diese Kontrakte einen Ansatz der Bilanzposten implizieren. Dieses Vorgehen trägt dem Einzelfall somit nur unzureichend Rechnung. Sowohl aus diesem Grund als auch aufgrund der **Vorteilhaftigkeit des erstbeschriebenen Ansatzes** wird in der Gesamtschau ebendieser befürwortet.

435. Abschließende Würdigung der konkretisierten Regelungen

Die Bestimmung des Zeitraums ist besonders vor dem Hintergrund der unmittelbar daran anknüpfenden Bilanzierungsfolgen von erheblicher Bedeutung.[819] Er setzt sich regelmäßig aus einem nicht kündbaren Zeitraum und Laufzeitoptionen zur Verlängerung oder Kündigung zusammen. Mit dem **nicht kündbaren Zeitraum** sind keine besonderen konzeptionellen Herausforderungen verbunden. Lediglich die Bestimmung einer nicht signifikanten Strafe im Kontext der Durchsetzbarkeit der Rechte und Verpflichtungen aus dem Kontrakt kann nicht allgemeingültig bestimmt werden. Ihre Beurteilung obliegt vielmehr dem individuellen Sachverhalt. Sofern vertraglich nur ein nicht kündbarer Zeitraum und keine Laufzeitoption vereinbart wurden, können identische Leasingverhältnisse aufgrund abweichender Beurteilungen der Signifikanz einer Strafe eine unterschiedliche Länge, und deshalb grundsätzlich auch eine abweichende Bewertung der Bilanzposten, aufweisen. Die resultierenden Informationen, insbesondere die Werte der aus dem Leasingverhältnis resultierenden Bilanzposten, sind aufgrund nur geringer Ermessensspielräume grundsätzlich in hohem Maße entscheidungsnützlich.

Gleichwohl sind **Laufzeitoptionen** aufgrund ihrer wirtschaftlichen Bedeutung regelmäßig Teil der vertraglichen Vereinbarung. Sie gewähren dem Leasingnehmer Flexibilität bei seinen ökonomischen Überlegungen. Die bilanzielle Berücksichtigung der optionierten Zeiträume zum Zeitpunkt der anfänglichen Beurteilung unterliegt einem **komplexen Prüfungsprozess**, an dessen Ende ein Urteil über die hinreichende Sicherheit der Optionsausübung gefällt wird. Nur wenn diese vorliegt, gehen die wertmäßigen Effekte aus den optionierten Perioden in die Bilanzierung des Nutzungsrechtes und der Verbindlichkeit ein. Die Maßgabe der hinreichenden Sicherheit als Beurteilungsmaßstab ist konzeptionell und praktisch sachgerecht, die sie den bestmöglichen Kompromiss zwischen der Restriktivität in der Beurteilung und Flexibilität aufgrund der residualen Wahrscheinlichkeit zur vollkommenen Sicherheit darstellt.

Für die Beurteilung sind diejenigen **Tatsachen und Umstände** heranzuziehen, die der Leasingnehmer als **relevant** für die Einschätzung erachtet und einen wirtschaftlichen Anreiz zur Optionsausübung verbriefen. Unter Einbezug der Überlegungen des Standardsetzers zur Konkretisierung der hinreichenden Sicherheit ist dem wirtschaftlichen Anreiz ein geringer Grad an Restriktivität zugrunde zu legen, sodass eine simple Abwägung von Nutzen und Kosten ausreichend ist. Seine Heranziehung führt besonders im Vergleich zu subjektiven Entscheidungen, die der Anforderung nicht entsprechen, zu glaubwürdigeren Informationen.[820] Die relative Gewichtung der in den Vorschriften hervorgehobenen Tatsachen und Umstände für die Gesamtbetrachtung wird maßgeblich durch die Spezifität des Vermögenswertes bestimmt.

Der allgemeine Bezug auf ebendiese Informationen ist ökonomisch zwar sachgerecht, führt jedoch zu umfassenden Ermessensentscheidungen. Diese Implikationen wirken sich sowohl fördernd als auch einschränkend auf die Relevanz und die Glaubwürdigkeit der vermittelten

---

819 Gl. A. EFRAG (Hrsg.), IFRS 16 Endorsement Advice, Rn. 104.

820 Im Ergebnis gl. A. EFRAG (Hrsg.), IFRS 16 Endorsement Advice, Rn. 101.

Informationen aus. Ferner könnten vergleichbare Sachverhalte wegen subjektiver Einflüsse abweichend beurteilt werden. Um ein Mindestmaß an Nachprüfbarkeit zu generieren, bedarf es einer sorgfältigen Dokumentation. Auch wenn der Prüfprozess in der Gesamtbetrachtung ein schlüssiges Konzept darstellt, liegen allen Teilschritten wesentliche Ermessensspielräume zugrunde.[821] Diese sind einerseits sachgerecht, damit der Leasingnehmer die ökonomischen Umstände hinreichend berücksichtigen kann, andererseits aber auch nachteilig für eine in möglichst hohem Maße glaubwürdige Beurteilung.

Über die Einbeziehung der relevanten Tatsachen und Umstände hinaus nennen die Vorschriften zwei **Tendenzaussagen**, deren Wirkungszusammenhänge die Beurteilung über die hinreichende Sicherheit weiter objektivieren sollen. Die Aussagen sind insofern besonders im Kontext kurzfristiger Leasingverhältnisse von vergleichsweise höherer Bedeutung, als sie auf eine Bilanzwirksamkeit kurzfristiger Leasingverhältnisse hinwirken. Die Vorschriften lassen im zeitlichen Verlauf des Leasingverhältnisses **Neueinschätzungen** der Laufzeit zu. Diese sind möglich, wenn Ereignisse eintreten, die für den Leasingnehmer signifikante Auswirkungen haben. Ihre Berücksichtigung ist aufgrund der ökonomischen Rahmenbedingungen des Leasingverhältnisses und der sicherzustellenden Entscheidungsnützlichkeit der Informationen im Zeitverlauf zwingend erforderlich. Gleichwohl sind die Vorschriften allgemein gehalten und lassen insbesondere offen, welche Tatbestände als signifikant im Sinne der Vorschriften charakterisiert werden können. Insofern verbleibt dem Beurteilenden ein Spielraum bei der Beurteilung. Damit sind Einschränkungen hinsichtlich der Entscheidungsnützlichkeit der resultierenden Informationen sowohl zum Zeitpunkt als auch mittelbar bereits zum Zeitpunkt der erstmaligen Beurteilung der Ausübungswahrscheinlichkeit von Laufzeitoptionen verbunden.[822]

Die Vorschriften werden sodann für **zwei Laufzeitstrukturierungen** konkretisiert, die im Kommentierungsprozess und im Schrifttum diskutiert werden. Zum einen können dem Wesen nach nicht kurzfristige Leasingverhältnisse über die Anwendung der Erleichterungsvorschriften für ebendiese kurzfristigen Verträge so strukturiert werden, dass sie bilanzunwirksam werden. Diese Implikation besitzt aufgrund der Kritik an der durch IAS 17 zugelassenen Bilanzunwirksamkeit herausragende Bedeutung. Abhängig von der Ähnlichkeit der nachfolgenden Leasingverhältnisse werden drei Konstellationen unterschieden und die Vorschriften für diese Anwendungsfälle vor dem Hintergrund einer zu verbessernden Entscheidungsnützlichkeit konkretisiert. Zum anderen werden sich automatisch verlängernde Leasingverhältnisse thematisiert. Die gewöhnliche Anwendung der Vorschriften führt zu wenig relevanten Informationen. Für diese Leasingverhältnisse sollte sich die bilanzielle Abbildung vielmehr an den tatsächlichen (und zu erwartenden) wirtschaftlichen Gegebenheiten orientieren. Auf diese Weise wird die Vertragsgestaltung zutreffender reflektiert.

---

821 Vgl. GEHRER, J. U. A., Schätzungsänderungen und Vertragsanpassungen, S. 62.
822 Gl. A. EFRAG (Hrsg.), IFRS 16 Endorsement Advice, Rn. 112.

44 Bewertung des Leasingverhältnisses

441. Vorbemerkung zur Struktur der Ausführungen

Nachdem der Leasingnehmer die der Bilanzierung zugrunde zu legende Dauer des Leasingverhältnisses bestimmt hat, erfolgt auf dieser Grundlage die Bewertung der aus dem Leasingverhältnis resultierenden Bilanzposten, der Verbindlichkeit und des Nutzungsrechtes.[823] Die Verbindlichkeit bildet wertmäßig den maßgeblichen Beitrag zum Wert des Nutzungsrechtes. Die Erstbewertung beider Bilanzposten ist Gegenstand des Abschnitts 442.

Die Leasingverbindlichkeit wird anhand der Effektivzinsmethode folgebewertet. Die Folgebewertung des Nutzungsrechtes richtet sich für die planmäßige Abschreibung nach den Vorschriften des IAS 16. Außerdem wird es bei gegebenen Anlässen nach den Regelungen des IAS 36 außerplanmäßig abgeschrieben. Neben diesen Aspekten der Folgebewertung können vertragliche **Neueinschätzungen** zu Wertanpassungen der Bilanzposten führen.[824] Die Vorschriften zur Folgebewertung werden in Abschnitt 443. thematisiert.

442. Erstbewertung der Verbindlichkeit und des Nutzungsrechtes

442.1 Erstbewertung der Verbindlichkeit

442.11 Überblick

Der Standardsetzer legt der Bewertung der Verbindlichkeit aus dem Leasingverhältnis einen **kostenbasierten Ansatz** zugrunde. Die Kosten sollen anhand des Barwertes der Leasingzahlungen bestimmt werden.[825] Eine zentrale Bedeutung bei der Bestimmung des bilanziellen Einbezugs nimmt die im folgenden Abschnitt thematisierte **Vermeidbarkeit der Zahlungen** ein.

In die Leasingzahlungen gehen fixe Zahlungen für die Perioden des Leasingvertrages ein. Darüber hinaus gehören quasi-fixe Zahlungen zu den Leasingzahlungen. Auch eine Teilmenge variabler Zahlungen ist einzubeziehen, nämlich solche, die von einem Index oder weiteren Kursen bzw. Quoten (*rates*) abhängen.[826] Andere variable Zahlungen sind nicht ansatzfähig.[827] Gewährte Anreize des Leasinggebers sind abzuziehen.[828] Neben diesen Bestandteilen sind weitere

---

[823] Die konzeptionelle Eignung der bilanziellen Abbildung von Nutzungsrechten für alle Leasingverhältnisse (vorbehaltlich der Erleichterungsvorschriften) wurde im Zuge des Überarbeitungsprojektes zur Bilanzierung von Leasingverhältnissen grundlegend diskutiert. Von einer Analyse dieser Eignung wird in der vorliegenden Arbeit abstrahiert. Vgl. für die Diskussion um die bilanzielle Abbildung von Nutzungsrechten für Leasingverhältnisse u. a. IASB (Hrsg.), Comment Letter Summary DP/2009/1, Rn. 8; IASB (Hrsg.), Comment Letter Summary ED/2010/9, Rn. 62; IASB (Hrsg.), Comment Letter Summary ED/2013/6, Rn. 24–31; FÜLBIER, R. U./FEHR, J., Gleichbehandlung aller Leasingverträge, S. 675 f.

[824] Auch Modifikationen von vertraglichen Parametern können zu Anpassungen führen, vgl. dazu die Vorschriften in IFRS 16.44–46. Die diesbezüglichen Vorschriften werden in dieser Arbeit nicht betrachtet.

[825] Vgl. IFRS 16.BC145. Demnach wird auch eine kostenbasierte Bewertung für das Nutzungsrecht vorgeschrieben.

[826] Vgl. IFRS 16.27 (b).

[827] Gleichwohl hat der Leasingnehmer Angaben über die Höhe der Aufwendungen, die aus variablen Zahlungen resultieren, zu machen, vgl. IFRS 16.53 (e).

[828] Vgl. IFRS 16.27 (a).

vertragsspezifische Zahlungen zu berücksichtigen.[829] So sind erwartete Zahlungen aus Restwertgarantien ebenso einzubeziehen[830] wie der Ausübungspreis einer vertraglich vereinbarten Kaufoption, sofern der Leasingnehmer die Ausübung zum Bewertungszeitpunkt – identisch zu der Beurteilung von Laufzeitoptionen[831] – als hinreichend sicher beurteilt.[832] Schließlich sollen Strafzahlungen aufgrund einer vorzeitigen Kündigung in die Bewertung einfließen, sofern die Ausübung der Kündigungsoption hinreichend sicher ist.[833]

In zeitlicher Hinsicht sind die Zahlungen für **alle Perioden des Vertrages** einzubeziehen. Demnach sind nicht nur Perioden zu berücksichtigen, die Bestandteil des nicht kündbaren Zeitraums sind, sondern explizit auch durch Laufzeitoptionen abgedeckte Perioden, sofern die Optionsausübung durch den Leasingnehmer als hinreichend sicher beurteilt wird.[834] Der Barwert der gesamten Leasingzahlungen wird durch ihre Diskontierung entweder anhand des Zinssatzes, der dem Leasingverhältnis implizit zugrunde liegt, oder des Grenzfremdkapitalzinssatzes des Leasingnehmers ermittelt.[835]

Die Regelungen zur Bewertung der Leasingverbindlichkeit sind wesentlich differenzierter als die bisherigen Regelungen des IAS 17.[836] Ob daraus die naheliegende Schlussfolgerung gezogen werden kann, dass die Entscheidungsnützlichkeit der resultierenden Informationen und Anwendungssicherheit entsprechend erhöht wird, wird neben anderen Aspekten in den folgenden Ausführungen erörtert.

442.12 Differenzierung der Ansatzpflicht von Leasingzahlungen gemäß IFRS 16 anhand ihrer Vermeidbarkeit

442.121. Der Begriff der Vermeidbarkeit unter Berücksichtigung der Überarbeitung des *Conceptual Framework*

442.121.1 Vermeidbarkeit als Teilaspekt der Definition einer Schuld

Nicht alle Leasingzahlungen bilden einen Bestandteil der Verbindlichkeit, sondern nur solche, die die **Definition einer Verbindlichkeit** erfüllen. Gemäß der Neufassung des *Conceptual Framework* ist eine Verbindlichkeit definiert als gegenwärtige Verpflichtung des Unternehmens, ökonomische Ressourcen als ein Ergebnis vergangener Ereignisse zu transferieren.[837] Demnach müssen die folgenden Kriterien erfüllt sein:

---

829 Vgl. DEHMEL, I./HOMMEL, M./RAMMERT, S., Nutzungsverhältnisse, S. 2348.
830 Vgl. IFRS 16.27 (c).
831 Vgl. ausführlich zu diesem Kriterium Abschnitt 433.2.
832 Vgl. IFRS 16.27 (d).
833 Vgl. IFRS 16.27 (e).
834 Vgl. zur Diskussion um die Einbeziehung optionierter Perioden IFRS 16.BC152–BC157.
835 Vgl. IFRS 16.26; weiterführend zum Diskontierungszins Abschnitt 442.15.
836 Vgl. EWELT-KNAUER, C., in: Baetge u. a., Rechnungslegung nach IFRS, 2. Aufl., Teil B, IFRS 16, Rn. 58.
837 Vgl. CF.4.26.

- Das Unternehmen hat eine Verpflichtung;[838]
- die Verpflichtung besteht darin, eine ökonomische Ressource zu transferieren;[839]
- die Verpflichtung ist eine gegenwärtige Verpflichtung aufgrund vergangener Ereignisse.[840]

Für die Ausführungen in den folgenden Abschnitten ist besonders die Konkretisierung des Vorliegens einer Verpflichtung zentral. Sie liegt gemäß dem Rahmenkonzept vor, wenn das Unternehmen **keine praktische Möglichkeit** hat, die Verpflichtung – bzw. den Transfer ökonomischer Ressourcen[841] – zu **vermeiden**.[842] Besteht keine praktische Möglichkeit, die Zahlung zu vermeiden, liegt eine gegenwärtige Verpflichtung und (vorbehaltlich der weiteren Aspekte der Definition) eine Schuld vor. Ist die Zahlung indes praktisch vermeidbar, ist der betroffene Sachverhalt nicht als Verbindlichkeit zu klassifizieren und folglich nicht bilanziell, sondern direkt erfolgswirksam zu erfassen.

Diese Voraussetzung ist bspw. erfüllt, wenn die Zahlung nur vermieden werden könnte, indem das Unternehmen liquidiert wird oder seine Handelstätigkeiten aufgeben würde.[843] Zudem hat das Unternehmen keine praktische Möglichkeit zur Vermeidung, wenn ebendiese ökonomische Konsequenzen hätte, die in bedeutender Weise nachteilig gegenüber der Zahlung selbst wären.[844] Diese Folgen könnten bspw. sein, dass das Unternehmen seine Geschäftstätigkeit in bedeutendem Maße unterbrechen muss.[845] So könnten etwa Mietzahlungen für Verkaufsflächen in Abhängigkeit des Umsatzes oder ausgelassene leistungsbezogene Zahlungen für zentrale Maschinen des Wertschöpfungsprozesses nur vermieden werden, wenn ebendieser Umsatz nicht erwirtschaftet oder die Leistung des Vermögenswertes nicht in Anspruch genommen wird. In diesen Fällen wird durch die Vermeidung der Zahlung die Geschäftstätigkeit signifikant unterbrochen, weshalb das Unternehmen die entsprechenden Zahlungen praktisch nicht vermeiden kann.

Die Konkretisierung der Vermeidbarkeit ist im Kontext der Beurteilung der bilanziellen Berücksichtigung von Leasingzahlungen maßgeblich. So bezieht sich der Standardsetzer als Kriterium für die Differenzierung der Zahlungen nach ihrem Bilanzansatz in den Regelungen und

838 Vgl. CF.4.28–4.35.
839 Vgl. CF.4.36–4.41.
840 Vgl. CF.4.42–4.47.
841 Vgl. CF.BC4.47 f.
842 Vgl. CF.4.29.
843 Vgl. CF.4.33.
844 Vgl. CF.4.34.
845 Diese Folge wurde im ED/2015/3 noch explizit als alternativer Indikator aufgeführt, vgl. IASB (Hrsg.), ED/2015/3, Rn. 4.32. Im Standardsetzungsprozess wurde indes klargestellt, dass dies lediglich ein Beispiel für die bedeutende ökonomische Nachteiligkeit zu verstehen ist, vgl. IASB (Hrsg.), Staff Paper 10B (February 2017), S. 18.

den ergänzenden *Basis for Conclusions* des IFRS 16 zumeist nicht auf die Erfüllung der Schulddefinition, sondern lediglich auf die Vermeidbarkeit von (Leasing-)Zahlungen,[846] d. h. auf einen Teilaspekt der Definition.

442.121.2 Unterschiedliche Bedeutungen von Vermeidbarkeit im zeitlichen Verlauf der Überarbeitung des *Conceptual Framework*

Die Voraussetzungen für das Vorliegen einer Verpflichtung wurden im Zeitverlauf des Überarbeitungsprojektes des *Conceptual Framework* umfassend diskutiert. So wurden im Diskussionspapier DP/2013/1 drei Ansätze vorgeschlagen und diskutiert.[847] Diese unterscheiden sich in der Beurteilung, welche Verpflichtungen eine Schuld darstellen:

- Gemäß der engen Auslegung darf der Leasingnehmer keine Möglichkeit haben, die Zahlung zu vermeiden (Ansicht 1).[848]
- Darüber hinaus wurde eine zweite Auslegung diskutiert, die weniger restriktiv ist: Der Leasingnehmer darf keine praktische Möglichkeit haben, die Zahlung zu vermeiden (Ansicht 2).[849]
- Die dritte Ansicht ist wesentlich weiter gefasst. Gemäß dieser werden keine Grenzen hinsichtlich der fehlenden Möglichkeit des Unternehmens, die Zahlung zu vermeiden, eingeführt. Vielmehr reicht bereits die Möglichkeit aus, dass aufgrund vergangener Ereignisse eine Zahlung anfällt, sofern bestimmte Bedingungen erfüllt werden (Ansicht 3).[850]

Die **zweite Ansicht** wurde schließlich in die finalen Vorschriften des *Conceptual Framework* **übernommen.**[851] Der Board begründet diese Übernahme indirekt anhand der Kritik an den weiteren Ansichten. So sollte eine Schuld nicht nur bei rechtlich durchsetzbaren und strikt unbedingten Verpflichtungen vorliegen (Ansicht 1), sondern ein breiterer Ansatz verfolgt werden, der die wirtschaftlichen Realitäten besser erfassen würde.[852] Gleichwohl sollte die Definition

846 Vgl. IFRS 16.BC163–BC170.

847 Vgl. CF.BC4.51; zum ED/2015/3 IASB (Hrsg.), ED/2015/3, Rn. BC4.52–BC4.66; zum DP/2013/1 IASB (Hrsg.), DP/2013/1, Rn. 3.72–3.97.

848 Vgl. CF.BC4.51 (a); IASB (Hrsg.), ED/2015/3, Rn. BC4.55 (a) (*View 1*); IASB (Hrsg.), Staff Paper 10E (March 2016), Rn. 17 (a).

849 Vgl. CF.BC4.51 (b); IASB (Hrsg.), ED/2015/3, Rn. BC4.55 (b) (*View 2*). Diese Ansicht wurde durch die Mehrheit der Kommentierenden vor der Veröffentlichung des ED/2015/3 und auch im Nachgang begrüßt, vgl. IASB (Hrsg.), Staff Paper 10E (March 2016), Rn. 22–25. Lediglich Banken und Banken repräsentierende Organisationen äußern sich diesbezüglich kritisch, vgl. IASB (Hrsg.), Staff Paper 10E (March 2016), Rn. 21.

850 Vgl. CF.BC.4.51 (c); IASB (Hrsg.), ED/2015/3, Rn. BC4.55 (c) (*View 3*); IASB (Hrsg.), Staff Paper 10E (March 2016), Rn. 17 (b).

851 Vgl. CF.4.29; zu den Rückmeldungen der Kommentierenden zu dieser Teilanforderung und den Aspekten, die auf dieser Grundlage nachträglich diskutiert wurden, im Überarbeitungsprozess IASB (Hrsg.), Staff Paper 10C (November 2016), Rn. 16–46; zu den Rückmeldungen zur Definition im Allgemeinen IASB (Hrsg.), Staff Paper 10B (November 2016), Rn. 14–17.

852 Vgl. CF.4.51 (a); IASB (Hrsg.), ED/2015/3, Rn. BC4.61 (b). Vgl. ferner die mangelnde Relevanz bei einer Bilanzierung nach der engen Auslegung kritisierend IASB (Hrsg.), Staff Paper 10D (March 2014), Rn. 16.

auch nicht zu offen sein, wodurch nahezu alle Aufwendungen bilanziell erfasst würden (Ansicht 3).[853] Außerdem würde der Terminus Verpflichtung (*obligation*) implizieren, dass eine Grenze für die Möglichkeit der Zahlungsvermeidung existieren würde.[854] Zudem würden Verpflichtungen, die ein Unternehmen nicht vermeiden kann, gemäß der zweiten Ansicht am glaubwürdigsten dargestellt.[855] Dem Begriff der Vermeidbarkeit einer Zahlung liegt in dem im März 2018 veröffentlichten *Conceptual Framework* somit ein **wirtschaftliches Verständnis** zugrunde.

442.122. Anwendung des Begriffes der Vermeidbarkeit auf die verschiedenen Leasingzahlungen

Der Standardsetzer begründet den Einbezug von Zahlungen in die Verbindlichkeit aus dem Leasingverhältnis bzw. ihre andernfalls lediglich aufwandswirksame Erfassung mit einem Verweis auf die Vermeidbarkeit, die für die jeweiligen Zahlungen vorliegt. Zahlungen können einerseits vertraglich festgelegt sein. Sie sind dem Grunde nach unvermeidbar und der Höhe nach sicher. Sie werden als **fixe Zahlungen** bezeichnet. Diese dürften aufgrund ihrer regelmäßigen vertraglichen Berücksichtigung wertmäßig für gewöhnlich die untere Grenze der gesamten Leasingzahlungen darstellen.

Zahlungen können darüber hinaus nach der Aussage des Standardsetzers dem Grunde nach zwar nicht unbedingt rechtlich, jedoch unter genauer Betrachtung der Umstände des Zahlungsanfalls faktisch unvermeidbar (*in-substance unavoidable*) sein. Solche werden als **quasi-fixe Zahlungen** bezeichnet.[856] Vor diesem Hintergrund sollte auch die regelungsstrukturelle Einordnung quasi-fixer Zahlungen als Teilmenge der fixen Zahlungen verstanden werden.[857] Eine quasi-fixe Zahlung könnte etwa vorliegen, wenn die Zahlung gemäß dem Vertragswerk nur anfällt, wenn eine vertragliche Bedingung erfüllt wird. Die Umstände, die bei der Beurteilung der vertraglichen Bedingung heranzuziehen sind, weisen jedoch darauf hin, dass die Bedingung in jedem Fall erfüllt wird bzw. ihre Nicht-Erfüllung faktisch ausgeschlossen ist. Die Zahlung, die an die Erfüllung der Bedingung gekoppelt ist, ist demnach faktisch zwingend zu leisten. Ihr Anfall ist quasi sicher.

---

853 Vgl. IASB (Hrsg.), ED/2015/3, Rn. BC4.61 (c).

854 Vgl. CF.BC.4.52 (b): „[…] *because the term 'obligation' implies some limit on the entity's ability to avoid the transfer of an economic resource.*"

855 Vgl. IASB (Hrsg.), ED/2015/3, Rn. BC4.58.

856 Vgl. IFRS 16.BC164.

857 Vgl. IFRS 16.B42. Gleichwohl zeigt sich im Schrifttum vermutlich aufgrund der lediglich faktischen Sicherheit eine Tendenz zur Zuordnung quasi-fixer Zahlungen zu variablen Zahlungen, vgl. implizit den variablen Zahlungen zuordnend DINH THI, T. U. A., Leasingbilanzierung nach IFRS 16, S. 237; DINH THI, T./HEINING, A.-K./SEITZ, B., Status Quo, S. 284; FREIBERG, J., Abbildung von variablen Zahlungen, S. 156; GEHRER, J./KRAKUHN, J./MEYER, S., Status der neuen Leasingbilanzierung, S. 431; BARDENS, A./KRONER, M./MEURER, H., Neuer Standardentwurf (Teil 1), S. 457; implizit zumindest nicht den variablen Zahlungen zuweisend EWELT-KNAUER, C., in: Baetge u. a., Rechnungslegung nach IFRS, 2. Aufl., Teil B, IFRS 16, S. 58. Die Zahlungen auch aufgrund dieser Unklarheiten als „Sonderfall" bezeichnend DEHMEL, I./HOMMEL, M./RAMMERT, S., Nutzungsverhältnisse, S. 2349.

Darüber hinaus können **variable Zahlungen** vereinbart werden. Diese sind abhängig von ihrer Strukturierung ansatzpflichtig bzw. nicht ansatzfähig. Sie können einerseits dahingehend charakterisiert sein, dass ihr Anfall zwar sicher, ihre Höhe jedoch unsicher und nicht durch das Unternehmen beeinflussbar ist. Solche variable Zahlungen, deren Höhe sich aus der Wertentwicklung eines Index o. ä. berechnet, werden gleichermaßen als dem Grunde nach nicht vermeidbar klassifiziert. Dies liegt darin begründet, dass die Referenzgröße zu jedem Zeitpunkt einen Wert aufweist, der die Grundlage dieser Zahlung ist.[858] Zu diesen Zahlungen gehört z. B. Zahlungen, die an die Entwicklung eines Inflationsindexes gekoppelt sind. Andererseits können variable Zahlungen vereinbart werden, die sowohl hinsichtlich ihres Anfalls als auch der Höhe nach unsicher sind. Sie hängen nicht von einem Index o. ä., sondern sind etwa an die Höhe des Umsatzes eines bestimmten Zeitintervalls gebunden. Sie sind gemäß dem Standardsetzer dem Grunde nach vermeidbar und gehen deshalb nicht in die Leasingzahlungen ein. [859]

Der Schwerpunkt der folgenden Ausführungen liegt aufgrund der besonderen Bedeutung auf der Analyse und Konkretisierung der Vorschriften zu quasi-fixen und variablen Zahlungen sowie insbesondere ihrer Abgrenzung.

442.13 Abgrenzung ansatzpflichtiger und nicht ansatzfähiger Zahlungen

442.131. Ökonomische und bilanzielle Bedeutung der Abgrenzung quasi-fixer und variabler Zahlungen

Die Abgrenzung von quasi-fixen und variablen Zahlungen ist für die Bewertung von Leasingverhältnissen von hoher Bedeutung. Dies ist zum einen auf die **Komplexität der Vorschriften** zu ihrer bilanziellen Berücksichtigung zurückzuführen.[860] Wie bereits deutlich wurde, sind quasi-fixe Zahlungen, die anhand verschiedener Kriterien als solche zu klassifizieren sind, zwingend ansatzpflichtig. Variable Zahlungen sind nur unter bestimmten Voraussetzungen ansatzpflichtig und andernfalls nicht ansatzfähig.[861] Wahlrechte zur Einbeziehung bestehen nicht.

Zum anderen ist ihre Maßgeblichkeit auf die **ökonomische Bedeutung** durch den Einbezug in die vertraglichen Bedingungen zurückzuführen.[862] So könnten die Parteien ausschließlich diese Zahlungsarten als Leasingzahlungen vereinbaren.[863] Die Bedeutung der Vorschriften ist zudem als besonders hoch einzuordnen, weil sich die Gestaltung der Zahlungsmodalitäten auch an

858 Vgl. IFRS 16.BC165 f.

859 Vgl. IFRS 16.BC168 f. Allerdings sind sich die Mitglieder des Board in dieser Beurteilung nicht einig. Die Argumentation im Kontext variabler Zahlungen wird im Abschnitt 442.134.2 kritisch untersucht.

860 Vgl. Fischer, D. T., Erwartete Effekte, S. 120; Bardens, A./Kroner, M./Meurer, H., IFRS 16 (Teil 1), S. 393.

861 Dann werden sie unmittelbar erfolgswirksam in der Gewinn- und Verlustrechnung erfasst. Ihre ausbleibende Berücksichtigung in der bilanziellen Abbildung anmerkend Freiberg, J., Abbildung von variablen Zahlungen, S. 156; auf diese kritischen Implikationen hinweisend Eckl, E. u. a., IFRS 16 „Leases" (Teil 1). Alcatel Lucent (Hrsg.), Comment Letter ED/2013/6, S. 3; Israel ASB (Hrsg.), Comment Letter ED/2013/6, S. 6.

862 Vgl. Singapore ASC (Hrsg.), Comment Letter ED/2013/6, S. 15.

863 Vgl. IFRS 16.BC163.

diese bilanziellen Implikationen orientieren könnte.[864] So könnten die Parteien ausschließlich variable Zahlungen, die nicht in Abhängigkeit eines Index ermittelt werden, vereinbaren. Zwar ist das Leasingverhältnis grundsätzlich ansatzpflichtig, aufgrund der lediglich erfolgswirksamen Erfassung dieser variablen Zahlungen ergäbe sich aber eine Bewertung von null für die Leasingverbindlichkeit. In diesem gesonderten Fall könnte der Vertrag (vorbehaltlich des Vorliegens von wertmäßigen Bestandteilen des Nutzungsrechtes, sodass dieses einen Wert größer null besitzt[865],) vollständig bilanzunwirksam sein.[866] Die Strukturierungsmöglichkeit sollte durch die Neuregelungen eigentlich nicht mehr geboten werden.[867]

Die bilanzielle Behandlung der genannten Zahlungsarten wird vor diesem Hintergrund zutreffend als **eine der zentralen Fragen** in der Anwendung der Bewertungsvorschriften des IFRS 16 angesehen.[868] Das Ziel der Ausführungen ist folglich, die Kriterien für den Ansatz quasi-fixer und indexabhängiger Zahlungen zu analysieren und zu konkretisieren sowie die Argumentation gegen den Ansatz variabler Zahlungen kritisch zu prüfen. Vor allem soll die **Grenze der Ansatzpflicht** von Zahlungen identifiziert werden. Dabei wird die Zielsetzung des IASB berücksichtigt, Strukturierungsmöglichkeiten von Zahlungsmodalitäten so umfänglich wie möglich zu vermeiden.[869]

442.132. Charakteristika quasi-fixer Zahlungen

442.132.1 Einführung in die Charakteristika

Die Abgrenzung zwischen quasi-fixen und variablen Zahlungen wurde aufgrund anhaltender Kritik an den Vorschriften des ED/2010/9 vorgenommen. Diese sahen noch vor, sämtliche variablen Zahlungen bilanziell zu erfassen.[870] Die sodann eingeführten Regelungen zu quasi-fixen

---

864 Vgl. EFRAG (Hrsg.), IFRS 16 Impact Assessment, S. 54.

865 Vgl. Abschnitt 442.21.

866 Vgl. BARDENS, A./KRONER, M./MEURER, H., IFRS 16 (Teil 1), S. 390; diese Strukturierung als eine mögliche Implikation für den Abschluss neuer Leasingverhältnisse erläuternd EFRAG (Hrsg.), IFRS 16 Impact Assessment, S. 54.

867 Vgl. zu den Zielen des Überarbeitungsprojektes einführend Abschnitt 212.

868 Gl. A. KPMG (Hrsg.), Comment Letter ED/2013/6, S. 21; im Ergebnis auch EWELT-KNAUER, C., in: Baetge u. a., Rechnungslegung nach IFRS, 2. Aufl., Teil B, IFRS 16, Rn. 58; ECKL, E. U. A., IFRS 16 „Leases“ (Teil 2), S. 722.

869 Vgl. IASB (Hrsg.), Staff Paper 3C (April 2014), Rn. 7; diese Möglichkeiten im Kontext der Sitzungen zum *Endorsement process* erneut hervorhebend ACCOUNTING REGULATORY COMMITTEE (Hrsg.), ARC Meeting (January 2017), S. 5.

870 Dieser Vorschlag wurde aufgrund der hohen Unsicherheit der daraus resultierenden, weitestgehend zukunftsbezogenen Schätzungen und dem hohen Aufwand, der daraus erwächst, kritisiert, vgl. IASB (Hrsg.), Comment Letter Summary ED/2013/6, Rn. 145.

Zahlungen im zweiten Regelungsentwurf ED/2013/6 wurden aufgrund der unklaren Abgrenzung umfassend kritisiert.[871] Die Regelungen selbst sahen keine weitere Detaillierung des Begriffes der quasi-fixen Zahlung oder anzulegende Anforderungen vor.[872] Lediglich in den *Basis for Conclusions* zum ED/2013/6 wurden die Vorschriften dahingehend konkretisiert, dass quasi-fixe Zahlungen dem Grunde nach unvermeidbar und daher wirtschaftlich betrachtet nicht von fixen Zahlungen unterscheidbar sind.[873] Der Standardsetzer beließ es bewusst bei dieser prinzipienorientierten Erläuterung, die indes formal betrachtet aufgrund der Verortung in den ergänzenden Dokumenten kein zwingend verbindlicher Teil der Vorschriften ist.[874] Vor allem verzichtete er auf weitere erläuternde Beispiele.[875] Gleichwohl wurde durch ED/2013/6 bereits die Nähe zu fixen Zahlungen deutlich.

Die Vorschriften des IFRS 16 orientieren sich zwar an den Vorschlägen des ED/2013/6. Sie gehen allerdings darüber hinaus. Gemäß IFRS 16 zeichnen sich quasi-fixe Zahlungen dadurch aus, dass sie zwar formal eine Variabilität aufweisen können (*may, in form, contain variability*), aber **faktisch unvermeidbar** (*in substance unavoidable*) sind.[876] Deshalb seien sie ökonomisch betrachtet nicht von fixen Zahlungen zu unterscheiden.[877] Diese sind bereits aufgrund der vertraglichen Regelungen rechtlich unvermeidbar.[878] IFRS 16 gibt vor, welche Zahlungen vor dem Hintergrund dieser übergeordneten Anforderung als quasi-fix einzuordnen sind. Dies sind im Detail solche, die als variable Zahlungen strukturiert sind, aber keine tatsächliche Variabilität aufweisen, weshalb die Zahlung faktisch sicher ist und das variable Element keine wirtschaftliche Substanz hat.[879] Alternativ kann eine Zahlung quasi-fix sein, wenn das Vertragswerk zwar unterschiedliche mögliche Zahlungsreihen vorsieht, aus unterschiedlichen Gründen jedoch nur eine davon tatsächlich relevant ist.[880] Diese Vorschriften werden in den folgenden Abschnitten 442.132.2 und 442.132.3 analysiert und konkretisiert.

---

871 Vgl. u. a. ESMA (Hrsg.), Comment Letter ED/2013/6, S. 8; EFRAG (Hrsg.), Comment Letter ED/2013/6, S. 10; EACB (Hrsg.), Comment Letter ED/2013/6, S. 7; REPSOL (Hrsg.), Comment Letter ED/2013/6, S. 7; ANC (Hrsg.), Comment Letter ED/2013/6, S. 18; PETROLEO BRASILEIRO (Hrsg.), Comment Letter ED/2013/6, S. 6. Die Abgrenzung selbst wurde aufgrund anhaltender Kritik an den Vorschriften des ED/2010/9 vorgenommen. Diese sahen noch vor, sämtliche variablen Zahlungen bilanziell zu erfassen. Dieser Vorschlag wurde aufgrund der hohen Unsicherheit der daraus resultierenden, weitestgehend zukunftsbezogenen Schätzungen und dem hohen Aufwand in der Umsetzung kritisiert, vgl. IASB (Hrsg.), Comment Letter Summary ED/2013/6, Rn. 145.

872 Vgl. dazu die Textziffern IASB (Hrsg.), ED/2013/6, Rn. 39 (c), 70 (c) und Appendix A.

873 Vgl. IASB (Hrsg.), ED/2013/6, Rn. BC153.

874 Vgl. zur Bedeutung von Äußerungen in den *Basis for Conclusions* auch die Diskussion um den Richtwert für geringwertige Vermögenswerte in Abschnitt 23 bzw. Fn. 181.

875 Vgl. IASB (Hrsg.), ED/2013/6, Rn. BC153.

876 Vgl. IFRS 16.B42 und IFRS 16.BC164. Einen ähnlichen Ansatz fuhr der Standardsetzer im Übrigen beim IAS 17, vgl. IAS 17.4. Die diesbezüglichen Vorschriften blieben jedoch deutlich hinter der Detaillierung des IFRS 16 zurück, vgl. IFRS 16.BC16. Auch in diesem Kontext waren quasi-fixe Zahlungen in der Praxis allgemein anerkannte Bestandteile der Mindestleasingzahlungen, vgl. IASB (Hrsg.), Staff Paper 3C (April 2014), Rn. 4.

877 Vgl. IFRS 16.BC164.

878 Vgl. Abschnitt 442.122.

879 Vgl. IFRS 16.B42 (a).

880 Vgl. IFRS 16.B42 (b)–(c).

442.132.2 Fehlende wirtschaftliche Substanz

442.132.21 Wahrscheinlichkeitsorientierte Konkretisierung

IFRS 16 führt die zentrale Anforderung der faktischen Unvermeidbarkeit weiter aus. Danach sind Zahlungen quasi-fix, wenn sie vertraglich zwar als variable Zahlungen deklariert werden, indes der Höhe nach **keine tatsächliche Variabilität** aufweisen. Dies rührt daher, dass die Bedingung, die die Höhe dieser variablen Zahlungen bestimmt, keine wirtschaftliche Substanz besitzt.[881]

Beispiele von Zahlungen, die sich aufgrund fehlender wirtschaftlicher Substanz ergeben, sind solche, die nur unter der Bedingung anfallen, dass ein Vermögenswert während der Laufzeit des Leasingverhältnisses grundsätzlich betriebsfähig ist.[882] Dies ist regelmäßig vorauszusetzen. Alternativ kann eine Zahlung an den Eintritt eines Ereignisses gekoppelt sein, dass in jedem Fall, d. h. faktisch zwingend, eintritt bzw. dessen Nicht-Eintritt eine Wahrscheinlichkeit nahe null besitzt (*no genuine possibility of not occurring*).[883] Auf den Eintritt weisen wirtschaftliche Rahmenbedingungen demnach eindeutig hin. Insofern besteht für Zahlungen aus diesen Klauseln keine tatsächliche Variabilität. Eine solche Zahlung könnte sich etwa aufgrund der Klausel ergeben, dass ein bestimmter ökonomischer Index wie die Inflationsrate, die normalerweise um 2 % schwankt, über 0,001 % liegen muss, damit die Zahlung anfällt. Der Klausel wird nahezu sicher entsprochen. Außerdem sind Zahlungen quasi-fix, wenn sie anfänglich als variable, d. h. nicht ansatzfähige Zahlungen deklariert sind, aber die Variabilität dieser Zahlungen zu einem bestimmten Zeitpunkt aufgehoben wird, sodass sie ab diesem Zeitpunkt fix sind.[884] Auf diese Weise könnten etwa Zahlungen strukturiert sein, die bis zu einem gewissen (verhältnismäßig niedrigen) Umsatz variabel sind und ab ebendiesem einen fixen Wert besitzen.

Die fehlende wirtschaftliche Substanz wird zwar qualitativ konkretisiert, jedoch **nicht quantitativ approximiert**.[885] Die beizumessende Wahrscheinlichkeit des Eintritts bzw. Nicht-Eintritts der entsprechenden Bedingung muss der Tatsache Rechnung tragen, dass bei einer Betrachtung der Wahrscheinlichkeitsverteilung klar wird, dass die Bedingung faktisch sicher

881 Vgl. IFRS 16.B42 (a).

882 Vgl. IFRS 16.B42 (a) (i).

883 Vgl. IFRS 16.B42 (a) (i).

884 Vgl. IFRS 16.B42 (a) (ii)

885 Dabei trägt eine Konkretisierung zu einer unternehmensübergreifend konsistenteren und glaubwürdigeren Anwendung bei; vgl. gleichermaßen wahrscheinlichkeitsbezogene Überlegungen vorschlagend DRSC (Hrsg.), Comment Letter ED/2013/6, S. 16. Eine wahrscheinlichkeitsorientierte Betrachtung wurde im Nachgang zum ED/2013/6 auch für variable Zahlungen in Erwägung gezogen, jedoch im Ergebnis verworfen, vgl. IASB (Hrsg.), Staff Paper 3C (April 2014), Rn. 10 und für die Argumentation gegen die Ansatzfähigkeit Abschnitt 442.134.1. Zudem verzichtet der Standardsetzer auf illustrierende Beispiele in den *Basis for Conclusions*. Die Beispiele behandeln lediglich ansatzpflichtige und nicht ansatzfähige variable Zahlungen, vgl. dazu IFRS 16.IE6.

erfüllt bzw. nicht erfüllt wird. Unsicherheit liegt somit tatsächlich nicht vor, weshalb eine Variabilität der Zahlungen ausgeschlossen ist. Die Wahrscheinlichkeit muss demnach hinreichend hoch und restriktiv sein.[886]

Unter Rückgriff auf das Spektrum der Wahrscheinlichkeitsbegriffe in der IFRS-Rechnungslegung[887] ist abzuleiten, dass der Eintritt **nahezu sicher (*virtually certain*)** sein muss. Dies entspricht einer Wahrscheinlichkeit von mindestens 95 %,[888] mit der die der Zahlung zugrunde liegende Klausel demnach erfüllt werden muss. Diese quantitative Konkretisierung nimmt die bereits im Überarbeitungsprozess der Vorschriften des ED/2013/6 geäußerte Kritik auf, dass die Regelungen ohne eine vergleichbare Quantifizierung unternehmensübergreifend inkonsistent angewendet werden könnten.[889] Die Anforderungen an quasi-fixe Zahlungen stellen zwar auf ein solches Verständnis ab, gleichwohl wird das Ausmaß dieser Restriktivität durch eine quantitative Betrachtung umso klarer und das Kriterium objektiviert. Die Informationen, die aus Entscheidungen zur Substanz resultieren, die auf der Grundlage dieser Wahrscheinlichkeit getroffen werden, sind relevanter und glaubwürdiger darzustellen. Sie sind unter Rückgriff auf ein allgemein anwendbares Wahrscheinlichkeitskriterium zudem vergleichbarer.[890] Zudem wird die Anwendung der Vorschriften erleichtert.

Das Wahrscheinlichkeitskriterium ist insbesondere restriktiver als jenes im Kontext der Beurteilung von Laufzeitoptionen. Der geringere Spielraum in der Beurteilung ist sachgerecht, um die divergierenden wirtschaftlichen Gegebenheiten widerzuspiegeln – denn bei Laufzeitoptionen verbleibt dem Leasingnehmer ein wirtschaftlich erforderlicher Spielraum, sein Urteil über die Wahrscheinlichkeit nachträglich zu revidieren[891] – und die Absichten des Standardsetzerss zu erfassen.

442.132.22 Konkretisierung von Bedingungen, die auf der Grundlage fehlender wirtschaftlicher Substanz zu einer Einordnung der Zahlung als quasi-fix führen

Anknüpfend an die vorherigen Ausführungen ist zu klären, welche Bedingungen das Merkmal aufweisen können, dass keine wirtschaftliche Substanz vorliegt und die resultierenden Zahlungen demnach als quasi-fix einzuordnen sind. Zahlungen können sich grundlegend aufgrund der Orientierung an Referenzgrößen **unmittelbar** oder im Wege von Bedingungen **mittelbar** ergeben. Die Zahlung kann unmittelbar geregelt werden, indem bspw. ein prozentualer Bestandteil der Referenzgröße wie dem Unternehmensumsatz die Zahlungshöhe definiert. Zudem können

[886] Gl. A. KPMG (Hrsg.), Insights into IFRS, S. 1313.

[887] Vgl. HOMMEL, M./DEHMEL, I./ZEITLER, N., Systematische Inkonsistenzen, S. 1773.

[888] Vgl. zustimmend IOSCO (Hrsg.), Comment Letter ED/2013/6, S. 6; CHARTERED ACCOUNTANTS IRELAND (Hrsg.), Comment Letter ED/2013/6, S. 11; SEC OF BRAZIL (Hrsg.), Comment Letter ED/2013/6, S. 4; Wahrscheinlichkeitsbegriffe quantifizierend HOMMEL, M./DEHMEL, I./ZEITLER, N., Systematische Inkonsistenzen, S. 1773.

[889] Vgl. IASB (Hrsg.), Staff Paper 3C (April 2014), Rn. 12.

[890] Das Wahrscheinlichkeitskriterium lässt sich auf den ersten in Fn. 881 genannten Sachverhalt übertragen: Demnach ist die Fähigkeit des Vermögenswertes zum Betrieb bzw. die Wahrscheinlichkeit des Eintritts nahezu sicher, vgl. dazu IFRS 16.B42 (a) (i).

[891] Vgl. bereits Abschnitt 433.21.

Bedingungen vorsehen, dass die Zahlung anfällt, wenn bestimmte Voraussetzungen erfüllt werden. So könnte etwa eine fixe Zahlung nur anfallen, wenn ein Mindestumsatz erreicht wird. In diesem Fall ergibt sich die Zahlung mittelbar in Abhängigkeit der Erfüllung dieser Anforderung.

Zahlungen, die sich **unmittelbar** an einer Referenzgröße orientieren, dürften regelmäßig **nicht als quasi-fix** einzuordnen sein. Dies ist auf die Anforderung der fehlenden wirtschaftlichen Substanz zurückzuführen. So sind Zahlungen in direkter Abhängigkeit einer Referenzgröße aufgrund ihrer Variabilität der Höhe nach zwingend auch wertmäßig variabel. Dies gilt für Referenzgrößen, die sich nicht auf das Unternehmen beziehen (makroökonomische oder wettbewerbsbezogene Daten), aber auch auf solche, die sich auf das Unternehmen beziehen (bspw. Umsatz).[892] Auch eine Orientierung an der Unternehmensplanung als objektivierender Indikator kann die Variabilität der finalen Zahlungen nicht verhindern. Die Planung kann nicht gewährleisten, dass künftige Werte sicher auftreten, sodass eine diesbezügliche Bedingung keine wirtschaftliche Substanz aufweisen würde.

Ausnahmen könnten zwar grundsätzlich denkbar sein, wenn das Unternehmen die Höhe des aus der Bedingung resultierenden Referenzwertes für die Zahlung derart gestalten kann, dass die Zahlungshöhe sicher ist. Dies dürfte jedoch in höchstem Maße unwahrscheinlich sein. Zudem impliziert die Tatsache, dass das Unternehmen einen Einfluss auf den Referenzwert nehmen kann, dass er letztlich durch das Unternehmen gestaltbar ist und eine Restwahrscheinlichkeit einer Variabilität verbleibt bzw. ebendiese unterstellt werden muss. Somit ist eine solche Bedingung wirtschaftlich substanziell. Zahlungen, die sich auf diese Weise unmittelbar ergeben, dürften deshalb für gewöhnlich nicht als quasi-fixe Zahlung, sondern vielmehr als variable Zahlung zu klassifizieren sein.

Für Zahlungen, die sich **mittelbar** aufgrund einer Bedingung ergeben, könnte eine abweichende Beurteilung geboten sein. Diese können sich gleichermaßen sowohl auf unternehmensbezogene Referenzen (bspw. Output des Leasingobjektes oder Umsatz) als auch auf nicht unternehmensbezogene Parameter stützen (bspw. makroökonomische oder wettbewerbsbezogene Daten).

Die Anknüpfung der Zahlung an **nicht unternehmensbezogene Bezugsgrößen** im Wege einer Bedingung kann dem übergeordneten Kriterium der fehlenden wirtschaftlichen Substanz entsprechen. Damit keine Variabilität der resultierenden Zahlung vorliegt bzw. unterstellt werden kann, muss die Wahrscheinlichkeitsverteilung der Ereignisse „Klausel wird erfüllt, d. h. Zahlung fällt an" bzw. „Klausel wird nicht erfüllt, d. h. Zahlung fällt nicht an" hinreichend klar verteilt sein. Eine Bedingung, die die Fälligkeit einer Zahlung regelt, wenn die normalerweise um 2 % schwankende Inflationsrate größer als 0,001 % ist, besitzt demnach keine wirtschaftliche Substanz, da dieser Wert nahezu sicher überschritten wird. Sofern, das Beispiel fortführend,

892 Vgl. hier und für den folgenden Satz mit Bezug auf unternehmensbezogene Zahlungen IASB (Hrsg.), Staff Paper 3C (April 2014), Rn. 19 (a) und Example 3.

nur eine Zahlung anfällt, wenn 2 % überschritten werden, würde die Bedingung wirtschaftliche Substanz aufweisen, da die Wahrscheinlichkeiten der (Nicht-)Erfüllung nicht hinreichend eindeutig verteilt sind. In diesem Fall wäre die Zahlung nicht quasi-fix, sondern als variable Zahlung zu klassifizieren.

Eine differenziertere Betrachtung ist dementgegen für die Beurteilung erforderlich, ob eine mittelbare **unternehmensbezogene Bedingung** einer Zahlung zu einer quasi-fixen Zahlung führen kann. Dies ist darauf zurückzuführen, dass der Leasingnehmer die Erfüllung von Bedingungen, die ihn selbst betreffen, grundsätzlich beeinflussen könnte. Besonders könnte er die Wahrscheinlichkeitsverteilung der Ereignisse „Erfüllung" und „Nicht-Erfüllung" der Bedingungen, an die die Zahlung geknüpft ist, steuern – und damit auch, ob der Klausel eine wirtschaftliche Substanz zuzuschreiben ist. Im Schrifttum wird gerade deshalb die Schlussfolgerung gezogen, dass ausschließlich solche Bedingungen zu quasi-fixen Zahlungen führen können, „deren Variabilität außerhalb des Einflussbereiches des Unternehmens liegt"[893]. Zahlungen, die von unternehmensbezogenen Klauseln abhängen, wären demnach regelmäßig nicht als quasi-fix zu charakterisieren, weil der Leasingnehmer über ihre Erfüllung bestimmen kann und sie wirtschaftlich substanziell und im Übrigen vermeidbar sind. Der Standard selbst äußert sich zu dieser Konstellation nicht. Auch die begleitenden *Basis for Conclusions* tragen nicht zu einer Klärung bei. Es wird lediglich auf die fehlende Vermeidbarkeit der Zahlung abgestellt.[894]

Diese Folgerung **greift** nach der hier vertretenen Auffassung **zu kurz**. Denn für die Beurteilung der Einordnung von Zahlungen, die auf diese Weise zustande kommen, müssen die **ökonomischen, rechtlichen und vertraglichen Gesamtumstände** der Zahlungen bzw. ihrer Entstehung berücksichtigt werden. Nur so kann beurteilt werden, ob die zugrunde liegende Klausel wirtschaftlich substanziell – bzw. nicht substanziell – ist, sodass eine Klassifizierung als variable Zahlung – bzw. als quasi-fixe Zahlung – resultiert. Die genannten Rahmenbedingungen können somit ausdrücklich auch darauf hinweisen, dass die unternehmensbezogene Bedingung keine wirtschaftliche Substanz besitzt und die Zahlung quasi-fix ist.

Die Vorschriften des IFRS 16 führen diesbezüglich ein Beispiel auf, in dem die Anforderung, dass ein Vermögenswert während der Dauer des Leasingverhältnisses betriebsfähig ist, eine mögliche Bedingung für eine quasi-fixe Zahlung ist.[895] Insofern erlauben die Vorschriften unternehmensbezogene Bedingungen als Grundlage für quasi-fixe Zahlungen. Die Betriebsfähigkeit könnte zwar auch grundsätzlich infrage gestellt werden, gleichwohl ist sie unter Bezug auf ökonomische Erwägungen eben nicht diskutabel. Die zugrunde liegende Klausel ist nicht substanziell und die Zahlung kann als quasi-fixe Zahlung eingeordnet werden. Die Auffassung, dass eine pauschale Beurteilung unternehmensbezogener Zahlungen zu kurz greift, wird zudem

---

893 Vgl. DEHMEL, I./HOMMEL, M./RAMMERT, S., Nutzungsverhältnisse, S. 2349; gl. A. FREIBERG, J., Abbildung von variablen Zahlungen, S. 156.

894 Vgl. IFRS 16.BC164.

895 Vgl. IFRS 16.B42 (a) (i).

in einem Sitzungspapier des Überarbeitungsprozesses des IFRS 16 herausgestellt. Im dort angeführten Beispiel ist eine Zahlung an eine Klausel geknüpft, die sich an einer bestimmten Grenzschwelle des Umsatzes orientiert. Weil die Schwelle jedoch signifikant unter dem gewöhnlichen Umsatz liegt, ist die Zahlung unter Betrachtung der vertraglichen und ökonomischen Umstände in Bezug auf den Eintritt bzw. Nicht-Eintritt der Bedingung als **getarnte quasi-fixe Zahlung** (*disguised in-substance payment*) einzuordnen.[896] Demnach dürfte regelmäßig eine Einzelfallprüfung der vertraglichen Rahmenbedingungen geboten sein.

Im Ergebnis wird eine **pauschale Differenzierung** quasi-fixer Zahlungen anhand des Unternehmensbezugs der zugrunde liegenden Bedingung den Gesamtumständen **nicht gerecht**. An die Identifizierung quasi-fixer Zahlungen müssen somit zwei Anforderungen gestellt werden:

- die **mittelbare Bestimmung** der Zahlung als notwendige Anforderung für die ausbleibende Variabilität;
- die **eindeutige Wahrscheinlichkeitsverteilung** der Ereignisse, die in der Bedingung geregelt werden, als hinreichende Anforderung.

Diese Konkretisierung steht aufgrund der wirtschaftlichen Betrachtung von Bedingungen, aus denen Zahlungen resultieren, im Einklang mit der Schulddefinition gemäß dem *Conceptual Framework*. Außerdem wird dem übergeordneten Ziel des Standardsetzers entsprochen, Strukturierungsmöglichkeiten zu vermeiden. So würde eine pauschale Auslassung bspw. unternehmensbezogenen bedingter Zahlungen demnach die tatsächlichen wirtschaftlichen Verhältnisse nicht zutreffend reflektieren und Gestaltungspotenziale eröffnen.

Zur Beurteilung über die wirtschaftliche Substanz einer zugrunde liegenden Klausel dürften regelmäßig **historische Werte und Erfahrungen** herangezogen werden.[897] So könnte z. B. bei einem Unternehmen, das regelmäßig einen Umsatz von ca. 100 Mio. € erwirtschaftet, zwar nicht nahezu sicher geschätzt werden, welchen Umsatz das Unternehmen in der laufenden Periode erreichen wird. Eine Zahlung, die unmittelbar an den Umsatz geknüpft ist, ist demnach nicht quasi-fix. Allerdings kann nahezu sicher beurteilt werden, dass eine Bedingung, die an das Erreichen eines Mindestumsatzes von 1 Mio. € geknüpft wird, erfüllt wird. Eine Zahlung auf der Grundlage dieser mittelbaren Bedingung ist faktisch zu leisten. Für Bedingungen, die sich an zukunftsbezogenen Sachverhalten orientieren, sind **fundierte Prognosen** zu fordern, um die faktische Unvermeidbarkeit einer daraus entstehenden Zahlung angemessen zu unterlegen. Die zugrunde liegenden Informationen müssen jedoch aufgrund der inhärenten Unsicherheit zukünftiger Entwicklungen umso belastbarer sein.

---

[896] Im Beispiel ergibt sich die Zahlung eines bestimmten Betrages, wenn der Umsatz eine Währungseinheit überschreitet, vgl. IASB (Hrsg.), Staff Paper 3C (April 2014), Rn. 19, Example 2.

[897] Vgl. dies vorschlagend DINH THI, T. U. A., Leasingbilanzierung nach IFRS 16, S. 237.

442.132.3 Auswahl aus mehr als einer Zahlungsreihe

442.132.31 Übersicht

Darüber hinaus können Leasingverträge vorsehen, dass der Leasingnehmer zwischen unterschiedlichen Zahlungsreihen (*more than one set of payments*) wählen kann.[898] Auch in diesem Fall ist denkbar, dass die resultierende Zahlung als quasi-fix zu würdigen ist. Gemäß IFRS 16 ist eine Zahlung als quasi-fix zu werten, wenn unter den gegebenen Zahlungsmöglichkeiten nur eine Zahlungsreihe realistisch ist.[899] Wenn mehrere Zahlungsreihen als realistisch beurteilt werden, ist diejenige Zahlung als quasi-fix einzuordnen, die den geringsten Barwert aufweist.[900]

442.132.32 Identifizierung einer quasi-fixen Zahlung auf der Grundlage lediglich einer realistischen Zahlung

Quasi-fixe Zahlungen können vorliegen, wenn der Leasingnehmer seine gewünschte Zahlungsreihe aus mehreren, vertraglich ermöglichten Zahlungsreihen wählen kann, aber nur eine dieser Alternativen realistisch ist.[901] Ebendiese soll gemäß IFRS 16 als quasi-fixe Zahlung klassifiziert werden.

Das Verständnis des Begriffes *realistisch* ist auslegungsbedürftig. Einerseits könnten die Ausführungen dahingehend interpretiert werden, dass realistisch mit *wahrscheinlich* gleichgesetzt wird. In diesem Fall wären grundsätzlich alle Zahlungsalternativen für den Leasingnehmer denkbar, gleichwohl kommt für den Leasingnehmer nur eine von diesen Zahlungen wahrscheinlich infrage.[902] Andererseits könnte aus dem Begriff unter Berücksichtigung des übergeordneten Prinzips quasi-fixer Zahlungen, ihrer faktischen Unvermeidbarkeit, auch gefolgert werden, dass die übrigen Zahlungsalternativen faktisch keine ökonomisch sinnvollen Alternativen für den Leasingnehmer darstellen. Demnach wäre tatsächlich nur eine Zahlungsreihe für den Leasingnehmer relevant, während die anderen Optionen keinen wirtschaftlichen Gehalt für ihn aufweisen. Die Bedeutung des Begriffes wäre in dieser Auslegung im Vergleich zu der vorherigen Auslegung restriktiver.

Vor allem die regelungsstrukturelle Implikation, nach der mit der Zahlung eine faktische Unvermeidbarkeit verbunden sein muss, deutet darauf hin, dass die letztere restriktivere Auslegung geboten ist. Demnach dürfte eine von mehreren möglichen Zahlungen als quasi-fix zu beurteilen sein, wenn sie die **einzige ökonomisch sinnvolle Alternative** ist. Diese Ansicht impliziert, dass dieses Kriterium nicht in allen Konstellationen, in denen mehrere Zahlungsalternativen möglich sind, zu quasi-fixen Zahlungen führt. Sofern mehr als eine Zahlung für den Leasingnehmer eine sinnvolle Alternative darstellt, ist demnach keine der Zahlungen quasi-fix,

[898] Vgl. IFRS 16.BC158.
[899] Vgl. IFRS 16.B42 (b).
[900] Vgl. IFRS 16.B42 (c).
[901] Vgl. IFRS 16.B42 (b).
[902] Das Vorgehen zur Bestimmung würde dann dem *more likely than not to occur*-Ansatz ähneln. Dieser wurde bereits zur Bestimmung der Dauer des Leasingverhältnisses gemäß ED/2013/6 herangezogen, vgl. dazu bereits Abschnitt 433.21

da dann mindestens zwei Zahlungsmöglichkeiten ökonomische Substanz für den Leasingnehmer besitzen.

Diese Auslegung führt im Übrigen auch zu einer standardübergreifenden Konsistenz. So kann den Ausführungen des IAS 19[903] und des IAS 37[904] im jeweiligen Bezug entnommen werden, dass *realistisch* einen ausschließlichen Charakter aufweist, wonach im jeweiligen Kontext faktisch nur eine Alternative realistisch ist. Gleichwohl ist diesem Argument wegen der Divergenz der zugrunde liegenden Sachverhalte nicht zu viel Bedeutung einzuräumen.

442.132.33 Identifizierung einer quasi-fixen Zahlung auf der Grundlage mehrere realistischer Zahlungen

Darüber hinaus äußern sich die Vorschriften im Kontext mehrerer realistischer Zahlungsreihen. Wenn der Leasingnehmer mehrere Zahlungsreihen als realistisch erachtet, deren Barwerte sich der Höhe nach unterscheiden, gilt die Zahlung mit dem niedrigsten Barwert als quasi-fixe Zahlung.[905] Diese Zahlungsalternative wird auch als Untergrenze der vertraglich möglichen Zahlungsverpflichtungen aufgefasst.[906] Das trifft zu, da sie die geringste aller zu leistenden Zahlungen beinhaltet und vor diesem Hintergrund die ökonomisch sinnvollste Alternative für den Leasingnehmer ist. Daher wäre grundsätzlich auch die Bezeichnung „Mindestleasingzahlung" zutreffend. Sie sollte aufgrund ihrer zentralen Bedeutung im Kontext des Vorgängerstandards IAS 17 jedoch nicht verwendet werden.[907]

Diese Auslegung führt gleichwohl zu einem von den bisher diskutierten Vorschriften **abweichenden Verständnis von Vermeidbarkeit**. So gibt die Regelung bereits vor, dass nicht nur eine, sondern mehrere Zahlungsalternativen durch den Leasingnehmer als ökonomisch sinnvoll beurteilt werden. Indem dann auf diejenige abzustellen ist, die den geringsten Barwert hat, wird ein anderes Verständnis von Vermeidbarkeit zugrunde gelegt: Es wandelt sich hin zu einer strikt zahlungsbezogenen Vermeidbarkeit, nach der diejenige Zahlung als quasi-fix beurteilt wird, die für den Leasingnehmer am wenigsten nachteilig ist. Der Begriff der Vermeidbarkeit wird insofern für diese Konstellation abweichend konkretisiert.

Die **bilanziellen Implikationen** dieser Regelung sind unklar, wenn der Leasingnehmer tatsächlich nicht diejenige Zahlung leistet, die den geringsten Barwert besitzt, sondern sich für eine

---

903 Das wird u. a. in IAS 19.4 (c) deutlich. Hier bezieht sich IAS 19 u. a. auf Leistungen an Arbeitnehmer, die sich aus der betrieblichen Praxis heraus ergeben. Die betriebliche Praxis begründet faktische Verpflichtungen, wenn das Unternehmen keine realistische Alternative zur Zahlung der Leistungen hat. Auch andere Regelungsteile weisen darauf hin, vgl. IAS 19.21 oder IAS 19.61.

904 Vgl. die Definition eines *obligating event* in IAS 37.10.

905 Vgl. IFRS 16.B42 (c).

906 Vgl. LÜDENBACH, N./HOFFMANN, W.-D./FREIBERG, J., in: Haufe IFRS-Kommentar, 16. Aufl., § 15a, Rn. 104; BARDENS, A./KRONER, M./MEURER, H., IFRS 16 (Teil 1), S. 390; FREIBERG, J., Abbildung von variablen Zahlungen, S. 156.

907 Vgl. zu den diesbezüglichen Regelungen u. a. FEHR, J., Die künftige Leasingbilanzierung, S. 11–16; GRAUPE, F., Bilanzierung von Leasingverhältnissen, S. 108; BAETGE, J./EWELT-KNAUER, C./GRAUPE, F., Überarbeitung des IFRS-Leasingstandards, S. 354 f.

andere Zahlungsoption entscheidet. Das wäre denkbar, wenn der Leasingnehmer eine Zahlungsvariante mit einer für ihn vorteilhafteren zeitlichen Verteilung bevorzugt und diese nicht den geringsten aller möglichen Barwerte ergibt. Ein mögliches Vorgehen bestünde darin, die Zahlung mit dem geringsten Barwert nicht heranzuziehen und stattdessen die tatsächliche Zahlung als maßgeblich für die bilanzielle Abbildung zu erachten. Diese Bilanzierungsweise würde die tatsächlich zu leistenden Zahlungen entsprechend bilanziell erfassen und somit in konzeptioneller Hinsicht relevante Informationen vermitteln.

Die Vorschriften lassen diese Vorgehensweise gleichwohl scheinbar nicht zu. Vielmehr suggerieren sie, dass auch in diesem Fall bilanziell diejenige Zahlungsreihe mit dem geringsten Barwert für die Bewertung der Leasingverbindlichkeit zu berücksichtigen sein würde, obgleich ebendiese Zahlung nicht tatsächlich geleistet wird. Einen vergleichbaren Widerspruch weist IAS 36 auf, nach dem im Falle einer Wertminderung der höhere Wert aus zwei zu vergleichenden Wertmaßstäben für den wertgeminderten Vermögenswert heranzuziehen ist.[908] Dabei wird davon abstrahiert, ob der Wert die tatsächliche Verwendungsalternative widerspiegelt. Die tatsächlichen ökonomischen Umstände werden demnach nicht berücksichtigt, wenn der erzielbare Betrag nicht der tatsächlichen Verwendung entspricht.[909]

Für die diskutierte Konstellation dürfte das sachgerechte Vorgehen deshalb darin bestehen, die tatsächlichen Zahlungen, die über die mindestens zu leistenden, insofern quasi-fixen Zahlungen hinausgehen, analog zu variablen Zahlungen erfolgswirksam zu erfassen. Somit könnten die Nachteile der nicht den tatsächlichen Umständen entsprechenden bilanziellen Abbildung gelindert werden.

442.132.4 Zwischenfazit und Implikationen

Das übergeordnete Charakteristikum quasi-fixer Zahlungen ist ihre faktische Unvermeidbarkeit. Quasi-fixe Zahlungen können deshalb nur mittelbar im Wege von Bedingungen, die (nicht) erfüllt werden müssen, entstehen. Diese können sowohl unternehmensbezogen als auch unternehmensunabhängig sein. Die Unvermeidbarkeit ist restriktiv auszulegen, um den Absichten des Standardsetzers zu entsprechen. Allerdings zeigen die weiteren Kriterien, dass eine Zahlung nicht zwingend faktisch unvermeidbar sein muss, d. h. unter Einbezug der Gesamtumstände nur ebendiese Zahlung zu leisten ist. Vielmehr kann die Vermeidbarkeit auch zahlungsbezogen auszulegen sein, sodass im Falle mehrerer möglicher Zahlungen diejenige quasi-fix ist, die am ökonomisch sinnvollsten ist. Ein einheitliches Verständnis der Unvermeidbarkeit einer Zahlung liegt demnach nicht vor. Dies wäre vor dem Hintergrund einer konsistenten Anwendung der ohnehin komplexen Regelungen wünschenswert gewesen.[910]

---

908 Vgl. zur Ermittlung des erzielbaren Betrages IAS 36.18 und Abschnitt 443.333.

909 Vgl. BAETGE, J. U. A., in: Baetge u. a., Rechnungslegung nach IFRS, 2. Aufl., Teil B, IAS 36, Rn. 37.

910 Gl. A. DINH THI, T. U. A., Leasingbilanzierung nach IFRS 16, S. 237; noch im Kontext des ED/2013/6 BARNARD, C., Comment Letter ED/2013/6, S. 5.

Die Abgrenzung von quasi-fixen ansatzpflichtigen und nicht als solche zu qualifizierenden variablen Zahlungen für weitere Tatbestände ist auf der Grundlage der Erkenntnisse herausfordernd. Der Zuordnung wird daher zurecht ein „schmaler Grat“[911] attestiert, was auch auf die einzelfallbezogenen Regelungen verschiedener möglicher Zahlungsstrukturierungen zurückzuführen ist. Den Vorschriften kann daher der Charakter vager Anhaltspunkte zugeschrieben werden.[912] Vorteilhafter ist demnach die konsequente Orientierung an den herausgestellten, grundlegenden Charakteristika quasi-fixer Zahlungen. Die Vorteilhaftigkeit zeigt sich darin, dass alternativ zu den kodifizierten Tatbeständen auch andere Zahlungskomponenten zu prüfen sein könnten, bspw. **Restwertgarantien**. Ihre Klassifizierung als quasi-fix wäre möglich, wenn aus den vertraglichen Bedingungen folgen würde, dass die erwarteten garantieren Zahlungen aufgrund der Wahrscheinlichkeitsverteilung der Ereignisse, die zu diesen Zahlungen führen, nahezu sicher eintreten.

Die Befürchtung des Standardsetzers, bedeutende Strukturierungsmöglichkeiten zu schaffen, wenn quasi-fixe Zahlungen nicht Teil der Leasingzahlungen sein würden, wurde durch ihre explizite Berücksichtigung zwar nicht erfüllt.[913] Allerdings bleiben diese Möglichkeiten aufgrund der unklaren Abgrenzung bestehen. Die Erkenntnisse wirken sich auf die Beurteilung der Entscheidungsnützlichkeit der Vorschriften aus. Diese ist aufgrund der unklaren Abgrenzung ansatzpflichtiger Zahlungen eingeschränkt. Das Urteil ist aufgrund der wirtschaftlichen Bedeutung quasi-fixer Zahlungen umso bedeutsamer. Die Adressaten erhalten Informationen, die aufgrund des komplexen Konzepts wenig relevant und glaubwürdig sowie zudem unternehmens- und periodenübergreifend wenig vergleichbar sind. Das Ziel des Boards, die Möglichkeiten der bilanziell motivierten Strukturierung der Zahlungen aufgrund der ausbleibenden bilanziellen Berücksichtigung variabler Zahlungen zu vermeiden,[914] wird aufgrund der Spielräume bei der Klassifizierung der Zahlungen nur eingeschränkt erreicht.

442.133. Charakteristika ansatzpflichtiger variabler Zahlungen

Eine Teilmenge der Gesamtheit variabler Zahlungen sind die ansatzpflichtigen variablen Zahlungen. Diese variablen Zahlungen sind in die Verbindlichkeit einzubeziehen, wenn sie von einem Index oder einem anderen Kurs bzw. einer Quote oder einem Tarif[915] abhängen.[916] Die Referenzgröße ist für diese Zahlungen demnach unternehmensunabhängig. Die Ansatzpflicht gründet darin, dass der Leasingnehmer keine praktische Möglichkeit hat, die Zahlungen an den Leasinggeber zu vermeiden.[917] Die Zahlungen sind lediglich der Höhe nach variabel, dem

---

911 ECKL, E. U. A., IFRS 16 „Leases“ (Teil 2), S. 722.

912 Vgl. auch FREIBERG, J., Abbildung von variablen Zahlungen, S. 156.

913 Vgl. IASB (Hrsg.), Staff Paper 3C (April 2014), Rn. 17 (c).

914 Vgl. IASB (Hrsg.), Staff Paper 3C (April 2014), Rn. 7.

915 Im Folgenden wird für ein besseres Leseverständnis lediglich auf die Wertbestimmung anhand eines Index rekurriert.

916 Vgl. IFRS 16.27 (b).

917 Vgl. IFRS 16.BC165; zur Konkretisierung des Vorliegens einer Verpflichtung weiterführend CF.4.29–4.32.

Grunde nach jedoch unvermeidbar.[918] Die Zahlungen werden zum Zeitpunkt des Beginns des Leasingverhältnisses und an darauffolgenden Bewertungsstichtagen unter Bezugnahme auf ebendiese Referenzen und auf aktuelle Umstände bewertet.[919] Erwartete wertmäßige Änderungen der Referenz in künftigen Perioden sind auszublenden.[920]

Der Standardsetzer benennt zwar beispielhafte Indizes. Demnach können als Referenzen für diese variablen Zahlungen etwa Verbraucherpreisindizes, Referenzzinssätze oder Mietspiegel herangezogen werden.[921] Jedoch versäumt der Board, **prinzipienorientierte Anforderungen** an die Auswahl von zuzulassenden Referenzen zu konkretisieren. Diese sind erforderlich, um vor allem unter Bezugnahme auf die Unvermeidbarkeit abzuleiten, welche weiteren Indizes als Referenzgröße für diese variablen Leasingzahlungen möglich sind. So ist aus den im Standard genannten Indizes abzuleiten, dass der gewählte Index allgemein akzeptiert sein sollte. Die Referenzgröße sollte in der Wertermittlung unabhängig, objektiv und nachvollziehbar sein.[922] Demnach sollte der Leasingnehmer die Wertentwicklung des Index durch seine Geschäftstätigkeit weder unmittelbar noch mittelbar beeinflussen können, damit die Unvermeidbarkeit nicht infrage gestellt werden kann.[923] Zudem sollte er regelmäßig beobachtbar sein.[924] Damit verknüpft sollte der Index idealerweise ausreichende Datenpunkte generieren, damit der Leasingnehmer nicht auf Schätzungen für Werte zwischen den originär berechneten Zeitpunkten zurückgreifen muss. Referenzgrößen, die die genannten Anforderungen erfüllen, können zu Informationen über die Bilanzposten führen, die relevant und glaubwürdig, vor allem auch nachprüfbar sind und einen Prognosewert besitzen.

Aus den Anforderungen ist im Umkehrschluss ableitbar, welche Umstände besonders dazu führen können, dass ein bestimmter Index **nicht herangezogen** werden darf. Demnach sollten die Vertragsparteien vor allem die Entwicklung des Index nicht beeinflussen können, bspw. über (un-)mittelbare Auswirkungen seiner Geschäftstätigkeit auf diesen. Somit darf der Index ein Mindestmaß an Unabhängigkeit und allgemeiner Akzeptanz hinsichtlich seiner Wertentwicklung nicht unterschreiten. Andernfalls könnte die Unvermeidbarkeit der Zahlungen infrage gestellt werden. Daran anküpfend würden die variablen Zahlungen nicht ansatzfähig, sondern lediglich aufwandswirksam erfasst.

---

918 Vgl. IFRS 16.BC165.

919 Vgl. IFRS 16.27 (b).

920 Vgl. IFRS 16.BC166; auf Widersprüche zu den Vorschriften zur Zwischenberichterstattung gemäß IAS 34 verweisend FREIBERG, J., Folgebilanzierung von Leasingverhältnissen, S. 1117.

921 Vgl. IFRS 16.28.

922 Gl. A. EWELT-KNAUER, C., in: Baetge u. a., Rechnungslegung nach IFRS, 2. Aufl., Teil B, IFRS 16, Rn. 58.

923 Gl. A. im Ergebnis FREIBERG, J., Folgebilanzierung von Leasingverhältnissen, S. 1117.

924 Gl. A. FREIBERG, J., Abbildung von variablen Zahlungen, S. 155.

442.134. Charakterisierung nicht ansatzfähiger variabler Zahlungen

442.134.1 Einführung in die Argumentation

Die bilanzielle Berücksichtigung variabler Zahlungen, die nicht an einen Index gebunden sind, wurde im Projektverlauf andauernd diskutiert.[925] Anders als quasi-fixe Zahlungen und indexbezogene variable Zahlungen unterliegen alle weiteren variable Zahlungen einem Ansatzverbot.[926] Diese Vorschrift ist vor dem Hintergrund der Zielsetzung des Standardsetzers, Strukturierungsmöglichkeiten in der bilanziellen Abbildung des Leasingverhältnisses, vor allem der Höhe der Bilanzposten, zu vermeiden und die Zahlungen, die mit dem Leasingverhältnis in einem engen Zusammenhang stehen, so umfassend wie möglich bilanziell zu erfassen, aber auch aufgrund der ökonomischen Bedeutung der Zahlungen nicht nachvollziehbar. Zudem unterscheidet sich IFRS 16 in dieser Hinsicht von IFRS 15, nach dem vergleichbare variable Zahlungen in den Transaktionspreis einzubeziehen sind.[927] Es unterstreicht jedoch den im Kontext des IFRS 16 mutmaßlichen Fokus des Boards, auch aufgrund der anwendungsbezogenen Stellungnahmen eine **praktikable Lösung** für die Rechnungslegung von Leasingverhältnissen zu finden.[928]

Die Regelung wirkt sich in unterschiedlichem Maße in der Praxis aus. So sind umsatzbezogene variable Zahlungen besonders im Handel von großer Bedeutung. Ebendiese sind jedoch nicht ansatzfähig. Die Vorschriften des IFRS 16 könnten daher branchenübergreifend zu **strukturellen Unterschieden** in der Bewertung der Bilanzposten aus dem Leasingverhältnis führen. Dies gilt besonders für Branchen, die regelmäßig derlei Zahlungen vereinbaren, und für solche Industrien, in denen variable Zahlungen zwar ökonomisch relevant sind, aber an Referenzwerte gekoppelt werden, sodass sie ansatzpflichtig werden. Dazu gehört u. a. das Immobilienleasing.[929]

Die **Gründe** für das Ansatzverbot sind **vielfältig**. Der Ausschluss wird zum einen auf Kosten-Nutzen-Überlegungen zurückgeführt.[930] So seien die Kosten, die für die Bilanzierenden in der erstmaligen Implementierung und der dauerhaften Anwendung aufgrund der stark ausgeprägten

---

925 Vgl. dazu im Kontext der Kommentierungsschreiben zum ED/2013/6 auch mit Bezug auf ED/2010/9 IASB (Hrsg.), Staff Paper 3B (April 2014), Rn. 7–15.

926 Vgl. implizit IFRS 16.27 und explizit den Ausschluss adressierend IFRS 16.BC169. Gleichwohl hat der Leasingnehmer Angaben über ihre Höhe zu machen, vgl. IFRS 16.53 (e).

927 Vgl. IFRS 15.47–50; ACKER, C., Umsatzlegung komplexer Verträge, S. 307–310; weiterführend zu den Vorschriften des IFRS 15 FREIBERG, J., Variabilität des Transaktionspreises, S. 124–127; LÜDENBACH, N./HOFFMANN, W.-D./FREIBERG, J., in: Haufe IFRS-Kommentar, 16. Aufl., § 25, Rn. 106–115; zu den Wechselwirkungen zwischen den Standards BERGER, J./GEISEL, A./SCHMIDT, C., Wechselwirkungen, S. 1901 f; zum Spannungsfeld zwischen IFRS 9 und IFRS 16, in dem variable Zahlungen stehen, GEISEL, A./FISCHER, F./SCHMIDT, C., Mietzahlungen im Spannungsfeld, S. 55–57; im Kontext von *Sale and Lease Back*-Transaktionen LÜHN, M., Sale-and-Lease-Back nach IFRS 16, S. 193–195; FREIBERG, J., Aufteilung von Dauerschuldverhältnissen, S. 325–327.

928 Diese u. a. unterstellend GRUBER, T./HARTMANN-WENDELS, T., Leasing-Bilanzierung, S. 48.

929 Vgl. für diesen Absatz LOITZ, R./LEUCHTENSTERN, S./KRONER, M., Leasing Heute und Morgen, S. 1878; NARDMANN, H./HELLER, S., Zehn Feststellungen zu ED/2013/6 „Leases“, S. 402; IASB (Hrsg.), Staff Paper 3B (April 2014), Rn. 22 f.

930 Vgl. hier und für den folgenden Satz IFRS 16.BC169; IASB (Hrsg.), Staff Paper 3B (April 2014), Rn. 19 f.

Bewertungsunsicherheit entstehen, höher einzuschätzen als der Nutzen, der aus den Abschlussinformationen resultiert.[931] Zum anderen herrschte im Board Uneinigkeit über die Erfüllung der Definition einer Schuld gemäß dem *Conceptual Framework*.[932] Diejenigen, die die Definition als nicht erfüllt ansahen, begründen dies mit einer nicht vorliegenden Unvermeidbarkeit bei unternehmensbezogenen[933] Referenzgrößen. Darüber hinaus wurde der Ausschluss variabler Leasingzahlungen im Kontext der Erfüllung der Definition eines Leasingverhältnisses darauf zurückgeführt, dass durch sie der künftige wirtschaftliche Nutzen aus dem Vermögenswert nicht ausschließlich dem Leasingnehmer, sondern auch dem Leasinggeber zukommt.[934] In der Argumentation gegen eine Ansatzpflicht sind demnach konzeptionelle und praktische Erwägungen von Bedeutung. Indes wird nicht deutlich, welche Argumente durch den Board als besonders gewichtig erachtet werden.[935]

Die Unklarheit bezüglich der Gewichtung der Argumente wird umso deutlicher, als über die vorgebrachten Gründe im Board kein Einvernehmen vorlag. So wird hervorgehoben, dass nicht alle Mitglieder die Argumente gegen eine Ansatzpflicht teilen.[936] Nach der hier vertretenen Auffassung sollte den konzeptionellen Argumenten indes eine höhere Bedeutung zukommen als den umsetzungsorientierten.[937] Eine wünschenswerte, konzeptionell stringente Auseinandersetzung mit variablen Zahlungen wurde im Kontext des IFRS 16 scheinbar bewusst vermieden.[938] Die Argumentation für den Ausschluss bleibt im Ergebnis **regelungskonzeptionell unklar**.[939]

Aufgrund der **Tragweite des Ausschlusses variabler Zahlungen** für die Vertragsgestaltung, für die Entscheidungsnützlichkeit der resultierenden bilanziellen Informationen über die Leasingzahlungen und auch wegen ihrer ökonomischen Bedeutung bedarf es einer detaillierteren Analyse der Argumentation, die zu dem Ergebnis geführt hat. Auf dieser Grundlage erfolgt vor dem Hintergrund der Vermeidbarkeit (bzw. der Definition einer Schuld) als dem übergeordneten Charakteristikum von Leasingzahlungen – und gleichzeitig dem konzeptionellen Ausschlussgrund für diese variablen Zahlungen – eine Konkretisierung einer bilanzielle Abbildung, die für variable Zahlungen angemessen ist.

---

931 Dieses nachteilige Kosten-Nutzen-Verhältnis gilt in gleichem Maße für das Verständnis der Adressaten.

932 Vgl. hier und für den folgenden Satz IFRS 16.BC168 f.

933 Der Board stellt beispielhaft auf die Verwendung des Leasinggegenstandes und mit diesem verbundene Umsätze ab, vgl. IFRS 16.BC168.

934 Vgl. hier und für den folgenden Satz IFRS 16.BC169; für die entsprechenden Vorschriften zur Definition vgl. Abschnitt 423.1.

935 Der Board nimmt weder in den Vorschriften selbst noch in den *Basis for Conclusions* oder den diesbezüglichen Sitzungspapieren eine Gewichtung vor.

936 Manche Mitglieder beurteilten auch eine Ansatzpflicht für sachgerecht, vgl. IFRS 16.BC168.

937 Gl. A. DEHMEL, I./HOMMEL, M./RAMMERT, S., Nutzungsverhältnisse, S. 2349; im Ergebnis wohl auch BEHLING, K., Der neue Leasingstandard, S. 247.

938 Vgl. LÜDENBACH, N./HOFFMANN, W.-D./FREIBERG, J., in: Haufe IFRS-Kommentar, 16. Aufl., § 15a, Rn. 117; auf die Ungleichbehandlung variabler Zahlungen standardübergreifend hinweisend FREIBERG, J., Abbildung von variablen Zahlungen, S. 155–157.

939 Gl. A. BEHLING, K., Der neue Leasingstandard, S. 247; im Ergebnis gl. A. MAZARS (Hrsg.), Comment Letter ED/2013/6, S. 27.

442.134.2 Kritische Analyse der Gründe gegen die Ansatzpflicht

442.134.21 Argumente der Kosten-Nutzen-Abwägung und des Zuflusses künftigen wirtschaftlichen Nutzens

Die Diskussionen innerhalb des IASB zum Ausschluss von der Ansatzpflicht sind verständlich. So überrascht das Ergebnis zur Abwägung von **Kosten und Nutzen** insofern, als zukunftsbezogene Schätzungen in anderen Vorschriften des IFRS-Regelungswerkes, u. a. im Kontext des IFRS 3[940] und des IFRS 9[941], trotz ihrer Bewertungsunsicherheit eine bedeutsame Rolle für die bilanzielle Abbildung spielen. Die Kritik im Kontext des IFRS 16 könnte insofern weitgehend auch auf die genannten IFRS angewendet werden.[942] Auch innerhalb des IFRS 16 führt diese Argumentation zu Inkonsistenzen, denn mit dem Einbezug erwarteter Zahlungen aus Restwertgarantien, die gleichermaßen geschätzt werden müssen, sind vergleichbare Kosten-Nutzen-Implikationen verbunden.[943]

Das Argument, nach dem der **künftige wirtschaftliche Nutzen** nicht ausschließlich dem Leasingnehmer zukommt, steht im Widerspruch zu den Regelungen der Definition. Gemäß dieser sind variable Zahlungen des Leasingnehmers bspw. in Form von Rückvergütungen an den Leasinggeber, die aus der Nutzung des Leasingobjektes resultieren, nicht schädlich für die Folgerung, dass dem Leasingnehmer der substanziell gesamte wirtschaftliche Nutzen zukommt.[944] Der Rückfluss an den Leasinggeber geschieht somit in einem logisch nachgelagerten Schritt und wird als Teil der Gegenleistung betrachtet. Indem der Board im Kontext der Leasingzahlungen abweichend von den Vorschriften zur Definition argumentiert, dass diese nachträglichen Zahlungen die Teilung des wirtschaftlichen Nutzens implizieren, widerspricht er sich.

Die beiden vorgebetrachten Argumente sind demnach nicht nur wenig überzeugend. Besonders ist ihre Eignung für die weitreichende Bilanzierungskonsequenz in hohem Maße diskutabel.

---

940 Bei Unternehmenserwerben können die Parteien bedingte Gegenleistungen vereinbaren, deren Wirksamkeit von zukünftigen Ereignissen oder Umständen abhängt, vgl. IFRS 3.Appendix A; GEISLER, R./VETH, C., Gegenleistungen bei Unternehmenserwerben, S. 2670; zur Anwendung von earn-out-Klauseln bei Unternehmenszusammenschlüssen auch empirisch BEHRINGER, S./HAMEISTER, T., Earn-outs, S. 47–53.

941 Im Kontext des IFRS 9 wird u. a. die Risikovorsorge zukunftsbezogen berechnet. *Falls lifetime expected credit losses* einbezogen werden, werden sie ggf. über einen langen Zeitraum geschätzt, vgl. IFRS 9.5.5.3; dazu HOMMEL, M./KLY, F./ZICK, T., Wertminderungsmodell des IFRS 9, S. 569–576; SCHMIDT, A./BAREKZAI, O./HÜTTERMANN, K., Neuregelungen des IFRS 9, S. 344–356.

942 Gl. A. DEHMEL, I./HOMMEL, M./RAMMERT, S., Nutzungsverhältnisse, S. 2349; vgl. kritisch zur Behandlung variabler Zahlungen im IFRS-Regelungskanon insgesamt FREIBERG, J., Abbildung von variablen Zahlungen, S. 155–157; GEISLER, R./VETH, C., Gegenleistungen bei Unternehmenserwerben, S. 2667–2671. Gleichwohl die Entscheidungen des Boards mit Bezug auf die Anforderung der Vorsicht (*cautious prudence*) im Kontext der Bewertungsunsicherheit grundsätzlich nachvollziehend EFRAG (Hrsg.), IFRS 16 Endorsement Advice, Rn. 207.

943 Vgl. zu weiteren Komponenten der Verbindlichkeit Abschnitt 442.14.

944 Vgl. hier und für den folgenden Satz IFRS 16.B23 und Abschnitt 423.4.

442.134.22 Argument der Vermeidbarkeit der Zahlung und Ableitung einer mit dem Rahmenkonzept konformen Bilanzierungsweise

Darüber hinaus kann die Abwägung, ob die Definition einer Schuld erfüllt wird, zu vom Standardsetzer abweichenden Ergebnissen führen. Der Standardsetzer argumentiert, dass die Zahlung zum Zeitpunkt der Erstbewertung nicht nur der Höhe, sondern auch dem Grunde nach vermeidbar ist. Das künftige, die Zahlung auslösende Ereignis, das darüber hinaus unternehmensbezogen ist, müsste erst eintreten, damit die Unsicherheit dem Grunde nach aufgehoben wird.[945] Im Zentrum der Diskussion steht somit die Frage, ob die variable Zahlung **vermeidbar** ist.[946] Diese Vermeidbarkeit unterstellt der Standardsetzer für die hier diskutierten variablen Zahlungen pauschal. Er grenzt sie von den übrigen bilanziell zu erfassenden Zahlungen lediglich auf dieser Argumentationsebene ab. Dabei wäre eine tiefergehende Begründung angemessen gewesen, denn die bilanzielle Konsequenz – die (Nicht-)Berücksichtigung variabler Zahlungen in der Verbindlichkeit aus dem Leasingverhältnis – ist von erheblicher Tragweite. Die konzeptionelle Argumentation wird auch an anderen Stellen des Standardsetzungsprozesses nicht weiter ausgeführt.

Im Folgenden werden vor diesem Hintergrund aufgrund des zeitlichen Gleichlaufs der Projekte zur Überarbeitung sowohl des *Conceptual Framework* als auch der Rechnungslegung von Leasingverhältnissen die jeweiligen **Sitzungsunterlagen** dahingehend untersucht, was den Standardsetzer zu der bilanziellen Behandlung von variablen Zahlungen bewogen haben könnte, um anschließend die konzeptionelle Angemessenheit der weitreichenden Bilanzierungsvorschrift zu prüfen. Die Sitzungsunterlagen eröffnen im Wesentlichen **drei mögliche Argumentationen**, die den Board veranlasst haben könnten, variable Zahlungen als vermeidbar zu klassifizieren:

- Die Begründung könnte demnach auf dem in **DP/2013/1** noch als ein wichtiger Parameter genannten Unternehmensbezug basieren; oder
- sie könnte auf einer von zwei unterschiedlichen Auslegungen zur Vermeidbarkeit gründen, die bis zum **ED/2015/3** diskutiert wurden.[947]

Gemäß der ersten möglichen Argumentation könnte der **Unternehmensbezug** der variablen Zahlungen maßgeblich für den Ausschluss sein. So wurden im DP/2013/1 die Auswirkungen des Bezugs einer Verpflichtung des Unternehmens auf seine eigenen künftigen Tätigkeiten als eine mögliche Determinante für die Erfüllung der Definition einer Schuld diskutiert.[948] Gleichwohl wurde diese Regelung nicht weiter verfolgt. Vielmehr wurde im Regelungsentwurf

---

945 Vgl. IFRS 16.BC168.

946 Die Konkretisierung des Vorliegens einer (nicht) vermeidbaren Zahlung wurde auch im Rahmen der Erarbeitung des *Exposure Drafts* zum *Conceptual Framework* umfassend diskutiert, vgl. die Ausführungen in IASB (Hrsg.), ED/2015/3, Rn. BC4.48–66 und Abschnitt 442.121.2.

947 Vgl. einführend Abschnitt 442.121.

948 Vgl. IASB (Hrsg.), DP/2013/1, Rn. 3.69; KIRSCH, H.-J./SCHOO, L./KRAFT, A., Discussion Paper zum Conceptual Framework, S. 304.

ED/2015/3 vorgeschlagen, dass der Unternehmensbezug keine entscheidende Rolle einnehmen soll.[949] Die Voraussetzung der *practical ability to avoid* ist demnach auf sämtliche gegenwärtige Verpflichtungen anzuwenden. Der Bezug auf das Unternehmen findet auch im jüngst veröffentlichten *Conceptual Framework* keine Berücksichtigung. Sie bildet demnach keine sachgerechte Grundlage für den ausbleibenden bilanziellen Ansatz variabler Zahlungen.

Ein in hohem Maße geeigneter Argumentationsstrang könnte demnach sein, dass der Standardsetzer bei den Überlegungen über die bilanzielle Behandlung von variablen Zahlungen nicht dem in ED/2015/3 und dem finalen *Conceptual Framework* postulierten Verständnis von Vermeidbarkeit, sondern der im Überarbeitungsprozess vorgeschlagenen **engen Auslegung von Vermeidbarkeit** (Ansicht 1)[950] folgte.[951] Erst wenn die Leistung erbracht würde oder die Nutzung des Vermögenswertes erfolgt sei, läge gemäß dem Board eine Schuld vor und die Zahlung dürfte angesetzt werden.[952] Nach dieser Auslegung dürften variablen Zahlungen regelmäßig nicht erfasst werden, da die Referenzgröße für die Variabilität erst zum Ende der Referenzperiode einen festen Wert annimmt.

Der Ausschluss variabler Zahlungen wäre dann zwar folgerichtig. Allerdings stünde der Board im Widerspruch zu den Projektergebnissen zur Definition einer Schuld im zeitlichen Verlauf. Denn diese restriktivste Ansicht zum Vorliegen einer Schuld wurde durch den Board und die Kommentierenden abgelehnt.[953] Die ausbleibende Eignung dieser konzeptionellen Begründung wird zudem bekräftigt, da das letztlich übernommene Verständnis von Vermeidbarkeit bereits abzusehen war, während die diesbezüglichen Vorschriften des IFRS 16 entwickelt wurden.[954] Somit wäre unklar, wieso der Board den zu dem entsprechenden Zeitpunkt vorliegenden Entwicklungen bei der Schulddefinition nicht gefolgt wäre. Auch die Begründung des Ausschluss im Wege dieser Argumentation ist nicht überzeugend und kann ohne Weiteres entkräftet werden.

Gemäß der dritten möglichen Argumentation könnte der Standardsetzer den Ausschluss auf der Grundlage des **finalen Verständnisses von Vermeidbarkeit**[955] begründet haben. Wie bereits beschrieben wurde,[956] ist das Vorliegen einer Schuld u. a. an eine Verpflichtung des Unterneh-

---

949 Vgl. implizit IASB (Hrsg.), ED/2015/3, Rn. 4.34 f.

950 Vgl. Abschnitt 442.121.

951 Vgl. die Auslegungen vergleichend IASB (Hrsg.), Staff Paper 10E (March 2016), Rn. 17.

952 Vgl. IFRS 16.BC170. Die Auswirkung auf die bilanzielle Berücksichtigung von Leasingzahlungen wird auch aus den Illustrierungen zum Umgang mit ausgewählten Sachverhalte bei dieser Definition deutlich, vgl. zu *View 1* IASB (Hrsg.), DP/2013/1, Rn. 3.76.

953 Vgl. KIRSCH, H.-J./SCHOO, L./KRAFT, A., Discussion Paper zum Conceptual Framework, S. 304; IASB (Hrsg.), DP/2013/1, Rn. 3.63–3.97, mit der vorläufigen Schlussfolgerung in Rn. 3.96 f.

954 Variable Zahlungen wurden im April 2014 ausführlich diskutiert. Bereits im März 2014 war die Entwicklung hin zu den finalen Regelungen bezüglich des Kriteriums der gegenwärtigen Verpflichtung aber schon absehbar; vgl. IASB (Hrsg.), Staff Paper 3B (April 2014), Rn. 16–27 und IASB (Hrsg.), Staff Paper 10D (March 2014), Rn. 3 (b).

955 Vgl. die Auslegung 2 in Abschnitt 442.121.

956 Vgl. Abschnitt 442.121.1.

mens (zum Transfer ökonomischer Ressourcen) geknüpft. Diese gilt als praktisch nicht vermeidbar, wenn die Vermeidung der Zahlung zu ökonomischen Konsequenzen führen würde, die **bedeutend nachteiliger sind als die Zahlung selbst**, bspw. zu einer signifikanten Unterbrechung der Geschäftstätigkeit.[957] Für die Beurteilung ist somit die Einschätzung über diese Nachteiligkeit bzw. Signifikanz maßgeblich. Für variable Zahlungen aus Leasingverhältnissen unterstellt der Standardsetzer demnach implizit, dass die Konsequenzen in keinem Fall entsprechend nachteilig sein bzw. zu keiner Zeit eine signifikante Unterbrechung der Geschäftstätigkeit resultieren kann.

Diese **Annahme** ist nach der hier vertretenen Auffassung **zu restriktiv**. Denn vermiedene Zahlungen in Abhängigkeit bestimmter Parameter können durchaus schwerwiegende ökonomische Konsequenzen haben und damit praktisch nicht vermeidbar sein. Entsprechende Auswirkungen sind bei umsatzbezogenen Mietzahlungen einer Ladenfläche, etwa im Handel, oder bei nutzungsbezogenen Zahlungen einer für den Geschäftsbetrieb besonders bedeutsamen Maschine[958] denkbar. Diese sind faktisch nicht vermeidbar, ohne dass der Geschäftsbetrieb signifikant unterbrochen wird:[959] So wäre die Vermeidung einer Zahlung in Abhängigkeit des Umsatzes nur möglich, wenn der Leasingnehmer keinen Umsatz erwirtschaftet, und zumindest für die vertragliche Periode signifikante finanzielle Komplikationen auftreten. Die Auswirkungen, die aus einem ausbleibenden Umsatz resultieren, sind bedeutend nachteiliger als die prozentuale Zahlung und demnach schlicht zu leisten. Gleiches gilt für ein Leasingobjekt, dass ggf. das einzige seiner Art für den Leasingnehmer und gleichzeitig zentral für die Geschäftstätigkeit ist. Die variablen Zahlungen in Abhängigkeit der Nutzung sind faktisch nicht vermeidbar, ohne dass der Geschäftsbetrieb signifikant betroffen ist, indem der Vermögenswert nämlich nicht mehr verwendet werden kann.[960]

Gleichwohl sind auch Leasingverhältnisse über Vermögenswerte denkbar, deren ausbleibende Verwendung sich nicht signifikant auf den Geschäftsbetrieb auswirken. Dazu gehören Leasingverträge über den Geschäftsbetrieb unterstützende Vermögenswerte wie bspw. Bürobedarf oder über Maschinen, die für den **Geschäftsbetrieb nicht zentral** sind. In diesen Fällen dürfte nicht davon auszugehen sein, dass die wirtschaftlichen Auswirkungen derart nachteilig sind. Die Zahlungen wären als praktisch vermeidbar zu beurteilen.

Unter Berücksichtigung der Vielfalt aller zu beurteilenden Leasingverhältnisse, vor allem auch der individuellen Bedeutung der Leasingobjekte für den Leasingnehmer, kann kein pauschales

957 Vgl. CF.4.34 und Abschnitt 442.121.1.

958 Dies könnte bspw. ein Flugzeug sein, an dessen Nutzung variable Zahlungen in Abhängigkeit der Flugleistung gekoppelt sind.

959 Gl. A. BHP BILLITON (Hrsg.), Comment Letter ED/2013/6, S. 8; ASC (Hrsg.), Comment Letter ED/2013/6, S. 15.

960 Anknüpfend an das Beispiel in Fn. 958 wären die Zahlungen für das Flugzeug nur vermeidbar, wenn die Flugleistung eingestellt wird, das Flugzeug demnach nicht genutzt werden kann.

Urteil darüber gefällt werden, ob die Geschäftstätigkeit signifikant unterbrochen wird.[961] Vielmehr ist eine Fallunterscheidung geboten. Demnach wäre eine **bedingte Ansatzpflicht für variable Zahlungen** sachgerecht. Der Ansatz der variablen Zahlung wäre verpflichtend, wenn die Vermeidung einer Zahlung gemäß CF.4.32 in entsprechend signifikante Auswirkungen resultieren würde. Dies sollte aus den wirtschaftlichen Rahmenbedingungen des Leasingverhältnisses, der Referenzgröße der variablen Zahlung und der Geschäftstätigkeit des Leasingnehmers regelmäßig deutlich werden. Auf diese Weise würden bilanziell wesentlich relevantere Informationen über das Leasingverhältnis vermittelt.[962] Zudem würde sich die ökonomische Vergleichbarkeit von Transaktionen in einer entsprechend gleichartigen Bilanzierung widerspiegeln.[963] Gleichwohl kann ein solches Wahlrecht mit konzeptionellen Einschränkungen verbunden sein, die hier jedoch durch die Vorteile überwogen werden.

Dieser Ansicht war der Board im Übrigen bereits im Laufe der Überarbeitung des *Conceptual Framework*. So illustrierte er im Diskussionspapier DP/2013/1 die Auswirkungen unterschiedlicher Definitionen der Schuld auf bestimmte zu würdigende Sachverhalte und kam zu dem Ergebnis, dass Leasingzahlungen anzusetzen wären, wenn der Leasingnehmer keine praktische Möglichkeit zur Zahlungsvermeidung hätte[964] – was dem in die finale Fassung des Rahmenkonzepts übernommenen Verständnis von Vermeidbarkeit entspricht. Vor dem Hintergrund dieser konzeptionell sachgerechten Folgerung im Standardsetzungsprozess und dem zeitlich grundsätzlichen Gleichlauf der beiden Überarbeitungsprojekte ist die nicht folgerichtige Bilanzierungsweise variabler Zahlungen gemäß IFRS 16 in diesem Aspekt umso weniger nachvollziehbar.

Im Ergebnis werden alle denkbaren Argumentationsstränge, die aus den beiden Überarbeitungsprojekten sowohl des *Conceptual Frameworks* als auch der Rechnungslegung von Leasingverhältnissen abgeleitet werden können, entkräftet. Der Ausschluss variabler Zahlungen von der Ansatzpflicht wird demnach durch den Standardsetzer nicht überzeugend begründet. Mit der konzeptionell begründeten, bedingten Ansatzpflicht wird vielmehr **ein gebotenes abweichendes Vorgehen** identifiziert.[965] Der Board betont in den begleitenden *Basis for Conclusions* zum Conceptual Framework, dass die Möglichkeit besteht, dass existierende Standards

---

[961] Die Entscheidung über eine *significant business disruption* wurde von den Kommentierenden im Rahmen der Stellungnahmen zum ED/2015/3 aufgrund der inhärenten Subjektivität dieser Einschätzung kritisch beurteilt, vgl. IASB (Hrsg.), Staff Paper 10E (March 2016), Rn. 25 (a). Dies impliziert zugleich, dass das Verständnis nicht entsprechend eindeutig ist, was für die Argumentation des Standardsetzers jedoch gegeben sein müsste.

[962] Vgl. gleichwohl auf den Ansatz aller variabler Zahlungen rekurrierend EFRAG (Hrsg.), IFRS 16 Endorsement Advice, Rn. 47–50.

[963] Vgl. die ökonomische Vergleichbarkeit betonend BAUER, C./GALLERT, T. H., Leasingbilanzierung nach IFRS 16, S. 323.

[964] Vgl. dazu IASB (Hrsg.), DP/2013/1, Rn. 3.81; veranschaulichend IASB (Hrsg.), Staff Paper 10C (July 2014), S. 13.

[965] Die Erhöhung der Relevanz der Informationen auf diese Weise hervorhebend ALCATEL LUCENT (Hrsg.), Comment Letter ED/2013/6, S. 3; IOSCO (Hrsg.), Comment Letter ED/2013/6, S. 6. Für diese Bedingung könnten als Indikator vergangene Handlungsweisen in Bezug auf die Zahlungen in Betracht gezogen werden. Sie würden auf die fehlende *practical ability to avoid* hinweisen, wenn die Zahlung auf der Grundlage

nicht im Einklang mit dem Verständnis von Vermeidbarkeit gemäß dem Rahmenkonzept stehen könnten.[966] Gleichwohl sollte dieses Bewusstsein für die diesbezüglichen Inkonsistenzen nicht zum Anlass genommen werden, sie auch für neue Standards zu rechtfertigen. Vielmehr sollte das Ziel einer inhaltlichen Gleichschaltung gerade in besonderem Maße beachtet werden. Die Entwicklung des IFRS 16 hätte demnach das zu dem Zeitpunkt der Überarbeitung bereits absehbare Verständnis von Vermeidbarkeit berücksichtigen und eine konzeptionelle Konsistenz erreichen sollen.

442.134.23 Anteilige bilanzielle Berücksichtigung von variablen Zahlungen als weiterer Bilanzierungsvorschlag

Eine weitere Möglichkeit wird im Übrigen darin gesehen, variable Zahlungen **anteilig** bilanziell zu berücksichtigen. Dieser Anteil würde sich danach bemessen, wie sie gemäß der Beurteilung des Leasingnehmers mit **nahezu vollständiger Sicherheit** anfallen.[967] Gemäß dem dahinter stehenden Grundgedanken kann regelmäßig eine Zahlungshöhe identifiziert werden, die unter Berücksichtigung bestimmter Faktoren, bspw. vergangener Erfahrungen oder zukunftsbezogener Prognosen, faktisch sicher erreicht wird. Demnach würde bspw. ein Umsatz in einer bestimmten Höhe nahezu sicher erreicht werden. Diese würde als Grundlage für eine umsatzbezogene Zahlung herangezogen.

Dieses Vorgehen wäre zwar insofern vorteilhaft, als es zu einem anteiligen Ansatz von variablen Zahlungen führt und die Relevanz der vermittelten Informationen verbessert wird. Gleichwohl dürften die Ermessensspielräume, die sich bei der Schätzung eines „nahezu sicheren Anteils der Zahlung" ergeben, erheblich sein. Die umfassenden Spielräume würden entsprechend auf die Bewertung der Bilanzposten übertragen. Dies würde zu wenig glaubwürdigen Informationen führen. Diese Lösung ist demnach konzeptionell allenfalls als Kompromiss zu beurteilen. Im Vergleich zu dem soeben beschriebenen Vorschlag wäre sie aber vor allem wegen der geringeren Konsistenz mit den Vorgaben des *Conceptual Framework* als nachteilig zu beurteilen, da lediglich ein stark ermessensbehafteter Bestandteil der potenziell als Verbindlichkeit zu klassifizierenden, gesamten Zahlungen auch passiviert wird. Überdies dürfte zu diskutieren sein, ob eine Zahlung, deren Referenzwert auf der Grundlage des „Anfalls mit nahezu vollständiger Sicherheit" bestimmt wird, nicht den Charakter einer variablen, sondern einer **quasi-fixen Zahlung** besitzt, da sie gerade durch die Anforderung der Sicherheit der Höhe nach charakterisiert wird.

---

vergangener Erfahrungen nicht vermeidbar ist, vgl. ebenso ALCATEL LUCENT (Hrsg.), Comment Letter ED/2013/6, S. 3; IOSCO (Hrsg.), Comment Letter ED/2013/6, S. 6.

[966] Vgl. mit Verweis auf IAS 37, IAS 34 und IAS 19 CF.BC4.51.

[967] Vgl. zu diesem Vorschlag GRUBER, T./HARTMANN-WENDELS, T., IFRS 16 aus bilanzpolitischer Sicht, S. 447; gleichermaßen eine Mindestzahlung vorschlagend FEE (Hrsg.), Comment Letter ED/2013/6, S. 10; CANADIAN ASB (Hrsg.), Comment Letter ED/2013/6, S. 7 f.

442.14 Weitere Komponenten der Verbindlichkeit

442.141. Erwartete Zahlungen aus einer Restwertgarantie

442.141.1 Konkretisierung einer Vorgehensweise zu ihrer Ermittlung

Neben den diskutierten Leasingzahlungen gehen weitere Bestandteile in die Verbindlichkeit aus dem Leasingverhältnis ein. So sind erwartete Zahlungen aus Restwertgarantien[968] einzubeziehen. IFRS 16 definiert eine Restwertgarantie als Garantie einer vom Leasinggeber unabhängigen Partei gegenüber ebendiesem Leasinggeber, dass der Wert oder Teilwert des Leasinggegenstandes am vorzeitigen oder regulären Endzeitpunkt des Leasingverhältnisses einem bestimmten Mindestbetrag entspricht.[969] Insofern sichert sie den Leasinggeber gegen finanzielle Verluste aus dem Vermögenswert ab.[970]

Indem der Standardsetzer den mit der Restwertgarantie verbundenen Betrag als die erwartete Zahlung definiert, weicht er von den alten Vorschriften des IAS 17 ab. Diese sahen die Einbeziehung im Umfang des Höchstbetrages, der im Zweifelsfall zu zahlen ist, vor.[971] Mit der Neuregelung ist verbunden, dass nicht mehr der höchstmögliche, aber vermutlich nicht wahrscheinliche Betrag in die Bewertung eingeht, sondern ein Betrag, der den tatsächlichen Umständen aufgrund der höchsten Wahrscheinlichkeit des Eintretens in höherem Maße entspricht.[972]

Die Vorschriften erläutern das Vorgehen zur **Bestimmung der erwarteten Zahlungen**, die mit der Restwertgarantie verknüpft sind, nicht weiter.[973] Auch die in den beigefügten *Basis for Conclusions* ausgeführte Anforderung, dass der Zahlung eine angemessene Schätzung zugrunde liegen soll,[974] trägt nur eingeschränkt zu einer Klärung bei. Vor allem **zwei Vorgehensweisen** zur Wertermittlung sind denkbar. So könnten die Zahlungen über eine Szenarioanalyse unter Berücksichtigung der Gewichtung von Eintrittswahrscheinlichkeiten abgebildet werden. Alternativ könnte der wahrscheinlichste Wert herangezogen werden, der sich bereits auf der Grundlage der beigemessenen Wahrscheinlichkeit ergibt.[975] Die Ansätze unterscheiden sich in ihrer Komplexität. Diejenige einer Szenarioanalyse ist grundsätzlich höher einzuschätzen.

---

968 Vgl. IFRS 16.27 (c).

969 Vgl. IFRS 16.Appendix A. Restwertgarantien können unterschiedliche Gestaltungen aufweisen. Der Standard regelt gleichwohl nur die genannte Konstellation, vgl. FINDEISEN, K.-D./SABEL, E., Diskussionspapier zur Reform, S. 1892; HENNEBERGER, M./KIENE, S., Restwert- und Refinanzierungspolitik, S. 176; BARDENS, A./KRONER, M./MEURER, H., Neuer Standardentwurf (Teil 2), S. 510.

970 Vgl. BARDENS, A./KRONER, M./MEURER, H., Neuer Standardentwurf (Teil 2), S. 510; GRAUPE, F., Bilanzierung von Leasingverhältnissen, S. 85.

971 Vgl. IAS 17.4.

972 Gl. A. BARNARD, C., Comment Letter ED/2013/6, S. 19.

973 Vgl. BARDENS, A./KRONER, M./MEURER, H., IFRS 16 (Teil 1), S. 390. Auch in den Ausführungen sowohl des IFRS 16 als auch den Entwürfen finden sich keine Beispiele. Indes sind Inflationseffekte zu berücksichtigen. Dies feststellend und die Inkonsistenz ihrer Berücksichtigung im Kontext der Bewertungsregelungen kritisierend DEHMEL, I./HOMMEL, M./RAMMERT, S., Nutzungsverhältnisse, S. 2348.

974 Vgl. IFRS 16.BC171.

975 Vgl. BARDENS, A./KRONER, M./MEURER, H., IFRS 16 (Teil 1), S. 390. Ferner den Wert, der *more likely than not* ist, befürwortend BP (Hrsg.), Comment Letter ED/2013/6, S. 13; RAYTHEON (Hrsg.), Comment Letter ED/2013/6, S. 2.

Komplexere Ansätze können zwar zu zutreffenderen Ergebnissen führen. Gleichwohl erhöhen sie die Ansprüche an den Umfang der vorhandenen Daten und die Umsetzung.

Methodenunabhängig wird die Komplexität durch das Wesen des Leasinggegenstandes und seine leasingnehmerbezogene Spezifität beeinflusst. Erwartete Restwerte von gewöhnlichen Vermögenswerten, bspw. PKW, können über allgemein anerkannte Referenzen mit vergleichbar wenigen Mühen geschätzt werden. Hingegen ist eine Schätzung bei Leasinggegenständen, die nicht regelmäßig entweder am Markt gehandelt oder im Wege von Leasingverträgen transferiert werden, sowie solchen, die umfänglich für den Leasingnehmer individualisiert wurden, mit größerem Aufwand verbunden. Zudem nimmt die Komplexität mit einer zunehmenden Laufzeit grundsätzlich zu, da die Unsicherheit der Bewertung mit der Zahl einzubeziehender Perioden steigt.[976] Die Komplexität kann demnach bereits unabhängig von der gewählten Methode stark ausgeprägt sein. Dies könnte dafür sprechen, dass die Methode zur Ermittlung der erwarteten Zahlungen selbst eine vergleichsweise geringe Komplexität aufweisen sollte. Dies könnte vorerst für eine Bewertung anhand des wahrscheinlichsten Wertes als das weniger komplexe Vorgehen sprechen.

Zudem ist die Güte des Berechnungsergebnisses beider Vorgehensweisen grundlegend zu hinterfragen. Das Ergebnis einer Szenarioanalyse wird maßgeblich durch die Einbeziehung möglicher Szenarien bestimmt. So könnte aufgrund des Einbezugs verschiedener Szenarien die Genauigkeit des Ergebnisses zwar erhöht werden. Allerdings könnten deshalb auch Extremwerte mit entsprechend geringen Eintrittswahrscheinlichkeiten in die Analyse einzubeziehen sein. Sowohl die Bestimmung dieses Wertes als auch die Zuordnung einer Wahrscheinlichkeit ist durch subjektive Annahmen geprägt. Diese Aspekte können den finalen Wert u. U. bedeutsam verzerren.[977] Demgegenüber ist die Betrachtung des wahrscheinlichsten Wertes zwar handhabbarer, deshalb allerdings ggf. auch weniger zutreffend.

Zur Ableitung eines standardkonformen Vorgehens sollten auch die Kosten-Nutzen-Erwägungen des Boards einbezogen werden. Diesen kommt für die Entwicklung verschiedener Teilregelungen eine hohe Bedeutung zu. So wurde wegen diesen, u. a. mit Verweis auf ebenjene Komplexität der Umsetzung, auf den bilanziellen Einbezug variabler Zahlungen verzichtet.[978] Darüber hinaus wird die Absicht der Komplexitätsreduktion im Kontext der Bestimmung der Dauer des Leasingverhältnisses deutlich, bei der nach umfänglicher Kritik im Standardsetzungsprozess auf das durch IAS 17 bereits bekannte Kriterium, der hinreichenden Sicherheit, abgestellt wird.[979] Diesen Erwägungen ist nach der hier vertretenen Auffassung für die Berechnung der erwarteten Zahlungen aus einer Restwertgarantie mehr Gewicht einzuräumen als der

976 Vgl. GRUBER, T./HARTMANN-WENDELS, T., IFRS 16 aus bilanzpolitischer Sicht, S. 447.

977 Vgl. PELLENS, B. U. A., Internationale Rechnungslegung, S. 515 f.

978 Vgl. Abschnitt 442.134.2.

979 Vgl. Abschnitt 433.2. Gleiches gilt im Übrigen für die weitestgehend analoge Übernahme eines der möglichen Zinssätze zur Diskontierung, vgl. Abschnitt 442.152.

Forderung nach einer konzeptionell ansprechenderen, gleichwohl praktisch wesentlich herausfordernderen Lösung. Eine wahrscheinlichkeitsgewichtete Szenarioanalyse sollte aus diesen Gründen nicht vorausgesetzt werden. Vielmehr wird eine **Betrachtung des wahrscheinlichsten Wertes** als angemessen erachtet.[980] Dieses Vorgehen ähnelt im Übrigen demjenigen, dass für die Betrachtung des *realistic payment* im Kontext quasi-fixer Zahlungen erforderlich ist.[981]

Seine Ermittlung könnte mit Ermessensentscheidungen behaftet sein, wenn nach einer umfassenden Prüfung der Gesamtumstände zwei Werte eine **hinreichend ähnliche Wahrscheinlichkeit** besitzen. Eine hinreichende Nähe der Werte dürfte vermutet werden, wenn die Eintrittswahrscheinlichkeiten unter Berücksichtigung der Gesamtumstände wirtschaftlich betrachtet nahezu identisch sind.[982] Eine isolierte Betrachtung des wahrscheinlichsten Wertes reflektiert dann insofern nicht die tatsächlichen Umstände, als ein zweiter Wert nahezu gleich wahrscheinlich eingeschätzt wird. Vor allem ist diese Konstellation kritisch, wenn diejenigen Werte mit wirtschaftlich identischen Wahrscheinlichkeiten wesentlich auseinander liegen, sodass sich die Wahl einer der Werte wesentlich auf die Bewertung auswirkt. In diesem Fall sollte ein **Mittelwert** auf der Grundlage dieser Werte gebildet werden. So werden subjektive Entscheidungen über die beizumessende Wahrscheinlichkeit, die bilanzpolitisch motiviert sein könnten, unterbunden.

Die Komplexität würde in ähnlicher Weise erhöht, wenn eine **zuverlässige Schätzung** von Wahrscheinlichkeiten verschiedener Zahlungen als **nicht möglich** erachtet wird.[983] In diesem Fall dürfte ein sachgerechtes Vorgehen darin bestehen, vereinfachend das Intervall zu schätzen, in dem der Wert mit an Sicherheit grenzender Wahrscheinlichkeit liegt. Für diese Werte sollte dann eine Gleichverteilung der Eintrittswahrscheinlichkeiten unterstellt werden. Der im Ergebnis abzuleitende Mittelwert ist dann maßgeblich. Dieses Vorgehen gleicht zwar einer vereinfachten Szenarioanalyse, ist für diese Umstände jedoch unausweichlich, um bedeutende Ermessensentscheidungen bei der Beurteilung zu unterbinden. Besonders in diesem Kontext erfahren die Bedingungen, dass die Wertermittlung hinreichend objektiviert werden sollte, eine besondere Dringlichkeit. Demnach sind der Beurteilung alle relevanten ökonomischen und rechtlichen Rahmenbedingungen sowie Erfahrungen aus vergangenen Beurteilungen zugrunde zu legen.[984] Im Ergebnis kann die Vorgehensweise trotz der Wahl des vergleichsweise weniger

---

980 Vgl. beide Berechnungsansätze im Kontext des IAS 37 gegenüberstellend LÜDENBACH, N./HOFFMANN, W.-D./FREIBERG, J., in: Haufe IFRS-Kommentar, 16. Aufl., § 21, Rn. 125. Gl. A., allerdings noch auf den ED/2010/9 beziehend, HENSELMANN, K./KLEIN, M./KÖNIGER, S., Comment Letters zum ED Leases, S. 195; hingegen implizit wahrscheinlichkeitsgewichtete Vorgehen befürwortend FREIBERG, J., Folgebilanzierung von Leasingverhältnissen, S. 1117.

981 Vgl. bereits Abschnitt 442.132.3.

982 Demnach könnten eine Zahlung mit einer Wahrscheinlichkeit von 40 %, eine zweite mit 35 % und die weiteren Zahlungen mit Wahrscheinlichkeiten von weniger als 10 % auftreten. In dieser Konstellation sind lediglich die beiden erstgenannten Werte wirtschaftlich identisch, da sie die einzigen relevanten Zahlungserwartungen darstellen.

983 Vgl. diesen Aspekt im Kontext des ED/2010/9 adressierend CLAßEN, R./SCHULZ, S., Leasingbilanzierung nach HGB und IFRS, S. 9.

984 Dies gilt analog für die Ausübung von Laufzeitoptionen des Leasingverhältnisses, vgl. Abschnitt 433.22.

komplexen Berechnungsansatzes bereits aufgrund dieser Sonderfälle in eine hohe Komplexität resultieren. Dies schränkt die Eignung des Vorgehens jedoch nicht ein.

442.141.2 Konzeptionelle Eignung der bilanziellen Berücksichtigung

Unabhängig von der Berechnungsmethodik ist die **bilanzielle Berücksichtigung** von Restwertgarantien als Bestandteil der Verbindlichkeit vor dem Hintergrund der Definition einer Schuld **diskussionswürdig**. Dies wird deutlich, wenn das Kriterium der Vermeidbarkeit einer Zahlung, das explizit auch für die Argumentation gegen den Ansatz variabler Zahlungen herangezogen wird,[985] auf Restwertgarantien bezogen wird. Aufgrund der vom Standardsetzer geurteilten Vermeidbarkeit von variablen Zahlungen sind ebendiese nicht ansatzfähig.[986] Identisch zu variablen Zahlungen könnte auch bei Restwertgarantien bis zu dem Zeitpunkt der finalen Beurteilung grundsätzlich unsicher sein, welche – bzw. ob überhaupt – Zahlungen aus der Restwertgarantie resultieren.[987] So wird der Restwert durch verschiedene Faktoren, u. a. durch die Nutzung des Leasingnehmers oder die Entwicklung des Marktpreises des Leasingobjektes, beeinflusst.[988] Bei einer weniger intensiven als vertraglich vorab vereinbarten bzw. durch den Leasingnehmer geplanten Nutzung könnte er die Zahlung vermeiden, wenn der Restwert nicht unter den garantierten Restwert fällt. Alternativ könnte sich der Marktpreis besonders bei langen Laufzeiten abweichend von den Schätzungen entwickeln. Demnach sollte nicht allgemein gefolgert werden, dass Zahlungen aus Restwertgarantien zwingend unvermeidbar sind.

Der Board argumentiert indes abweichend und in absoluter Weise, dass die Zahlungen zwingend anfallen, vielmehr nur der Höhe nach unsicher sind.[989] Demnach würde die Möglichkeit, dass keine Zahlung anfällt, nicht existieren. Diese Ansicht wird nicht geteilt.[990] Analog zur abgeleiteten Konzeption für die bilanzielle Abbildung variabler Zahlungen wäre auch für Restwertgarantien ein gebotenes Vorgehen, eine **bedingte Ansatzpflicht** einzuführen. Demnach würde der Einzelfall zu prüfen und vor dem Hintergrund der Schulddefinition zu klären sein, ob der Leasingnehmer die Zahlung praktisch nicht vermeiden kann, jedoch insbesondere in besonderem Maße nachteilige, ökonomische Konsequenzen aus der ausbleibenden Zahlung resultieren würden.[991] Die Bedingung würde erfüllt, wenn der Leasingnehmer auf der Grundlage

985 Im Kontext variabler Zahlungen argumentiert der Standardsetzer, dass diese keine Verbindlichkeit darstellen, bis die entsprechende Referenzgröße tatsächlich einen unveränderlichen Wert aufweist. Der Leasingnehmer könne die Zahlung vermeiden, weshalb die variable Zahlung nicht nur der Höhe nach, sondern auch dem Grunde nach unsicher ist, vgl. Abschnitt 442.134.2.

986 Vgl. Abschnitt 442.134.2

987 Gl. A. GRADOW, A., Neugestaltung der Leasingbilanzierung, S. 136; MUGGENTHALER, B./MUJKANOVIC, R., Leasing nach ED/2010/9, S. 309; TESCHE, T., Leasingbilanzierung im Umbruch, S. 178 f.

988 Gl. A. DEHMEL, I./HOMMEL, M./RAMMERT, S., Nutzungsverhältnisse, S. 2349. So weist bspw. ein PKW mit einer bestimmten Zahl gelaufener Kilometer *ceteris paribus* einen niedrigeren Restwert auf als ein identischer PKW mit weniger gelaufenen Kilometern. Im ED/2013/6 wurde nicht auf den Wert des Vermögenswertes, sondern auf den Marktpreis abgestellt, vgl. IASB (Hrsg.), Comment Letter Summary ED/2013/6, Rn. BC157.

989 IFRS 16.BC170.

990 Ihre deshalb eigentlich zu fordernde konsistente Behandlung wurde bereits im Rahmen der Kommentierung zum ED/2013/6 kritisch angemerkt, vgl. IASB (Hrsg.), Comment Letter Summary ED/2013/6, Rn. 167 f.

991 Vgl. grundlegend zur Vermeidbarkeit als Teilaspekt einer Schuld Abschnitt 442.121.2; zur divergierenden

der vertraglichen Bestimmungen und wirtschaftlichen Gesamtumstände in jedem Fall Zahlungen erwarten würde.

442.142. Zahlungen aus einer Kaufoption oder aufgrund von Kündigungsstrafen

Darüber hinaus ist der Ausübungspreis einer Kaufoption einzubeziehen, sofern der Leasingnehmer hinreichend sicher ist, die Option auszuüben.[992] Gleiches gilt für Strafzahlungen, die aus einer vorzeitigen Kündigung des Vertrages resultieren. Auch diese sind zu berücksichtigen, sofern die vorzeitige Kündigung hinreichend sicher ist.[993] Für die Einbeziehung der Zahlungen aus den genannten Tatbeständen muss die Option demnach nicht tatsächlich ausgeübt sein, sondern die Absicht genügt.[994] Die Abhängigkeit der bilanziellen Berücksichtigung von demselben Kriterium, das auch bei der Ermittlung der Dauer des Leasingverhältnisses zu Bilanzierungszwecken herangezogen wird, ist aus konzeptioneller Sicht zu begrüßen.[995]

Hinsichtlich der **konzeptionellen Begründung des Einbezugs** dieser Zahlungen in die Verbindlichkeit ergeben sich zu Restwertgarantien identische Implikationen.[996] So sind diese Zahlungen gleichermaßen dem Grunde nach unsicher, bis das auslösende Ereignis, d. h. die tatsächliche Ausübung der Option, anfällt.[997] Eine gegenwärtige rechtliche Verpflichtung zum Zeitpunkt der Überlegungen über die hinreichende Sicherheit besteht nicht.[998] Die Bedeutung der praktischen Vermeidbarkeit wird umso klarer, als die Vorschriften zur Bestimmung explizit regeln, dass die Einschätzung zur Ausübung von Laufzeitoptionen zu Beginn des Leasingverhältnisses im Zeitverlauf abweichend neu getroffen werden kann.[999] Die Zahlungen sind insofern dem Grunde nach praktisch vermeidbar, als die Optionsausübung abweichend eingeschätzt werden kann. Ihr bilanzieller Einbezug in die Verbindlichkeit beruht somit identisch zu Rest-

---

bilanziellen Berücksichtigung beider Sachverhalte gleichermaßen kritisch DEHMEL, I./HOMMEL, M./RAMMERT, S., Nutzungsverhältnisse, S. 2349.

992 Vgl. IFRS 16.27 (d); zur Berücksichtigung einer günstigen Kaufoption LÜDENBACH, N., Günstige Kaufoption, S. 298.

993 Vgl. IFRS 16.27 (e).

994 Vgl. IFRS 16.18 (a) i. V. m. IFRS 16.27. Der Board trifft diesbezüglich implizit die zentrale Annahme, dass die hinreichende Sicherheit der Ausübung eine tatsächliche spätere, vor allem sichere Ausübung impliziert. Die Annahme suggeriert im Übrigen, dass er die Durchführung von diesbezüglichen Neueinschätzungen zur Laufzeit nur selten vermutet. Diese implizite Unterstellung ist aus konzeptionellen Aspekten und vor dem Hintergrund möglicher Möglichkeiten zur bilanzpolitisch motivierten Bewertung der Bilanzposten zu begrüßen. Die Schlussfolgerungen dieser Arbeit zu der Häufigkeit und der Restriktivität von Neueinschätzungen aus Abschnitt 433.4 deckt sich insofern mit dieser impliziten Äußerung des Boards.

995 Vgl. in diesem Zusammenhang auch IFRS 16.BC173.

996 Vgl. Abschnitt 442.141; ferner eine vergleichbare Unsicherheit bei laufzeitbezogenen Zahlungen und variablen Zahlungen feststellend, indes die Ausprägung bei variablen Zahlungen als stärker beurteilend EFRAG (Hrsg.), IFRS 16 Endorsement Advice, Rn. 48.

997 Auch im Kontext der Kommentierung zum ED/2013/6 wurde infrage gestellt, ob diese Zahlungen tatsächlich zu einer gegenwärtigen Verpflichtung des Leasingnehmers führen, vgl. IASB (Hrsg.), Comment Letter Summary ED/2013/6, Rn. 135.

998 Vgl. dazu AMERICAN TOWER CORPORATION (Hrsg.), Comment Letter ED/2013/6, S. 3; ASC (Hrsg.), Comment Letter ED/2013/6, S. 13; AWG & IATA (Hrsg.), Comment Letter ED/2013/6, S. 2; der Board war sich der Kritik bewusst, vgl. IASB (Hrsg.), Staff Paper 3A (March 2014), Rn. 15 (a).

999 Vgl. Abschnitt 433.3.

wertgarantien nicht auf der Unvermeidbarkeit der Zahlung, sondern auf **Wahrscheinlichkeitsüberlegungen.**[1000] Der Anfall der beiden Zahlungen ist nicht zwingend dem Grunde nach sicher, sondern unsicher. Eine bilanzielle Abbildung, die den vergleichbaren Charakteristika in höherem Maße Rechnung trägt, wäre wünschenswert gewesen.

442.143. Zwischenfazit zur divergierenden bilanziellen Einbeziehung von weiteren Komponenten und variablen Leasingzahlungen

Die Regelungen zu Restwertgarantien sowie zu den weiteren Komponenten sind dahingehend zu kritisieren, dass die geregelten Sachverhalte in Bezug auf das aus der Schulddefinition resultierende zentrale Charakteristikum, der Vermeidbarkeit dieser Zahlungen, zu variablen Zahlungen identische Merkmale aufweisen, die Vorschriften dieser Identität gleichwohl nicht Rechnung tragen. Unter Bezugnahme auf die angeführten Gründe des Boards und den Projektverlauf dürften die divergierenden Regelungen mit einer unterschiedlich ausgeprägten **Bewertungsunsicherheit** zu erklären sein.[1001] Demnach schätzt der Standardsetzer die Unsicherheit in der Schätzung von variablen Zahlungen vermutlich in dem Maße größer – und somit Kosten-Nutzen-Abwägungen nachteiliger –als diejenige von Restwertgarantien ein, dass eine divergierende Bilanzierung geboten ist. Diese Einschätzung kann nach der hier vertretenen Auffassung nicht zwingend geteilt werden. Vielmehr dürfte eine Einzelfallprüfung geboten sein. Zudem sollten ebendiese Argumente nicht für den bilanziellen Ausschluss maßgeblich sein, sondern auf das *Conceptual Framework* bezogene, d. h. konzeptionelle Erwägungen.

Aufgrund vergleichbarer Charakteristika sollte die bilanzielle Einbeziehung der diskutierten Sachverhalte deshalb **einheitlich geregelt** werden. Mit der bedingten Ansatzpflicht, die durch die praktische Fähigkeit, die Zahlung zu vermeiden, bestimmt wird, dürfte der Ansatz, der in dieser Arbeit für variable Zahlungen vorgeschlagen wird, auch für die weiteren Komponenten geboten sein. Die Vorgehensweise wäre konsistent mit dem jüngst veröffentlichten *Conceptual Framework.* Zwar würde dies zum einen in eine größere Anwendungsunsicherheit resultieren, da alle Zahlungen hinsichtlich ihrer praktischen Vermeidbarkeit geprüft werden müssen, und könnte zum anderen darin resultieren, dass ggf. weniger Zahlungen angesetzt werden, wenn die Kriterien auch für andere Zahlungsarten nicht erfüllt werden. Diese negativen Implikationen stehen der insbesondere konzeptionellen Vorteilhaftigkeit der Bilanzierungsempfehlung jedoch nicht entgegen.

[1000] Vgl. gl. A. DEHMEL, I./HOMMEL, M./RAMMERT, S., Nutzungsverhältnisse, S. 2349.

[1001] Vgl. diesen Aspekt für variable Zahlungen hervorhebend IFRS 16.BC169; für eine Übersicht der angeführten Gründe des Board gegen den bilanziellen Ansatz variabler Zahlungen Abschnitt 442.134.1.

442.15 Diskontierung der Leasingzahlungen

442.151. Dem Leasingverhältnis implizit zugrunde liegender Zins

Die Leasingzahlungen sollen mit dem Zinssatz, der dem Leasingverhältnis implizit zugrunde liegt, diskontiert werden, sofern dieser mit einem angemessenen Aufwand bestimmt werden kann.[1002] Der Zinssatz setzt

- die Leasingzahlungen und den nicht garantierten Restwert
- mit dem beizulegenden Zeitwert des Vermögenswertes und den direkten Kosten des Leasinggebers gleich.[1003]

Er approximiert die **erwartete Verzinsung des Leasinggebers**[1004] und reflektiert folglich die Preissetzung des Leasingvertrags.[1005]

Die Vorschriften umschreiben nicht, ab welchem Ausmaß der Aufwand als unangemessen einzuschätzen wäre, sodass eine Anwendung dieses Zinssatzes nicht mehr erforderlich wäre.[1006] Die Erfüllung dieser Bedingung sollte regelmäßig aus den Umständen deutlich werden.[1007] So muss der Leasingnehmer für die Bestimmung des Zinssatzes zu sämtlichen bewertungsrelevanten Informationen und Annahmen Zugang haben, bspw. zu den Erwartungen des Leasinggebers über den nicht garantierten Restwert und zu den künftigen variablen Zahlungen. Sofern er diese Informationen nicht teilt, kann der Zinssatz nicht ermittelt werden.[1008] Die Beurteilung über den angemessenen Aufwand der Ermittlung ist somit lediglich eine Beurteilung über die Möglichkeit der Ermittlung des impliziten Zinssatzes.

Wenn der genannte Zinssatz nicht bestimmt werden kann, soll der **Grenzfremdkapitalzinssatz** Anwendung finden.[1009] Von seiner Heranziehung ist aufgrund der beschriebenen Herausforderungen der Informationsbeschaffung für den Leasingnehmer regelmäßig ausgehen,[1010] auch

---

1002 Vgl. IFRS 16.26.

1003 Vgl. IFRS 16.Appendix A.

1004 Vgl. LÜDENBACH, N./HOFFMANN, W.-D./FREIBERG, J., in: Haufe IFRS-Kommentar, 16. Aufl., § 15a, Rn. 129.

1005 Vgl. IFRS 16.BC160.

1006 Vgl. IASB (Hrsg.), Comment Letter Summary ED/2013/6, Rn. 159 (a); Vgl. IASB (Hrsg.), Staff Paper 3D (April 2014), Rn. 15 (a).

1007 Vgl. hier und im Folgenden LÜDENBACH, N./HOFFMANN, W.-D./FREIBERG, J., in: Haufe IFRS-Kommentar, 16. Aufl., § 15a, Rn. 134; DEHMEL, I./HOMMEL, M./RAMMERT, S., Nutzungsverhältnisse, S. 2349.

1008 Vgl. BEHLING, K., Der neue Leasingstandard, S. 246; BERGER, J./NARDMANN, H., Auswirkungen auf Unternehmen, S. 427.

1009 Vgl. IFRS 16.26; IFRS 16.BC160; IASB (Hrsg.), Staff Paper 3D (April 2014), Rn. 28; zu den Gründen der ausbleibenden Bestimmungsmöglichkeit auch FREIBERG, J., Diskontierung in der internationalen Rechnungslegung, Rn. 358 f.

1010 Vgl. IASB (Hrsg.), Staff Paper 3D (April 2014), Rn. 28; EFRAG (Hrsg.), IFRS 16 Draft Endorsement Advice, Rn. 152. DEHMEL, I./HOMMEL, M./RAMMERT, S., Nutzungsverhältnisse, S. 2349; LÜDENBACH, N./HOFFMANN, W.-D./FREIBERG, J., in: Haufe IFRS-Kommentar, 16. Aufl., § 15a, Rn. 134; den besonderen Aufwand bei Massentransaktionen hervorhebend FREIBERG, J., Interner Zinssatz: Pro & Contra, S. 55.

wenn die Diskontierung anhand des dem Leasingverhältnis zugrunde liegenden Zinssatzes aufgrund des unmittelbaren Bezugs auf das individuelle Leasingverhältnis konzeptionell wünschenswerter wäre.[1011]

442.152. Grenzfremdkapitalzins

442.152.1 Konkretisierung der Definition des Grenzfremdkapitalzinssatzes

Der Grenzfremdkapitalzins ist definiert als der derjenige, den der Leasingnehmer zahlen müsste,

- um die erforderlichen Mittel für den Erhalt eines Vermögenswertes mit identischem Wert zu dem Wert des Nutzungsrechtes,
- über einen identischen Zeitraum,
- mit identischen Besicherungen, und
- in einem identischen wirtschaftlichen Umfeld aufzunehmen.[1012]

Durch diese „Äquivalenzanforderungen"[1013] wird eine größtmögliche Einschränkung des Spielraums bei der Ermittlung des relevanten Zinssatzes beabsichtigt. Das Verständnis des *Wertes des Nutzungsrechtes* ist die zentrale Determinante, da dieser Wert über die Höhe der fiktiv aufzunehmenden Mittel und somit über die Zinssatzbestimmung entscheidet. In den Sitzungspapieren zur finalen Überarbeitung der leasingspezifischen Rechnungslegungsvorschriften wird klar, dass der Wert monetär zu interpretieren ist und die mit dem Nutzungsrecht **verbundenen Kosten** meint.[1014]

Die Vorschriften suggerieren, dass für die Ermittlung des Zinssatzes lediglich auf diejenigen Leasingzahlungen abzustellen ist, die den bilanziellen Wert des Nutzungsrechtes bestimmen. Demnach würden **variable Zahlungen**, die nicht in den Bilanzposten berücksichtigt werden dürfen,[1015] nicht in die Ermittlung des Zinssatzes einbezogen werden. Diese Schlussfolgerung sollte jedoch gerade nicht gezogen werden. So deckt der Rückgriff auf die ansatzpflichtigen Leasingzahlungen die tatsächlichen wirtschaftlichen Verhältnisse nicht vollständig ab, wenn ebensolche nicht ansatzfähige variable Zahlungen vereinbart wurden. Sie sind ein Teil der vertraglichen Vereinbarung und sowohl wirtschaftlich als auch rechtlich betrachtet dem Leasingverhältnis zuzuordnen. Sie unterscheiden sich von anderen Zahlungen nur in ihrer bilanziellen

---

1011 Vgl. FREIBERG, J., Interner Zinssatz: Pro & Contra, S. 55; die theoretische Eignung des internen Zinssatz aber grundlegend infrage stellend HAAKER, A., Interner Zinsfuß: Pro & Contra, S. 54.

1012 Vgl. IFRS 16.Appendix A. Die Definition wurde somit aus den Vorschlägen des ED/2013/6 übernommen, vgl. IASB (Hrsg.), ED/2013/6, Appendix A. Sie gleicht ferner im Wesentlichen derjenigen des IAS 17, vgl. IAS 17.Appendix A; IASB (Hrsg.), Staff Paper 3D (April 2014), Rn. 24.

1013 Vgl. FREIBERG, J., Interner Zinssatz: Pro & Contra, S. 55.

1014 Vgl. IASB (Hrsg.), Staff Paper 3D (April 2014), Rn. 24; ERNST & YOUNG (Hrsg.), International GAAP, S. 1702.

1015 Vgl. Abschnitt 442.11.

Abbildung. Um diese angemessen zu reflektieren, sollte die Berechnung des Grenzfremdkapitalzinssatzes die **Gesamtheit der Leasingzahlungen**, d. h. auch die nicht ansatzfähigen Zahlungen, berücksichtigen.

Die Bedeutung dieser Forderung wird vor dem Hintergrund der branchenübergreifend unterschiedlichen finanziellen Bedeutung solcher variabler Zahlungen klar.[1016] Diese bilden etwa im Handel einen maßgeblichen Anteil an den gesamten Leasingzahlungen.[1017] Sofern sie nicht in die Betrachtung einbezogen würden, würde der Zinssatz auf einer nicht sachgerechten Grundlage bestimmt werden und er die tatsächlichen Verhältnisse nicht widerspiegeln. Die Höhe der Zinssätze dürfte bei einer ausbleibenden Berücksichtigung branchenübergreifend strukturell verzerrt sein. Ihre Berücksichtigung führt dazu, dass sich die Referenzgröße für die Zinsbestimmung, das **fiktive Finanzierungsvolumen**, erhöht. Damit verbunden dürfte sich bei einer entsprechend großen Bedeutung dieser nicht ansatzfähigen Zahlungen auch der Grenzfremdkapitalzinssatz ändern.

Hinsichtlich des der Zinssatzbestimmung zugrunde zu legenden, **identischen Zeitraums** sind die Regelungen vergleichsweise eindeutig. Dies ist den Vorschriften zur Bilanzierung, vor allem der wertmäßigen Anpassung, der Verbindlichkeit aus dem Leasingverhältnis geschuldet. Demnach reflektiert die Verbindlichkeit zu Beginn des Kontraktes den Zeitraum, den der Leasingnehmer unter Einbezug etwaiger Laufzeitoptionen als hinreichend sicher beurteilt. Die Höhe des Zinssatzes ist demnach an ebendiese Einschätzung der zeitlichen Dauer des Leasingverhältnisses gekoppelt. Weicht seine Einschätzung zu einem späteren Zeitpunkt von der erstmaligen Beurteilung ab, sodass sich der prognostizierte Zeitraum des Leasingverhältnisses oder die Einschätzung über eine evtl. vorliegende Kaufoption ändert, resultiert gemäß IFRS 16 unmittelbar eine Anpassung des Diskontierungszinssatzes.[1018] Die Ableitung eines angemessenen Grenzfremdkapitalzinssatzes dürfte vor dem Aspekt der zeitlichen Dimension somit keine Unklarheiten aufweisen. Vielmehr kann auf Spezifika bei der Einschätzung der zeitlichen Dauer des Kontraktes als unmittelbarer Anknüpfungspunkt verwiesen werden.[1019]

Zudem sollen **identische Besicherungen** unterstellt werden. Demnach sind die wirtschaftlichen und rechtlichen Verhältnisse des Leasingnehmers zum Zeitpunkt der Bestimmung der vertraglichen Konditionen für das Leasingverhältnis als gegeben vorauszusetzen. Dabei sind die wirtschaftlichen Verhältnisse vor dem Leasingverhältnis zugrunde zu legen, d. h. das Leasingverhältnis selbst darf kein Bestandteil der Betrachtung sein. Sofern sich die im Kontext der Beurteilung eines Leasingverhältnis und einer fiktiven Finanzierung betrachteten Besicherungen unterscheiden sollten oder ihnen abweichende Bedeutungen zukommen, ist auf diejenigen abzustellen, die für den Erhalt einer Finanzierung herangezogen würden. In diesem Kontext ist

---

[1016] Vgl. zur Bedeutung der Zahlungen Abschnitt 442.131.

[1017] Vgl. dazu gleichermaßen Abschnitt 442.131.

[1018] Vgl. IFRS 16.40.

[1019] Vgl. dazu vor allem die Ausführungen zur Beurteilung der hinreichenden Sicherheit der Optionsausübung in Abschnitt 433.21.

im Übrigen auch eine **identische Kreditwürdigkeit** zu unterstellen, was nur implizit adressiert wird.[1020]

Schließlich soll sich die Bestimmung des Grenzfremdkapitalzinssatzes auf ein **identisches wirtschaftliches Umfeld** beziehen. Das wirtschaftliche Umfeld des Leasingnehmers kann von dem Umfeld, in dem das Nutzungsrecht aus dem Leasingverhältnis bzw. das Leasingobjekt verwendet wird, abweichen. Dies ist etwa möglich, wenn das Leasingobjekt in einem anderen Land als dem Sitzland des Leasingnehmers (bspw. ein Bohrturm, der nicht im Sitzland Deutschland, sondern in einem anderen Land installiert wird), oder gar in mehreren Ländern (bei Transportmitteln wie Schiffen oder LKW), eingesetzt wird. Als relevantes Umfeld sollte dann dasjenige herangezogen werden, in dem die Finanzierung fiktiv aufgenommen wird. So dürfte regelmäßig das Umfeld des Unternehmenssitzes im Vordergrund stehen, wo die Finanzierung erfolgen würde. Eine abweichende Konstellation kann sich ergeben, wenn der Vertrag den Leasingnehmer zu Zahlungen in **fremder Währung** verpflichtet. In diesem Fall sollte der Zinssatz unter der Fiktion einer Finanzierung in Fremdwährung, und demnach unter Berücksichtigung des entsprechenden Währungsraumes, ermittelt werden.[1021]

Zudem sind in Bezug auf die fiktive Kreditaufnahme **gewöhnliche Bedingungen** zu unterstellen. Sofern das Unternehmen Finanzierungen bspw. gewöhnlicherweise nicht von Finanzinstituten aus demselben Land, sondern einem anderen bezieht, sollten diese Umstände für die Beurteilung maßgeblich sein.

Unter Berücksichtigung der Aspekte der Definition könnten **mehrere**, vor allem der Höhe nach divergierende **Grenzfremdkapitalzinssätze** als maßgebliche Referenzwerte infrage kommen, etwa weil das Unternehmen für das fiktive Finanzierungsvolumen gemäß den gewöhnlichen Umständen mehr als einen Finanzierungsgeber als mögliche Partner identifiziert. In diesem Fall sollte die Entscheidung nicht alleine auf finanziellen Beweggründen beruhen. Sonst könnte der Leasingnehmer regelmäßig den diesbezüglich gewünschten Zinssatz auswählen. Dies könnte vor dem Hintergrund des Zinsaufwands etwa der niedrigste Zinssatz, oder unter Berücksichtigung diskontierungstechnischer, barwertbezogener Implikationen für die Bewertung auch der höchste Zinssatz,[1022] sein. Vielmehr ist derjenige Grenzfremdkapitalzinssatz heranzuziehen, der unter Einbezug aller weiteren Parameter, u. a. die Finanzierungsstruktur oder historische Geschäftsbeziehungen zu den Kreditgebern, als **ökonomisch naheliegendste Alternative** angesehen wird.

Für die Bestimmung des Zinssatzes dürften ferner aus der Vergangenheit oder anderen Überlegungen bekannte **Fremdkapitalzinssätze für vergleichbare Transaktionen** heranzuziehen

---

1020 Vgl. IFRS 16.BC161.

1021 Vgl. ERNST & YOUNG (Hrsg.), International GAAP, S. 1702.

1022 Ein niedriger (bzw. höherer) Zinssatz führt unter sonst gleichen Umständen zu einem höheren (bzw. niedrigeren) Barwert der zu diskontierenden Zahlungen.

sein.[1023] Die Eignung der Orientierung an vergangenen Transaktionen hängt von der Vergleichbarkeit der Parameter dieser Vergleichstransaktion und den Bedingungen des zu bewertenden Leasingverhältnisses ab. Den Bilanzierenden wird über das Kriterium der vergleichbaren Transaktion zwar ein Spielraum eröffnet, der sachlich erforderlich ist. Gleichwohl ist die Beurteilung mit vielfältigen Spielräumen verbunden, die auf die **vielfältigen Aspekte der Definition** des Grenzfremdkapitalzinssatzes zurückzuführen sind. So könnte bspw. ein historischer Sachverhalt vorliegen, der hinsichtlich der zeitlichen Dimension in hohem Maße vergleichbar, gleichwohl in Bezug auf das Finanzierungsvolumen nur mäßig vergleichbar ist. Alternativ könnte ein historischer Referenzsachverhalt ein vergleichbares Finanzierungsvolumen aufweisen, allerdings andere Besicherungen vorliegen. Für die Beurteilung einer gegebenen Vergleichbarkeit sind demnach die Gesamtumstände zu betrachten. Eine strikte Orientierung an einem Parameter, bzw. dem Finanzierungsvolumen, würde die Unsicherheit ignorieren, die durch die ggf. ausbleibende Vergleichbarkeit der weiteren Parameter entsteht, und ist demnach als Entscheidungsgrundlage nicht geeignet.

Zudem muss bei der Betrachtung vergangener Transkationen zwingend die **allgemeine Entwicklung des Zinsniveaus** im zeitlichen Verlauf berücksichtigt werden, da andernfalls die wirtschaftlichen Umstände zum Zeitpunkt der Ableitung eines geeigneten Zinssatzes übergangen würden. Die beschriebenen Aspekte deuten darauf hin, dass eine vergleichbare Transaktion regelmäßig lediglich als **Orientierung** fungieren und keine darüber hinausgehende Bedeutung erfahren dürfte.

442.152.2 Bilanzielle und praktische Implikationen der Anwendung des Grenzfremdkapitalzinssatzes

Der Einbezug der **Kreditwürdigkeit** des Leasingnehmers in die Ermittlung des Grenzfremdkapitalzinssatzes wirkt sich auf einer der Wertermittlung übergeordneten Ebene aus. So resultiert eine vergleichsweise schlechtere Kreditwürdigkeit in einen vergleichsweise höheren Zinssatz, der in größere Diskontierungseffekte resultiert. Der Zusammenhang zwischen der Kreditwürdigkeit und dem Zinssatz führt somit zu der kontraintuitiven Auswirkung, dass sich der Wert der Verbindlichkeit – und wegen des Bewertungszusammenhangs auch des Nutzungsrechtes[1024] – mit einer abnehmenden bzw. zunehmenden Kreditwürdigkeit vermindert bzw. erhöht.[1025]

Zudem können **vertraglich identische Leasingverhältnisse** verschiedener Leasingnehmer bei der Anwendung des Grenzfremdkapitalzinssatzes **abweichend bilanziert** werden. Dies resultiert, wenn Leasingnehmer abweichende Grenzfremdkapitalzinssätze haben.[1026] Der Grenzfremdkapitalzinssatz ist allerdings nicht nur leasingnehmerspezifisch, sondern vielmehr **ver-**

1023 Vgl. IFRS 16.BC162.

1024 Vgl. bereits Fn. 1047 sowie die Abschnitte 443.42 und 443.43.

1025 Vgl. JARDINES (Hrsg.), Comment Letter ED/2013/6, S. 3.

1026 Vgl. IASB (Hrsg.), Comment Letter Summary ED/2013/6, Rn. 161.

tragsspezifisch, da er maßgeblich durch das fiktive Finanzierungsvolumen bestimmt wird, das aus den Spezifika des Leasingkontraktes hervorgeht.[1027] Vertraglich identische Leasingverhältnisse werden somit unternehmens- und ggf. periodenübergreifend der Höhe nach regelmäßig abweichend abgebildet und erzeugen unterschiedliche Erfolgswirkungen in den Perioden der Abschreibung. Die Implikationen für die Vergleichbarkeit[1028] wirken sich auch auf die Unternehmensanalyse durch die Abschlussadressaten aus.[1029] Außerdem entstehen umfangreiche praktische Auswirkungen für Leasingnehmer durch die regelmäßig erforderliche vertragsspezifische Berechnung.[1030]

Zudem führen diese Implikationen zu einer unsachgemäßen **doppelten Risikoberücksichtigung**. So wird der Leasinggeber in der Höhe und in die Strukturierung seiner Zahlungen implizit die Kreditwürdigkeit des Leasingnehmers und weitere ausfallrisikospezifische Überlegungen einfließen lassen. Die entsprechend angepassten Leasingzahlungen werden durch den Leasingnehmer mit einem Zinssatz diskontiert, der die Kreditwürdigkeit erneut berücksichtigt. Sowohl die Zähler- als auch die Nennergröße werden daher um das vorliegende Risiko angepasst. Bewertungstheoretisch wird indes für gewöhnlich eine Berücksichtigung entweder im Nenner oder im Zähler vorgesehen.[1031] Dieser konzeptionelle Missstand ist auf die Beteiligung zweier Parteien bei der Ermittlung des Barwertes der Leasingzahlungen zurückzuführen. Bei einer normalen Berechnung des Barwertes, bspw. im Kontext einer *Discounted Cash Flow*-Ermittlung eines Unternehmenswerts, nimmt nur eine Partei die Berechnung vor und berücksichtigt das Risiko lediglich einmalig entsprechend seiner Präferenz.

Diese weitgehend negativen Implikationen der Anwendung des Grenzfremdkapitalzinssatzes sind zwar isoliert betrachtet nicht zwingend zu kritisieren, da sie lediglich Konsequenzen der Bewertungsmechanismen sind. Gleichwohl tritt der Effekt unterschiedlicher Bewertungen von Leasingverhältnissen mit identischen Parametern bei der Heranziehung des Zinssatzes, der dem Leasingverhältnis implizit zugrunde liegt – dem konzeptionell grundsätzlich geeigneteren Zinssatz – nicht auf. Dies liegt in seiner Ermittlungsmethodik begründet.[1032] Hier zeigt sich bereits die im Folgenden noch zu würdigende, konzeptionell eingeschränkte Eignung des Grenzfremdkapitalzinssatzes.[1033]

Der Standardsetzer geht davon aus, dass die der dem Leasingverhältnis implizit zugrunde liegende Zinssatz und der Grenzfremdkapitalzinssatz mehrheitlich **identisch** sein sollten (*likely to*

1027 Vgl. FLOWSERVE (Hrsg.), Comment Letter ED/2013/6, S. 3.

1028 Vgl. IASB (Hrsg.), Comment Letter Summary ED/2013/6, Rn. 159 (e) und 162; IASB (Hrsg.), Staff Paper 3D (April 2014), Rn. 15 (c).

1029 Vgl. CRE FINANCE COUNCIL (Hrsg.), Comment Letter ED/2013/6, S. 4.

1030 Vgl. IASB (Hrsg.), Comment Letter Summary ED/2013/6, Rn. 161.

1031 Vgl. BAETGE, J., Verwendung von DCF-Kalkülen, S. 20; MANDL, G./RABEL, K., in: HB Unternehmensbewertung, 6. Aufl., Kapitel 1, Teil D, S. 66; m. w. N. HOMMEL, M./DEHMEL, I., Unternehmensbewertung, S. 183.

1032 Vgl. zu seiner Ermittlung Abschnitt 442.151. Diese Effekte weisen bereits auf eine nicht zwingend uneingeschränkte Eignung des Grenzfremdkapitalzinssatzes hin, vgl. den folgenden Abschnitt.

1033 Vgl. den folgenden Abschnitt 442.152.3.

be similar).[1034] Diese Auffassung wird nicht zwingend geteilt. Dies ist auf die Informationsasymmetrien in Bezug auf die Annahmen des Leasinggebers zu den in die Ermittlung eingehenden Posten, vor allem in Bezug auf nicht garantierte Restwerte und ansatzpflichtige variable Zahlungen, zurückzuführen.[1035] Dem Standardsetzer ist nur zuzustimmen, wenn die Zahlungen keine Posten umfassen, zu denen beide Vertragsparteien nicht dieselben Schätzungen vorweisen.

Erleichterungen in der Ermittlung des Grenzfremdkapitalzinssatzes sind unter bestimmten Bedingungen für Tochterunternehmen vorgesehen, deren Finanzierungstätigkeiten zentral durch das Mutterunternehmen übernommen werden. Diese dürfen den Zinssatz des Mutterunternehmens u. a. dann verwenden, wenn das Unternehmen selbst keine Treasury-Abteilung hat und die Finanzierung konzernübergreifend durch das Mutterunternehmen geregelt wird.[1036]

442.152.3 Konzeptionelle Eignung des Grenzfremdkapitalzinssatzes unter Berücksichtigung der Übernahme aus IAS 17

Die Vorschriften sind dahingehend diskussionswürdig, dass die Definition zwei Sachverhalte in einen kontraintuitiven Zusammenhang bringt.[1037] So sind die **Kosten des Nutzungsrechtes** der wertmäßige Ausgangspunkt für die Ermittlung des Grenzfremdkapitalzinssatzes. Diese Kosten sollen auf einen nicht näher beschriebenen, **alternativen Vermögenswert** bezogen werden, der mit den Mitteln erworben werden könnte.[1038] Auf diese Weise wird einerseits eine Verbindung zwischen einer Leasingtransaktion und einem Erwerbsvorgang hergestellt. Andererseits werden konzeptionell nicht zueinander passende Posten ins Verhältnis zueinander gesetzt. So kann bspw. kein wertmäßiger Zusammenhang zwischen einem Leasingvertrag über eine Maschine und dem Wert bzw. Preis dieser Maschine im Falle ihres Erwerbs hergestellt werden. Der Bezug des Wertes des Nutzungsrechtes auf einen alternativen Vermögenswert irritiert insofern. Hier wäre vielmehr ein Vergleich zu erwarten gewesen, der das Wesen der Posten berücksichtigt.

Die Unklarheit führt auch im kommentierenden Schrifttum zu abweichenden Verständnissen.[1039] Konzeptionell verständlicher wäre es gewesen, wenn entweder die Kosten des Nutzungsrechtes als Grundlage für ein alternativ zu erwerbendes Nutzungsrecht verwendet würden

---

1034 Vgl. IFRS 16.BC160.

1035 Gl. A. LÜDENBACH, N./HOFFMANN, W.-D./FREIBERG, J., in: Haufe IFRS-Kommentar, 16. Aufl., § 15a, Rn. 130 und 134; DEHMEL, I./HOMMEL, M./RAMMERT, S., Nutzungsverhältnisse, S. 2349.

1036 Vgl. IASB (Hrsg.), Staff Paper 3D (April 2014), Rn. 27; zustimmend FLOWSERVE (Hrsg.), Comment Letter ED/2013/6, S. 3; MARKS & SPENCER (Hrsg.), Comment Letter ED/2013/6, S. 3.

1037 Gl. A. LÜDENBACH, N./HOFFMANN, W.-D./FREIBERG, J., in: Haufe IFRS-Kommentar, 16. Aufl., § 15a, Rn. 138.

1038 Vgl. auch ECKL, E. U. A., IFRS 16 „Leases" (Teil 2), S. 722. Ein Beispiel aus den Sitzungspapieren verdeutlicht dies. In diesem werden die Leasingzahlungen für das Leasing einer Bürofläche als Grundlage für den Wert eines unbestimmten alternativen Vermögenswertes genutzt (*borrowed the funds needed to purchase an asset with a similar value*), vgl. IASB (Hrsg.), Staff Paper 3D (April 2014), Rn. A2.

1039 In der Kommentierung wurde der alternative Vermögenswert als Nutzungsrecht aufgefasst, vgl. IASB (Hrsg.), Comment Letter Summary ED/2013/6, Rn. 160; hingegen auf einen Vermögenswert mit demselben Wert des zugrunde liegenden Vermögenswertes verweisend DEHMEL, I./HOMMEL, M./RAMMERT, S.,

oder die Kosten des dem Leasingverhältnis zugrunde liegenden Vermögenswertes die Basis für einen alternativen Vermögenswert bilden würde. Wäre eines dieser Verhältnisse die beabsichtigte Interpretation des Boards, hätte der Standardsetzer die Regelungen diesbezüglich eindeutiger formuliert. Alternativ zum „*right-of-use asset*“ wäre in der Definition demnach eine Bezeichnung als „*underlying asset*“ möglich gewesen. Genauso hätte das „*asset of similar value*“ konkreter als „*right-to-use asset of similar value*“ genannt werden können.

Der konzeptionelle Missstand ist darauf zurückzuführen, dass den Vorschriften des IAS 17 die Fiktion des fremdfinanzierten Erwerbs des Leasinggegenstandes[1040] zugrunde liegt, diese **Erwerbsfiktion** für IFRS 16 jedoch **nicht weiter verfolgt** wird.[1041] Der Verweis auf einen unbestimmten Vermögenswert ist demnach insofern nur eingeschränkt mit IFRS 16 kompatibel, als die Bilanzierung eines Leasingverhältnisses beim Leasingnehmer anders als die Vorschriften des IAS 17[1042] keine bilanzielle Erfassung des Leasingobjektes vorsieht. Selbst wenn sie unterstellt würde, wäre sie besonders bei relativ kurz laufenden Leasingverhältnissen – vor allem aber bei solchen, die im Kontext IAS 17 noch als *Operating Lease* klassifiziert wurden – aufgrund des fehlenden Charakters als Finanzierungsvorgang konzeptionell wenig sachgerecht.[1043] Anstatt für die Bestimmung des Zinssatzes auf den Erhalt eines unbestimmten Vermögenswertes abzustellen, hätte demnach ein einfacher Verweis auf den Zinssatz für das **entsprechende Finanzierungsvolumen** ausgereicht.[1044] Dies wird nach der hier vertretenen Auffassung und gemäß den Aussagen des Standardsetzers in den *Basis for Conclusions*[1045] implizit beabsichtigt.

Die enge Anlehnung an die Vorschriften des IAS 17 für die Bestimmung des Zinssatzes führt im Ergebnis zu teils missverständlichen und eingeschränkt sachgerechten Regelungen im Kontext des IFRS 16. Diese Schlussfolgerung wiegt konzeptionell umso schwerer, als dem Grenzfremdkapitalzinssatz aufgrund der Herausforderungen bei der Bestimmung des alternativen Zinssatzes eine große Bedeutung zukommen wird. Da die Vorschriften hinsichtlich der zur

---

Nutzungsverhältnisse, S. 2350.

1040 Vgl. DELOITTE (Hrsg.), iGAAP, S. 1492 f.

1041 Vgl. IFRS 16.BC304.

1042 Im Kontext des IAS 17 wurde auch auf den Zinssatz für die alternative Finanzierung des Erwerbs eines Vermögenswertes unter sonst gleichen Umständen rekurriert. Allerdings war mit diesem Vermögenswert der zugrunde liegende Leasinggegenstand direkt gemeint und nicht ein beliebiger (davon unabhängiger) Vermögenswert. Dies wird zusätzlich aus den Formulierungen *purchase the asset* (IAS 17) und *obtain an asset* (IFRS 16) klar.

1043 Vgl. DEHMEL, I./HOMMEL, M./RAMMERT, S., Nutzungsverhältnisse, S. 2350; dazu ESSER, M., Leasingverhältnisse in der IFRS-Rechnungslegung, S. 433; GRADOW, A., Neugestaltung der Leasingbilanzierung, S. 32 f.

1044 Gleichermaßen die Alternative der Finanzierung betonend BERGER, J./NARDMANN, H., Auswirkungen auf Unternehmen, S. 427.

1045 Die Fiktion besteht nach der Aussage des Boards lediglich in der erwerbsunabhängigen Finanzierung, vgl. IFRS 16.BC304.

Wahl stehenden Zinssätze eindeutig sind und besonders keinen Spielraum ggf. weiterer anwendbarer Zinssätze lässt, wird in den weiteren Überlegungen von einer Betrachtung alternativer sachgerechter Zinssätze abgesehen.[1046]

442.2 Erstbewertung des Nutzungsrechtes

442.21 Wertmäßige Komponenten des Nutzungsrechtes

Die Bewertung des Nutzungsrechtes erfolgt unter Beachtung der durch die Regelungen definierten „horizontale[n; Anm. d. Verf.] Bewertungseinheit“[1047], nach der der Wert der Verbindlichkeit aus dem Leasingverhältnis in die Bewertung des Nutzungsrechtes eingeht. Neben ihrem Barwert[1048] sind solche Zahlungen einzubeziehen, die bereits zum Zeitpunkt des Beginns des Leasingverhältnisses oder davor gezahlt wurden. Vom Leasinggeber bereits erhaltene gewährte Anreize sind indes abzuziehen.[1049] Die Zahlungen bzw. Anreize werden im Folgenden nicht näher betrachtet. Darüber hinaus gehen anfänglich direkt angefallene Kosten des Leasingnehmers (*initial direct costs*) in die Bewertung ein.[1050] Zuletzt ist eine Schätzung der Kosten zum Rückbau des Vermögenswertes bzw. zur Wiederherstellung des Grundes, auf dem der Vermögenswert installiert wurde, einzubeziehen.[1051] Ihre Bewertung richtet sich nach IAS 37 und wird in dieser Arbeit nicht weiter betrachtet.[1052] Die Vorschriften sehen keine Wahlrechte zur Einbeziehung von Bestandteilen vor.[1053] Die folgende Abbildung 4-8 verdeutlicht den wertmäßigen Zusammenhang zwischen der Verbindlichkeit[1054] und dem Nutzungsrecht.

Die Erstbewertung des Nutzungsrechtes erfolgt somit gemäß IFRS 16 zu seinen **Anschaffungskosten**.[1055] IAS 38 wird trotz des Wesens des Nutzungsrechtes als immaterieller Vermögenswert nicht bemüht.[1056] Eine Bewertung zum beizulegenden Zeitwert wurde zwar erwägt. Sie

---

1046 Vgl. für eine Analyse des angemessenen Zinsfußes für verschiedene Sachverhalte innerhalb der IFRS FREIBERG, J., Diskontierung in der internationalen Rechnungslegung, S. 73–154.

1047 FREIBERG, J., Folgebilanzierung von Leasingverhältnissen, S. 1119. Dieser Bewertungszusammenhang wird an späterer Stelle im Detail untersucht, vgl. Abschnitt 443.43.

1048 Vgl. IFRS 16.BC147 (a) bzw. IFRS 16.24 (a).

1049 Vgl. IFRS 16.24 (b).

1050 Vgl. IFRS 16.24 (c).

1051 Vgl. IFRS 16.B24 (d). Sie wurden erst zu einem späten Zeitpunkt des Überarbeitungsprojektes in die Vorschriften aufgenommen, vgl. IASB (Hrsg.), Agenda Paper 3A (October 2015), Rn. 19–23.

1052 Vgl. IASB (Hrsg.), Agenda Paper 3A (October 2015), Rn. 23; BAUER, C./GALLERT, T. H., Leasingbilanzierung nach IFRS 16, S. 323. Vgl. zu diesen Rückstellungen weiterführend IAS 37.36–41 und dazu SCHRIMPF-DÖRGES, C., in: Beck IFRS HB, 5. Aufl., § 13, Rn. 53–63; LÜDENBACH, N./HOFFMANN, W.-D./FREIBERG, J., in: Haufe IFRS-Kommentar, 16. Aufl., § 21, Rn. 72–80; illustrierend BUSCHHÜTER, M./STRIEGEL, A., Kommentar IFRS, S. 463; ausführlich KLAHOLZ, T., Rückbau- und Wiederherstellungsverpflichtungen im IFRS-Abschluss, S. 55–206.

1053 Vgl. in diesem Kontext zur mangelnden Aktivierungsfähigkeit und dem daraus resultierenden Vorgehen in der Bilanzierung von Mietereinbauten FREIBERG, J., Bilanzielle Abbildung von Mietereinbauten, S. 58–60.

1054 Die Komponenten der Verbindlichkeit „Zahlungen aufgrund einer Kündigungsstrafe“ und „Ausübungspreis einer Kaufoption“ wurden abweichend zu den weiteren Komponenten nicht gesondert betrachtet. Dies gründet darin, dass sie vertraglich vorgegeben und hinsichtlich der Bestimmung regelmäßig eindeutig sein dürften.

1055 Vgl. IFRS 16.BC145.

1056 Vgl. kritisch DEHMEL, I./HOMMEL, M./RAMMERT, S., Nutzungsverhältnisse, S. 2348; LÜDENBACH, N./HOFFMANN, W.-D./FREIBERG, J., in: Haufe IFRS-Kommentar, 16. Aufl., § 13, Rn. 42. Gleichwohl fin-

wurde aber besonders unter Verweis auf die beabsichtigte Bewertungskonsistenz mit anderen nicht-finanziellen Vermögenswerten[1057] und der Schwierigkeiten, die aus einem fehlenden aktiven Markt für die Bewertung zum beizulegenden Zeitwert resultieren, im Überarbeitungsprozess nicht weiter verfolgt.[1058] Im Übrigen darf eine Bewertung über dem beizulegenden Zeitwert, anders als noch nach IAS 17, erfolgen.[1059] Diese Möglichkeit ist zu begrüßen, damit Auswirkungen für die Bewertung durch vertragliche Neueinschätzungen, vor allem der Ausübung von Laufzeitoptionen, sowohl werterhöhend als auch wertvermindernd berücksichtigt werden können.

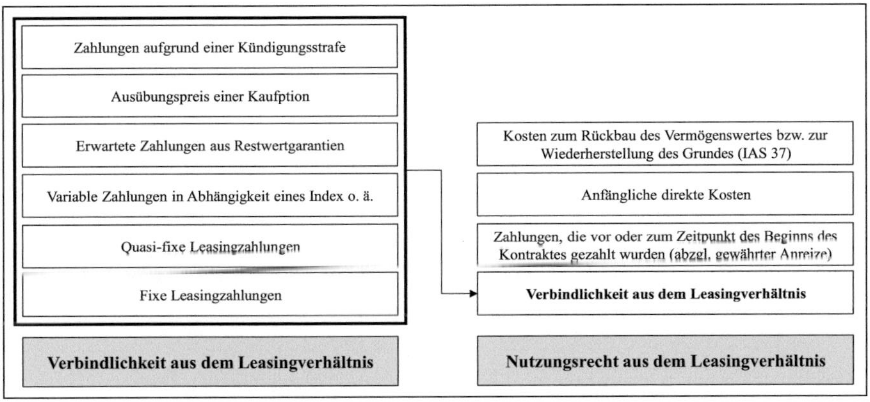

Abbildung 4-8: Bewertungszusammenhang zwischen der Verbindlichkeit und dem Nutzungsrecht aus dem Leasingverhältnis

Im Folgenden wird die Zusammensetzung der anfänglichen direkten Kosten als Bestandteil der Erstbewertung des Nutzungsrechtes untersucht.

442.22 Konkretisierung anfänglicher direkter Kosten als wertmäßige Komponente

Die Ermittlung der **anfänglichen direkten Kosten** wird nicht im Detail geregelt.[1060] Gemäß der Definition in IFRS 16 fallen darunter solche, die nicht angefallen wären, wenn das Leasingverhältnis nicht zustande gekommen wäre.[1061] Diese Konkretisierung klärt die Frage der Ermittlung nicht abschließend. Auf dieser Grundlage könnte sowohl eine enge Auslegung, ledig-

det für Rechte aus Lizenzvereinbarungen innerhalb des Anwendungsbereiches des IAS 38 ebendieser Anwendung, vgl. IFRS 16.3 (e); weiterführend zum ausbleibenden Bezug auf andere Standards IFRS 16.BC146.

1057 Besonders wird auf Sachanlagen und immaterielle Vermögenswerte verwiesen, die zu Anschaffungs- bzw. Herstellungskosten erstbewertet werden, vgl. IAS 16.15 und IAS 38.24.

1058 Vgl. IFRS 16.BC148; dazu auch DEHMEL, I./HOMMEL, M./RAMMERT, S., Nutzungsverhältnisse, S. 2347.

1059 Vgl. DELOITTE (Hrsg.), iGAAP, S. 1492 f.

1060 Daher sah sich der Board gezwungen, diese im Standardsetzungsprozess ausführlich zu diskutieren, vgl. zu den Gründen IASB (Hrsg.), Staff Paper 3C (May 2014), Rn. 10–12.

1061 Vgl. IFRS 16.Appendix A.

lich unter Berücksichtigung vertraglicher Kosten, als auch ein weites Verständnis, das vermögenswertspezifische bzw. leistungsbezogene Kosten einbezieht, abzuleiten sein.

Der Umfang der anfänglichen direkten Kosten wird einerseits in den *Basis for Conclusions* beschrieben. Demnach soll die Definition als konsistent mit den Vorschriften des **IFRS 15** zu *incremental costs* verstanden werden.[1062] Anfängliche direkte Kosten wären somit lediglich solche, die mit dem Zustandekommen des Vertrages zusammenhängen bzw. nicht angefallen wären, wenn der Vertrag nicht zustande gekommen wäre, z. B. Kommissionen.[1063] Allerdings soll die Einbeziehung von direkten Kosten im Kontext des IFRS 16 gemäß den Aussagen des Standardsetzers auch konsistent mit vergleichbaren anfallenden **Kosten für andere nicht-finanzielle Vermögenswerte** (*costs associated with acquiring other non-financial assets)* sein.[1064] Damit können, Bezug nehmend auf IAS 16 als maßgeblicher Standard für nicht-finanzielle Vermögenswerte, einerseits Kosten aus Zöllen und Steuern gemeint sein,[1065] andererseits aber auch die direkt zurechenbaren Kosten u. a. Kosten der Standortvorbereitung, Kosten der Lieferung und Verbringung, Installations- und Montagekosten.[1066] Daneben könnten gemäß IAS 38 als weiterer möglicher Bezugspunkt auch Kosten gemeint sein, die direkt der Vorbereitung des Vermögenswertes auf seine beabsichtigte Nutzung zuzurechnen sind.[1067] Auf dieser Grundlage anderer IFRS würden somit nicht nur vertragsspezifische, sondern auch darüber hinaus gehende Kosten berücksichtigt, die dem Leasingverhältnis bzw. dem Leasingobjekt in sachlicher Weise direkt zugerechnet[1068] werden können. Durch die im Vergleich zu IFRS 15 weitere Fassung des Begriffes würde sich die Erstbewertung des Nutzungsrechtes erhöhen.

In der Abwägung dürften mehrere Argumente für eine Orientierung an der Definition gemäß IFRS 15 sprechen. Zum einen wird die Absicht eines konsistentes Verständnisses von *incremental costs* von IFRS 16 und IFRS 15 eindeutiger formuliert als die allgemeinen Aussagen zur diesbezüglichen Konsistenz des IFRS 16 mit IAS 16 (und IAS 38). Zum anderen weisen die Aussagen des Standardsetzers zur bilanziellen Behandlung von Kosten der Konstruktion oder des Designs des Vermögenswertes, als Aspekte zur Regelungskonsistenz, auf dieses Verständnis hin. Diese seien zwar vergleichbar mit den Bestandteilen direkt zurechenbarer Kosten gemäß IAS 16 bzw. Kosten der Nutzungsvorbereitung nach IAS 38 und demnach gemäß diesen Vorschriften zu aktivieren. Gleichwohl seien sie im Kontext des IFRS 16 trotzdem nicht als wertmäßiger Bestandteil des Nutzungsrechtes einzubeziehen.[1069] In diesem Aspekt nimmt der

1062 Vgl. IFRS 16.BC150.

1063 Vgl. IFRS 15.92 und IFRS 15.BC297; anhand weiterer Beispiele illustrierend KPMG (Hrsg.), Insights into IFRS, S. 1295; PETERSEN, K./BANSBACH, F./DORNBACH, E., IFRS Praxishandbuch, S. 150 f.

1064 Vgl. IFRS 16.BC149 und weiterführend IFRS 16.BC150 f.

1065 Vgl. IAS 16.16 (a).

1066 Vgl. IAS 16.16 (b) bzw. IAS 16.17; SCHARFENBERG, A., in: Beck IFRS HB, 5. Aufl., § 5, Rn. 30; BALLWIESER, W., in: Baetge u. a., Rechnungslegung nach IFRS, 2. Aufl., Teil B, IAS 16, Rn. 16.

1067 Vgl. IAS 38.27; RAMSCHEID, M., in: Beck IFRS HB, 5. Aufl., § 4, Rn. 75; BAETGE, J./KEITZ, I. von, in: Baetge u. a., Rechnungslegung nach IFRS, 2. Aufl., Teil B, IAS 38, Rn. 81.

1068 Vgl. allerdings im Kontext des IAS 16, gleichwohl übertragbar, BALLWIESER, W., in: Baetge u. a., Rechnungslegung nach IFRS, 2. Aufl., Teil B, IAS 16, Rn. 16.

1069 Vgl. IFRS 16.B43 f.

Board vergleichsweise deutlich Abstand von der Konsistenz mit weiteren genannten Standards. Für die Orientierung an IAS 16 und IAS 38 spricht hingegen die den anfänglichen direkten Kosten übergeordnete, grundlegende Bewertungskonzeption des Nutzungsrechtes. Diese ähnelt der Konzeption für nicht-finanzielle Vermögenswerte nach IAS 16 sowohl in der Erst-[1070] als auch in der Folgebewertung[1071] in hohem Maße.

Für die abschließende Beurteilung über eine sachgerechte Konkretisierung ist demnach maßgeblich, auf welchem Detaillierungsgrad regelungsübergreifende Konsistenzanforderungen gestellt werden sollten: entweder auf der Ebene der anfänglichen direkten Kosten als wertmäßiger Bestandteil oder auf der übergeordneten bewertungskonzeptionellen Ebene. Dafür wird auf die Aussagen des Standardsetzers abgestellt. Demnach ist die **Anlehnung an IFRS 15**, verbunden mit dem Ausschluss des Ansatzes der genannten weiteren Kosten, eindeutiger und somit die Identität des Umfangs anfänglicher direkter Kosten mit *incremental costs* nach IFRS 15 **maßgeblich** zu erachten. Diese Auslegung impliziert einerseits, dass die Konsistenz auf der Ebene eines Bestandteils der gesamten Kosten gewährleistet wird. Andererseits orientiert sich die Bedeutung des Begriffes anfänglicher direkter Kosten am Wesen des Leasingverhältnisses als ein Vertrag zwischen Parteien, und nicht am zeitlich begrenzten wirtschaftlichen Besitz eines Vermögenswertes. Gleichwohl wird als eine weitere Konsequenz die Konsistenz des Bewertungskonzepts mit den Vorschriften zur Erstbewertung des IAS 16 eingeschränkt, was nach der hier vertretenen Auffassung negativ zu beurteilen ist.

Die anfänglichen direkten Kosten wirken sich demnach weniger stark auf die Erstbewertung des Nutzungsrechtes aus als unter Maßgabe der anderen diskutierten Auslegung des Begriffes. Die Kosten, die nicht zu aktivieren sind, sind erfolgswirksam in den entsprechenden Perioden zu erfassen.

443. Folgebewertung der Verbindlichkeit und des Nutzungsrechtes

443.1 Struktur der Ausführungen

Der Gegenstand der folgenden Ausführungen sind die Vorschriften zur Folgebewertung der Verbindlichkeit und des Nutzungsrechtes aus dem Leasingverhältnis. Zunächst wird die **Folgebewertung** der beiden Bilanzposten isoliert analysiert und konkretisiert. (Abschnitt 443.2 und 443.3). Analog zu der bisherigen Struktur der Ausführungen werden auch in diesem Abschnitt zuerst die Verbindlichkeit und danach das Nutzungsrecht betrachtet. Anknüpfend werden die leasingspezifischen Elemente in der Folgebewertung der Verbindlichkeit und des Nutzungsrechtes aufgegriffen, indem die bilanziellen Auswirkungen **vertraglicher Neueinschätzungen** auf ihre Bewertungen thematisiert werden (Abschnitt 443.4).

1070 Vgl. zu den Bestandteilen des Nutzungsrechtes Abschnitt 442.2.

1071 Vgl. zur plan- bzw. außerplanmäßigen Abschreibung und weiteren Aspekten der Folgebewertung Abschnitt 443.3.

443.2 Folgebewertung der Verbindlichkeit

Die Verbindlichkeit wird an den auf den Stichtag der Erstbewertung folgenden Stichtagen, analog zu finanziellen Verbindlichkeiten in anderen IFRS,[1072] mittels der Anwendung der **Effektivzinsmethode** folgebewertet.[1073] Der Buchwert wird zu diesem Zweck erfolgswirksam um die Verzinsung auf die ausstehende Verbindlichkeit erhöht und erfolgsneutral um getätigte Tilgungen reduziert.[1074] Insofern werden die Zahlungen in einen Zins- und einen Tilgungsanteil aufgespalten.[1075] Die Verzinsung ist zwar über die Perioden konstant zu halten.[1076]

Der aus der Verzinsung resultierende Zinsaufwand kann im Zeitverlauf schwanken, etwa weil die Vertragsparteien **zahlungsfreie Perioden** vereinbaren.[1077] Diese bewirken, dass in der entsprechenden Periode keine Tilgung geleistet, sondern lediglich der Zinsaufwand erfasst wird. Der Zinsaufwand erhöht gemäß der Vorgehensweise der Effektivzinsmethode[1078] die Verbindlichkeit, sodass die folgenden Perioden einen höheren Ausgangswert für die Zinsermittlung haben. Darüber hinaus kann die vertragliche Vereinbarung oder die Verbindlichkeit Elemente umfassen, die im Zeitverlauf **nachträglichen Neueinschätzungen** unterliegen. Dazu gehören etwa Zahlungen aus vertraglichen Laufzeitoptionen, die im Zeitpunkt der erstmaligen Beurteilung nicht einbezogen wurden (Mehr- bzw. Minderzahlungen bei Verlängerungs- oder Kündigungsoptionen oder Kündigungsstrafen), oder variable Zahlungen in Abhängigkeit eines Referenzwertes.[1079] Aus diesen Anlässen resultieren wertmäßige Anpassungen der Verbindlichkeit. Sie verändern entsprechend die Grundlage der Ermittlung des Zinsaufwandes in den folgenden Perioden und können sich auch auf die Höhe der regelmäßigen Tilgungen auswirken.[1080]

Aus der Anwendung der Effektivzinsmethode im Kontext der Bewertung der Leasingverbindlichkeit dürften sich über die genannten hinaus keine weiteren bedeutenden Implikationen ergeben. Diese Einschätzung deckt sich implizit mit den Beiträgen im Schrifttum, die ebenso wietestgehend keine detailliertere Betrachtung vornehmen.[1081] Daher wird die Folgebewertung der Verbindlichkeit gemäß der Effektivzinsmethode nicht weiter betrachtet.[1082]

1072 Vgl. IFRS 16.BC182.

1073 Vgl. IFRS 16.41; BAUER, C./GALLERT, T. H., Leasingbilanzierung nach IFRS 16, S. 323; BEYHS, O./LABRENZ, H., Bilanzpolitische Spielräume für Leasingnehmer, S. 454; weiterführend zur Effektivzinsmethode FREIBERG, J., Zweifelsfragen bei Anwendung der Effektivzinsmethode, S. 305–309; zu den Argumenten des IASB gegen eine Bewertung zum beizulegenden Zeitwert IFRS 16.BC183.

1074 Vgl. IFRS 16.36; illustrierend Beispiel 13 der *Illustrative Examples*, IFRS 16.IE5; weiter zur Vorgehensweise LÜDENBACH, N./HOFFMANN, W.-D./FREIBERG, J., in: Haufe IFRS-Kommentar, 16. Aufl., § 15a, Rn. 157; KUHN, S./HACHMEISTER, D., Rechnungslegung und Prüfung von Finanzinstrumenten, S. 31.

1075 Vgl. KAJÜTER, P./MEINHÖVEL, M., Anwendung bei Fluggesellschaften, S. 427.

1076 Vgl. IFRS 16.37.

1077 Vgl. IFRS 16.B36.

1078 Vgl. dazu Fn. 1074.

1079 Vgl. zu den möglichen Tatbeständen, die zu Neueinschätzungen führen, Abschnitt 443.41.

1080 Vgl. dazu Abschnitt 443.4.

1081 Anstatt eine Vielzahl möglicher Literaturbeiträge zu IFRS 16 zu zitieren, wird auf die im Laufe dieser Arbeit bereits zitierten Quellen verwiesen.

1082 Ihre Fortschreibung wird aber in den Ausführungen zu leasingspezifischen Elementen der Folgebewertung

443.3 Folgebewertung des Nutzungsrechtes

443.31 Zulässige Abschreibungsmodelle

Das Nutzungsrecht ist gewöhnlicherweise gemäß dem Anschaffungskostenmodell folgezubewerten.[1083] Nach diesem sind sowohl planmäßige als auch außerplanmäßige Abschreibungen zu erfassen.[1084] Die Vorschriften sehen jedoch abweichend zwei **Ausnahmetatbestände** vor, die zu einer Folgebewertung nach einem anderen Modell führen. Wenn der Leasingnehmer **Renditeimmobilien** gemäß IAS 40 zum beizulegenden Zeitwert bewertet, hat er diesen Bewertungsmaßstab auch auf Nutzungsrechte anzuwenden, die sich auf Renditeimmobilien beziehen.[1085] Wenn der Leasingnehmer auf eine Klasse von Sachanlagen das **Neubewertungsmodell** gemäß IAS 16 anwendet, darf er dieses Modell zudem auf die sich darauf beziehenden Nutzungsrechte anwenden.[1086] Das Neubewertungsmodell zielt darauf ab, bei der Bewertung von Vermögenswerten mit langen Nutzungsdauern die Auswirkungen der Inflation zu berücksichtigen. Durch ebendiese könnten die Wiederbeschaffungskosten über den historischen Anschaffungskosten liegen.[1087] Insofern gewährleistet die Methode eine reale Kapitalerhaltung.[1088] Die Methode wird in Deutschland indes kaum, wenn überhaupt auf Grund und Boden, angewandt[1089] und sollte daher für die Bilanzierung des Nutzungsrechtes von zu vernachlässigender Bedeutung sein.

Im Folgenden werden sowohl aufgrund ihrer maßgeblichen Bedeutung für die Folgebewertung als auch wegen der als Ausnahmeregelung charakterisierten Alternativen ausschließlich die Vorschriften zur Anwendung des **Anschaffungskostenmodells** analysiert und konkretisiert. IFRS 16 trifft lediglich Regelungen zur Bestimmung des Zeitraums der planmäßigen Abschreibung. Zu den weiteren Aspekten der planmäßigen Abschreibung wird auf IAS 16 verwiesen. Für die außerplanmäßige Abschreibung wird analog auf die Anwendung des IAS 36 rekurriert.

443.32 Planmäßige Abschreibung des Nutzungsrechtes nach dem Anschaffungskostenmodell

443.321. Bestimmung des Zeitraums der planmäßigen Abschreibung gemäß IFRS 16

IFRS 16 äußert sich lediglich zur Bestimmung des zugrunde zu legenden Zeitraums der planmäßigen Abschreibung. Für die weiteren Details der planmäßigen Abschreibung wird auf IAS 16 rekurriert.[1090] Für die Ermittlung des Zeitraums ist maßgeblich, ob der Vertrag eine

erneut aufgegriffen, vgl. Abschnitt 443.4.

1083 Vgl. zu den Gründen, weshalb das Nutzungsrecht nicht zum beizulegenden Zeitwert folgebewertet wird, IFRS 16.BC175.

1084 Vgl. IFRS 16.30 (a); vgl. zu außerplanmäßigen Abschreibungen Abschnitt 443.33. Darüber hinaus könnten sich wertmäßige Anpassungen aufgrund von Wertänderungen der Verbindlichkeit, besonders wegen Neueinschätzungen, ergeben, vgl. IFRS 16.30 (b); vgl. dazu Abschnitt 443.4.

1085 Vgl. IFRS 16.34; zu den diesbezüglichen Vorschriften IAS 40.33–55.

1086 Vgl. IFRS 16.34; zu den diesbezüglichen Vorschriften IAS 16.31–42.

1087 Vgl. SCHARFENBERG, A., in: Beck IFRS HB, 5. Aufl., § 5, Rn. 123.

1088 Vgl. QUICK, R., in: MüKo Bilanzrecht, IAS 16, Rn. 50.

1089 Vgl. MÜLLER, S./WOBBE, C./REINKE, J., Bilanzierung des Sachanlagevermögens, S. 637.

1090 Vgl. IFRS 16.32.

Kaufoption zum Ende der vertraglichen Laufzeit enthält, deren Ausführung der Leasingnehmer als hinreichend sicher beurteilt. Wird die Kaufoption als **nicht hinreichend sicher** eingeschätzt oder **liegt sie vertraglich nicht vor**, ist das Nutzungsrecht über den kürzeren Zeitraum von wirtschaftlicher Nutzungsdauer und Dauer des Leasingverhältnisses abzuschreiben (*depreciate [...] to the earlier of the end of the useful life of the right-of-use asset or the end of the lease term*).[1091]

Wenn die **Dauer des Leasingverhältnisses kürzer** als die wirtschaftliche Nutzungsdauer ist, wird das Nutzungsrecht vollständig abgeschrieben. In diesem Fall sind die Zeiträume der Folgebewertung für das Nutzungsrecht und die Verbindlichkeit identisch. Wenn hingegen die **wirtschaftliche Nutzungsdauer kürzer** ist als die Dauer des Leasingverhältnisses, ist das Nutzungsrecht bereits vor dessen Beendigung vollständig abgeschrieben.[1092] In diesem Fall wird für die Adressaten aus den bilanziellen Informationen über die (nicht kurzfristigen) Vermögenswerte nicht ersichtlich, dass sich das Unternehmen weiterhin in einem Leasingverhältnis befindet, für das weiterhin Leasingzahlungen zu leisten sind. Zudem impliziert diese Vorgehensweise, dass der Leasingnehmer einen Vermögenswert besitzt, der weder unmittelbar als solcher noch mittelbar über ein Nutzungsrecht bilanziell erfasst wird. Daher sollte das Nutzungsrecht in den Perioden, in denen es gemäß dem Abschreibungsplan einen Wert von null erreicht hat, mit einem **Erinnerungswert** weiterhin bilanziell erfasst werden. Diese Bilanzierungsweise hat zwar keine wertmäßigen Auswirkungen. Sie ist indes unabdingbar, um weiterhin relevante Informationen zu gewährleisten und die wirtschaftlichen Verhältnisse vollständig, vor allem unter Einbezug eingegangener Leasingverhältnisse, wiederzugeben.

Andere Implikationen ergeben sich, wenn eine **Kaufoption vorliegt**, die hinreichend sicher ausgeübt wird, und die **Dauer des Leasingverhältnisses** kürzer ist als die wirtschaftliche Nutzungsdauer.[1093] In diesem Fall ist das Nutzungsrecht regelungsgemäß entsprechend der wirtschaftlichen Nutzungsdauer des Leasingobjektes abzuschreiben.[1094]

Die Regelungen suggerieren für diesen Fall, dass das Referenzobjekt der planmäßigen Abschreibung nach der Beendigung des Leasingverhältnisses weiterhin das Nutzungsrecht selbst ist. Dieses Vorgehen würde zu einer widersprüchlichen Bilanzierung führen, da das Nutzungsrecht über die Perioden des Leasingvertrages hinaus nicht mehr existiert. Vielmehr sollte der

---

1091 Vgl. IFRS 16.32. Auch wenn IFRS 16 diese Regelungen explizit vorsieht und nur für die weiteren Parameter der Abschreibung auf IAS 16 verweist, ist auch diese Regelung bereits an IAS 16 angelehnt. Gemäß IAS 16 sollen zur Schätzung der Nutzungsdauer u. a. die wirtschaftliche Nutzungsdauer oder das Auslaufen von Leasingverhältnissen betrachtet werden, vgl. IAS 16.56 (a) und (d).

1092 Dieser Konstellation geringe praktische Relevanz zuordnend DEHMEL, I./HOMMEL, M./RAMMERT, S., Nutzungsverhältnisse, S. 2348.

1093 Die alternative Konstellation, in der eine Kaufoption ausgeübt wird, und die Dauer des Leasingverhältnisses länger ist als die wirtschaftliche Nutzungsdauer, ist ökonomisch betrachtet nicht von Bedeutung. Eine Kaufoption biete keinen Anreiz, wenn die wirtschaftliche Nutzungsdauer bereits vor dem tatsächlichen Kauf erschöpft ist. Der Fall wird nicht weiter betrachtet.

1094 Vgl. IFRS 16.32. Dies impliziert im Übrigen, dass die Verbindlichkeit und das Nutzungsrecht über abweichende Zeiträume fortgeschrieben werden, da die Folgebewertung der Verbindlichkeit auf den Zeitraum des Leasingverhältnisses begrenzt ist.

abzuschreibende Sachverhalt in den auf das Leasingverhältnis folgenden Perioden der durch die Kaufoption **aus dem Leasingverhältnis übernommene Vermögenswert** sein, um die tatsächlichen ökonomischen Umstände zu berücksichtigen. Um für diesen Sachverhalt entscheidungsnützliche Informationen zu generieren, sollte daher zum Zeitpunkt der Beendigung des Leasingverhältnisses ein Aktivtausch vorgenommen werden. Demnach ist das Nutzungsrecht zum Ende der Laufzeit auszubuchen, der zugrunde liegende Vermögenswert anzusetzen und dieser im Zeitverlauf abzuschreiben.[1095] Der Wert des Nutzungsrechtes zum Zeitpunkt der Beendigung des Leasingverhältnisses stellt demnach die Anschaffungskosten des übernommenen Vermögenswertes dar.

Der **Ausübungspreis** aus der Kaufoption, die zu der Übernahme des Leasingobjektes führt, ist bereits ein Bestandteil der Leasingzahlungen, die in der Verbindlichkeit und insofern auch im Nutzungsrecht erfasst sind. Er ist daher bereits bilanziell berücksichtigt worden, weshalb durch den Kauf keine Wertanpassung des erworbenen Vermögenswertes ausgelöst wird.

443.322. Maßgeblichkeit des IAS 16 für die Bestimmung weiterer Aspekte der Folgebewertung

443.322.1 Wahl der Abschreibungsmethode

Für alle weiteren Parameter der planmäßigen Abschreibung verweist der Standard auf die **Vorschriften des IAS 16.**[1096] Daher richtet sich auch die Abschreibungsmethode nach diesen Regelungen. Die Methode hat dem erwarteten Verlauf des Verbrauches des künftigen wirtschaftlichen Nutzens des Vermögenswertes zu entsprechen.[1097] Infrage kommen grundsätzlich die lineare, die degressive und die leistungsabhängige planmäßige Abschreibung.[1098] Während die beiden erstgenannten Methoden die zeitliche Perspektive in den Mittelpunkt stellen, richtet sich eine Abschreibung gemäß der letztgenannten nach der effektiven Nutzung.[1099]

Die analoge Anwendung der Vorschriften des IAS 16 bedingt zwei Unklarheiten. Die eine resultiert als dem Verweis auf die **Beanspruchung des „Vermögenswertes“**. Im Kontext des IFRS 16 könnte sowohl das Nutzungsrecht als auch der zugrunde liegende Vermögenswert gemeint sein. Die diesbezüglichen Regelungen des IFRS 16 rekurrieren ausschließlich auf das Nutzungsrecht. Zudem ist der zugrunde liegende Vermögenswert des Leasingverhältnisses für den Leasingnehmer auch in keinem weiteren Zusammenhang in bilanzieller Hinsicht von Bedeutung. Überdies wurde IAS 16 letztmalig vor der Veröffentlichung des IFRS 16 angepasst,[1100] was die ausbleibende Berücksichtigung von Nutzungsrechten regelungshistorisch er-

---

1095 Zwar auf ED/2013/6 rekurrierend, aber auf den Kontext des IFRS 16 übertragen wohl argumentierend, dass in diesem Fall von einer Bilanzierung des Nutzungsrechtes abgesehen und anstatt dessen der Vermögenswert bilanziert werden sollte, INSTITUTE OF CPA OF KENYA (Hrsg.), Comment Letter ED/2013/6, S. ii.

1096 Vgl. IFRS 16.31.

1097 Vgl. IAS 16.60.

1098 Vgl. IAS 16.61.

1099 Vgl. LÜDENBACH, N./HOFFMANN, W.-D./FREIBERG, J., in: Haufe IFRS-Kommentar, 16. Aufl., § 10, Rn. 27.

1100 Vgl. zu den Anpassungen des IAS 16 Seite 1 dieses Standards. Gleichwohl läuft derzeit ein Projekt zur

klärt. Diese Implikationen weisen darauf hin, dass der Verbrauch auf das erworbene Nutzungsrecht für den zugrunde liegenden Vermögenswert zu beziehen ist.

Die andere, gleichzeitig bedeutsamere Unklarheit bezieht sich auf die möglichen Perspektiven für die planmäßige Abschreibung des Nutzungsrechtes, und somit auf ihre **konzeptionelle Referenzgröße**. So könnte die Abschreibung auf das Wesen als Recht, das unabhängig von seiner Inanspruchnahme über die vertraglichen Perioden – und somit zeitlich begrenzt – besteht, rekurrieren. Nach dieser Ansicht würde von der tatsächlichen Nutzung der mit dem Recht verbundenen Aktivitäten, abstrahiert.[1101] Der künftige wirtschaftliche Nutzen als Bezugsgröße der Abschreibung[1102] würde nur auf das vorliegende Recht bezogen und somit im Zeitverlauf zwingend gleichbleibend verbraucht. Der Ansicht folgend wäre eine lineare Abschreibung geboten.

Eine Abschreibung nach dieser Argumentation gibt gleichwohl insofern nicht die tatsächlichen wirtschaftlichen Verhältnisse wieder, als der Erwerb des Nutzungsrechtes wirtschaftlichen Überlegungen des Leasingnehmers folgt. Der Verbrauch des künftigen wirtschaftlichen Nutzens aus dem Recht wird demnach gerade durch die Aktivitäten bestimmt, die das Recht verbrieft. Daher muss die Abschreibung zwingend die ökonomische Bedeutung des Rechtes, d. h. die Nutzung des Leasingobjektes, berücksichtigen, um relevante und glaubwürdige Informationen über das Nutzungsrecht zu vermitteln.[1103] Durch diese Betrachtungsweise resultiert zudem eine konzeptionelle Konsistenz zur planmäßigen Abschreibung von weiteren Rechten, die nach IAS 38 zu bilanzieren sind.[1104]

Die Implikation, dass das Leasingobjekt in konzeptioneller Hinsicht eine bedeutende Rolle einnimmt, wird durch die Vorschriften des IFRS 16 implizit gestützt. So bestimmt sich der Abschreibungszeitraum, wie bereits ausgeführt, im Falle einer auszuübenden Kaufoption durch den zugrunde liegenden Leasinggegenstand. Ferner weist auch der Bezug auf die Vorschriften für Sachanlagen (IAS 16) für die planmäßige Abschreibung – anstatt eines Verweises auf IAS 38, dem für immaterielle Vermögenswertes maßgeblichen Standard – darauf hin. Demnach ist die tatsächliche Nutzung des Leasingobjektes bzw. die Inanspruchnahme des Nutzungsrechtes die **zentrale Determinante** für die Bestimmung der Abschreibungsmethode.

Änderung des IAS 16, das die bilanzielle Behandlung von Einnahmen vor der beabsichtigten Nutzung thematisiert, vgl. dazu ED/2017/4 *Property, Plant and Equipment – Proceeds before Intended Use*, verfügbar unter http://www.ifrs.org/-/media/project/property-plant-and-equipment/exposure-draft/exposure-draft-property-plant-equipment-june-2017.pdf.

1101 Diese Ansicht im Kontext der außerplanmäßigen Abschreibung und daher wohl auch hier vertretend DUFF & PHELPS (Hrsg.), Comment Letter ED/2013/6, S. 4.

1102 Vgl. IAS 16.60.

1103 Diese Folgerung ist konsistent zu IAS 38, der den künftigen wirtschaftlichen Nutzen im Kontext immaterieller Vermögenswerte konkretisiert. Demnach kann er sich u. a. in Erlösen aus dem Verkauf von Produkten, Kosteneinsparungen oder anderen Vorteilen für das besitzende Unternehmen äußern, vgl. IAS 38.17. Auch wenn IFRS 16 nicht auf IAS 38 rekurriert, können diese Ausführungen für die Förderung des Verständnisses herangezogen werden.

1104 Vgl. die diesbezüglich identischen Ausführungen des IAS 16.60 und IAS 38.97.

Das Nutzungsrecht dürfte demnach für gewöhnlich **planmäßig linear abzuschreiben** sein. Diese Auffassung wird durch Beispiele als Teil der *Basis for Conclusions*[1105], Aussagen des Boards im Standardsetzungsprozess,[1106] das Schrifttum,[1107] und ergänzend (nutzungsrechtunabhängige,) empirische Befunde über die lineare Abschreibung als vorherrschende Abschreibungsmethode in der Praxis[1108] gestützt. Ferner weisen die Vorschriften zum Übergang von IAS 17 auf IFRS 16 insofern darauf hin, als sie regeln, dass Vermögenswerte aus Finanzierungs-Leasingverhältnissen nach IAS 17 unmittelbar als Nutzungsrechte folgebilanziert werden dürfen.[1109] Die lineare planmäßige Abschreibung entspricht im Kontext von Nutzungsrechten trotz der objektivierenden Wirkung[1110] nur eingeschränkt dem ***matching principle,*** nach dem die Anschaffungskosten (vollumfänglich) dem Nutzenverbrauch gegenüberzustellen sind.[1111] So werden die Abschreibungen des Nutzungsrechtes nicht allen Leasingzahlungen, sondern nur den bilanzierungspflichtigen gegenübergestellt.[1112] Diese Schwäche ergibt sich gleichwohl aus den Regelungen selbst.

Aufgrund der linearen planmäßigen Abschreibung des Nutzungsrechtes und der Fortschreibung der Verbindlichkeit gemäß der Effektivzinsmethode ergibt sich die vor allem bilanzanalytisch relevante Erkenntnis, dass der Buchwert des Nutzungsrechtes aufgrund der Abschreibungsmodalitäten **regelmäßig geringer** ist als der der Verbindlichkeit. [1113] Hinsichtlich der gesamten Erfolgswirkung des Leasingverhältnisses kommt es aufgrund der linearen Abschreibung des Nutzungsrechtes i. V. m. dem sich im Zeitablauf verringernden Zinsaufwand aufgrund der abnehmenden Verbindlichkeit zum ***front loading***-Effekt.[1114] Dieser beschreibt, dass die gesamten Aufwendungen aus dem Leasingverhältnis zu seinem Beginn den höchsten Wert einnehmen und im Zeitverlauf sinken.[1115]

1105 Vgl. Beispiel 13 der *Illustrative Examples*, IFRS 16.IE5.

1106 Vgl. IASB (Hrsg.), Staff Paper 3D (January 2014), Rn. 9; IASB (Hrsg.), Staff Paper 3A (March 2014), Rn. 11 (b) und 14.

1107 Vgl. u. a. BAUER, C./GALLERT, T. H., Leasingbilanzierung nach IFRS 16, S. 324; BEHLING, K., Der neue Leasingstandard, S. 247; BRUNE, J. W., Bilanzierungsausnahme für geringwertige Leasinggüter, S. 143; EWELT-KNAUER, C., in: Baetge u. a., Rechnungslegung nach IFRS, 2. Aufl., Teil B, IFRS 16, Rn. 67.

1108 Vgl. BALLWIESER, W., in: Baetge u. a., Rechnungslegung nach IFRS, 2. Aufl., Teil B, IAS 16, Rn. 46.

1109 Vgl. IFRS 16.C11; auf diesen Umstand hinweisend HOCHREITER, G./PERMANSCHLAGER, D., Auswirkungen auf den Wertminderungstest (Teil 1), S. 75.

1110 Vgl. MEYER, M., Unternehmenswertorientierte Berichterstattung, S. 199; im steuerlichen Kontext zur unterschiedlichen Objektivierung der Abschreibungsmethoden m. w. N. HAUSEN, G., Modifizierte Einnahmen-Überschussrechnung, S. 255; zu weiteren Vorteilen der linearen Abschreibung BAETGE, J./KIRSCH, H.-J./THIELE, S., Bilanzen, S. 264 f.

1111 Vgl. SCHARFENBERG, A., in: Beck IFRS HB, 5. Aufl., § 5, Rn. 111.; m. w. N. BLASIUS, T., Besteuerung und Bilanzierung, S. 296; dazu LÜDENBACH, N., Wirtschaftlicher Erfüllungsrückstand, S. 227 f.

1112 Vgl. zu den (nicht) zu berücksichtigenden Leasingzahlungen einführend Abschnitt 442.11 und die folgenden Abschnitte.

1113 Gl. A. GEHRER, J. U. A., Schätzungsänderungen und Vertragsanpassungen, S. 60.

1114 Vgl. ECKL, E. U. A., IFRS 16 „Leases" (Teil 2), S. 723; BARDENS, A./DUHR, A./HEINING, A.-K., IFRS 16 im Konzern, S. 265; vgl. zu den Gründen für die getrennte Aufwandserfassung IFRS 16.BC51.

1115 Vgl. EDELMANN, M., Reform der internationalen Leasing-Bilanzierung, S. 260; zum Unterschied der Effekte durch die Regelungen nach US-GAAP EWELT-KNAUER, C., in: Baetge u. a., Rechnungslegung nach IFRS, 2. Aufl., Teil B, IFRS 16, Rn. 66.

443.322.2 Weitere Implikationen des Rückgriffs auf IAS 16

Die Vorschriften des IFRS 16 regeln zwar, dass IAS 16 zur Bestimmung der planmäßigen Abschreibung heranzuziehen ist.[1116] Es werden jedoch keine Aussagen zur Übernahme oder zum Auslassen konkreter Regelungen zur Folgebewertung getroffen. Daher wird im Folgenden geprüft, inwiefern eine Übernahme weiterer spezifischer Vorschriften für die Abschreibung des Nutzungsrechtes sachgerecht sein und zu entscheidungsnützlichen Informationen führen kann.

IAS 16 regelt, dass die Abschreibungsmethode einer **regelmäßigen Überprüfung** unterliegt. Sie ist anzupassen, wenn ein anderer künftiger Verbrauch des wirtschaftlichen Nutzens erwartet wird, der durch eine andere Methode entsprechend sachgerechter erfasst wird.[1117] Die Abschreibung des Nutzungsrechtes richtet sich nach dem Nutzenverbrauch des dem Recht zugrunde liegenden Leasingobjektes. Seine Nutzung kann sich während der Laufzeit gleichermaßen ändern wie die Nutzung von im rechtlichen Eigentum befindlichen Vermögenswerten. Dieser Abweichung sollte die bilanzielle Abbildung Rechnung tragen. Daher sind die Vorschriften zur regelmäßigen Überprüfung auch für die Abschreibung von Nutzungsrechten **anwendbar**.

IAS 16 lässt zudem bezüglich der planmäßigen Abschreibung für gewöhnliche Sachanlagen im Anwendungsbereich des Standards den **Komponentenansatz** zu. Nach diesem sind Teile einer Sachanlage mit bedeutsamen Anschaffungs- oder Herstellungskosten im Verhältnis zu den Gesamtkosten, auch vor dem Hintergrund eines regelmäßigen Ersatzes dieser Komponenten, separat planmäßig abzuschreiben.[1118] Das Ziel des Komponentenansatzes ist demnach, die „Nutzungsdauern und Nutzungsverläufe wesentlicher Komponenten“[1119] den tatsächlichen Verhältnissen entsprechend abzubilden, anstatt die ggf. abweichenden Nutzungsdauern über die Verwendung lediglich einer Nutzungsdauer pauschal zu vereinheitlichen.[1120] Das Prinzip ist explizit (noch) auf Vermögenswerte als Gegenstand von Finanzierungs-Leasingverhältnissen und somit für den Leasingnehmer nach IAS 17 anzuwenden.[1121] Die Anwendung im Kontext der bisherigen Vorschriften war konzeptionell konsistent mit der Fiktion des fremdfinanzierten Erwerbs des Leasingobjektes und inhaltlich folgerichtig.[1122]

Die Vorschriften des IFRS 16 sehen indes keine bilanzielle Erfassung des Leasingobjektes beim Leasingnehmer, sondern die Bilanzierung eines Nutzungsrechtes vor.[1123] Daher müsste

[1116] Vgl. IFRS 16.32; zu den Vorschriften des IAS 16 Rn. 43–62.
[1117] Vgl. IAS 16.61.
[1118] Vgl. IAS 16.43; dazu vertiefend HOFFMANN, W.-D./LÜDENBACH, N., Abschreibung von Sachanlagen, S. 375–377; kritisch ZWIRNER, C., Abweichende Nutzungsdauern, S. 133-135; BECK, M., Bilanzierung von Sachanlagen, S. 591–594.
[1119] BALLWIESER, W., in: Baetge u. a., Rechnungslegung nach IFRS, 2. Aufl., Teil B, IAS 16, Rn. 40.
[1120] Vgl. IAS 16.BC26.
[1121] Vgl. IAS 16.44.
[1122] Vgl. zur Erwerbsfiktion u. a. KÖHLER, A./GEBHARDT, R., in: Internationales Bilanzrecht, IAS 17, Rn. 213.
[1123] Von den Erleichterungsvorschriften, die lediglich zu einer erfolgswirksamen Erfassung führen, wird hier abstrahiert, vgl. dazu IFRS 16.5.

sich der Komponentenansatz auf das Nutzungsrecht beziehen.[1124] Dieses rekurriert jedoch regelmäßig gesamtheitlich auf den Gegenstand des Leasingverhältnisses und nicht auf einzelne Bestandteile.[1125] Differierende Nutzungsverläufe und -dauern tangieren den Leasingnehmer insofern nicht.[1126] Zudem ist sein Wesen als Recht nur schwerlich mit einer komponentenweisen Betrachtung zusammenzubringen. Die Argumente weisen vorläufig darauf hin, dass der Komponentenansatz **nicht anwendbar** ist.

Auch eine ausgeübte **Kaufoption** als Bestandteil des Leasingvertrages, sodass das Leasingobjekt nach der Beendigung des Leasingverhältnisses übernommen wird, ändert diese Einschätzung für den Zeitraum des Leasingverhältnisses nicht. Gleichwohl könnte die Anwendung des Komponentenansatzes zwar nicht während, aber nach der Beendigung des Leasingverhältnisses sachgerecht sein. Nach diesen Perioden sollte, wie bereits gefolgert,[1127] der Vermögenswert selbst bilanziert werden. Wenn der Vermögenswert gemäß IAS 16 anhand des Komponentenansatzes zu bewerten sein würde, dürfte ebendiese Anwendung auch für den aus dem Leasingverhältnis erworbenen Vermögenswert geboten sein. Im Ergebnis ist der Komponentenansatz zwar für das Nutzungsrecht selbst nicht anwendbar. Für den im Rahmen einer Kaufoption aus dem Leasingverhältnis **übernommenen Vermögenswert** ist der Komponentenansatz hingegen gemäß den Regelungen des IAS 16 **anwendbar**, nachdem das Leasingverhältnis ausgelaufen ist.

Gemäß IFRS 16 können sich im Zeitverlauf **Neueinschätzungen** der Bestandteile der Leasingverbindlichkeit ergeben, die sich entsprechend auf den Wert des Nutzungsrechtes auswirken.[1128] Das Nutzungsrecht kann aufgrund dieser Schätzungen zu einem späteren Zeitpunkt **oberhalb der historischen Anschaffungskosten folgebewertet** werden. Dieser Bewertungseffekt findet keine analoge Regelung in IAS 16. Vielmehr ist die Zuschreibung nach IAS 16 an zwei konkrete Anforderungen gekoppelt Eine Zuschreibung ist einerseits im Kontext außerplanmäßiger Wertminderungen möglich.[1129] Andererseits erhöhen nachträgliche Anschaffungskosten den Wert des Vermögenswertes im Nachhinein, sofern sie aktivierungsfähig

1124 Dies hinterfragend WESTJET (Hrsg.), Comment Letter ED/2013/6, S. 3; grundsätzlich ökonomische Ähnlichkeit zwischen einem geleasten und einem im Besitz befindlichen Vermögenswert feststellend, was für eine Anwendung sprechen könnte, FLYBE (Hrsg.), Comment Letter ED/2013/6, S. 5.

1125 Eine davon abweichende Sichtweise ist praktisch nicht denkbar. So kann der Leasingnehmer bspw. kein Nutzungsrecht auf alle Teile eines Flugzeuges mit der Ausnahme der Triebwerke besitzen.

1126 Die Anwendung explizit vor diesem Hintergrund hinterfragend ACTEO (Hrsg.), Comment Letter ED/2013/6, S. 13.

1127 Vgl. Abschnitt 443.321.

1128 Vgl. Abschnitt 443.4.

1129 Demnach ist eine Zuschreibung nach einer vorherigen Wertminderung und nur bis zu Höhe der um planmäßige Abschreibungen geminderten fortgeführten Anschaffungskosten erlaubt, vgl. IAS 36.117; vgl. zur Anwendbarkeit der Vorschriften zur Wertaufholung für Nutzungsrechte Abschnitt 443.334.

sind.[1130] Diese Vorschriften des IAS 16 sind zwar nicht auf Nutzungsrechte anwendbar. Gleichwohl ist der übergeordnete Werteffekt, die Bewertung über die historischen Anschaffungskosten hinaus, aus anderen Gründen möglich.

Der allgemeine Bezug der Vorschriften zur Leasingbilanzierung auf die Regelungen des IAS 16 zur planmäßigen Abschreibung ist im Ergebnis **eingeschränkt sachgerecht**. Nicht alle Aspekte der Regelungen sind für die Folgebewertung von Nutzungsrechten anwendbar.

443.33 Außerplanmäßige Abschreibung des Nutzungsrechtes nach dem Anschaffungskostenmodell

443.331. Konzeptionelle Vorüberlegungen

Im Kontext der Folgebewertung des Nutzungsrechtes war die außerplanmäßige Abschreibung eines der **sehr kontrovers diskutierten Themen** im Standardsetzungsprozess.[1131] Vor allem stand die konzeptionelle Eignung außerplanmäßiger Abschreibungen für Nutzungsrechte im Vordergrund.[1132] Es wurden verschiedene Ansätze zur außerplanmäßigen Abschreibung diskutiert, bevor die Anwendung des IAS 36 beschlossen wurde.[1133] Identisch zu dem Bezug des IFRS 16 auf IAS 16 wird im Folgenden konkretisiert, inwiefern die Vorschriften des IAS 36 für die außerplanmäßige Abschreibung des Nutzungsrechtes sinngemäß anwendbar sind.

Identisch zur planmäßigen Abschreibung ist vorab grundlegend zu klären, welche **konzeptionelle Perspektive** bei der außerplanmäßigen Abschreibung zugrunde zu legen ist.[1134] Infrage kommen entweder eine Sichtweise, die das Wesen des Rechtes in den Vordergrund stellt, oder eine Perspektive, die die wirtschaftlichen Überlegungen des Leasingnehmers zur Inanspruchnahme des Nutzungsrechtes berücksichtigt.

Gemäß der ausschließlich auf sein Vorliegen bezogenen Sichtweise würde die Abschreibung des Nutzungsrechtes unabhängig von den durch das Nutzungsrecht verbrieften Aktivitäten und somit seiner Verwendung bestimmt. Diese Sichtweise könnte mit der bloßen Existenz des Rechtes gerechtfertigt werden, das über den Vertragszeitraum dauerhaft besteht.[1135] Bei dieser

---

1130 Aktivierungsfähige Kosten können aus dem Ersatz von Teilen einer Sachanlage oder durch Generalüberholungen entstehen und müssen die Anforderungen an den Ansatz gemäß IAS 16 erfüllen, vgl. IAS 16.12–14; dazu LÜDENBACH, N./HOFFMANN, W.-D./FREIBERG, J., in: Haufe IFRS-Kommentar, 16. Aufl., § 14, Rn. 39–45; zur Herausforderung ihrer Abgrenzung zu Erhaltungsaufwand THIELE, S./ECKERT, T., in: Internationales Bilanzrecht, IAS 16, Rn. 154–158.

1131 Vgl. dazu die folgenden Ausführungen und entsprechenden Fußnotenverweise.

1132 Vgl. u. a. GRANT THORNTON (Hrsg.), Comment Letter ED/2010/9, S. 17; GRANT THORNTON (Hrsg.), Comment Letter ED/2013/6, S. 2; TRANSCANADA (Hrsg.), Comment Letter ED/2010/9, S. 5; Detailfragen aufwerfend SELECT (Hrsg.), Comment Letter ED/2010/9, S. 2; im Ergebnis ebenfalls GDF SUEZ (Hrsg.), Comment Letter ED/2013/6, S. 6. Besonders für Finanzinstitutionen ist die Einordnung als materieller oder immaterieller Vermögenswert wegen regulatorischer Implikationen bedeutsam, vgl. EFRAG (Hrsg.), Summary Report to Outreach Event, S. 17.

1133 Im Projektverlauf wurden verschiedene Ansätze zur Wertminderung diskutiert, u. a. auch ein nutzungsrechtspezifischer Ansatz, vgl. IASB (Hrsg.), Staff Paper 5C (November 2009), Rn. 21–26, und ausführlich IASB (Hrsg.), Staff Paper 11B (June 2009), Rn. 9–30.

1134 Vgl. hier und für den folgenden Satz Abschnitt 443.322.

1135 Vgl. DUFF & PHELPS (Hrsg.), Comment Letter ED/2013/6, S. 3.

Perspektive wird von der Betrachtung des künftigen wirtschaftlichen Nutzens abstrahiert. Insofern wäre unklar, welche Indikatoren auf eine außerplanmäßige Wertminderung hindeuten könnten.[1136] Denkbar wären ausschließlich solche, die sich auf die Ausübungsmöglichkeiten des Rechtes beziehen. Ferner wäre unklar, wie die Vergleichsmaßstäbe zur Ermittlung des erzielbaren Betrages berechnet werden sollten. Besonders die Ermittlung eines Nutzungswertes wäre zu hinterfragen, da von der Nutzung gerade abgesehen wird. Aufgrund dieser Aspekte könnte hinterfragt werden, inwiefern eine außerplanmäßige Abschreibung überhaupt erforderlich wäre.

Diese Sichtweise greift wie auch bereits im Kontext der planmäßigen Abschreibung zu kurz. Sie würde zu eingeschränkt relevanten und glaubwürdigen Informationen über den Wert des Nutzungsrechtes führen und besonders die wirtschaftlichen Verhältnisse nicht sachgerecht widerspiegeln. Die Aktivitäten, die das Recht verbrieft, und ihre Inanspruchnahme müssen vielmehr zwingend in die Betrachtung einfließen, um die tatsächlichen wirtschaftlichen Umstände angemessen zu berücksichtigen. So wird die ökonomische Bedeutung des Nutzungsrechtes für den Leasingnehmer gerade durch die Möglichkeiten, die das Recht eröffnet, bestimmt. Eine außerplanmäßige Abschreibung ergibt sich demnach wie auch für materielle Vermögenswerte, wenn der **künftige wirtschaftliche Nutzen** aus dem Nutzungsrechtes in Verbindung mit dem zugrunde liegenden Vermögenswert **geringer sein wird als erwartet**.[1137] Der ökonomische Bezug auf den zugrunde liegenden Vermögenswert bei der Betrachtung ergibt sich aus anderen Aussagen des Boards[1138] sowie unter Rückgriff auf die Argumente im Kontext der planmäßigen Abschreibung[1139] zwingend. Demnach wird eine Konsistenz zur Konzeption für die planmäßige Abschreibung erreicht.

Mit der Erkenntnis sind unterschiedliche Implikationen verbunden. So können zwar auch auf rechtliche Bedingungen ausgerichtete Indikatoren für eine Wertminderung in die Überlegungen einfließen. Darüber hinaus könnten aber noch weitere Indikatoren zu berücksichtigen sein, die sich auf die Nutzung und die wirtschaftlichen Umstände beziehen. Insbesondere ist auch der Nutzungswert als alternativer Vergleichsmaßstab sinngemäß anwendbar. Durch diesen Betrachtungsansatz wird außerdem eine Konsistenz zur außerplanmäßigen Abschreibung von Rechten, die nach IAS 38 zu bilanzieren sind, hergestellt. Diese bestimmt sich gleichermaßen

1136 Vermutlich auch vor diesem Hintergrund hinterfragend, ob Nutzungsrechte überhaupt eine außerplanmäßige Abschreibung erfahren sollten, DUFF & PHELPS (Hrsg.), Comment Letter ED/2013/6, S. 3.

1137 Vgl. IAS 16.60 i. V. m. IAS 38.60. Das fehlende rechtliche Eigentum am zugrunde liegenden Vermögenswert hat somit keine Bedeutung für die außerplanmäßige Abschreibung, vgl. die Auswirkungen ebendieses ausbleibenden rechtlichen Eigentums hinterfragend SIEMENS (Hrsg.), Comment Letter ED/2013/6, S. 5; DELL (Hrsg.), Comment Letter ED/2013/6, S. 5; JAPAN CHAIN STORES ASSOCIATION (Hrsg.), Comment Letter ED/2013/6, S. 4.

1138 Demnach können die Adressaten auf der Grundlage eines einheitlichen Wertminderungsmodells in Form des IAS 36 Vermögenswerte, die sich im rechtlichen Besitz befinden, und Vermögenswerte als Bestandteil von Leasingverhältnissen besser vergleichen, vgl. IFRS 16.BC176. Ferner wurde bereits im Kontext der Erarbeitung des ED/2013/6 klargestellt, dass ein Wertminderungsmodell für alle Anwendungsfälle einer Lösung mit einem spezifischen Modell für Nutzungsrechte überlegen ist, vgl. IASB (Hrsg.), Staff Paper 2A (May/June 2011), Rn. 40–51.

1139 Vgl. Abschnitt 443.322.

nach IAS 36.[1140] Die Informationen, die durch die außerplanmäßige Abschreibung resultieren, sind mit solchen über Abschreibungen auf im rechtlichen Besitz befindliche materielle Vermögenswerte vergleichbar.[1141]

Die Folgerung, dass das Nutzungsrecht auch für die außerplanmäßige Abschreibung untrennbar mit dem zugrunde liegenden, nicht bilanzierten Vermögenswert verknüpft ist, ist in den folgenden Ausführungen zu berücksichtigen. In diesen wird konkretisiert, inwiefern die Vorschriften des IAS 36 auf Nutzungsrechte anwendbar sind.[1142]

443.332. Eignung und Konkretisierung der Indikatoren des IAS 36

443.332.1 Externe Indikatoren

Die Vorschriften des IAS 36 führen Indikatoren auf, auf deren Grundlage beurteilt werden soll, ob ein Vermögenswert wertgemindert sein könnte.[1143] Gemäß dem pauschalen Verweis auf IAS 36 könnte unterstellt werden, dass die Indikatoren gesamtheitlich für die Wertminderungsprüfung im Kontext des IFRS 16 herangezogen werden. Im Folgenden wird diese Anwendbarkeit der Indikatoren zur Ermittlung des Erfordernisses einer außerplanmäßigen Abschreibung von Nutzungsrechten untersucht.[1144]

Demnach ist ein Anhaltspunkt für eine Wertminderung, dass der **Wert des Vermögenswertes** während der Periode deutlich **stärker gesunken** ist als dies durch den Zeitverlauf oder die gewöhnliche Nutzung zu erwarten wäre.[1145] Mit dem Wert kann sowohl der Marktwert des Vermögenswertes als auch sein Nutzungswert gemeint sein.[1146] Der Marktwert muss indes nicht zwingend vorliegen, sondern es reichen bereits Hinweise auf eine Wertminderung aus.[1147]

1140 Vgl. IAS 38.111; vgl. zum Anwendungsbereich des IAS 38 Rn. 2 und IAS 17.2 (b).

1141 Vgl. kritisch hinterfragend, welchen Gehalt die aus einer Abschreibung resultierenden Informationen für die Adressaten besitzen, FEI COMMITTEE ON CORPORATE REPORTING (Hrsg.), Comment Letter ED/2013/6, S. 8; DUFF & PHELPS (Hrsg.), Comment Letter ED/2013/6, S. 3.

1142 Vgl. weiterführend die Auswirkungen der Bilanzierung eines Nutzungsrechtes und einer Verbindlichkeit auf den Impairment-Test nach IAS 36, besonders auf den Unterschiedsbetrag zwischen dem Buchwert einer zahlungsmittelgenerierenden Einheit und ihrem erzielbaren Betrag, theoretisch und anhand eines Fallbeispiels illustrierend HOCHREITER, G./PERMANSCHLAGER, D., Auswirkungen auf den Wertminderungstest (Teil 1), S. 75–79, und HOCHREITER, G./PERMANSCHLAGER, D., Auswirkungen auf den Wertminderungstest (Teil 2), S. 128–131.

1143 Vgl. IAS 36.9. Die Liste der Anhaltspunkte bildet keine abgeschlossene Gesamtheit zu berücksichtigender Sachverhalte, vgl. IAS 36.13; die genannten Indikatoren daher als „Minimalliste" bezeichnend BAETGE, J. U. A., in: Baetge u. a., Rechnungslegung nach IFRS, 2. Aufl., Teil B, IAS 36, Rn. 20; gleichermaßen als „Mindestkatalog" beurteilend ERB, T. U. A., in: Beck IFRS HB, 5. Aufl., § 27, Rn. 12.

1144 Vgl. zur Übernahme der bestehenden Indikatoren kritisch DUFF & PHELPS (Hrsg.), Comment Letter ED/2013/6, S. 3. Für die Betrachtung wird gleichwohl von Indikatoren für Werthaltigkeitsprüfungen von Anteilen an Dividenden ausschüttenden Tochterunternehmen, Gemeinschaftsunternehmen oder assoziierten Unternehmen abstrahiert, vgl. dazu IAS 36.12 (h).

1145 Vgl. IAS 36.12 (a).

1146 Vgl. BAETGE, J. U. A., in: Baetge u. a., Rechnungslegung nach IFRS, 2. Aufl., Teil B, IAS 36, Rn. 24; KUHNER, C./HITZ, J.-M., in: MüKo Bilanzrecht, IAS 36, Rn. 26.

1147 Vgl. BAETGE, J. U. A., in: Baetge u. a., Rechnungslegung nach IFRS, 2. Aufl., Teil B, IAS 36, Rn. 24; BRÜCKS, M./RICHTER, M., in: Internationales Bilanzrecht, IAS 36, Rn. 127.

Der Marktwert des zugrunde liegenden Vermögenswertes ist für den Leasingnehmer irrelevant und nicht in die Betrachtung einzubeziehen.[1148] Andernfalls könnte eine Wertminderung ggf. bereits zum Zeitpunkt der Erstbewertung gegeben sein, wenn die Bewertung des Nutzungsrechtes einen Wert unter dem beizulegenden Zeitwert des Leasingobjektes ergibt. Eine auf diese Weise ausgelöste Abschreibung würde die tatsächlichen Umstände übergehen und sich an nicht sachgerechten Kriterien orientieren. Zudem tangiert der Wert des Leasingobjektes vielmehr die Absichten bzw. die Sphäre des Leasinggebers als rechtlicher Eigentümer des Vermögenswertes. Gleichwohl ist eine Übertragung des Kriteriums auf den Wert eines Nutzungsrechtes denkbar. So kann der Nutzungswert des Nutzungsrechtes demnach unverhältnismäßig stark sinken, wenn seine Nutzung nicht (mehr) in der ursprünglich geplanten Weise möglich ist.[1149] Alternativ könnte der Marktwert des Nutzungsrechtes sinken und deshalb auch der Wert einer vergleichbaren Leasingvertrages fallen. Der Indikator ist im Ergebnis auf Nutzungsrechte sinngemäß anwendbar.

Darüber hinaus können sich Anhaltspunkte aus **signifikanten Veränderungen mit nachteiligen Folgen für den Leasingnehmer** in seinem technischen, marktbezogenen, ökonomischen oder gesetzlichen Umfeld oder aus entsprechenden nachteiligen Entwicklungen des Marktes, in dem das Leasingobjekt eingesetzt werden soll, ergeben.[1150] Nicht nur eingetretene, sondern auch künftige, absehbare Veränderungen im regulatorischen oder ökonomischen Umfeld sind dabei in die Abwägungen einzubeziehen.[1151]

In Bezug auf Nutzungsrechten können technische Entwicklungen dazu führen, dass der zugrunde liegende Leasinggegenstand veraltet ist und für die beabsichtigten Zwecke nicht mehr bzw. nur noch in einer im Vergleich zu neuartigen Vermögenswerten nachteiligen Art und Weise genutzt werden kann. Demnach könnte etwa eine Produktionstechnik oder der durch das Leasingobjekt produzierte Output veraltet sein. Marktbezogene Entwicklungen bspw. aufgrund einer Schrumpfung des Marktes[1152] können sich gleichermaßen auf die deshalb eingeschränkte Nutzung des Leasingobjektes auswirken.[1153] Dasselbe gilt für ökonomische Entwicklungen, die auf die übergeordneten Bedingungen abstellen. Gesamtwirtschaftliche Kennzahlen[1154] könnten demnach darauf hindeuten, dass das Leasingobjekt weniger intensiv als geplant verwendet wird und das Nutzungsrecht somit nicht im geplanten Umfang in Anspruch genommen werden

---

1148 Vgl. den Einbezug implizit als unklar würdigend INTERCONTINENTAL HOTELS GROUP (Hrsg.), Comment Letter ED/2010/9.

1149 Vgl. am Beispiel weniger attraktiv als geplant zu beurteilender Immobilien illustrierend BAETGE, J. U. A., in: Baetge u. a., Rechnungslegung nach IFRS, 2. Aufl., Teil B, IAS 36, Rn. 24.

1150 Vgl. IAS 36.12 (b). Vgl. hier und darüber hinaus die folgenden Entwicklungen illustrierend BAETGE, J. U. A., in: Baetge u. a., Rechnungslegung nach IFRS, 2. Aufl., Teil B, IAS 36, Rn. 25.

1151 Vgl. BAETGE, J. U. A., in: Baetge u. a., Rechnungslegung nach IFRS, 2. Aufl., Teil B, IAS 36, Rn. 25.

1152 Vgl. KUHNER, C./HITZ, J.-M., in: MüKo Bilanzrecht, IAS 36, Rn. 17.

1153 Solche Entwicklungen können auch durch entsprechende branchenspezifische Kennzahlen erkannt werden, vgl. diese als weiteren Anhaltspunkt heranziehend ERB, T. U. A., in: Beck IFRS HB, 5. Aufl., § 27, Rn. 12. Darüber hinaus im Kontext von Vermögenswerten eines Tochterunternehmens einen weiteren Anhaltspunkt äußernd IDW (Hrsg.), IDW RS HFA 40, Rn. 14.

1154 Vgl. ERB, T. U. A., in: Beck IFRS HB, 5. Aufl., § 27, Rn. 12.

könnte. Im Kontext des Nutzungsrechtes sind insbesondere auch gesetzliche Entwicklungen relevant, die ggf. dazu führen können, dass das Nutzungsrecht, bzw. damit verbunden die Nutzung des zugrunde liegenden Vermögenswertes, nur noch eingeschränkt oder nicht mehr nutzbar ist. So könnte die ökonomische Vorteilhaftigkeit langfristiger Leasingverträge über Transportmittel (bspw. LKW) etwa von neuen Regulierungen über den Schadstoffausstoß betroffen sein. Darüber hinaus können staatliche Regulierungen die ökonomische Bedeutung des Leasingobjektes auch in Gestalt von Bestimmungen über die Preissetzung betreffen.[1155] Im Ergebnis ist der Indikator sinngemäß auf Nutzungsrechte anwendbar.

Überdies können **Veränderungen der Marktzinssätze oder der Marktrenditen** auf eine Wertminderung hindeuten, da diese für die Ermittlung des Nutzungswertes herangezogen werden.[1156] Vergleichsweise geringe Wertänderungen der Zinssätze können besonders bei Vermögenswerten mit langen Laufzeiten aufgrund der Effekte aus der Diskontierung zu relativ umfänglichen wertmäßigen Auswirkungen des Nutzungswertes führen.[1157] Dieser Indikator stellt nicht wie die beiden beschriebenen auf die Ebene der Nutzung, sondern auf die Ermittlung des erzielbaren Betrages ab. Dieser Vergleichsmaßstab ist im Kontext der außerplanmäßigen Abschreibung von Nutzungsrechten nach IAS 36 zwingend zu berechnen. Dieser Anhaltspunkt ist demnach auch sinngemäß anzuwenden.

Abschließend könnte ein **Buchwert des Nettovermögens**, der die Marktkapitalisierung übersteigt, auf eine Wertminderung deuten.[1158] Dieser Umstand könnte darin begründet sein, dass der Ertragswert des Unternehmens entsprechend gering eingeschätzt wird.[1159] Er wird deshalb als Indikator auf eine Wertminderung herangezogen, weil das Wertverhältnis für gewöhnlich gerade umgekehrt ist.[1160] Allerdings können verschiedenste Gründe zu einem solchen Wertverhältnis führen. Daher ist im Einzelfall zu prüfen, ob die Entstehungsursache eine Wertminderungsprüfung rechtfertigt.[1161] Auf der Grundlage dieses Indikators sind grundsätzlich alle Vermögenswerte des Unternehmens auf Werthaltigkeit zu prüfen. Darin sind Nutzungsrechte einzuschließen, denn auch diese leisten (zumindest über die Dauer des Leasingverhältnisses) einen Beitrag zum Nettovermögen und zum Ertragswert.[1162] Somit bezieht sich dieser Indikator nicht

---

[1155] Vgl. LÜDENBACH, N./HOFFMANN, W.-D./FREIBERG, J., in: Haufe IFRS-Kommentar, 16. Aufl., § 11, Rn. 21.

[1156] Vgl. IAS 36.12 (c).

[1157] Vgl. BAETGE, J. U. A., in: Baetge u. a., Rechnungslegung nach IFRS, 2. Aufl., Teil B, IAS 36, Rn. 26. So können relativ geringe Steigerungen langfristiger Zinssätze zu einer relativ bedeutsamen Verminderung des Nutzungswertes führen. Andererseits können sich Steigerungen kurzfristiger Zinssätze auch nur unwesentlich auf den Nutzungswert von Vermögenswerten mit langfristigen Nutzungsdauern auswirken, vgl. IAS 36.16 (a).

[1158] Vgl. IAS 36.12 (d).

[1159] Vgl. BAETGE, J. U. A., in: Baetge u. a., Rechnungslegung nach IFRS, 2. Aufl., Teil B, IAS 36, Rn. 27.

[1160] Vgl. m. w. N. KUHNER, C./HITZ, J.-M., in: MüKo Bilanzrecht, IAS 36, Rn. 21; gleichwohl empirisch eine Bedeutung ebendieser Konstellation nachweisend KÜTING, K., Buchwert-Marktwert-Lücke, S. 1937–1941; RUHNKE, K./CANITZ, I., Indikatoren für eine Wertminderung, S. 15–21.

[1161] Vgl. zu möglichen konzeptionellen und praktischen Gründen KÜTING, K., Buchwert-Marktwert-Lücke, S. 1937–1942 f.; ZWIRNER, C./FROSCHHAMMER, M., Bedeutung der Buchwert-Marktwert-Lücke; IDW (Hrsg.), IDW ERS HFA 40, S. 51–53; IDW (Hrsg.), IDW RS HFA 40, Rn. 10.

[1162] Vgl. KUHNER, C./HITZ, J.-M., in: MüKo Bilanzrecht, IAS 36, Rn. 21.

unmittelbar auf das Nutzungsrecht, allerdings ist es mittelbar betroffen. Daher ist der Indikator auf Nutzungsrechte sinngemäß anwendbar.

Im Ergebnis sind die in IAS 36 genannten externen Indikatoren auf das Nutzungsrecht aus einem Leasingverhältnis anwendbar. Die Indikatoren stellen eine umfangreiche Betrachtung durch den Bezug auf das Leasingobjekt, das Umfeld, auf die Ermittlungsmethodik des erzielbaren Betrages und das Nettovermögen sicher. Im Vergleich zu gewöhnlichen Vermögenswerten, die auf eine Wertminderung geprüft werden, bedürfen am ehesten **die umfeldbezogenen Anhaltspunkte** vor dem Hintergrund des Nutzungsrechts als Würdigungsobjekt einer Konkretisierung.

Über die aufgeführten Indikatoren hinaus sollten allerdings weitere Umstände betrachtet werden, die auf eine Wertminderung des spezifischen Sachverhalts hinweisen könnten.[1163] So kann in Bezug auf **Leasingverhältnisse** ein weiterer Anhaltspunkt auf eine Wertminderung hindeuten. Demnach könnte eine **einschränkende Anpassung der vertraglichen Bedingungen** als Anhaltspunkt für eine Wertminderung zu berücksichtigen sein. Eine Einschränkung der Nutzung durch den Leasinggeber könnte sich etwa aufgrund geographischer Einschränkungen für Transportmittel oder outputmengen- bzw. outputtyp-bezogener Einschränkungen des Leasingobjektes ergeben. Zwar könnte eine derartige Einschränkung mit abweichenden, vor allem geringeren, Leasingzahlungen einhergehen. Trotzdem könnte sich die ökonomische Bedeutung des Nutzungsrechtes für den Leasingnehmer unter diesen Umständen derart verringern, dass die Verwendung des Leasingobjektes nicht mehr in der ursprünglich beabsichtigten Weise möglich ist. Die vertragliche Modifikation würde könnte somit eine außerplanmäßige Wertminderung nach sich ziehen.

Wird auf der Grundlage dieser externen Indikatoren grundsätzlich ein möglicher Wertminderungsbedarf identifiziert, sollten unternehmensinterne Informationen plausibilisierend bei der endgültigen Entscheidung über eine Wertminderung hinzugezogen werden. Die Begutachtung dieser Informationen könnte dazu führen, dass sich der Wertminderungsverdacht nicht bestätigt, etwa weil die Entwicklung der externen Indikatoren keinen entsprechend bedeutsamen Einfluss auf den Wert hat.[1164]

443.332.2 Interne Indikatoren

Auch interne Indikatoren können auf eine Wertminderung des Nutzungsrechtes hinweisen. Demnach bilden **substanzielle Hinweise** für eine Überalterung oder einen physischen Schaden des Vermögenswertes auf eine außerplanmäßige Abschreibung einen Anhaltspunkt.[1165]

1163 Vgl. BRÜCKS, M./RICHTER, M., in: Internationales Bilanzrecht, IAS 36, Rn. 123.

1164 Vgl. LÜDENBACH, N./HOFFMANN, W.-D./FREIBERG, J., in: Haufe IFRS-Kommentar, 16. Aufl., § 11, Rn. 131.

1165 Vgl. IAS 36.12 (e).

Hinsichtlich einer **Überalterung** ist der zu prüfende Vermögenswert im Kontext von Leasingverhältnissen allerdings nicht das Nutzungsrecht. Der Bezug ist nicht sinnhaft, da es schlicht nicht überaltern kann. Vielmehr ist das zugrunde liegende Leasingobjekt der Betrachtungsgegenstand. Seine Überalterung kann dazu führen, dass das Nutzungsrecht nicht mehr in der geplanten Weise eingesetzt werden kann und deshalb von geringerer ökonomischer Bedeutung für den Leasingnehmer ist. Der Anhaltspunkt ist hinsichtlich dieses Aspektes sinngemäß anwendbar.

Ob ein **physischer Schaden des Leasinggegenstandes** als Indikator für eine Wertminderung des Nutzungsrechtes anwendbar ist, hängt hingegen entscheidend von der vertraglichen Vereinbarung ab. Sofern der Vermögenswert nicht durch den Leasinggeber instandgesetzt oder ersetzt wird, sind die Auswirkungen des physischen Schadens für den Leasingnehmer mit solchen bei Vermögenswerten im rechtlichen Besitz vergleichbar, da der Leasingnehmer den Schaden beseitigen muss. Der Indikator ist dann sinngemäß anwendbar. Sofern der Leasinggeber allerdings zur Reparatur oder zum Ersatz verpflichtet ist, würde ein physischer Schaden den Leasingnehmer nicht nachhaltig in seiner Nutzenziehung beeinträchtigen und nicht finanziell nachteilig sein. Dann ist ein physischer Schaden kein Anhaltspunkt für eine Wertminderung.

Ferner können sich auch aus unternehmensinterner Perspektive **signifikante Veränderungen mit nachteiligen Folgen** für den Leasingnehmer ereignen.[1166] Diese können sich darin äußern, dass der Umfang oder die Art und Weise, in der der Vermögenswert genutzt wird oder künftig verwendet werden soll, nachteilig von der ursprünglichen Planung abweicht. Mit diesem Anhaltspunkt wird indirekt der Nutzungswert des Vermögenswertes adressiert.[1167] Diesbezügliche Tatbestände kann u. a. die Stilllegung des Vermögenswertes sein, etwa aufgrund des Erwerbs eines Vermögenswertes, der zum Leasingobjekt vergleichbare Spezifikationen aufweist und die Inanspruchnahme des Leasingobjekts verringert.[1168]

Die **Stilllegung des Leasingobjektes** impliziert für Leasingverhältnisse, dass der Leasingnehmer die durch das Nutzungsrecht verbrieften Aktivitäten nicht weiter nutzt. Diese Folge ergibt sich analog für Vermögenswerte im rechtlichen Besitz. Der Vermögenswert muss jedoch nicht zwingend stillgelegt werden. Auch eine weniger vorteilhafte Nutzung, etwa aufgrund einer geringeren zu produzierenden Outputmenge, sollte in die Erwägungen eingehen. Zudem ist der Indikator nicht ausschließlich auf das Leasingobjekt selbst zu beziehen. So dürfte es auch betroffen sein, wenn andere Vermögenswerte tangiert sind, die mit dem Leasingobjekt in einem hinreichend engen Funktionszusammenhang stehen.[1169] Auch deshalb kann die Produktivität

---

1166 Vgl. hier und für den folgenden Satz IAS 36.12 (f). Anhaltspunkt dafür können durch unternehmensspezifische Kennzahlen gestützt werden, vgl. ERB, T. U. A., in: Beck IFRS HB, 5. Aufl., § 27, Rn. 12.

1167 Vgl. KUHNER, C./HITZ, J.-M., in: MüKo Bilanzrecht, IAS 36, Rn. 23.

1168 Vgl. IAS 36.12 (f).

1169 Vgl. auch zur Maßgeblichkeit anderer Vermögenswerte als dem Leasingobjekt bei Neueinschätzungen der Laufzeit Abschnitt 433.32.

des Leasingobjektes entscheidend eingeschränkt und eine Wertminderung geboten sein. Demnach ist der Anhaltspunkt sinngemäß anwendbar.

Weitere Anzeichen für eine Wertminderung sind Planungen für die Einstellung oder Restrukturierung des übergeordneten Unternehmensbereiches.[1170] Sofern das Nutzungsrecht bzw. der zugrunde liegende Leasinggegenstand einem **einzustellenden oder zu restrukturierenden Unternehmensbereich** zuzuordnen ist, treffen diese nachteiligen Veränderungen gleichermaßen auf das Nutzungsrecht bzw. das Leasingobjekt wie auf andere im rechtlichen Besitz befindliche Vermögenswerte zu, solange es nicht in einem anderen Unternehmensbereich weiterverwendet werden kann. Insofern ist der Indikator für Nutzungsrechte **sinngemäß anwendbar**.

Zudem können **substanzielle Hinweise des internen Berichtswesens** darauf hindeuten, dass die wirtschaftliche Ertragskraft bereits schlecht ist oder schlechter sein wird als erwartet.[1171] IAS 36 nennt beispielhaft eine Reihe solcher Hinweise. So sind u. a. im Vergleich zur Planung höhere Cashflows für den Erwerb, den Betrieb oder die Unterhaltung des Vermögenswertes als Indikator heranzuziehen.[1172]

Im Kontext des Leasingverhältnisses sind in Bezug auf den **Erwerb** nur entsprechende Zahlungsflüsse für den Erwerb des Nutzungsrechtes gemeint. Diese sind allerdings vertraglich vereinbart. Der Leasingnehmer hat insofern zumindest für diese Cashflows Planungssicherheit. Der Indikator könnte allerdings auf variable Zahlungen zutreffen. Diese werden jedoch durch den Leasingnehmer antizipiert und sind Teil der Planung. Sie dürften daher keinen Anlass für eine außerplanmäßige Abschreibung bilden.

Allerdings können, bspw. durch eine umfangreichere Nutzung des entsprechenden Leasingobjektes oder höhere direkt zurechenbare Material- oder Personalkosten ausgelöst, **erhöhte Kosten des Betriebes oder des Unterhaltes** nicht ausgeschlossen werden. Auch unerwartete Vorkommnisse während der Laufzeit, für deren Auswirkungen der Leasingnehmer gemäß der vertraglichen Vereinbarung haftet, könnten von Bedeutung sein. Gleichermaßen sind **betriebliche Verluste oder Nettomittelabflüsse** über den vertraglich vereinbarten Zeitraum, in dem das Nutzungsrecht vorliegt, heranzuziehen.[1173] Beide Indikatoren sind im Kontext von Nutzungsrechten, gleichermaßen wie für Vermögenswerte im rechtlichen Besitz, von Bedeutung und daher sinngemäß anwendbar.

Darüber hinaus können im Vergleich zur Planung wesentlich **schlechtere Zahlungsströme oder Gewinne bzw. Verluste aus der Nutzung** des Vermögenswertes auf eine Wertminderung deuten.[1174] Solche nachteiligen Effekte können sich gleichermaßen auch aus der Inanspruch-

1170 Vgl. IAS 36.12 (f).
1171 Vgl. IAS 36.12 (g).
1172 Vgl. IAS 36.14 (a).
1173 Vgl. IAS 36.14 (d).
1174 Vgl. IAS 36.14 (b).

nahme des Nutzungsrechtes ergeben, da mit diesem regelmäßig zumindest mittelbar die Erzielung von Zahlungsströmen beabsichtigt werden dürfte. Daher ist der Anhaltspunkt anwendbar. Dasselbe gilt für diesbezügliche Plandaten zur Verwendung des Nutzungsrechtes. Auch nachteilige Anpassungen von Planzahlen können herangezogen werden.[1175] Diese auf eine nachteilige Nutzung abzielenden Anhaltspunkte sind somit analog zu Vermögenswerten im rechtlichen Besitz zu prüfen.

Wie auch im Kontext externer Indikatoren sollten auch für die internen Indikatoren zusätzliche **sachverhaltsspezifische Anhaltspunkte** identifiziert werden. So sollten als weiterer Indikator zudem Entscheidungen des Leasingnehmers zur **Bestimmung der Laufzeit des Kontraktes** herangezogen werden.[1176] Demnach könnte der Leasingnehmer nach dem Zeitpunkt der erstmaligen Beurteilung der Laufzeit eine Kündigungsoption ausüben, von deren Inanspruchnahme er zu diesem Zeitpunkt nicht ausgegangen ist. Durch die Ausübung der **Kündigungsoption** würde das Leasingverhältnis zu einem früher als erwarteten Zeitpunkt enden und das Nutzungsrecht entsprechend auch zu einem früheren Zeitpunkt abgehen. Gleichwohl kann eine vorzeitige Kündigung einer Vielfalt möglicher Gründe geschuldet sein. Insbesondere dürfte das Leasingverhältnis nicht zwingend nur aufgrund von nachteiligen Entwicklungen, die eine außerplanmäßige Abschreibung rechtfertigen, vorzeitig gekündigt werden. Der Leasingnehmer könnte bspw. aufgrund entsprechend positiver Marktentwicklungen beschließen, das Leasingverhältnis vorzeitig zu kündigen, um denselben oder einen gleichen Vermögenswert zu erwerben, da er von einer langfristigen Verwendung ausgeht, für die der tatsächliche rechtliche Besitz (u. a. finanziell) vorteilhaft ist. Die Anwendbarkeit beschränkt sich demnach auf Konstellationen, in denen die vorzeitige Kündigung tatsächlich nachteiligen Entwicklungen geschuldet ist.

Zudem könnte er nachträglich eine anfänglich noch als sicher eingeschätzte Ausübung einer **Verlängerungsoption abweichend beurteilen**, sodass ebendiese nicht ausgeübt wird. Auch diese Möglichkeit wirkt laufzeitverringernd. Gleichwohl müssen auch in diesem Kontext die Beweggründe für die ausbleibende Optionsausübung betrachtet werden. Eine Laufzeitverringerung könnte auf eine Wertminderung hindeuten und demnach als Tatbestand geeignet sein, wenn die Gründe für abweichende Optionsausübungen auf eine Wertminderung hinweisen. Dies könnten ökonomische oder wettbewerbsbezogene Gründe sein, die zu einer eingeschränkten Verwendungsmöglichkeit führen. Wird mit der Laufzeitverringerung indes etwa ein Kauf des Leasingobjektes oder eines vergleichbaren Vermögenswertes angestrebt, ist keine Wertminderung zu vermuten. Wenn auf der Grundlage dieses Indikators eine außerplanmäßige Abschreibung geboten ist, ergibt sich der Abschreibungsbetrag darüber hinaus nicht bereits aus der Anpassung der Leasingzahlungen aufgrund der abweichenden Optionsausübung. Vielmehr

---

1175 Vgl. IAS 36.14 (c).

1176 Eine Entsprechung in den Indikatoren des IAS 36 findet sich in nachteiligen Veränderungen, die sich durch Planungen für den Abgang eines Vermögenswertes vor dem ursprünglich erwarteten Zeitpunkt ergeben, vgl. IAS 36.12 (f).

ist sie nachgelagert gemäß den gewöhnlichen Regelungen zur außerplanmäßigen Abschreibung in einem zweiten Schritt zu ermitteln.

Eine ebenso differenzierte Konkretisierung ist bei Leasingverhältnissen, die sich **automatisch verlängern**, geboten.[1177] Die bilanzielle Abbildung sollte, wie bereits diskutiert, nach dem Zeitraum richten, den der Leasingnehmer als wahrscheinlich erachtet.[1178] Eine Wertminderung könnte geboten sein, wenn der Leasingnehmer den regelmäßig neu zu schätzenden wahrscheinlichsten Zeitraum kürzer schätzt als zuvor. Alternativ könnte eine rechtlich bindende Kündigung maßgeblich sein. Diese Umstände müssen jedoch, identisch zur vorherigen Betrachtung, nicht zwingend Gründe für eine außerplanmäßige Abschreibung darstellen, sondern sind einzelfallbezogen zu prüfen.

Im Ergebnis sind die internen Indikatoren **weitgehend übertragbar**. Die Anhaltspunkte erfassen unterschiedliche Dimensionen der Nutzung, die auch für Nutzungsrechte von Bedeutung sind. Erforderliche Konkretisierungen für die sinngemäße Anwendung resultieren vor allem daraus, dass viele Parameter der Verwendung des Leasingobjektes aus dem Vertragswerk entstammen. Darüber hinaus sind sachverhaltsspezifische Indikatoren zu berücksichtigen, die auf die Verkürzung der Vertragslaufzeit rekurrieren.

443.333. Ermittlung des erzielbaren Betrags gemäß IAS 36

443.333.1 Vorbemerkung zur Anwendbarkeit der Regelungen

Wenn die Indikatoren darauf hindeuten, dass das Nutzungsrecht wertgemindert sein könnte, ist sein Buchwert mit dem erzielbaren Betrag zu vergleichen.[1179] Dieser ist definiert als der höhere der beiden Beträge aus dem beizulegendem Zeitwert abzüglich Kosten des Abgangs und dem Nutzungswert des Nutzungsrechtes.[1180] Soweit bereits einer der Vergleichsmaßstäbe einen Wert oberhalb des Buchwertes erreicht, braucht der andere Wert nicht berechnet zu werden, weil eine Bewertung über dem Buchwert ausgeschlossen wird.[1181] In diesem Fall liegt keine Wertminderung vor.[1182]

1177 Dieser Anhaltspunkte wird in ähnlicher Weise in IAS 36 aufgeführt; demnach könnte eine nachteilige Veränderung gegeben sein, wenn eine bisher unbegrenzt geschätzt Nutzungsdauer abweichend als begrenzt eingeschätzt wird, vgl. IAS 36.12 (f).

1178 Vgl. für die Diskussion zur Bestimmung des zugrunde zu legenden Zeitraums bei diesen Leasingverhältnissen Abschnitt 434.3.

1179 Dabei ist der Wesentlichkeitsgrundsatz gemäß IAS 36 zu beachten. Dieser besagt, dass der erzielbare Betrag nicht geschätzt werden muss, wenn frühere Berechnungen eine erhebliche Differenz zwischen dem Buchwert und dem erzielbaren Betrag zeigen und keine Anhaltspunkte auf abweichende Werte zum Beurteilungszeitpunkt vorliegen, vgl. IAS 36.15.

1180 Vgl. IAS 36.6.

1181 Vgl. BRÜCKS, M./RICHTER, M., in: Internationales Bilanzrecht, IAS 36, Rn. 137 f.

1182 Vgl. IAS 36.19. Die Anlehnung an IAS 36 kritisierend, weil somit derselbe Wertminderungstest auf Vermögenswerte im rechtlichen Besitz und solche aus einem Leasingverhältnis angewendet werden, TESCO (Hrsg.), Comment Letter ED/2013/6, S. 2; FEI CANADA (Hrsg.), Comment Letter ED/2013/6, S. 8; EUMEDION (Hrsg.), Comment Letter ED/2013/6, S. 10.

Eine konzeptionelle Besonderheit für die grundlegende Anwendung des IAS 36 auf Nutzungsrechte ergibt sich auf einer der Ermittlung vorgelagerten Ebene. Die Regelungen sehen vor, dass der erzielbare Betrag nicht bestimmt werden kann, wenn ein Vermögenswert keine Mittelzuflüsse erzeugt, die weitgehend **unabhängig von denen anderer Vermögens-werte** sind.[1183] Die Anwendbarkeit der Vorschriften könnte davon insofern betroffen sein, als das Nutzungsrecht nicht alleine, sondern in Einheit mit dem Leasingobjekt Mittelzuflüsse erzeugt. Insofern könnte gemäß dem Wortlaut darauf geschlossen werden, dass die Restriktion Anwendung finden könnte. Diese Schlussfolgerung ist nicht sachgerecht. Vor dem Hintergrund der ausdrücklichen Anwendung des IAS 36 für die Zwecke des IFRS 16 und unter Berücksichtigung der zeitlich nachgelagerten Entwicklung ist diese Vorschrift dahingehend zu konkretisieren, dass vermutlich nur **bilanziell erfasste Vermögenswerte** angesprochen werden sollen. Daher ist das Nutzungsrecht der die Mittelzuflüsse generierende Vermögenswert und der nicht bilanzierte Leasinggegenstand diesem zuzurechnen.

443.333.2 Ermittlung des Nutzungswertes

Grundlegend ist der Nutzungswert definiert als der Barwert der künftigen Cashflows, die voraussichtlich aus einem Vermögenswert oder einer zahlungsmittelgenerierenden Einheit abgeleitet werden können.[1184] Der Nutzungswert berechnet sich somit nach dem Nutzen, den das Unternehmen aus dem Nutzungsrecht zieht.[1185] Der Nutzungswert ist eine „unternehmensspezifische Wertkonzeption“[1186], was gleichzeitig die entscheidende Differenzierung zum alternativen, marktorientierten Maßstab[1187] ist. Dem Nutzungswert kommt in der Praxis eine höhere Bedeutung zu.[1188]

IAS 36 sieht umfangreiche Regelungen zu seiner Ermittlung vor.[1189] Im Folgenden werden lediglich diejenigen Aspekte untersucht, die mit Besonderheiten für die Anwendung auf Nutzungsrechte verbunden sind.[1190] Der Schätzung des Nutzungswertes liegen zwei Teilschritte zugrunde: Einerseits die Schätzung der künftigen Cashflows aus der fortgesetzten Verwendung und aus der letztendlichen Veräußerung, und andererseits die Anwendung eines angemessenen Abzinsungssatzes für die künftigen Cashflows.[1191] Für die Konkretisierung der Anwendbarkeit dieser Vorschriften ist entscheidend, dass die bisherigen Schlussfolgerungen zum Verhältnis

1183 In diesen Fällen kann der Nutzungswert nur für zahlungsmittelgenerierende Einheiten berechnet werden, vgl. IAS 36.67.

1184 Vgl. IAS 36.6.

1185 Vgl. WAWRZINEK, W./LÜBBIG, M., in: Beck IFRS HB, 5. Aufl., § 2, Rn. 190.

1186 Vgl. KUHNER, C./HITZ, J.-M., in: MüKo Bilanzrecht, IAS 36, Rn. 51.

1187 Vgl. BAETGE, J. U. A., in: Baetge u. a., Rechnungslegung nach IFRS, 2. Aufl., Teil B, IAS 36, Rn. 50.

1188 Vgl. GOLLNOW, G./HIMMEL, H., Anwendungsprobleme des IAS 36, S. 191.

1189 Vgl. IAS 36.30–57; die Abschnitte inhaltlich einordnend BAETGE, J. U. A., in: Baetge u. a., Rechnungslegung nach IFRS, 2. Aufl., Teil B, IAS 36, Rn. 50.

1190 Alle weiteren Aspekte werden verkürzt dargestellt. Andernfalls würde die Untersuchung der Bewertungskonzepte von einer nutzungsrechtspezifischen zu einer allgemeinen erweitert.

1191 Vgl. IAS 36.31.

zwischen dem Nutzungsrecht und dem zugrunde liegenden Vermögenswert für die Folgebewertung[1192] Anwendung finden: So sind die beiden Vermögenswerte im Kontext des Nutzungswertes **zwingend gemeinsam zu betrachten**. Das Nutzungsrecht kann nicht isoliert, sondern nur in Einheit mit dem Leasingobjekt Cashflows generieren.[1193]

Aus den **Anforderungen des IAS 36 an die Schätzung der Cashflows**[1194] resultieren für Nutzungsrechte im Wesentlichen keine spezifischen Besonderheiten. Lediglich die **Zusammensetzung der Cashflows**[1195] erfordert eine sachverhaltsspezifische Konkretisierung. So ist im Kontext des Nutzungsrechtes den Cashflows aus dem Abgang – also gemäß IAS 36 aus dem Verkauf des Vermögenswertes[1196] – als ein Bestandteil aller Zahlungsflüsse eine geringe Bedeutung zuzuschreiben. Diese existieren für gewöhnlich nicht im ursprünglichen Sinne, da das Recht mit dem Ende des vertraglichen Zeitraums schlicht erlischt und das Leasingobjekt nicht verkauft, sondern für gewöhnlich lediglich an den Leasinggeber übertragen wird.[1197] Im Kontext von Leasingverhältnissen können Cashflows aus dem Abgang des Leasingobjektes aber bspw. im Kontext eines **garantierten Restwertes** des Leasingobjektes anfallen. Diese Zahlungen sind entsprechend zu berücksichtigen.

Zudem sind in die **Mittelabflüsse** nur solche Kosten einzubeziehen, die sich auf den zugrunde liegenden Vermögenswert beziehen, u. a. Wartungskosten oder direkt zurechenbare Gemeinkosten.[1198] Für die Beurteilung der Wartungskosten sind die vertragsspezifischen Vereinbarungen dahingehend zu prüfen, welche Vertragspartei diese Kosten trägt. Die Mittelabflüsse sollten demnach nur zu dem Anteil in den Nutzungswert eingehen, der durch den Leasingnehmer getragen wird. Leasingzahlungen als mögliche Ausprägung von Mittelabflüssen sind explizit nicht zu berücksichtigen. Sie fallen nach IAS 7 unter die Cashflows aus der Finanzierungstätigkeit,[1199] die wiederum gemäß IAS 36 nicht in die Betrachtung eingehen dürfen.[1200]

Zudem könnte der **zeitliche Umfang der Detailplanung** der Cashflows einer sachverhaltsspezifisch erforderlichen Anpassung unterliegen.[1201] Gemäß IAS 36 sollen die Cashflows aus Gründen der Verlässlichkeit sowie aufgrund eines Mindestmaßes der Genauigkeit nur über einen **Zeitraum von fünf Jahren** detailliert geschätzt werden.[1202] Nach diesem Detailplanungszeitraum sollen die Cashflows auf der Grundlage einer angemessenen Wachstumsrate geschätzt

---

1192 Vgl. die Abschnitte 443.321. und 443.331.

1193 Vgl. u. a. auch BASEL COMMITTEE ON BANKING SUPERVISION (Hrsg.), Comment Letter ED/2010/9, S. 1; MARKS & SPENCER (Hrsg.), Comment Letter ED/2010/9, S. 2.

1194 Vgl. IAS 36.33–54.

1195 Vgl. IAS 36.39.

1196 Vgl. IAS 36.52.

1197 Vgl. dazu zur Bestimmung des Zeitraums Abschnitt 432.1.

1198 Vgl. IAS 36.41.

1199 Vgl. IAS 7.17 (e). Die Vorschriften beziehen sich noch auf Finanzierungs-Leasingverhältnisse, weshalb der Standardsetzer die Formulierung an die Vorschriften des IFRS 16 anpassen sollte.

1200 Vgl. IAS 36.50 (a). Die Vorschriften wurden zwar vor der Entstehung des IFRS 16 verabschiedet; gleichwohl kann davon ausgegangen werden, dass die Unterteilung des IAS 7 nach wie vor einschlägig ist.

1201 Vgl. diesbezügliche Fragen aufwerfend TESCO (Hrsg.), Comment Letter ED/2013/6, S. 7.

1202 Vgl. IAS 36.33 (b) bzw. IAS 36.35; IDW (Hrsg.), IDW RS HFA 40, Rn. 19.

werden.[1203] Wenn den genannten Anforderungen für längere Zeiträume allerdings entsprochen werden kann, darf der Zeitraum auch einen längeren Zeitraum umfassen.[1204]

Die Besonderheit bei einem Nutzungsrecht gründet in der zeitlichen Begrenzung der Nutzung. Sie ergibt sich nicht aus wirtschaftlichen Erwägungen (u. a. der Abnutzung des Vermögenswertes), sondern **aus vertraglichen Gründen** und ist (vorbehaltlich abweichender Neueinschätzungen während der vertraglichen Laufzeit) bereits vor dem Zeitraum des Vertrages sicher. Daraus könnte gefolgert werden, die Cashflows über diesen vorab bereits vertraglich geregelten Zeitraum insgesamt zu schätzen und die Fünf-Jahres-Periode zu ignorieren. Dagegen spricht, dass die vertragliche Laufzeit u. U. diese fünf Jahre deutlich überschreiten kann. Die Implikationen für die (Un-)Genauigkeit der Schätzung, die zu ebendieser Regelung geführt haben, gelten dann für die Abwägung der künftigen Cashflows aus dem Nutzungsrecht analog. Zudem sprechen auch die Auswirkungen des Einbezugs von **Laufzeitoptionen** für eine analoge Anwendung der bestehenden Regelungen. So könnte sich aufgrund von Neueinschätzungen während der Laufzeit der Zeitraum des Leasingverhältnisses ändern, wodurch die Detailplanungsperiode u. U. wesentlich verkürzt bzw. verlängert würde. Eine Abweichung von der Anforderung zur Schätzung über einen Zeitraum von fünf Jahren aufgrund der besonderen Umstände von Leasingverhältnissen ist wegen der identischen Implikationen für die Ermittlung der Cashflows anderer Vermögenswerte nicht geboten. Die Vorschriften sind sinngemäß anzuwenden.

Für die **Ermittlung des Zinssatzes** gilt nach IAS 36, dass ein marktorientierter Zins anzuwenden ist.[1205] Im Vergleich zur Anwendung für gewöhnliche Vermögenswerte im Anwendungsbereich des IAS 36 entstehen keine zusätzlichen Herausforderungen für Nutzungsrechte. Die Anwendung der Vorschriften ist demnach sachgerecht; sie können übernommen werden. Gleichwohl ergibt sich hinsichtlich der Auswahl des anzuwendenden Zinssatzes insofern ein konzeptioneller Bruch, als die Leasingzahlungen als Bestandteil des Nutzungsrechtes mit einem abweichenden Zinssatz diskontiert werden.

In der Gesamtschau kann das Bewertungskonzept sinngemäß auf Nutzungsrechte angewendet werden. Allerdings sind die identifizierten Besonderheiten in der Schätzung der Cashflows und vor allem die Einheit aus Nutzungsrecht und Leasingobjekt zwingend zu beachten, um die sachgerechte Anwendung des Wertmaßstabs zu gewährleisten. Die aus der Bewertung anhand des Nutzungswertes resultierenden Informationen sind dann hinsichtlich ihrer Implikationen für die Entscheidungsnützlichkeit mit denen anderer Vermögenswerte vergleichbar.[1206]

1203 Vgl. IAS 36.33 (c); ERB, T. U. A., in: Beck IFRS HB, 5. Aufl., § 27, Rn. 64.

1204 Dies ist bspw. bei Immobilien der Fall, vgl. ERB, T. U. A., in: Beck IFRS HB, 5. Aufl., § 27, Rn. 64. Aufgrund dieser Aufteilung in zwei Bewertungsbestandteile wird das Vorgehen auch als „Zwei-Phasen-Modell" bezeichnet, vgl. KUHNER, C./HITZ, J.-M., in: MüKo Bilanzrecht, IAS 36, Rn. 64.

1205 Vgl. IAS 36.55–57; ausführlich dazu ERB, T. U. A., in: Beck IFRS HB, 5. Aufl., § 27, Rn. 71–85.

1206 Deshalb wird auf eine isolierte Würdigung verzichtet.

443.333.3 Ermittlung des beizulegenden Zeitwertes abzüglich der Kosten des Abgangs

443.333.31 Zugrunde liegende Annahmen und Hierarchie der Inputparameter

Neben dem Nutzungswert kann sich der erzielbare Betrag für das Nutzungsrecht aus dem beizulegenden Zeitwert des Nutzungsrechtes abzüglich der Kosten seines Abgangs ergeben.[1207] Dieser ist gemäß IFRS 13[1208] definiert als der Preis, den man einer gewöhnlichen Transaktion zwischen Marktteilnehmern am Bewertungsstichtag beim Verkauf eines Vermögenswertes erhalten würde oder bei der Übertragung der Schuld zu zahlen hätte.[1209] Kosten des Abgangs sind zusätzliche Kosten, die dem Abgang eines Vermögenswertes oder einer zahlungsmittelgenerierenden Einheit direkt zugeordnet werden können, mit Ausnahme der Finanzierungskosten und des Ertragsteueraufwandes.[1210] Bei der Preisfindung wird damit explizit eine **Veräußerungsperspektive** (*exit price*) eingenommen,[1211] die nicht nur im Kontext der Bewertung von Nutzungsrechten[1212] kritisiert wird.[1213]

Das Nutzungsrecht wird aufgrund ihres Wesens als nicht-finanzieller Vermögenswert mit dem Konzept des ***highest and best use*** bewertet.[1214] Diese höchst- und bestmögliche Nutzung berücksichtigt die Restriktionen, dass die Nutzung physisch möglich, rechtlich zulässig und finanziell sinnvoll ist.[1215] Die Bewertung wird somit aus der Perspektive von Marktteilnehmern vorgenommen.[1216] Von der tatsächlichen Art und Weise der Nutzung durch das Unternehmen

1207 Auch in diesem Abschnitt werden lediglich die Aspekte ausführlicher behandelt, die Besonderheiten für die Anwendung auf Nutzungsrechte aufweisen. Andernfalls würde die Untersuchung von einer nutzungsrechtspezifischen zu einer allgemeinen erweitert.

1208 Im Mai 2017 veröffentlichte des Board eine *Request for Information* im Rahmen der *Post-implementation Review* (PiR) des IFRS 13. Mit der PiR beabsichtigt der Standardsetzer herauszufinden, ob der Standard in der intendierten Weise angewendet bzw. umgesetzt wird, vgl. dazu bereits Fn. 42. Mit der *Request for Information* beginnt die zweite Phase der PiR, in der die Ergebnisse der ersten Phase einfließen. Die Kommentierenden konnten ihre Beiträge bis September 2017 einbringen. Vgl. zu ausführlichen Informationen IASB (Hrsg.), PiR IFRS 13, S. 4–9.

1209 Vgl. IFRS 13.Appendix A.

1210 Vgl. IAS 36.Appendix A.

1211 Vgl. u. a. IFRS 13.87.

1212 Vgl. im Kontext sukzessiver Anteilserwerbe kritisierend GIMPEL-HENNING, N., Sukzessive Anteilserwerbe im IFRS-Konzernabschluss, S. 100; für die Bilanzierung eines Geschäfts- oder Firmenwertes im Rahmen konzerninterner Unternehmenszusammenschlüsse kritisierend ALKEMEIER, M., Konzerninterne Unternehmenszusammenschlüsse, S. 144 f.

1213 Vgl. bereits vor der Veröffentlichung des Diskussionspapiers DP/2009/1 kritisierend SCHULZ, S., Leasingbilanzierung aus Sicht des asset-liability-approach, S. 185; DELL (Hrsg.), Comment Letter ED/2013/6, S. 5; DUFF & PHELPS (Hrsg.), Comment Letter ED/2013/6, S. 3. Zur Diskussion um diese Perspektive IFRS 13.BC36–BC45 und HITZ, J.-M./ZACHOW, J., Vereinheitlichung des Wertmaßstabs, S. 966; ROHLEDER, S./SCHMIDT, M./TETTENBORN, M., Bewertungsannahmen des IFRS 13, S. 116; Unterschiede zwischen dieser und der Beschaffungsperspektive diskutierend KIRSCH, H.-J./KÖHLING, K./DETTENRIEDER, D., in: Baetge u. a., Rechnungslegung nach IFRS, 2. Aufl., Teil B, IFRS 13, Rn. 39–43c. Im Kontext sukzessiver Anteilserwerbe kritisierend GIMPEL-HENNING, N., Sukzessive Anteilserwerbe im IFRS-Konzernabschluss, S. 100; für die Bilanzierung eines Geschäfts- oder Firmenwertes im Rahmen konzerninterner Unternehmenszusammenschlüsse kritisierend ALKEMEIER, M., Konzerninterne Unternehmenszusammenschlüsse, S. 144 f.

1214 Vgl. IFRS 13.BC68. Dieses Konzept soll im Rahmen der PiR zum IFRS 13 kritisch durchleuchtet werden. Es erfährt durch die Berücksichtigung einer expliziten Frage zum *highest and best use* an die Kommentierenden eine relativ große Bedeutung, vgl. IASB (Hrsg.), PiR IFRS 13, S. 13 f.

1215 Vgl. IFRS 13.28.

1216 Vgl. IFRS 13.29.

ist für die Bewertung zu abstrahieren.[1217] Das impliziert, dass der beizulegende Zeitwert auch Werte ergeben kann, die den tatsächlichen wirtschaftlichen Umständen (auch in künftigen Perioden) nicht entsprechen.[1218] IFRS 13 äußert diesbezüglich die widerlegbare Vermutung, dass die Nutzung durch das Unternehmen der höchst- und bestmöglichen Nutzung entspricht.[1219] Auch im Kontext von Leasingverhältnissen ist die Marktperspektive bedeutsam. So kann der Leasingnehmer das Leasingobjekt bspw. aufgrund von strategischen Überlegungen leasen ohne eine tatsächliche Nutzung zu beabsichtigen.[1220] In solchen Konstellationen wird durch das Konzept des *highest and best use* eine Bewertung aus ebendieser Marktsicht sichergestellt.[1221] Das Bewertungskonzept ist somit auf Nutzungsrechte sinngemäß anwendbar.[1222]

Zur Bewertung von nicht-finanziellen Vermögenswerten werden für gewöhnlich marktpreisorientierte, kostenorientierte oder kapitalwertorientierte Verfahren angewendet.[1223] Die Verfahren unterliegen keiner hierarchischen Ordnung. Vielmehr ist das jeweils situativ **am besten geeignete Verfahren** zu nutzen.[1224] Die Priorisierung ergibt sich dadurch, dass das angewendete Verfahren die Verwendung von relevanten beobachtbaren Eingangsparametern maximieren und die Berücksichtigung nicht beobachtbarer Parameter minimieren soll.[1225] Die Verfügbarkeit von Eingangsparametern bestimmt demnach die Auswahl möglicher Bewertungsmethoden.[1226]

Für die in die Wertermittlung eingehenden Parameter legt IFRS 13 eine dreistufige Hierarchie der Einbeziehung fest (sog. **Fair-Value-Hierarchie**).[1227] Parameter der **ersten Stufe** sind Preise an aktiven Märkten für identische Vermögenswerte und Schulden, auf die das Unternehmen am Bewertungsstichtag zugreifen kann.[1228] Ihre Verwendung hat u. a. aufgrund der größtmöglichen Verlässlichkeit, Relevanz und Glaubwürdigkeit der resultierenden Informationen zwar die höchste Priorität.[1229]

Parameter dieser Stufe sind im Kontext von Nutzungsrechten jedoch regelmäßig nicht ermittelbar.[1230] Zum einen ist dies auf die Definition des aktiven Marktes zurückzuführen. Ein Markt

---

1217 Vgl. WAWRZINEK, W./LÜBBIG, M., in: Beck IFRS HB, 5. Aufl., § 2, Rn. 247.

1218 Vgl. RICHTER, F., Highest and best use-Annahme, S. 89 f.

1219 Vgl. IFRS 13.29.

1220 Vgl. WIELAND-BÖSE, H./ANDRÉ, J., in: Internationales Bilanzrecht, IFRS 13, Rn. 154; der Vermögenswert besitzt für das Unternehmen dann einen sog. defensiven Wert, vgl. IFRS 13.30.

1221 Vgl. diesen Fall explizit adressierend IFRS 13.30.

1222 Auch die weiteren Prämissen sind anwendbar, werden hier jedoch nicht weiter diskutiert, vgl. IFRS 13.31.

1223 Vgl. IFRS 13.61–66; den Verfahren unterschiedliche Methoden zuordnend ERB, T. U. A., in: Beck IFRS HB, 5. Aufl., § 27, Rn. 37.

1224 Vgl. IFRS 13.BC142; für eine Übersicht geeigneter Verfahren für unterschiedliche Sachverhalte WAWRZINEK, W./LÜBBIG, M., in: Beck IFRS HB, 5. Aufl., § 2, Rn. 258.

1225 Vgl. IFRS 13.67.

1226 Vgl. KIRSCH, H.-J./KÖHLING, K./DETTENRIEDER, D., in: Baetge u. a., Rechnungslegung nach IFRS, 2. Aufl., Teil B, IFRS 13, Rn. 44; im Ergebnis auch ERB, T. U. A., in: Beck IFRS HB, 5. Aufl., § 27, Rn. 38 f.

1227 Vgl. IFRS 13.72–75.

1228 Vgl. IFRS 13.76.

1229 Vgl. IFRS 13.72.

1230 Gleichwohl wäre denkbar, dass derartige Parameter des zugrunde liegenden Leasingobjektes ermittelbar

gilt als aktiv, wenn Transaktionen über den Vermögenswert oder die Schuld mit ausreichender Häufigkeit und ausreichendem Volumen stattfinden, um fortlaufend Preisinformationen bereitzustellen.[1231] Diese Bedingungen liegen für Nutzungsrechte sowohl nach überwiegender Meinung der Kommentierenden[1232] als auch gemäß dem Standardsetzer selbst[1233] regelmäßig nicht vor.

Zum anderen scheitert die Ermittlung an der Anforderung nach identischen Vermögenswerten. Sie dürfte im Kontext von Nutzungsrechten zu restriktiv sein. Dies ist vor allem der Spezifität von Leasingverträgen bzw. der resultierenden Nutzungsrechte aufgrund individueller Vereinbarungen geschuldet.[1234] Leasingverhältnisse können zwar identische Merkmale aufweisen, wie z. B. dasselbe Modell eines PKW oder LKW, oder weitere vertragliche Spezifika wie Restwertgarantien oder Laufzeitgestaltungen. Gleichwohl können sich die resultierenden Vereinbarungen hinsichtlich der Vertragsdauer, der Leasingzahlungen oder anderer nutzungsbezogener Klauseln unterscheiden. Insofern sind unterschiedliche Ausprägungen von Identität möglich.[1235] Da sich die vertragliche Gestaltung unmittelbar auf die Preisgestaltung – und die Bewertung – auswirkt, ist für die Anforderung identischer Vermögenswerte eine vollständige Identität vorauszusetzen. Aufgrund der vielzähligen Parameter ist nicht davon auszugehen, dass hinsichtlich der vertraglichen Spezifika identische Nutzungsrechte in dem Umfang vorliegen, dass die Anforderungen der ausreichenden Häufigkeit bzw. des ausreichenden Volumens für einen aktiven Markt erfüllt werden. Parameter der ersten Stufe stehen im Ergebnis für die Bewertung von Nutzungsrechten regelmäßig nicht zur Verfügung.

Level-2-Inputparameter sind andere als die zur ersten Stufe zuzuordnenden Informationen, die direkt oder indirekt beobachtbar sind.[1236] Darunter fallen bspw. Preise für ähnliche Vermögenswerte an aktiven Märkten oder Preise für identische Vermögenswerte auf inaktiven Märkten.[1237] Wie bereits festgestellt wurde, existieren aktive Märkte für Nutzungsrechte regelmäßig

sind, vgl. kritisch zum Einbezug des Marktwertes des Leasingobjektes INTERCONTINENTAL HOTELS GROUP (Hrsg.), Comment Letter ED/2010/9, S. 9. Sie sind für die Betrachtung jedoch ohne Bedeutung, da das Bewertungsobjekt das Nutzungsrecht ist.

1231 Vgl. IFRS 13.Appendix A.

1232 Vgl. SCHULZ, S., Leasingbilanzierung aus Sicht des asset-liability-approach, S. 185; BEYHS, O./LABRENZ, H., Bilanzpolitische Spielräume für Leasingnehmer, S. 457; SIEMENS (Hrsg.), Comment Letter ED/2013/6, S. 5; KPMG (Hrsg.), Comment Letter ED/2013/6, S. 27; EUMEDION (Hrsg.), Comment Letter ED/2013/6, S. 10; im Kontext des IAS 40 IASB (Hrsg.), Comment Letter Summary ED/2013/6, Rn. 294 (a) (i). Zu den Gründen, die gegen eine Existenz aktiver Märkte im übergeordneten Kontext nicht-finanzieller Vermögenswerte insgesamt sprechen, CASTEDELLO, M./KLINGBEIL, C., Anwendungsfragen zu IFRS 13, S. 483. Dies wird umso klarer, wenn die für Finanzinstrumente beispielhaft genannten Märkte geprüft werden. Derlei Märkte sind für Nutzungsrechte bzw. Leasingverträge nicht denkbar, vgl. IFRS 16.B34.

1233 Vgl. IFRS 16.BC148.

1234 Vgl. im Kontext von nicht-finanziellen Vermögenswerten CASTEDELLO, M./KLINGBEIL, C., Anwendungsfragen zu IFRS 13, S. 483.

1235 Diesbezüglich wurden bereits im Kontext der Diskussion um eine bestimmte Laufzeitgestaltung unterschiedliche Möglichkeiten identifiziert und abgegrenzt, vgl. Abschnitt 434.23.

1236 Vgl. IFRS 13.81.

1237 Vgl. IFRS 13.82 (a) und (b).

nicht.[1238] Nutzungsrechte können sich zwar ähneln, bspw. in der Ausprägung ähnlicher Leasingobjekte (ähnliche PKW oder LKW), ähnlicher Laufzeiten oder weiterer Parameter. Deshalb einen aktiven Markt für diese zu unterstellen, dürfte jedoch – vermutlich auch nach der Ansicht des Standardsetzers – trotzdem zu weit führen. Zudem ist davon auszugehen, dass aufgrund vielfacher vertraglicher Spezifikationen auch keine identischen Nutzungsrechte auf inaktiven Märkten gehandelt werden. Beide alternativen Kriterien werden im Kontext von Nutzungsrechten nach der hier vertretenen Auffassung regelmäßig nicht erfüllt.[1239]

Somit verbleiben i. d. R. lediglich Eingangsparameter der **Stufe 3** als mögliche Informationen für die Wertermittlung. Dies sind nicht beobachtbare Parameter.[1240] Sie beruhen regelmäßig auf unternehmensinternen Daten wie Annahmen zu künftigen Cashflows.[1241] Sie sollten gleichwohl angepasst werden, um abweichende Annahmen von Marktteilnehmern, d. h. die Marktperspektive, zu berücksichtigen.[1242] Die Parameter sind vor allem bei geringer oder keiner Marktaktivität für den Vermögenswert heranzuziehen.[1243] Diese Umstände treffen auf Nutzungsrechte aufgrund des regelmäßig hohen Maßes der Individualisierung zu. Die Parameter bilden für die Fair-Value-Bewertung von Nutzungsrechten aus Leasingverhältnissen mangels der Erfüllung der Kriterien der Stufen 1 und 2 **regelmäßig die Ermittlungsgrundlage**.[1244]

443.333.32 Bewertungsmethoden

Die Folgerungen implizieren, dass nicht alle Methoden zur Bestimmung des beizulegenden Zeitwertes für die Bewertung von Nutzungsrechten herangezogen werden können. Marktbasierte Methoden dürften aufgrund fehlender erforderlicher Parameter regelmäßig nicht zur Anwendung kommen. Vor allem dürften die **kapitalwertorientierten oder kostenorientierten Methoden** von Bedeutung sein.[1245] Mittels kapitalwertorientierter Methoden wird eine Bewertung anhand der künftigen Cashflows vorgenommen.[1246] Der Zinssatz ist marktorientiert zu

1238 Der in IFRS 13 beispielhaft genannte Indikator eines zur Nutzung gehaltenen Gebäudes beruht auf der Annahme, dass für vergleichbare Gebäude beobachtbare Marktdaten vorliegen. Dies ist jedoch für Nutzungsrechte nicht zu vermuten, vgl. IFRS 13.B35 (g).

1239 Auch die übrigen genannten Informationen der zweiten Stufe sind im Kontext von Nutzungsrechten nicht anwendbar, vgl. IFRS 13.82 (c) und (d) und IFRS 13.B35.

1240 Vgl. IFRS 13.86. Sie sind definiert als solche Parameter, für die keine Marktdaten verfügbar sind und die unter Verwendung der besten verfügbaren Informationen über die Annahmen, die Marktteilnehmer bei der Preisfestlegung des Vermögenswertes oder der Schuld verwenden würden, hergeleitet werden, vgl. IFRS 13.Appendix A.

1241 Vgl. IFRS 13.89; WAWRZINEK, W./LÜBBIG, M., in: Beck IFRS HB, 5. Aufl., § 2, Rn. 265.

1242 Vgl. IFRS 13.88. So sind etwa unternehmensbezogene Synergiepotenziale aufgrund der Perspektive der Marktteilnehmer anzupassen, soweit diese die Potenziale nicht realisieren könnten, vgl. KIRSCH, H.-J./KÖHLING, K./DETTENRIEDER, D., in: Baetge u. a., Rechnungslegung nach IFRS, 2. Aufl., Teil B, IFRS 13, Rn. 87.

1243 Vgl. IFRS 13.87.

1244 Ebendies wirkt sich negativ auf die Entscheidungsnützlichkeit der resultierenden Informatio-nen aus, vgl. IFRS 13.87.

1245 Vgl. WAWRZINEK, W./LÜBBIG, M., in: Beck IFRS HB, 5. Aufl., § 2, Rn. 264; HITZ, J.-M./ZACHOW, J., Vereinheitlichung des Wertmaßstabs, S. 967.

1246 Vgl. zu den umfangreichen Anwendungshinweisen IFRS 13.B12–B30.

ermitteln.[1247] Unter den kapitalwertorientierten ist vor allem das Barwertverfahren von Bedeutung. Die weiteren Verfahren sind aufgrund ihrer Spezifität für bestimmte Anlässe[1248] regelmäßig nicht denkbar. Hingegen orientieren sich die kostenorientierten Methoden an den (fortgeführten[1249]) Kosten der Wiederbeschaffung. Diese Methode ist zugleich die für das Sachanlagevermögen gewöhnliche, wenn keine Preisbestimmung über Marktparameter der ersten Stufe möglich ist.[1250]

Alternativ zu den genannten Methoden wäre vor dem Hintergrund des Wesens des Nutzungsrechtes als **immaterieller Vermögenswert** denkbar, dass die Bewertungsmethoden zur Anwendung kommen könnten, die üblicherweise bei immateriellen Vermögenswerten genutzt werden. Im Folgenden wird die Eignung der „häufig angewandten Bewertungsverfahren“[1251] untersucht.

Die Methode der **unmittelbaren Cashflow-Prognose** setzt voraus, dass die Zahlungsströme aus dem Vermögenswert direkt gemessen werden und der Vermögenswert ohne weitere Vermögenswerte des Unternehmens genutzt wird (bspw. Lizenzgebühren generierende Marken).[1252] Diese Eigenheit kann für Nutzungsrechte nicht zwingend regelmäßig unterstellt werden, sodass die Methode für gewöhnlich nicht anwendbar ist. Gemäß der Methode der **Lizenzpreisanalogie** wird der immaterielle Vermögenswert bewertet, indem auf fiktiv zu zahlende Lizenzraten abgestellt wird, die an den Lizenzgeber zu entrichten wären, wenn der Vermögenswert nicht erworben worden wäre.[1253] Dieses Vorgehen setzt demnach die regelmäßige Verfügbarkeit von Lizenzraten für die zu bewertenden Sachverhalte voraus.[1254] Sowohl das grundlegende Vorliegen von Lizenzraten als auch ihre Verfügbarkeit kann jedoch für Nutzungsrechte aus Leasingverhältnissen regelmäßig nicht unterstellt werden.

Alternativ kann die **Residualwertmethode** angewendet werden. Diese setzt voraus, dass ein Vermögenswert nur gemeinsam mit anderen Vermögenswerten Cashflows erzielen kann.[1255] Dabei werden den geplanten Umsatzerlösen die Kosten der zusätzlich erforderlichen Vermögenswerte gegenübergestellt. Ebenjene Voraussetzung der gemeinsamen Nutzung kann für

---

1247 Vgl. u. a. IFRS 13.B10, IFRS 13.B13 (c) und (d) sowie IFRS 13.B14; ausführlich zur Anpassung des Zinssatzes IFRS 13.B18–B23; dazu KIRSCH, H.-J./KÖHLING, K./DETTENRIEDER, D., in: Baetge u. a., Rechnungslegung nach IFRS, 2. Aufl., Teil B, IFRS 13, Rn. 47a.

1248 So sind Optionspreismodelle im finanziellen Kontext von Bedeutung, vgl. IFRS 13.B11 (b). Die Residualwertmethode (IFRS 13.B11 (c)) wird im Folgenden noch betrachtet.

1249 Vgl. SCHARFENBERG, A., in: Beck IFRS HB, 5. Aufl., § 5, Rn. 126 f.

1250 Vgl. SCHARFENBERG, A., in: Beck IFRS HB, 5. Aufl., § 5, Rn. 126 f.; zur Wiederbeschaffungskostenmethode IFRS 13.B8 f.; vgl. für eine Übersicht typischer Bewertungsverfahren für Vermögenswerte WAWRZINEK, W./LÜBBIG, M., in: Beck IFRS HB, 5. Aufl., § 2, Rn. 258.

1251 ERB, T. U. A., in: Beck IFRS HB, 5. Aufl., § 27, Rn. 50.

1252 Vgl. ERB, T. U. A., in: Beck IFRS HB, 5. Aufl., § 27, Rn. 51.

1253 Vgl. ERB, T. U. A., in: Beck IFRS HB, 5. Aufl., § 27, Rn. 52; BÖHM, O./SIEBERT, H., Bewertung immaterieller Vermögenswerte, S. 13; LÜDENBACH, N./HOFFMANN, W.-D./FREIBERG, J., in: Haufe IFRS-Kommentar, 16. Aufl., § 31, Rn. 111.

1254 Vgl. BÖHM, O./SIEBERT, H., Bewertung immaterieller Vermögenswerte, S. 13.

1255 Vgl. hier und für den folgenden Satz ERB, T. U. A., in: Beck IFRS HB, 5. Aufl., § 27, Rn. 53; LÜDENBACH, N./HOFFMANN, W.-D./FREIBERG, J., in: Haufe IFRS-Kommentar, 16. Aufl., § 31, Rn. 111.

Nutzungsrechte zutreffen (bspw. bei geleasten Maschinen als wesentlicher Bestandteil eines Produktionsprozesses), muss es aber nicht zwingend (u. a. bei Transportmitteln wie LKW). Zudem wird bei dieser Vorgehensweise unterstellt, dass der zu bewertende Vermögenswert für die Geschäftstätigkeit des Bewertenden zentral ist (bspw. Kundenstämme).[1256] Ebendiese Annahme dürfte für Nutzungsrechte regelmäßig zu restriktiv sein. Die Methode ist demnach nicht anwendbar.

Abschließend könnte die **Mehrgewinnmethode** herangezogen werden, bei der die zu erwartenden Cashflows eines Unternehmens in Besitz sowie ohne den Besitz des zu bewertenden Vermögenswertes gegenübergestellt werden.[1257] Dieses Verfahren ist nur möglich, wenn eine Schätzung der Cashflows auch im Falle keines Besitzes des Vermögenswertes verlässlich möglich ist. Das Verfahren wird u. a. auf Marken als bedeutende Vermögenswerte des Unternehmens angewendet. Eine Schätzung der Cashflows ist zwar für beide Szenarien möglich. Für Nutzungsrechte kann jedoch eine vergleichbar hohe Bedeutung auf die Geschäftstätigkeit wie für Vermögenswerte, die für gewöhnlich anhand der Methode bewertet werden, nicht regelmäßig unterstellt werden, bspw. bei Leasingverhältnissen für Transportmittel oder EDV-Zubehör. Dann würde regelmäßig zu folgern sein, dass das Nutzungsrecht keinen unmittelbar wesentlichen Beitrag zur Geschäftstätigkeit leistet. Die Differenz zwischen den beiden Szenarien wäre demnach regelmäßig unwesentlich bzw. sehr gering. Eine Ableitung des Wertes des Nutzungsrechtes auf dieser Grundlage würde nicht die tatsächlichen wirtschaftlichen Verhältnisse reflektieren.

Im Ergebnis sind die Methoden, die für immaterielle Vermögenswerte überwiegend herangezogen werden, regelmäßig nicht für Nutzungsrechte anwendbar. Dies ist sowohl auf ihre jeweiligen Annahmen bzw. Anforderungen und die sachverhaltsspezifischen Eignungen als auch auf die Eigenart des Nutzungsrechtes, das in Einheit mit dem zugrunde liegenden Leasingobjekt zu bewerten ist und in bewertungskonzeptioneller Hinsicht eine größere Ähnlichkeit mit materiellen Vermögenswerten aufweist,[1258] zurückzuführen.

Im Ergebnis kann eine Bewertung des Nutzungsrechtes zum beizulegenden Zeitwert abzüglich Kosten des Abgangs erfolgen.[1259] Die Wertermittlung ist jedoch mit Einschränkungen der Entscheidungsnützlichkeit aufgrund des regelmäßigen Bezugs auf nicht beobachtbare Parameter verbunden. Diesen ist sich der Standardsetzer aber bewusst.[1260] Dies ist indes keine Eigenheit, die der Bewertung des Nutzungsrechtes exklusiv zukommt, sondern diese Implikationen treten auf, wenn Parameter der dritten Stufe bemüht werden müssen.

[1256] Vgl. ERB, T. U. A., in: Beck IFRS HB, 5. Aufl., § 27, Rn. 55.

[1257] Vgl. hier und für die folgenden Sätze ERB, T. U. A., in: Beck IFRS HB, 5. Aufl., § 27, Rn. 56; LÜDENBACH, N./HOFFMANN, W.-D./FREIBERG, J., in: Haufe IFRS-Kommentar, 16. Aufl., § 31, Rn. 233.

[1258] Vgl. hierzu die Vorschriften zur Erstbewertung und die Verweise des IFRS 16 auf IAS 16 und IAS 36 zur Folgebewertung in den Abschnitten 442.2, 443.32 und 443.331.

[1259] Vgl. infrage stellend FEI COMMITTEE ON CORPORATE REPORTING (Hrsg.), Comment Letter ED/2013/6, S. 8.

[1260] Vgl. implizit IFRS 13.87 und IFRS 13.BC173.

443.334. Anwendbarkeit der Vorschriften zur Wertaufholung

Die detaillierte Betrachtung weiterer Prinzipien des IAS 16 zur planmäßigen Abschreibung[1261] hat gezeigt, dass nicht alle Bestandteile des Standards sinngemäß anwendbar sein müssen. Im Folgenden wird konkretisiert, inwiefern die Regelungen des IAS 36 zu **Wertaufholungen** für Nutzungsrechte anwendbar sind.[1262]

Demnach hat das Unternehmen an jedem Abschlussstichtag zu prüfen, ob Anhaltspunkte darauf hinweisen, dass ein Wertminderungsaufwand aus vorherigen Perioden zu korrigieren ist.[1263] Die Informationsquellen bestehen im Wesentlichen aus den Sachverhalten, die auf eine Wertminderung hindeuten, indes ist die jeweils umgekehrte Ausprägung des jeweiligen Indikators zu prüfen.[1264] Falls eine Wertaufholung auf der Grundlage der Analyse der Anhaltspunkte geboten ist, darf diese nur durchgeführt werden, wenn sie in einer Änderung der Schätzungen gründet, die zu der Bestimmung des damaligen erzielbaren Betrages führten.[1265] Die Wertaufholung darf zudem nicht den (fortgeführten) Buchwert übersteigen, der ohne außerplanmäßige Abschreibungen, jedoch abzüglich der planmäßigen Abschreibungen, zum Beurteilungszeitpunkt vorliegen würde.[1266]

Die Anhaltspunkte auf eine Wertminderung für Nutzungsrechte wurden bereits als weitestgehend sinngemäß anwendbar beurteilt.[1267] Daher ist folgerichtig, dass dieselben sowie die sachverhaltsspezifischen Anhaltspunkte auch ihre Wertaufholung anzeigen können, denn es ändert sich lediglich die Ausprägung des Indikators. Ferner spricht für die sinngemäße Anwendbarkeit der Vorschriften, dass eine Änderung in den Schätzungen, die zum ursprünglichen **erzielbaren Betrag** geführt haben, für die Wertaufholung von Nutzungsrechten ebenso zentral ist. Darüber hinaus weisen die Vorschriften des IAS 36 auch **regelungssystematisch** auf die Anwendung hin, denn lediglich Geschäfts- oder Firmenwerte sind aufgrund der Bedenken hinsichtlich einer Aktivierung eines originären Geschäfts- oder Firmenwertes von einer Wertaufholung ausgeschlossen.[1268] Diese Ausnahme ist sachverhaltsspezifisch. Eine vergleichbare Ausnahme für Nutzungsrechte ist auf der Grundlage der bisherigen Erkenntnisse nicht sachgerecht.

Abschließend ist die Anwendung auch **konzeptionell** zu begrüßen. Die durch die Wertaufholung vermittelten Informationen, dass der mögliche künftige wirtschaftliche Nutzen höher ist

---

1261 Vgl. Abschnitt 443.322.2.

1262 Dies u. a. infrage stellend KPMG (Hrsg.), Comment Letter ED/2013/6, S. 32.

1263 Vgl. IAS 36.110.

1264 Vgl. IAS 36.111 f.; ERB, T. U. A., in: Beck IFRS HB, 5. Aufl., § 27, Rn. 16. Die Anhaltspunkte können jedoch analog zu den Indikatoren für eine Wertminderung um weitere geeignete Anhaltspunkte ergänzt werden, vgl. KIRSCH, H.-J./KÖHLING, K./DETTENRIEDER, D., in: Baetge u. a., Rechnungslegung nach IFRS, 2. Aufl., Teil B, IFRS 13, Rn. 113.

1265 Vgl. IAS 36.115.

1266 Vgl. IAS 36.117; BAETGE, J. U. A., in: Baetge u. a., Rechnungslegung nach IFRS, 2. Aufl., Teil B, IAS 36, Rn. 115.

1267 Vgl. Abschnitt 443.332.

1268 Vgl. IAS 36.125; BAETGE, J. U. A., in: Baetge u. a., Rechnungslegung nach IFRS, 2. Aufl., Teil B, IAS 36, Rn. 121.

als durch die Wertminderung erwartet,[1269] sind auch im Kontext von Nutzungsrechten relevant. Auch die Glaubwürdigkeit der Bewertung des Nutzungsrechtes nach einer Wertaufholung ist (abstrahiert von den Methoden immanenten konzeptionellen Schwächen) ausgeprägter. Die Vorschriften zur Wertaufholung sind im Ergebnis sinngemäß anwendbar.[1270] Hinsichtlich der maximalen Zuschreibung sprechen keine Gründe gegen die Übernahme der Vorschriften des IAS 36.[1271]

443.4 Bilanzielle Auswirkungen von vertraglichen Neueinschätzungen der Bestandteile der Verbindlichkeit

443.41 Auslöser von vertraglichen Neueinschätzungen

Neben der gewöhnlichen Folgebewertung der Verbindlichkeit und des Nutzungsrechtes beeinflussen vertragliche Besonderheiten von Leasingverhältnissen die Bewertung der Bilanzposten im zeitlichen Verlauf. Demnach können erneute Beurteilungen über die Bestandteile der Verbindlichkeit erforderlich werden, weil sich die **Umstände** im Vergleich zum ursprünglichen Beurteilungszeitpunkt **geändert** haben.[1272]

So können **Laufzeitoptionen** zu einem Zeitpunkt nach der erstmaligen Beurteilung abweichend als hinreichend sicher bzw. nicht mehr hinreichend sicher beurteilt werden, wodurch sich eine Anpassung der Verbindlichkeit aufgrund abweichender einzubeziehender Leasingzahlungen ergibt.[1273] Gleichermaßen kann der Leasingnehmer auch für **Kaufoptionen** zu einer divergierenden Meinung im Zeitverlauf kommen, was eine Berücksichtigung bzw. Nicht-Berücksichtigung der Kaufoption in den Leasingzahlungen implizieren würde.[1274] Auch diese Einschätzung wird durch das Urteil über eine (nicht mehr vorliegende) hinreichende Sicherheit der Ausübung bestimmt.[1275] Darüber hinaus kann sich auch die künftige Erwartung der Zahlungen aus **Restwertgarantien** ändern.[1276] Ferner unterliegen **variable Zahlungen** in Abhängigkeit von einem Index Schwankungen, die durch die Fortschreibung ebendieses Referenzmaßstabes ausgelöst werden.[1277]

1269 Vgl. IFRS 13.BCZ182.

1270 Gl. A. Ernst & Young (Hrsg.), International GAAP, S. 1714.

1271 Vgl. IAS 36.117.

1272 Vgl. zur Bedeutung und den Gründen von Neueinschätzungen Gehrer, J. u. a., Schätzungsänderungen und Vertragsanpassungen, S. 53; ferner die Relevanz von Neueinschätzungen hervorhebend PNM Resources (Hrsg.), Comment Letter ED/2013/6, S. 10.

1273 Vgl. IFRS 16.40 (a); dazu ausführlich Abschnitt 433.3.

1274 Vgl. IFRS 16.40 (b); zu den Auswirkungen in der Bewertung ausführlich Abschnitt 442.142.

1275 Vgl. ausführlich Abschnitt 433.2.

1276 Vgl. IFRS 16.40 (c). Vor- und Nachteile sowie das Vorgehen bei Neueinschätzungen von Restwertgarantien wurden ausführlich in der Erarbeitungsphase zum ED/2013/6 diskutiert, vgl. dazu IASB (Hrsg.), Staff Paper 2B (June 2011), Rn. 21–38.

1277 Vgl. IFRS 16.40 (d). Somit können Indikatoren sowohl innerhalb als auch außerhalb der Entscheidungsmacht des Leasingnehmers Neueinschätzungen auslösen. Diese Vorschriften gehen über diejenigen im Kontext von Laufzeitoptionen hinaus. Sie sehen vor, dass eine nachträgliche Neueinschätzung des Zeitraums nur aufgrund von Ereignissen, die in der Kontrolle des Leasingnehmers liegen, vorgenommen werden dürfen, vgl. Abschnitt 433.31.

443.42 Bilanzielle Auswirkungen von Neueinschätzungen

Die Vorschriften zur bilanziellen Abbildung von Neueinschätzungen vertraglicher Bestandteile differenzieren grundlegend danach, ob die Neueinschätzungen die Laufzeit des Leasingverhältnisses oder eine Kaufoption tangieren – dann ändern sich die **wirtschaftlichen Gegebenheiten des Leasingverhältnisses**[1278] – oder ob sie lediglich eine wertmäßige Anpassung zur Folge haben, weshalb sich die wirtschaftlichen Gegebenheiten nicht ändern. Sofern Neueinschätzungen aus Laufzeitoptionen resultieren, sollen die neuen Leasingzahlungen auf der Grundlage des neuen verbleibenden Zeitraums und eines **angepassten Zinssatzes**, der diesen Zeitraum widerspiegelt, ermittelt und die Verbindlichkeit entsprechend angepasst werden.[1279] Gleiches gilt für die Neubeurteilung einer Kaufoption: Die Leasingzahlungen sind unter ihrer Berücksichtigung neu zu ermitteln und mit einem angepassten Zinssatz zu diskontieren.[1280] Die Anpassung des Zinssatzes resultiert aus der Folgerung des IASB, dass sich durch die Laufzeitanpassung die wirtschaftlichen Gegebenheiten des Leasingverhältnisses (*economics of the lease*) ändern.[1281]

Ein abweichendes Vorgehen gilt lediglich für wertmäßige Anpassungen von Restwertgarantien und variable Leasingzahlungen in Abhängigkeit von einem Index. Sofern die Zahlungen aus Restwertgarantien neu geschätzt werden, sind diese Änderungen unter Beibehaltung des **ursprünglichen Zinssatzes**[1282] entsprechend für die Anpassung der Verbindlichkeit zu berücksichtigen.[1283] Änderungen variabler Zahlungen in Abhängigkeit von einem Index sind gleichermaßen zu behandeln. Sie sind gleichwohl erst dann zu erfassen, wenn die Zahlungen fällig werden.[1284] Für diese Fälle ändert sich die finanzielle Belastung des Leasingnehmers durch das Leasingverhältnis, jedoch bleiben die wirtschaftlichen Gegebenheiten unverändert. Daher wird der Zinssatz nicht angepasst.

1278 Vgl. IFRS 16.BC194.

1279 Vgl. IFRS 16.40 (a) i. V. m. IFRS 16.41.

1280 Vgl. IFRS 16.40 (b) i. V. m. IFRS 16.41.

1281 Vgl. IFRS 16.BC194; damit ändern sich auch die aus dem Leasingverhältnis entstehenden Rechte und Verpflichtungen, vgl. FREIBERG, J., Folgebilanzierung von Leasingverhältnissen, S. 1119.

1282 Ausnahmsweise ist der Zins anzupassen, wenn die Änderung der Leasingzahlungen aus Änderungen von variablen Zinssätzen (*floating interest rates*) resultiert. In diesem Fall ist der Zinssatz unter Berücksichtigung der Restlaufzeit erneut zu bestimmen, vgl. IFRS 16.43.

1283 Vgl. IFRS 16.42 (a). ED/2013/6 sah diesbezüglich komplexere Regelungen vor, vgl. IASB (Hrsg.), ED/2013/6. Diese wurden gleichwohl aufgrund der zu erwartenden vielfachen Anpassungen wegen der regelmäßigen Schwankungen i. V. m. der Komplexität der Anwendung kritisiert, sodass die Vorschriften simplifiziert wurden, vgl. IFRS 16.BC190; IASB (Hrsg.), Staff Paper 3A (March 2015), Rn. 25 (b), zur Kritik IASB (Hrsg.), Staff Paper 3B (April 2014), Rn. 13; GEHRER, J. U. A., Schätzungsänderungen und Vertragsanpassungen, S. 58.

1284 Vgl. IFRS 16.42 (b).

443.43 Bewertungszusammenhang zwischen der Verbindlichkeit und dem Nutzungsrecht

443.431. Wertmäßig Implikationen des Bewertungszusammenhangs

Aufgrund der „horizontale[n; Anm. d. Verf.] Bewertungseinheit“[1285] zwischen der Verbindlichkeit und dem Nutzungsrecht wirken sich die beschriebenen Anpassungen aufgrund von Neueinschätzungen der Verbindlichkeit in identischer Höhe auch auf das Nutzungsrecht aus.[1286] Aus den Anpassungen resultieren im Zeitverlauf Schwankungen der Buchwerte. Da das Nutzungsrecht linear planmäßig abzuschreiben ist, resultiert der Höhe nach bei jeder Neueinschätzung eine dauerhaft abweichende planmäßige Abschreibung. Demnach resultieren aus einer Buchwerterhöhung bzw. -minderung entsprechend höhere bzw. geringere Abschreibungen. Für die Fortschreibung der Verbindlichkeit ergeben sich gleichermaßen abweichende Zinsaufwendungen und Tilgungsbeträge aufgrund der wertmäßigen Anpassung ihrer Berechnungsgrundlage.

Wertmäßige Anpassungen sind auf verschiedene Weisen denkbar. Einerseits können die Werte der Verbindlichkeit und des Nutzungsrechtes angepasst werden, indem beide Werte eine **positive Wertänderung** erfahren (bspw. aufgrund einer Laufzeitverlängerung). Daraus ergeben sich keine weiteren Herausforderungen. Gleiches gilt für gewöhnlich, wenn die **Wertänderung negativ** ist (z. B. wegen einer Laufzeitverkürzung). Eine Besonderheit ergibt sich für den letztgenannten Fall, wenn die negative Anpassung dazu führt, dass der Wert des Nutzungsrechtes im Zeitverlauf **auf bzw. unter einen Wert von null** fällt. Dies könnte sich ergeben, wenn die Wertdifferenz aus der vertraglichen Neueinschätzungen größer ist als der Restbuchwert des Nutzungsrechtes. Gemäß den Vorschriften ist das Nutzungsrecht dann nicht außerbilanziell weiterzuführen bzw. eine Nebenrechnung aufzumachen, sondern bis auf den Wert von null anzupassen und der verbleibende Betrag erfolgswirksam in der Gewinn- und Verlustrechnung zu erfassen.[1287] Zusätzlich sollte das Nutzungsrecht jedoch nach der hier vertretenen Auffassung vor allem wegen entscheidungsnützlicherer Informationen für die Adressaten mit einem **Erinnerungswert** weiterhin bilanziell erfasst werden, damit das Leasingverhältnis aus der Betrachtung der Gesamtheit der Vermögenswerte des Leasingnehmers weiterhin ersichtlich ist.[1288] Das Nutzungsrecht kann in den Folgeperioden aufgrund von erneuten Anpassungen, die zu einer Werterhöhung führen (bspw. eine Laufzeitverlängerung, die höhere Zahlungen impliziert), wiederum einen positiven Wert haben, der planmäßig abzuschreiben ist.

Für die Werterhöhung ist dann konsistenterweise ein wertmäßiger Ausgangspunkt von null anzusetzen. Für die Bewertung wird somit von etwaigen negativen Werteffekten in den Vorperioden abstrahiert. Zugunsten einer ausgeprägteren Konsistenz der Bewertung des Nutzungs-

---

1285 FREIBERG, J., Folgebilanzierung von Leasingverhältnissen, S. 1119.
1286 Vgl. IFRS 16.39.
1287 Vgl. IFRS 16.39.
1288 Vgl. in Bezug auf die Bedeutung des Konzeptes des Erinnerungswertes bei der planmäßigen Abschreibung von Nutzungsrechten Abschnitt 443.321.

rechtes im Zeitverlauf wäre, in Anlehnung an vergleichbare Vorschriften des IAS 28,[1289] eine außerbilanzielle Fortführung eines in der Zwischenzeit negativen Wertes, und damit keine sofortige erfolgswirksame Erfassung der verbleibenden Wertdifferenz, zu begrüßen gewesen. Auf diese Weise würde das Nutzungsrecht insofern einheitlich zur der Konstellation fortgeschrieben, in der es dauerhaft einen (positiven) Wert aufweist, als keine negativen Wertänderungen bilanziell „abgeschnitten" werden.

Wertmäßige Anpassungen des Nutzungsrechtes aufgrund vertraglicher Neueinschätzungen können sich auch ergeben, nachdem das Nutzungsrecht **außerplanmäßig abgeschrieben** wurde. Der Wert des Nutzungsrechtes nach der außerplanmäßigen Abschreibung wird anhand der Wertmaßstäbe des IAS 36 ermittelt. Diese abstrahieren von den spezifischen Zahlungsströmen, die für die Erstbewertung und für die gewöhnliche Folgebewertung der Verbindlichkeit maßgeblich sind.[1290] Hingegen beziehen sich die Anpassungen aus Neueinschätzungen, die in zeitlicher Hinsicht auf die außerplanmäßige Abschreibung folgen, weiterhin auf die ursprünglichen vertraglichen Konditionen. Die Bewertung ist dann insofern nicht mehr hinsichtlich der Wertermittlung konsistent, als sie sich aus unterschiedlichen Ermittlungsgrundlagen (alternative Bewertungsmaßstäbe versus ursprüngliche vertragliche Konditionen) ergibt. Der Bewertungszusammenhang führt im Ergebnis in bestimmten Konstellationen zu einer **inkonsistenten Bewertung** des Nutzungsrechtes im Zeitablauf.

443.432. Konzeptionelle Eignung des Bewertungszusammenhangs

Der Bewertungszusammenhang zwischen dem Nutzungsrecht und der Verbindlichkeit ist vor dem Hintergrund der bisherigen Erkenntnisse hinsichtlich seiner konzeptionellen Eignung zu untersuchen. Für die diesbezüglichen Vorschriften werden verschiedene Argumente angeführt. So ist mit einer Anpassung des Zeitraums des Leasingverhältnisses ein entsprechend abweichender zeitlicher Besitz des Nutzungsrechtes verbunden, der sich sowohl in der Anpassung der Zahlungen als auch in der Bewertung des Nutzungsrechtes widerspiegeln muss.[1291] Zudem werden Anpassungen ohne zeitlichen Bezug, vor allem aufgrund der Höhe nach abweichender Leasingzahlungen, als eine Änderung der anfänglichen Schätzung der Anschaffungskosten des Nutzungsrechtes ausgelegt, die wie ebendiese Kosten behandelt und somit in die Bewertung des Nutzungsrechtes eingehen sollten.[1292] Demnach wird die Bewertungseinheit beider Bilanzposten sowohl **ökonomisch** als auch **regelungssystematisch** begründet. Die ökonomische Begründung ist nach der hier vertretenen Auffassung positiv zu beurteilen. Vor dem Hintergrund

---

1289 Diese Vorgehensweise ist bei negativen *equity*-Werten nach IAS 28 geboten. Demnach werden die über einen Buchwert von null hinausgehenden Verluste in einer Nebenrechnung festgehalten und in den Folgeperioden bei einem ggf. anfallenden Gewinn mit diesem Verlustanteil verrechnet, vgl. IAS 28.38 f.; HAYN, S., in: Beck IFRS HB, 5. Aufl., § 36, Rn. 82; BAETGE, J./KLAHOLZ, T./GRAUPE, F., in: Baetge u. a., Rechnungslegung nach IFRS, 2. Aufl., IAS 28, Rn. 175. Diese Vorgehensweise wird auch mit „U-Boot-Methode" umschrieben, vgl. u. a. ROTTKE, P., Equity-Methode, S. 82.

1290 Vgl. dazu Abschnitt 443.333.

1291 Vgl. IFRS 16.BC192 (a).

1292 Vgl. IFRS 16.BC192 (b).

der Vorschriften zur Erstbewertung, nach denen die Verbindlichkeit wertmäßig in das Nutzungsrecht eingeht, ist auch das regelungssystematische Argument konsequent.

Zudem begründet der Standardsetzer die Regelung ausdrücklich mit einem Analogieschluss zu **IFRIC 1** *Änderungen bestehender Rückstellungen für Entsorgungs- Wiederherstellungs- und ähnliche Verpflichtungen.*[1293] Die Interpretation befasst sich mit Leitlinien zur bilanziellen Abbildung von Bewertungsänderungen der Rückstellungen.[1294] Diese können sich regelmäßig aus unterschiedlichen Gründen, bspw. wegen abweichender erwarteter Verpflichtungsbeträge, ändern.[1295] Gemäß IFRIC 1 sind Änderungen des Wertes der Rückstellung in identischer Höhe für den Wert in den Anschaffungs- oder Herstellungskosten des dazugehörigen Vermögenswertes zu übernehmen[1296] und der Gesamtbetrag weiterhin planmäßig abzuschreiben.[1297] Der Board schreibt dem Zusammenwirken der Bewertung des Vermögenswertes und der korrespondierenden Rückstellung durch diese Argumentation einen identischen wirtschaftlichen Gehalt zu wie dem Bewertungszusammenhang zwischen dem Nutzungsrecht und der Verbindlichkeit aus dem Leasingverhältnis. Dabei wird jedoch vernachlässigt, dass die in IFRIC 1 thematisierte Wertanpassung nur eine der zwei Möglichkeiten für Wertanpassungen gemäß IFRS 16 erfasst, nämlich solche, bei denen die Zahlungen angepasst werden, sich die wirtschaftlichen Gegebenheiten jedoch nicht ändern.[1298] Diese genauere Betrachtung deutet bereits auf die konzeptionelle Schwäche des Analogieschlusses hin.

Eine Veränderung des Wertes des Nutzungsrechtes sollte demnach ausschließlich darin begründet sein, dass sich der **künftige wirtschaftliche Nutzen verändert** hat, der durch Abschreibung in den Folgeperioden wieder verbraucht wird – sodass eine ökonomische Betrachtung zugrunde gelegt wird.[1299] Ein erhöhter Nutzen kann unterstellt werden, wenn die Erhöhung des Wertes aus einer Verlängerung der Vertragsdauer resultiert. In diesem Fall ändern sich die wirtschaftlichen Gegebenheiten des Leasingverhältnisses und der künftige Nutzen erhöht sich aufgrund einer längeren Nutzungsdauer. Dieser Zusammenhang ist jedoch ökonomisch nicht begründbar, wenn die Erhöhung aus höheren variablen Zahlungen oder einer Anpassung der Zahlungserwartung aus Restwertgarantien[1300] – also aus Anlässen, die IFRIC 1 adressiert – resultiert. Hier entsteht kein zusätzlicher wirtschaftlicher Nutzen.

1293 Vgl. IFRS 16.BC192 (c).

1294 Vgl. IFRIC 1.1.

1295 Vgl. ZÜLCH, H./WILLMS, J., Besondere Vorschriften zur Rückstellungsbilanzierung, S. 226 f.

1296 Vgl. IFRIC 1.5.

1297 Vgl. IFRIC 1.7.

1298 Der Bezug ist ferner nur bedingt nachvollziehbar, weil die Verbindlichkeit im Leasingverhältnis einen die Nutzung über die Laufzeit finanzierenden Charakter aufweist, wohingegen sich die Rückstellung für die Entsorgung oder Wiederherstellung wirtschaftlich betrachtet auf die Perioden nach der Nutzung bezieht. Dieses Argument ist gleichwohl eher formaler Natur und von geringer Bedeutung für die Argumentation.

1299 Gl. A. GEHRER, J. U. A., Schätzungsänderungen und Vertragsanpassungen, S. 60; zum Verbrauch des künftigen wirtschaftlichen Nutzens durch Abschreibungen IAS 16.60.

1300 Die Restwertgarantie würde eine höhere Bewertung erfahren, wenn der Wert des zugrunde liegenden Leasingobjektes erwartungsgemäß geringer sein wird als ursprünglich vermutet, vgl. IASB (Hrsg.), Staff Paper 5G (February 2011), Rn. 27 f.; KPMG (Hrsg.), Comment Letter ED/2013/6, S. 13.

Ein allgemeiner Bewertungszusammenhang kann somit vor dem Hintergrund der Konsistenz der Erst- und Folgebewertung des Nutzungsrechtes nach IFRS 16 zwar grundsätzlich gerechtfertigt werden. Gleichwohl sollten ökonomische Erwägungen bevorzugt und höher gewichtet werden. Sie führen zu der Erkenntnis, dass die Bewertungseinheit nicht pauschal für alle Neueinschätzungen, sondern vielmehr nur für solche Konstellationen anwendbar sein sollte, die den **künftigen wirtschaftlichen Nutzen tatsächlich erhöhen**. Demnach sollte nur eine Anpassung des Nutzungsrechtes erfolgen, wenn sich die wirtschaftlichen Gegebenheiten des Leasingverhältnisses ändern. Die übrigen Wertanpassungen – d. h. solche, die nicht zu einer Änderung der wirtschaftlichen Gegebenheiten führen, sondern aus einer Neueinschätzung der Zahlungen resultiert – sollten neben einer wertmäßigen Anpassung der Verbindlichkeit aus dem Leasingverhältnis lediglich **erfolgswirksam** erfasst werden. Das Vorgehen entspräche hinsichtlich dieser konzeptionell fundierteren Differenzierung dann der Vorgehensweise für **nachträgliche Anschaffungs- oder Herstellungskosten gemäß IAS 16**. Die bilanzielle Abbildung von nachträglichen Anschaffungs- oder Herstellungskosten wird hier gleichermaßen unter Bezugnahme auf den Zufluss des wirtschaftlichen Nutzens geregelt.[1301] Die Bilanzierungsweise wäre nicht nur aufgrund dieser standardübergreifenden Konsistenz zu begrüßen. Denn außerdem wird ein vergleichbares Vorgehen wird für Werteffekte aus der Fremdwährungsumrechnung geregelt. Wechselkursdifferenzen wirken sich lediglich erfolgswirksam auf die Verbindlichkeit aus dem Leasingverhältnis aus. Das Nutzungsrecht wird nicht tangiert.[1302] Insofern wird der Bewertungszusammenhang hier durchbrochen. Das konkretisierte, vorteilhaftere Vorgehen geht demnach nicht über die bestehenden Vorschriften des IFRS 16 hinaus.

444. Abschließende Würdigung der konkretisierten Regelungen

Die Vorschriften zur Erst- und Folgebewertung sind aufgrund der unmittelbaren Interdependenzen mit der Gestaltung der Zahlungsmodalitäten in hohem Maße bedeutend. Die Regelungen zur **Erstbewertung** der **Leasingverbindlichkeit** sind insofern komplex, als verschiedene wertmäßige Bestandteile in die Wertermittlung eingehen, deren Einbezug individuellen Anforderungen unterliegt. Grundlegend richtet sich ihre bilanzielle Berücksichtigung nach der Vermeidbarkeit der Zahlungen, die einen Aspekt der Definition einer Schuld gemäß dem *Conceptual Framework* darstellt.

Die Vorschriften weisen unterschiedliche Implikationen hinsichtlich ihrer Entscheidungsnützlichkeit auf. In hohem Maße entscheidungsnützliche Informationen werden vor allem vermittelt, wenn die Leasingzahlungen aus fixen Zahlungen oder indexabhängigen Zahlungen bestehen. Diese Regelungen unterliegen keinen bzw. nur sehr geringen subjektiven Einflüssen des Leasingnehmers. Abweichende Schlussfolgerungen ergeben sich für quasi-fixe Zahlungen. Sie

1301 So wird implizit angenommen, dass sich der Nutzen aufgrund von laufenden Wartungen oder Instandhaltungen nicht verbessert, vgl. IAS 16.12. Hingegen sind größere Wartungen (Generalüberholungen) nutzenstiftend und somit in der Bewertung des Vermögenswertes zu berücksichtigen, vgl. IAS 16.14; dazu LÜDENBACH, N./HOFFMANN, W.-D./FREIBERG, J., in: Haufe IFRS-Kommentar, 16. Aufl., § 14, Rn. 39; implizit gl. A. SCHARFENBERG, A., in: Beck IFRS HB, 5. Aufl., § 5, Rn. 90.

1302 Vgl. auch zur Begründung für diese Vorgehensweise IFRS 16.BC196–BC199.

liegen vor, wenn die Zahlungen faktisch unvermeidbar sind, d. h. ihr Eintritt demnach nahezu sicher ist. Die Anwendung dieses Kriteriums ist trotz der abgeleiteten Anforderungen ermessensbehaftet. Die Bedingungen, die zu quasi-fixen Zahlungen führen, können sowohl unternehmens- als auch nicht unternehmensbezogen sein. Die Regelungen legen den unterschiedlichen Ausprägungen quasi-fixer Zahlungen unterschiedliche Verständnisse von Vermeidbarkeit zugrunde. Damit sind entsprechende Einschränkungen hinsichtlich der Relevanz der entstehenden Informationen und vor allem auch der Glaubwürdigkeit verbunden.

Darüber hinaus sind variable Zahlungen vom Ansatz ausgeschlossen. Der Ausschluss ist aufgrund ihrer Bedeutung für die Vertragsgestaltung zu kritisieren. Die Argumentation des Standardsetzers gegen ihre Ansatzpflicht überzeugt nicht. Ferner führt die Regelung zu Inkonsistenzen mit den Vorschriften dieses und anderer IFRS zu vergleichbaren Sachverhalten. Aufgrund von am Rahmenkonzept orientierten Erwägungen wäre eine bedingte Ansatzpflicht folgerichtig.[1303] Der Einbezug weiterer Komponenten, die dem Wesen nach keine Leasingzahlungen sind, ist aufgrund der regelungskonzeptionellen Inkonsistenz zum Ausschluss variabler Zahlungen zu kritisieren. So liegen besonders in hohem Maße ähnliche Merkmale hinsichtlich der Vermeidbarkeit der Zahlung vor, die jedoch nicht in der bilanziellen Abbildung berücksichtigt werden.

Hinsichtlich der Bestimmung des Diskontierungszinses dürfte regelmäßig auf den unternehmensindividuellen Grenzfremdkapitalzinssatz abgestellt werden. Seine Verwendung erfordert eine Konkretisierung der Definitionsbestandteile. Sie führt im Kontext des Bilanzierungsmodells des IFRS 16 verschiedentlich zu konzeptionellen Missständen, die sich negativ auf die Qualität der resultierenden Informationen auswirken. Das **Nutzungsrecht** ergibt sich derivativ aus den Werten seiner Bestandteile, vor allem der Verbindlichkeit. Die einzubeziehenden anfänglichen direkten Kosten ergeben sich analog zu IFRS 15.

Aus der gewöhnlichen **Folgebewertung** der **Verbindlichkeit** ergeben sich keine besonderen Herausforderungen. Hingegen unterliegt die Folgebewertung des **Nutzungsrechtes** grundlegend der zwingend erforderlichen Konkretisierung, welches das Referenzobjekt für die Abschreibung ist. Entscheidungsnützliche Informationen werden nur dann vermittelt, wenn sich die Abschreibung auf die Bilanzierungseinheit von Nutzungsrecht und Leasingobjekt bezieht. Für die **planmäßige Abschreibung** wird bis auf die Ermittlung des Zeitraums, die IFRS 16 eigenständig regelt, auf die Vorschriften des IAS 16 verwiesen. Gleichwohl sind die Vorschriften lediglich vereinzelt für Nutzungsrechte anwendbar. Für die **außerplanmäßige Abschreibung** des Nutzungsrechtes wird auf IAS 36 verwiesen. Die genannten Indikatoren für eine Wertminderung sind grundsätzlich auf das im IFRS-Regelungswerk neue Referenzobjekt des Nutzungsrechtes übertragbar, wenngleich vereinzelte Anpassungen aufgrund seines Wesens erforderlich sind. Auch das Konzept des erzielbaren Betrages anhand der Regelungen des IAS 36

[1303] Ein Einbezug variabler Zahlungen hätte demnach zu relevanteren Zahlungen geführt. Dies gilt besonders für variable Zahlungen, deren Höhe tendenziell verlässlich geschätzt werden kann, vgl. EFRAG (Hrsg.), IFRS 16 Endorsement Advice, Rn. 48.

ist auf Nutzungsrechte anwendbar. Gleichwohl unterliegen sowohl der Nutzungswert als auch der beizulegende Zeitwert abzüglich Kosten der Veräußerung konzeptionell bedingten Besonderheiten in der Anwendung.

Sachverhaltsspezifische Elemente der Folgebewertung sind **Neueinschätzungen** der Bestandteile der Verbindlichkeit. Die bilanzielle Berücksichtigung von Neueinschätzungen ist unabdingbar, um zu jedem Berichtszeitpunkt relevante und glaubwürdige Informationen über die Bewertung der Bilanzposten zu generieren. Gleichwohl würde ihrer Bedeutung durch differenziertere und konzeptionell zutreffendere Vorschriften zur horizontalen Bewertungseinheit der Bilanzposten in höherem Maße entsprochen.

5 Zusammenfassung und Ausblick

Im Januar 2016 veröffentlichte der IASB den neuen Standard zur bilanziellen Abbildung von Leasingverhältnissen. IFRS 16 *Leases* ist verpflichtend zum 1. Januar 2019 anzuwenden. Er ersetzt den bis dato gültigen Standard IAS 17 *Leases*. Die Konzeption der bilanziellen Abbildung beim Leasingnehmer weicht fundamental von den bisherigen Regelungen ab. Vor diesem Hintergrund besteht das Ziel der vorliegenden Arbeit in der kritischen Analyse und Konkretisierung der Vorschriften zur bilanziellen Abbildung von Leasingverhältnissen beim Leasingnehmer. Im Detail werden die Regelungen zur Definition eines Leasingverhältnisses, zur Bestimmung seines Zeitraums und zur Bewertung der aus dem Leasingverhältnis resultierenden Bilanzposten untersucht. Den konzeptionellen Bezugspunkt der Betrachtung bildet das übergeordnete Ziel der IFRS-Rechnungslegung, die Vermittlung entscheidungsnützlicher Informationen. Dabei wird die im März 2018 veröffentlichte Neufassung des *Conceptual Framework for Financial Reporting* zugrunde gelegt. Im Folgenden werden die Erkenntnisse zusammengefasst.

Nach den Vorschriften des IFRS 16 nimmt die Erfüllung der Kriterien der **Definition eines Leasingverhältnisses** (Abschnitt 42) eine zentrale Rolle ein. Ihre Erfüllung bestimmt, ob das vertragliche Verhältnis als Leasing- oder Dienstleistungsverhältnis zu beurteilen ist. Diese Einschätzung bestimmt unmittelbar die Bilanz(un-)wirksamkeit des zugrunde liegenden Sachverhalts beim Leasingnehmer bzw. Kunden. Gemäß dem **ersten Kriterium** der Definitionsvoraussetzungen muss ein identifizierter Vermögenswert vorliegen. Die Bestimmung eines identifizierten Vermögenswertes ist mit Ermessensspielräumen verbunden, wenn der Vermögenswert nicht explizit im Vertrag, sondern lediglich implizit aus den Gesamtumständen deutlich wird. Die Regelungen berücksichtigen zutreffenderweise, dass Leasingobjekte nicht nur Vermögenswerte an sich, sondern auch physisch separierbare Bestandteile derer sein können. Insbesondere Anteile von Kapazitäten eines zugrunde liegenden Vermögenswertes können als identifizierter Vermögenswert infrage kommen, wenn der Leasingnehmer dem substanziellen Anteil an den gesamten Kapazitäten des Vermögenswertes hält. Die Regelungen lassen hingegen keinen Spielraum für nicht substanzielle Anteile an Kapazitäten. Diese können kein Leasingobjekt darstellen.

Leasingverträge können Austauschrechte des potenziellen Leasinggebers enthalten. Wenn diese als substanziell charakterisiert werden, liegt die Kontrolle über den Vermögenswert beim potenziellen Leasinggeber. Das vertragliche Verhältnis ist dann als Dienstleistungsverhältnis zu klassifizieren. Gemäß der ersten Bedingung muss die praktische Fähigkeit zum Ersatz des ursprünglichen durch einen alternativen Vermögenswert erfüllt sein. Sie wird maßgeblich durch die Ermessensspielräume bei der Beurteilung eines solchen alternativen Leasingobjektes getrieben. Die den Interessen des potenziellen Leasingnehmers geschuldete Spezifität des Leasingobjektes ist der dominante Faktor in der Abwägung. Gemäß der zweiten Bedingung muss der Austausch wirtschaftliche Anreize für den Leasinggeber erzeugen. Für diese Abwägung sind die Begriffe Nutzen und Kosten weit auszulegen, um die wirtschaftlichen Verhältnisse möglichst umfassend zu berücksichtigen. Gleichwohl kann keine branchenübergreifende Konkretisierung geleistet werden. Auf diese Weise würden Eigenheiten bestimmter Branchen übergangen, was zu einer strukturellen Verzerrung der Beurteilung der Substanz, und damit verbunden der Einordnung als Leasing- oder Dienstleistungsverhältnis, führen könnte.

Das **zweite Kriterium** der Definition schreibt vor, dass dem potenziellen Leasingnehmer der substanzielle Anteil des wirtschaftlichen Nutzens aus dem Leasingobjekt zukommen muss. Mit den regelungsseitig bestimmten Nutzenquellen Nutzung, Untervermietung und Haltung werden alle unter ökonomischen Erwägungen und nach einer Betrachtung derjenigen des IFRS 15 denkbaren Quellen erfasst. Der substanzielle Anteil des gesamten wirtschaftlichen Nutzens ist mit mindestens 90 % des gesamten Nutzens zu quantifizieren. Für Leasingobjekte, deren wirtschaftlicher Nutzen nicht unmittelbar monetär bemessen werden kann, ist diejenige Dimension heranzuziehen, die unter Heranziehung einer wirtschaftlichen Perspektive am naheliegendsten ist.

Sachverhaltsgestaltungen können dazu führen, dass der gesamte wirtschaftliche Nutzen faktisch nicht dem rechtlichen Leasingnehmer zufließt, sondern an eine weitere Partei weitergeleitet wird. In diesem Fall dürfte diese Partei gemäß einer wirtschaftlichen Betrachtungsweise und aufgrund vertraglicher Vereinbarungen zwischen den beiden Parteien auch das übrige, dritte Definitionskriterium erfüllen. Sie ist dann der faktische, wirtschaftliche Leasingnehmer. Für diese Konstellation wird eine Bilanzierungsweise abgeleitet, die das Ziel der Überarbeitung der Vorschriften, außerbilanzielle Gestaltungsspielräume zu vermeiden, explizit berücksichtigt. Eine ähnliche Konstellation liegt vor, wenn mehrere Parteien Kapazitäten halten, die jeweils nicht substanziell sind, unter Beachtung der gesamten Umstände jedoch faktisch einer Partei der substanzielle Anteil des Nutzens aus den Kapazitäten zukommt. In diesem Fall kann jedoch nicht zwingend davon ausgegangen werden, dass Gestaltungsabsichten der beteiligten Parteien vorliegen. Die gewöhnliche Bilanzierung zweier Dienstleistungsverhältnisse ist sachgerecht.

Zuletzt muss der Leasingnehmer gemäß dem **dritten Definitionskriterium** das Recht zur Bestimmung über die Verwendung des zugrunde liegenden Vermögenswertes besitzen. Das Recht kommt der Partei zu, die über die Art und Weise sowie den Zweck der Verwendung des Leasingobjektes bestimmen und diese Parameter ändern kann. Herausforderungen ergeben sich, wenn beide Vertragsparteien Entscheidungsrechte besitzen. Der Beurteilung ist dann die Verteilung der relevantesten Entscheidungsrechte am Leasingobjekt zugrunde zu legen. Die Entscheidungsrechte des Leasingnehmers und des Leasinggebers sollten hinsichtlich ihrer relativen Bedeutung für Beeinflussung des wirtschaftlichen Nutzens gesamtheitlich gegeneinander abgewägt werden.

Die Verteilung des Rechtes zur Bestimmung über die Verwendung kann auch vorbestimmt sein. In diesem Fall kommt dem Leasingnehmer dieses Recht einerseits zu, wenn er auch das Recht zum Betrieb während der Vertragslaufzeit besitzt. Andererseits kann sich eine Zuordnung des

Rechtes zum Leasingnehmer ergeben, indem er in der Bestimmung des Designs maßgeblich mitgewirkt hat. Der Leasingnehmer muss dabei zwingend an der Konzeption der Aspekte des Designs mitwirken, die für die Entscheidungen über die Art und Weise sowie die Zweck der Verwendung kritisch sind. Die praktische Umsetzung als logisch nachgelagerter Schritt ist für die Beurteilung unkritisch.

Über die Definitionskriterien hinaus werden die Vorschriften zur Bestimmung des **Zeitraums des Leasingverhältnisses** durch den Leasingnehmer untersucht. Dieser ist maßgeblich für die Bewertung des Nutzungsrechtes und der Verbindlichkeit. So ist mit einer höheren Zahl der einzubeziehenden Perioden regelmäßig eine höhere Bewertung der Bilanzposten verbunden. Der Leasingnehmer hat zunächst den **nicht kündbaren Zeitraum** zu bestimmen. Diese Beurteilung ist regelmäßig ohne Weiteres durchführbar. Lediglich die Bestimmung einer nicht signifikanten Strafe als Indikator ausbleibender durchsetzbarer Rechte und Verpflichtungen ist ermessensbehaftet, da sie regelmäßig vertragsspezifisch zu bestimmen ist.

Aus ökonomischen Gründen sind vor allem **Laufzeitoptionen** von Bedeutung. Diese gewähren dem Leasingnehmer die Flexibilität, das Leasingverhältnis vorzeitig zu kündigen oder es zu verlängern. Durch Laufzeitoptionen abgedeckte Perioden werden in der Bestimmung des Zeitraums zu Beginn des Leasingverhältnisses nur berücksichtigt, wenn die Ausübung der Optionen hinreichend sicher ist. Mit Bezug auf den Projektverlauf und das Spektrum aller wahrscheinlichkeitsbezogenen Begriffe innerhalb der IFRS wird die der Entscheidung über die hinreichende Sicherheit beizumessende Wahrscheinlichkeit der Ausübung mit bis etwa 90 % beziffert. Dies ist einerseits hinreichend restriktiv, lässt andererseits jedoch erforderlichen Spielraum für Neubeurteilungen der Optionsausübung im Zeitverlauf.

Zur Beurteilung des Vorliegens einer hinreichenden Sicherheit sind sämtliche relevante Tatsachen und Umstände heranzuziehen, die einen wirtschaftlichen Anreiz zur Ausübung verbriefen. Ein wirtschaftlicher Anreiz ist unter Rückgriff auf die Überlegungen des Standardsetzers wenig restriktiv auszulegen, sodass der Nutzen aus dem jeweiligen Indikator die Kosten lediglich übersteigen muss. Die Gewichtung der Tatsachen und Umstände ist zwar grundsätzlich im Einzelfall zu prüfen. Sie wird aber regelmäßig maßgeblich durch die Spezifität des Vermögenswertes für den Leasingnehmer beeinflusst. Zur Beurteilung der hinreichenden Sicherheit kodifizieren die Vorschriften ferner zwei **plausibilisierende Annahmen**, die wegen ihres Abstraktionsgrades über ihre Unterstützung bei ebendieser Plausibilisierung heraus keine bedeutende Funktion erfüllen können. Unter bestimmten Voraussetzungen lassen die Vorschriften **Neueinschätzungen** über die hinreichende Sicherheit der Optionsausübung zu. Die Vorschriften erscheinen zwar restriktiv. Gleichwohl wird diese Vermutung nach einer detaillierten Untersuchung aufgrund vielfacher Ermessensspielräume nicht bestätigt. Besonders deutlich wird dies bei der Betrachtung des Indikators einer geschäftlichen Entscheidung.

Schließlich werden die Vorschriften für zwei **mögliche Strukturierungen der Laufzeit** konkretisiert, die im Überarbeitungsprozess diskutiert wurden, und für die die gewöhnliche Anwendung der Regelungen unklar ist bzw. zu wenig entscheidungsnützlichen Informationen führt. Sowohl für die Strukturierung mittel- oder langfristiger Leasingverträge über in vertraglicher Hinsicht kurzfristige Leasingverhältnisse mit dem Ziel der Bilanzunwirksamkeit als auch für Leasingverhältnisse, die sich wiederkehrend verlängern, werden Bilanzierungsweisen abgeleitet, die zu entscheidungsnützlichen Informationen führen. Für den erstgenannten Sachverhalt wird die zutreffende bilanzielle Abbildung durch die Ähnlichkeit der kurzfristigen Leasingverhältnisse bestimmt. Für die letztgenannte Konstellation ist zu den Zeitpunkten der Neubeurteilung jeweils eine bilanzielle Abbildung gemäß der subjektiven Einschätzung des Leasingnehmers über den noch verbleibenden Zeitraums maßgeblich.

Anschließend werden Vorschriften zur **Erstbewertung** des Nutzungsrechtes und der Verbindlichkeit aus dem Leasingverhältnis untersucht. Die **Verbindlichkeit** setzt sich aus dem Barwert der fixen, den quasi-fixen und den variablen Zahlungen, die von einem Index abhängen, und weiteren Bestandteilen zusammen. Die konzeptionelle Grundlage der (ausbleibenden) Einbeziehung von Leasingzahlungen in die Bilanzposten ist ihre (Un-)Vermeidbarkeit, die wiederum ein zentraler Aspekt der Definition einer Schuld ist.

Quasi-fixe Zahlungen können sowohl unternehmensunabhängig als auch unternehmensbezogen sein. Ihr Ansatz richtet sich nach dem übergeordneten Kriterium der faktischen Unvermeidbarkeit der Zahlung. Ebendiese Eigenschaft verdeutlicht die durch den Standardsetzer terminologisch zum Ausdruck gebrachte Nähe zu fixen Zahlungen. Für die Identifizierung der Zahlungen werden zentrale Anforderungen konkretisiert. Der Vermeidbarkeit von Zahlungen, die als quasi-fix klassifiziert werden können, liegt gleichwohl kein einheitliches Verständnis zugrunde.

Die Anforderungen, die an **indexabhängige variable Zahlungen** anzulegen sind, werden nicht spezifiziert. Sie sind nur ansatzpflichtig, wenn der zugrunde liegende Referenzsachverhalt die in der Arbeit konkretisierten Kriterien erfüllt. Hingegen sind **weitere variable Zahlungen** nicht ansatzfähig. Aufgrund der ökonomischen Bedeutung variabler Zahlungen wird die Argumentation für den ausbleibenden Ansatz detailliert untersucht. Keine der durch den Standardsetzer vorgebrachten Gründe rechtfertigt die ausbleibende Ansatzpflicht zufriedenstellend. Vielmehr wird mit einer bedingten Ansatzpflicht für variable Zahlungen ein konzeptionell überzeugenderes Vorgehen identifiziert.

Erwartete Zahlungen aus Restwertgarantien sind unter Heranziehung ihres wahrscheinlichen Wertes bilanziell in die Verbindlichkeit einzubeziehen. Für Konstellationen, in denen unter Betrachtung der Gesamtumstände kein wahrscheinlicher Wert ermittelt werden kann, dürfte eine vereinfachte Szenarioanalyse durchzuführen sein. Die Regelungen zu Restwertgarantien und zu laufzeitbezogenen Zahlungen sind in konzeptioneller Hinsicht für die Inkonsistenz ihrer bilanziellen Behandlung zu variablen Zahlungen zu kritisieren. So unterliegen diese Zahlungen zwar identischen Merkmalen hinsichtlich ihrer Vermeidbarkeit; dies schlägt sich jedoch nicht in der bilanziellen Berücksichtigung nieder.

Die Leasingzahlungen sind mit einem von zwei möglichen Zinssätzen zu **diskontieren**. Aufgrund ermittlungsbezogener Erwägungen wird dem Grenzfremdkapitalzinssatz die weitaus höhere Bedeutung zugeschrieben. Seine in konzeptioneller Perspektive lediglich eingeschränkte Eignung ist vor der divergierenden Bilanzierungskonzeptionen des IAS 17 und IFRS 16 zu erklären. Die Bestandteile seiner Definition werden umfassend konkretisiert. Vor allem sollte als Referenzwert für das fiktive Finanzierungsvolumen nicht nur der Wert des Nutzungsrechtes, sondern auch die nicht ansatzfähigen Leasingzahlungen einbezogen werden.

Das **Nutzungsrecht** wird durch IFRS 16 erstmalig in den IFRS-Regelungskanon eingeführt. Sein Wert ergibt sich derivativ aus verschiedenen Bestandteilen, deren Wertermittlung sich maßgeblich unterscheidet. Die Wertbestimmung ähnelt grundlegend eher den Vorschriften für materielle als denen für immaterielle Vermögenswerte.

Die **gewöhnliche Folgebewertung** der **Verbindlichkeit** unterliegt der Effektivzinsmethode. Für diese ergeben sich keine bedeutenden sachverhaltsspezifischen Herausforderungen. Vielmehr sind die Implikationen der Anwendung der Methode selbst zu beachten. Das **Nutzungsrecht** unterliegt sowohl der plan- als auch der außerplanmäßigen Abschreibung. Für diese ist es zwingend in Einheit mit dem zugrunde liegenden Leasingobjekt zu betrachten, um eine den tatsächlichen wirtschaftlichen Umständen entsprechende bilanzielle Abbildung zu erreichen. Das Nutzungsrecht ist über die Laufzeit gewöhnlicherweise linear planmäßig abzuschreiben. Besonderheiten für die planmäßige Abschreibung ergeben sich aus der Ausübung einer Kaufoption, verbunden mit abweichenden Zeiträumen der Dauer des Leasingverhältnisses und der wirtschaftlichen Nutzungsdauer des Leasingobjektes. Für über den Zeitraum hinaus gehende Parameter wird **auf IAS 16 verwiesen**. Der allgemeine Verweis ist nicht zutreffend. Nicht alle Regelungen sind sinngemäß anwendbar.

Die außerplanmäßige Abschreibung des Nutzungsrechtes richtet sich nach **IAS 36**. Die Indikatoren sind mit teilweise erforderlichen Konkretisierungen für Nutzungsrechte anwendbar. Über die Anhaltspunkte des IAS 36 hinaus werden weitere sachverhaltsspezifische identifiziert. Ein ähnliches Fazit wird für die Ermittlung des erzielbaren Betrages gezogen. Die Vergleichsmaßstäbe sind sinngemäß anwendbar, wenngleich vereinzelte Klarstellungen für die Anwendung auf Nutzungsrechte erforderlich sind.

Die Folgebewertung erfährt sachverhaltsspezifische Elemente durch vertragliche **Neueinschätzungen**. Diese wirken sich wertmäßig auf beide Bilanzposten aus. Die bilanzielle Erfassung von Neueinschätzungen hätte regelungsseitig eine höhere Bewertungskonsistenz aufweisen können. Der zugrunde liegende Bewertungszusammenhang zwischen den Bilanzposten, nach dem die Verbindlichkeit einen wertmäßigen Bestandteil des Nutzungsrechtes darstellt, hätte zudem konzeptionell zutreffender geregelt werden können.

In der Gesamtschau sind die neuen Vorschriften zur bilanziellen Abbildung von Leasingverhältnissen beim Leasingnehmer nach IFRS 16 differenziert zu würdigen. Es wird deutlich, dass die Vorschriften aufgrund ihrer weitgehend allgemeinen Formulierungen – was auch der Anwendbarkeit für die Vielfalt aller Leasingverträge geschuldet sein dürfte – im Detail vielfachen Konkretisierungen bedürfen. Im Hinblick auf die Standardsetzung wird deutlich, dass die Meinungen vieler Kommentierender und involvierter Anspruchsgruppen einflossen und der Fokus der Überarbeitung der in dieser Arbeit analysierten Vorschriften zumindest teilweise auf einer pragmatischen – und nicht auf einer konzeptionell überzeugenden – Lösung lag.

Die Anwender müssen sich mit zunehmender zeitlicher Nähe zum Zeitpunkt der verpflichtenden Erstanwendung tiefergehend mit den Vorschriften auseinandersetzen. Diesbezüglich sollten die Bilanzierenden auch beachten, dass die ESMA die Prüfung der Angaben über die erwarteten Auswirkungen der Implementierung des IFRS 16 (und weiterer neuer Standards) als eines der Prioritäten für die Geschäftsabschlüsse des Jahres 2017 kommuniziert.[1304] Die vorliegende Arbeit soll einen branchenübergreifenden Beitrag zu der (erstmaligen) Anwendung des IFRS 16 leisten. Ferner könnten die Erkenntnisse vereinzelt im Rahmen der durch den Standardsetzer verpflichtend durchzuführenden *Post Implementation Review* des Standards herangezogen werden.

[1304] Vgl. ESMA (Hrsg.), Enforcement priorities for 2017 financial statements, S. 1–3; zu den Prüfungsschwerpunkten in Bezug auf die Anhangangaben im Detail KLIEM, B./HERR, M./KOSMA, J., DPR-Prüfungsschwerpunkte 2018, S. 79 f.

Quellenverzeichnis

Verzeichnis der Kommentare und Handbücher

ADLER, HANS/DÜRING, WALTHER/SCHMALTZ, KURT (Hrsg.), Rechnungslegung nach Internationalen Standards. Kommentar, Loseblatt, Stuttgart 2002 ff. (Stand: August 2011) (zitiert: BEARBEITER, in: ADS International).

BAETGE, JÖRG/WOLLMERT, PETER/KIRSCH, HANS-JÜRGEN/OSER, PETER/BISCHOF, STEFAN (Hrsg.), Rechnungslegung nach IFRS. Kommentar auf Grundlage des deutschen Bilanzrechts, Loseblatt, 2. Aufl., Stuttgart 2003 ff. (Stand: November 2017) (zitiert: BEARBEITER, in: Baetge u. a., Rechnungslegung nach IFRS, 2. Aufl.).

BOHL, WERNER/RIESE, JOACHIM/SCHLÜTER, JÖRG (Hrsg.), Beck'sches IFRS-Handbuch. Kommentierung der IAS/IFRS, 5. Aufl., München 2016 (zitiert: BEARBEITER, in: Beck IFRS HB, 5. Aufl.).

BUSCHHÜTER, MICHAEL/STRIEGEL, ANDREAS, Kommentar Internationale Rechnungslegung IFRS, Wiesbaden 2011 (Kommentar IFRS).

DELOITTE (Hrsg.), iGAAP 2018. Volume 2, 11. Aufl., Croydon 2018 (iGAAP).

ERNST & YOUNG (Hrsg.), International GAAP 2018. Volume 2, Chichester/West Sussex 2018 (International GAAP).

GRAF VON WESTPHALEN, FRIEDRICH (Hrsg.), Der Leasingvertrag. Handbuch für das gesamte Leasingrecht, 7. Aufl., Köln 2015 (zitiert: BEARBEITER, in: Der Leasingvertrag, 7. Aufl.).

HENNRICHS, JOACHIM/KLEINDIEK, DETLEF/WATRIN, CHRISTOPH (Hrsg.), Münchener Kommentar zum Bilanzrecht. Band 1 IFRS, Loseblatt, München 2008 ff. (Stand: August 2017) (zitiert: BEARBEITER, in: MüKo Bilanzrecht).

HEUSER, PAUL J./THEILE, CARSTEN (Hrsg.), IFRS Handbuch. Einzel- und Konzernabschluss, 5. Aufl., Köln 2012 (zitiert: BEARBEITER, in: IFRS Handbuch, 5. Aufl.).

KPMG (Hrsg.), Insights into IFRS 2017/2018. KPMG's practical guide to IFRS – Volume 1, 14. Aufl., London 2017 (Insights into IFRS).

KUHN, STEFFEN/HACHMEISTER, DIRK, Rechnungslegung und Prüfung von Finanzinstrumenten. Handbuch nach IFRS, HGB und EMIR, Stuttgart 2015 (Rechnungslegung und Prüfung von Finanzinstrumenten).

LEFFSON, ULRICH/RÜCKLE, DIETER/GROßFELD, BERNHARD (Hrsg.), Handwörterbuch unbestimmter Rechtsbegriffe im Bilanzrecht des HGB, Köln 1986 (zitiert: BEARBEITER, in: Handwörterbuch unbestimmter Rechtsbegriffe).

LÜDENBACH, NORBERT/HOFFMANN, WOLF-DIETER/FREIBERG, JENS (Hrsg.), Haufe IFRS-Kommentar. Das Standardwerk, 16. Aufl., Freiburg i. Br. 2018 (zitiert: BEARBEITER, in: Haufe IFRS-Kommentar, 16. Aufl.).

MARTINEK, MICHAEL/STOFFELS, MARKUS/WIMMER-LEONHARDT, SUSANNE (Hrsg.), Leasinghandbuch, 2. Aufl., München 2008 (zitiert: BEARBEITER, in: HB Leasing, 2. Aufl.).

PEEMÖLLER, VOLKER H. (Hrsg.), Praxishandbuch der Unternehmensbewertung. Grundlagen und Methoden, Bewertungsverfahren, Besonderheiten bei der Bewertung, 6. Aufl., Herne 2015 (zitiert: BEARBEITER, in: HB Unternehmensbewertung, 6. Aufl.).

PETERSEN, KARL/BANSBACH, FLORIAN/DORNBACH, EIKE, IFRS Praxishandbuch. Ein Leitfaden für die Rechnungslegung mit Fallbeispielen, 11. Aufl., München 2015 (IFRS Praxishandbuch).

PWC (Hrsg.), Manual of Accounting. IFRS 2017 – Volume 1, London 2017 (Manual of Accounting).

RIESENHUBER, KARL (Hrsg.), Europäische Methodenlehre. Grundfragen der Methoden des Europäischen Privatrechts, Berlin 2006 (zitiert: BEARBEITER, in: Methoden des Europäischen Privatrechts).

THIELE, STEFAN/KEITZ, ISABEL VON/BRÜCKS, MICHAEL (Hrsg.), Internationales Bilanzrecht. Rechnungslegung nach IFRS. Kommentar, Loseblatt, Bonn 2008 ff. (Stand: Februar 2018) (zitiert: BEARBEITER, in: Internationales Bilanzrecht).

Verzeichnis der Aufsätze, Monografien und sonstigen Fachbeiträge

ACHLEITNER, ANN-KRISTIN, Die Normierung der Rechnungslegung. Eine vergleichende Untersuchung unterschiedlicher institutioneller Ausgestaltungen des nationalen und internationalen Standardsetzungsprozesses, Zürich 1995 (Die Normierung der Rechnungslegung).

ACKER, CHRISTINE, Umsatzlegung komplexer Verträge – Wechselwirkungen zwischen IFRS 15 und IFRS 16 bei variablen Preisvereinbarungen am Beispiel der Labordiagnostik. Teil 1, in: IRZ 2017, S. 305–310 (Umsatzlegung komplexer Verträge).

ADOLPH, PETER/RISCHAR, TOBIAS, Der neue Leasingbilanzierungsstandard IFRS 16 Leases ist veröffentlicht – was nun?, in: IRZ 2016, S. 57–58 (Neuer Leasingbilanzierungsstandard).

ADOLPH, PETER/SCHMIDT, MATTHIAS/SCHMIDT, PEER, ED/2013/6 – Überarbeiteter Entwurf zur künftigen Abbildung von Leasingverhältnissen. Potentielle Auswirkungen auf Kennzahlen der Financial Performance der Leasingnehmer, in: IRZ 2013, S. 457–466 (Überarbeiteter Entwurf).

ALKEMEIER, MICHAEL, Konzerninterne Unternehmenszusammenschlüsse. Die Bilanzierung von Business Combinations under Common Control im IFRS-Teilkonzernabschluss, Lohmar 2016 (Konzerninterne Unternehmenszusammenschlüsse).

ALVAREZ, MANUEL/BÜTTNER, MANUEL, Bilanzierung verdeckter Leasingverhältnisse gem. IFRIC 4. Theoretischer Hintergrund und praktische Anwendung, in: PiR 2008, S. 45–52 (Bilanzierung verdeckter Leasingverhältnisse).

ANDERS, GEORG, Praktische Simulation der Auswirkungen künftiger Leasingbilanzierung. Starke Turbulenzen, sanfte Landung?!, in: PiR 2014, S. 355–362 (Praktische Simulation der Auswirkungen).

ANDERSONS, ARVID, Neue Entwicklungen in der Bilanzierung von Leasinggeschäften, Graz 1998 (Leasinggeschäfte).

AUSTE, TORBEN, Einfluss von Lobbying auf den IFRS-Standardsetzungsprozess, Frankfurt am Main 2011 (Einfluss von Lobbying).

BAETGE, JÖRG, Möglichkeiten der Objektivierung des Jahreserfolges, Düsseldorf 1970 (Möglichkeiten der Objektivierung des Jahreserfolges).

BAETGE, JÖRG, Verwendung von DCF-Kalkülen bei der Bilanzierung nach IFRS, in: WPg 2009, S. 13–23 (Verwendung von DCF-Kalkülen).

BAETGE, JÖRG/EWELT-KNAUER, CORINNA/GRAUPE, FABIAN, Die Entwürfe zur Überarbeitung des IFRS-Leasingstandards aus der Perspektive von Leasinggebern – Eine vergleichende

Analyse der Hybridmodelle im ursprünglichen und im revidierten Standardentwurf, in: WPg 2014, S. 354–361 (Überarbeitung des IFRS-Leasingstandards).

BAETGE, JÖRG/KIRSCH, HANS-JÜRGEN/THIELE, STEFAN, Bilanzen, 14. Aufl., Düsseldorf 2017 (Bilanzen).

BAETGE, JÖRG/KIRSCH, HANS-JÜRGEN/THIELE, STEFAN, Konzernbilanzen, 12., überarbeitete Aufl., Düsseldorf 2017 (Konzernbilanzen).

BALLWIESER, WOLFGANG, Informations-GoB – auch im Lichte von IAS und US-GAAP, in: KoR 2002, S. 115–121 (Informations-GoB).

BALLWIESER, WOLFGANG, Ansätze und Ergebnisse einer ökonomischen Analyse des Rahmenkonzepts zur Rechnungslegung, in: zfbf 2014, S. 451–476 (Ökonomische Analyse des Rahmenkonzepts).

BARCKOW, ANDREAS, Was Sie schon immer über Leasing wissen wollten… (aber bislang nicht zu buchen wagten), in: BB 2013, S. I (Leasing).

BARDENS, ANDREA/DUHR, ANDREAS/HEINING, ANN-KATHRIN, Praktische Herausforderungen bei der Einführung des neuen Leasingstandards IFRS 16 im Konzern, in: IRZ 2016, S. 259–268 (IFRS 16 im Konzern).

BARDENS, ANDREA/HEINING, ANN-KATHRIN, Implementierung von IFRS 16: Ein bespielhafter Projektverlauf. Aufgaben der Projektleitung von der Projektplanung bis zum Projektabschluss, in: KoR 2017, S. 329–338 (Implementierung von IFRS 16).

BARDENS, ANDREA/KRONER, MATTHIAS/MEURER, HOLGER, Neuer Standardentwurf zur Reformierung der Leasingbilanzierung nach IFRS und US-GAAP – eine schöne Bescherung? (Teil 1), in: KoR 2013, S. 453–459 (Neuer Standardentwurf (Teil 1)).

BARDENS, ANDREA/KRONER, MATTHIAS/MEURER, HOLGER, Neuer Standardentwurf zur Reformierung der Leasingbilanzierung nach IFRS und US-GAAP – eine schöne Bescherung? (Teil 2), in: KoR 2013, S. 509–516 (Neuer Standardentwurf (Teil 2)).

BARDENS, ANDREA/KRONER, MATTHIAS/MEURER, HOLGER, IFRS 16: Flugzeuge jetzt „on balance“? (Teil 1). Überblick über die neue Leasingbilanzierung nach IFRS, in: KoR 2016, S. 385–393 (IFRS 16 (Teil 1)).

BARDENS, ANDREA/KRONER, MATTHIAS/MEURER, HOLGER, IFRS 16: Flugzeuge jetzt „on balance“? (Teil 2). Überblick über die neue Leasingbilanzierung nach IFRS, in: KoR 2016, S. 449–454 (IFRS 16 (Teil 2)).

BAUER, CHRISTIAN/GALLERT, TINO H., Die neue Leasingbilanzierung nach IFRS 16. Wesentliche Änderungen und Herausforderungen in der Praxis, in: WPg 2016, S. 321–327 (Leasingbilanzierung nach IFRS 16).

BAUSCH, JANE/FÜLBIER, ROLF UWE, Beurteilung und erwartete Auswirkungen der neuen IFRS-Leasingbilanzierung, in: DB 2015, S. 2341–2348 (Auswirkungen der neuen IFRS-Leasingbilanzierung).

BEATTIE, VIVIEN/GOODACRE, ALAN/THOMSON, SARAH JANE, International lease-accounting reform and economic consequences. The views of U.K. users and preparers, in: The International Journal of Accounting 2006, S. 75–103 (Economic Consequences).

BECK, MARTIN, Änderungen bei der Bilanzierung von Sachanlagen nach IAS 16 durch den Komponentenansatz. Probleme und Lösungswege insbesondere für Unternehmen mit Immobilienvermögen, in: StuB 2004, S. 590–595 (Bilanzierung von Sachanlagen).

BEILING, KAI, Der neue Leasingstandard IFRS 16. Was ändert sich für Leasingnehmer?, in: BBK 2016, S. 240–253 (Der neue Leasingstandard).

BEHRINGER, STEFAN/HAMEISTER, TIM, Der bilanzpolitische Einsatz von earn-outs im Rahmen von Unternehmenszusammenschlüssen i. S. des IFRS 3. Empirische Erkenntnisse der Anwendung in DAX und MDAX, in: PiR 2018, S. 46–53 (Earn-outs).

BEINSEN, BIRGIT/WAGENHOFER, ALFRED, Das ambivalente Verhältnis des IASB zum Vorsichtsprinzip, in: IRZ 2013, S. 413–419 (Verhältnis des IASB zum Vorsichtsprinzip).

BERGER, JENS/GEISEL, ADRIAN/SCHMIDT, CHRISTIANE, Wechselwirkungen zwischen den neuen Vorschriften zu Leasingvereinbarungen, Erlösrealisierung und Wertminderung nach IFRS, in: BB 2017, S. 1899–1903 (Wechselwirkungen).

BERGER, JENS/NARDMANN, HENDRIK, IFRS 16 – der neue Leasingstandard und seine Auswirkungen auf Unternehmen, in: BB 2016, S. 425–429 (Auswirkungen auf Unternehmen).

BETZ, ROBERT, IFRS 16 – die Zeit läuft!, in: IRZ 2018, S. 53–54 (IFRS 16).

BEYHS, OLIVER/LABRENZ, HELFRIED, Bilanzpolitische Spielräume für Leasingnehmer in IFRS 16 – Möglichkeiten und Grenzen für Abschlussverantwortliche in Unternehmen, in: IRZ 2016, S. 453–459 (Bilanzpolitische Spielräume für Leasingnehmer).

BIEG, HARTMUT/KUßMAUL, HEINZ/WASCHBUSCH, GERD, Finanzierung, 3. Aufl., München 2016 (Finanzierung).

BITTERLI, CHRISTIAN/RUPP, MARKUS/PASSARDI, MARCO/BAMERT, TABEA, Auswirkungen von IFRS 16 „Leases“ auf Leasingnehmer in der Schweiz. Eine empirische Analyse, in: Expert Focus 2017, S. 410–415 (Auswirkungen in der Schweiz).

BLAESING-VOETS, CHRISTINA, Kulturelle Einflüsse auf die Anwendung des Impairment-Tests nach IAS 36. Eine experimentelle Untersuchung in Asien und Europa, Frankfurt am Main 2013 (Kulturelle Einflüsse).

BLANKENBURG, LISANNE/MÖHLMANN-MAHLAU, THOMAS, Jahresabschlussanalytische Implikation der neuen Leasingbilanzierung nach IFRS 16, in: IRZ 2017, S. 417–423 (Jahresabschlussanalytische Implikation der neuen Leasingbilanzierung nach IFRS 16).

BLASIUS, TORSTEN, IFRS, HGB und F&E: Besteuerung und Bilanzierung, Berlin 2006 (Besteuerung und Bilanzierung).

BÖCKEM, HANNE/STIBI, BERND/ZOEGER, OLIVER, IFRS 10 „Consolidated Financial Statements“. Droht eine grundlegende Revision des Konsolidierungskreises?, in: KoR 2011, S. 399–409 (Revision des Konsolidierungskreises).

BÖHM, OLIVER/SIEBERT, HILMAR, Bewertung immaterieller Vermögenswerte, in: Accounting, Auditing und Management. Festschrift für Wolfgang Lück, hrsg. v. Henke, Michael, Berlin 2008, S. 3–20 (Bewertung immaterieller Vermögenswerte).

BÖMELBURG, PETER/LANDGRAF, CHRISTIAN/SINGH-VERMA, JEETENDRA, Zukunft der Leasingbilanzierung nach IFRS. Kritische Würdigung des Discussion Paper „Leases – Preliminary Views“, in: PiR 2009, S. 217–224 (Zukunft der Leasingbilanzierung).

BRAKENSIEK, SONJA, Bilanzneutrale Finanzierungsinstrumente in der internationalen und nationalen Rechnungslegung, Herne 2001 (Bilanzneutrale Finanzierungsinstrumente).

BRINKMANN, JÜRGEN, Die Informationsfunktion der Rechnungslegung nach IFRS – Anspruch und Wirklichkeit. Teil I: Anforderungen an informationsvermittelnde Rechenwerke, in: ZCG 2007, S. 228–232 (Informationsfunktion der Rechnungslegung).

BRUNE, JENS W., Auswirkung der Neuabgrenzung von Leasingverhältnissen nach IFRS 16 auf „embedded leases” – weniger statt mehr Leasing in der Bilanz, in: IRZ 2016, S. 119–124 (Leasingverhältnisse nach IFRS 16).

BRUNE, JENS W., Nutzung der Bilanzierungsausnahme für geringwertige Leasinggüter im Finanzierungsleasing nach IAS 17 beim Übergang auf IFRS 16. Der Fall – die Lösung, in: IRZ 2017, S. 143–146 (Bilanzierungsausnahme für geringwertige Leasinggüter).

BUSCH, JULIA/BOECKER, CORINNA, ED/2015/3: Conceptual Framework for Financial Reporting. Ein erster Überblick zur vorgeschlagenen Neufassung, in: IRZ 2015, S. 270–272 (Conceptual Framework).

BUSCH, JULIA/ZWIRNER, CHRISTIAN, Konsolidierung von Zweckgesellschaften nach IFRS 10, in: IRZ 2012, S. 373–376 (Konsolidierung von Zweckgesellschaften).

BUSCH, JULIA/ZWIRNER, CHRISTIAN, Geplante Änderungen an IAS 1 und IAS 8 – Wesentlichkeit sowie Rechnungslegungsmethoden und Schätzungen, in: IRZ 2018, S. 12–15 (Geplante Änderungen an IAS 1 und IAS 8).

BYDLINSKI, FRANZ, Juristische Methodenlehre und Rechtsbegriff, 2. Aufl., Wien 1991 (Juristische Methodenlehre).

CALISKAN, SERPIL, Der Verfügungsmachtbegriff bei Umsatzrealisation und Leasingverträgen nach IFRS, Frankfurt am Main 2015 (Verfügungsmacht nach IFRS).

CANARIS, CLAUS-WILHELM, Die Feststellung von Lücken im Gesetz. Eine methodologische Studie über Voraussetzungen und Grenzen der richterlichen Rechtsfortbildung praeter legem, 2. Aufl., Berlin 1983 (Lücken im Gesetz).

CANIPA-VALDEZ, MARCO/STREICHENBERG, URS, Exposure Draft ED/2013/6 Leases – Auswirkungen auf die Luftfahrt, in: IRZ 2014, S. 427–434 (Auswirkungen auf die Luftfahrt).

CASSEL, JOCHEN, Unternehmensbewertung im IFRS-Abschluss. Fair Value-Bewertung von Unternehmen und Sachgesamtheiten, Berlin 2012 (Unternehmensbewertung im IFRS-Abschluss).

CASTEDELLO, MARC/KLINGBEIL, CHRISTIAN, IFRS 13: Anwendungsfragen bei nicht-finanziellen Vermögenswerten in der Praxis, in: WPg 2012, S. 482–488 (Anwendungsfragen zu IFRS 13).

CHRIST, ANDREAS, Verbriefungsplattformen nach IFRS. Konsolidierungsprüfung von Zweckgesellschaften, Wiesbaden 2014 (Verbriefungsplattformen nach IFRS).

CLAßEN, ROBERT/SCHULZ, SEBASTIAN, Leasingbilanzierung nach HGB und IFRS. Konvergenz oder Divergenz nach BilMoG und ED/2010/9?, in: StuB 2011, S. 3–10 (Leasingbilanzierung nach HGB und IFRS).

COENENBERG, ADOLF G./STRAUB, BARBARA, Rechenschaft versus Entscheidungsunterstützung. Harmonie oder Disharmonie der Rechnungszwecke?, in: KoR 2008, S. 17–26 (Rechenschaft versus Entscheidungsunterstützung).

DEHMEL, INGA/HOMMEL, MICHAEL/RAMMERT, STEFAN, IFRS 16 – Nutzungverhältnisse: Bewertungskonzept auf dem Prüfstand, in: BB 2016, S. 2347–2351 (Nutzungsverhältnisse).

DIETRICH, ANITA/KRAKUHN, JOACHIM/SIERLEJA, LUKAS, Verbindung von Entscheidungsmacht und relevanten Aktivitäten bei der Beurteilung bedingter Rechte im Rahmen der Finanzierung von Objektgesellschaften nach IFRS 10, in: IRZ 2012, S. 427–432 (Beurteilung bedingter Rechte).

DIETRICH, ANITA/STOEK, CAROLIN, Wenn Schutzrechte zu Mitwirkungsrechten werden – Anwendung des IAS 28 auf reine Kreditbeziehungen bei Banken, in: IRZ 2013, S. 349–353 (Anwendung des IAS 28 auf reine Kreditbeziehungen).

DILßNER, MICHAEL/MÜLLER, STEFAN, Leasingbilanzierung auf dem Prüfstand. IAS 17 und IFRS 16 im Vergleich zum handels- und steuerrechtlichen Konzept der Vollamortisation, in: BC 2017, S. 164–170 (Leasingbilanzierung auf dem Prüfstand).

DINH THI, TAMI/FINK, CHRISTIAN/SCHULTZE, WOLFGANG/SCHNABERT, BETTINA, Leasingbilanzierung nach IFRS 16. Auswirkungen auf die Finanzberichterstattung, in: PiR 2016, S. 235–243 (Leasingbilanzierung nach IFRS 16).

DINH THI, TAMI/HEINING, ANN-KATHRIN/SEITZ, BARBARA, Bilanzierung von Leasingverhältnissen. Von IAS 17 zum neuen Standard – Status Quo, in: KoR 2015, S. 281–290 (Status Quo).

DINH THI, TAMI/FINK, CHRISTIAN/SCHULTZE, WOLFGANG, Reform der Leasingbilanzierung nach IFRS – Asymmetrische Behandlung von Leasingnehmer und Leasinggeber, in: KoR 2011, S. 458–466 (Reform der Leasingbilanzierung).

DINH THI, TAMI/FINK, CHRISTIAN/SCHULTZE, WOLFGANG, Leasingbilanzierung nach ED/2013/6. Auswirkungen auf die Finanzberichterstattung, in: PiR 2013, S. 367–375 (Leasingbilanzierung).

ECKL, ELFRIEDE/KIRCH, JOCHEN/PIESBERGEN, CHRISTOPH/PILHOFER, JOCHEN, IFRS 16 „Leases“: Bestandsaufnahme und erste kritische Würdigung der IFRS-Leasingreform (Teil 1). Paradigmenwechsel in der internationalen Leasingbilanzierung – Fluch oder Segen?, in: DB 2016, S. 661–672 (IFRS 16 „Leases“ (Teil 1)).

ECKL, ELFRIEDE/KIRCH, JOCHEN/PIESBERGEN, CHRISTOPH/PILHOFER, JOCHEN, IFRS 16 „Leases“: Bestandsaufnahme und erste kritische Würdigung der IFRS-Leasingreform (Teil 2). Paradigmenwechsel in der internationalen Leasingbilanzierung – Fluch oder Segen?, in: DB 2016, S. 721–727 (IFRS 16 „Leases“ (Teil 2)).

EDELMANN, MARTIN, IFRS 16: Reform der internationalen Leasing-Bilanzierung, in: WPg 2016, S. 259–262 (Reform der internationalen Leasing-Bilanzierung).

EHSEN-RÜHL, JUDITH/ALTHOFF, FRANK, Konsolidierungspflicht ohne Stimmrechtsmehrheit? Beherrschungsmöglichkeit aufgrund potenzieller Stimmrechte nach IFRS, in: WPg 2016, S. 210–219 (Konsolidierungspflicht ohne Stimmrechtsmehrheit).

ENGELS, JAN/DREESEN, HEINZ, Leasingbilanzierung in der internationalen Rechnungslegung. Kritische Würdigung der Neukonzeption des IAS 17, in: KoR 2015, S. 191–200 (Leasingbilanzierung in der internationalen Rechnungslegung).

ERB, CARSTEN/PELGER, CHRISTOPH, Welche Vorstellungen hat der IASB vom neuen Rahmenkonzept?, in: WPg 2015, S. 1058–1064 (Vorstellungen vom neuen Rahmenkonzept).

ERNST, CARSTEN/DREIXLER, TOBIAS, Grundsatz der Periodenabgrenzung mithilfe von Rechnungsabgrenzungsposten – Rechnungsabgrenzungsposten in der IFRS-Rechnungslegung, in: PiR 2011, S. 269–274 (Rechnungsabgrenzungsposten).

ESSER, MAIK, Leasingverhältnisse in der IFRS-Rechnungslegung. Darstellung der Leasingbilanzierung gem. IAS 17 und IFRIC 4, in: StuB 2005, S. 429–436 (Leasingverhältnisse in der IFRS-Rechnungslegung).

EWELT-KNAUER, CORINNA, Der Konzernabschluss als Berichtselement der wirtschaftlichen Einheit, Lohmar 2010 (Der Konzernabschluss als Berichtselement der wirtschaftlichen Einheit).

FEHR, JANE, Die künftige Leasingbilanzierung nach IFRS. Auswirkungen auf das Entscheidungsverhalten der Akteure, Frankfurt am Main 2013 (Die künftige Leasingbilanzierung).

FINDEISEN, KLAUS-DIETER/ADOLPH, PETER, Neue Leasingbilanzierung: Aktueller Stand und weitere Entwicklung, in: DB 2014, S. 2727–2730 (Aktueller Stand und weitere Entwicklung).

FINDEISEN, KLAUS-DIETER/ADOLPH, PETER, Neue Leasingbilanzierung: Status quo und Ausblick, in: DB 2015, S. 2097–2100 (Status quo und Ausblick).

FINDEISEN, KLAUS-DIETER/ADOLPH, PETER, Es ist vollbracht: Der neue Leasingstandard IFRS 16 ist da, in: DB 2016, S. 485–487 (Neuer Leasingstandard).

FINDEISEN, KLAUS-DIETER/SABEL, ELMAR, Diskussionspapier von IASB und FASB zur Reform der Leasingbilanzierung, in: DB 2009, S. 1885–1894 (Diskussionspapier zur Reform).

FISCHER, DANIEL T., Ausblick auf den überarbeiteten Standardentwurf zur Leasingbilanzierung, in: PiR 2012, S. 365–366 (Ausblick auf den überarbeiteten Standardentwurf).

FISCHER, DANIEL T., Entwurf eines neugefassten Rahmenkonzepts (ED/2015/3), in: PiR 2015, S. 224–226 (Entwurf eines neugefassten Rahmenkonzepts).

FISCHER, DANIEL T., Neue Leasingbilanzierung: IFRS 16 – Leases, in: PiR 2016, S. 57–60 (Neue Leasingbilanzierung).

FISCHER, DANIEL T., IFRS 16: Erwartete Effekte aus der Implementierung, in: PiR 2017, S. 120 (Erwartete Effekte).

FISCHER, DANIEL T., Ausgewählte Herausforderungen bei der Implementierung von IFRS 16, in: PiR 2018, S. 93 (Ausgewählte Herausforderungen).

FLICK, PETER/KRAKUHN, JOACHIM/THEISS, WOLFGANG, Restrukturierung von Kreditvereinbarungen – Bilanzielle Folgen aus Phase 1 und 2 des IFRS 9, in: IRZ 2013, S. 37–42 (Restrukturierung von Kreditvereinbarungen).

FREIBERG, JENS, Zweifelsfragen bei Anwendung der Effektivzinsmethode, in: PiR 2008, S. 305–309 (Zweifelsfragen bei Anwendung der Effektivzinsmethode).

FREIBERG, JENS, Diskontierung in der internationalen Rechnungslegung. Anwendungsbereiche und Konzepte, Herne 2010 (Diskontierung in der internationalen Rechnungslegung).

FREIBERG, JENS, Kompromissvorschlag des IASB für die Vollendung der Reform der Leasingbilanzierung, in: BB 2015, S. 2539–2543 (Reform der Leasingbilanzierung).

FREIBERG, JENS, Umsatzerlöse bei marktabhängiger Variabilität des Transaktionspreises, in: PiR 2016, S. 124–127 (Variabilität des Transaktionspreises).

FREIBERG, JENS, (Un-)nötige Komplexität der Folgebilanzierung von Leasingverhältnissen? Schätzungsänderungen und Modifikationen nach IFRS 16, in: WPg 2016, S. 1116–1124 (Folgebilanzierung von Leasingverhältnissen).

FREIBERG, JENS, Keine Lösung für die bilanzielle Abbildung von variablen Zahlungen?, in: PiR 2016, S. 155–157 (Abbildung von variablen Zahlungen).

FREIBERG, JENS, Kompaktwissen. Aufteilung von Dauerschuldverhältnissen – Vorrang von IFRS 16 vor IFRS 15, in: PiR 2016, S. 325–327 (Aufteilung von Dauerschuldverhältnissen).

FREIBERG, JENS, Pro & Contra. Leasing-Flugzeuge in der Bilanz, in: PiR 2017, S. 236 (Flugzeuge: Pro & Contra).

FREIBERG, JENS, Bilanzielle Abbildung von Mietereinbauten (leasehold improvements), in: PiR 2017, S. 58–61 (Bilanzielle Abbildung von Mietereinbauten).

FREIBERG, JENS, Bestimmung des Zeitraums (lease term) einer Nutzungsüberlassung, in: PiR 2017, S. 284–287 (Bestimmung des Zeitraums).

FREIBERG, JENS, Pro & Contra. Diskontierung von Leasingverbindlichkeiten mit dem internen Zinssatz (IRR)?, in: PiR 2018, S. 55 (Interner Zinssatz: Pro & Contra).

FREIBERG, JENS/DIEMERS, MORITZ, Bilanzielle Abbildung von contracting-Vereinbarungen nach IFRS. Eine kritische Auseinandersetzung mit dem Recht zur Bestimmung der Nutzung anhand des Anlagen-contracting, in: PiR 2016, S. 210–215 (Contracting-Vereinbarungen).

FREIBERG, JENS/PANEK, NORBERT, Einbezug von Leasingobjektgesellschaften in den IFRS-Konsolidierungskreis. Betrachtung von strukturierten (Zweck-)Gesellschaften, in: PiR 2013, S. 342–348 (Leasingobjektgesellschaften im IFRS-Konsolidierungskreis).

FREIBERG, JENS/PANEK, NORBERT/EHRCKE, HEIKO, Leasingverhältnisse nach IFRS 16, in: BB 2016, S. 2091–2095 (Leasingverhältnisse nach IFRS 16).

FREIBERG, JENS/TEUFEL, CRISPIN, Neue Herausforderungen in der Abgrenzung des Konsolidierungskreises – Anwendung des IFRS 10 und IFRS 11, in: DK 2013, S. 9–16 (Abgrenzung des Konsolidierungskreises).

FÜLBIER, ROLF UWE/BYNER-BENDIG, ANDREA/SCHARF, CHRISTINA, Umstellung auf IFRS 16 aus unternehmensinterner Leasingnehmersicht. Eine Fallstudie zum "Single Accounting Standard Change", in: KoR 2018, S. 87–95 (Umstellung auf IFRS 16).

FÜLBIER, ROLF UWE/ECKL, ELFRIEDE/FEHR, JANE, Überarbeiteter Entwurf zu „Leases" liegt vor – IASB und FASB halten an der Bilanzwirksamkeit aller Leasingverträge fest, in: WPg 2013, S. 853–858 (Überarbeiteter Entwurf).

FÜLBIER, ROLF UWE/FEHR, JANE, Aktueller Diskussionsstand im IASB/FASB Leasingprojekt: Weiter Richtung fair value?, in: PiR 2008, S. 181–188 (Aktueller Diskussionsstand).

FÜLBIER, ROLF UWE/FEHR, JANE, Die bilanzwirksame Gleichbehandlung aller Leasingverträge steht vor der Tür: Das IASB/FASB-Discussion Paper zu „Leases", in: WPg 2009, S. 673–676 (Gleichbehandlung aller Leasingverträge).

FÜLBIER, ROLF UWE/GASSEN, JOACHIM, Bilanzrechtsregulierung: Auf der ewigen Suche nach der eierlegenden Wollmilchsau, in: Private und öffentliche Rechnungslegung. Festschrift für Hannes Streim zum 65. Geburtstag, hrsg. v. Wagner, Franz W./Schildbach, Thomas/Schneider, Dieter, Wiesbaden 2009, S. 135–156 (Bilanzrechtsregulierung).

FÜLBIER, ROLF UWE/PFERDEHIRT, HENRIK, Überlegungen des IASB zur künftigen Leasingbilanzierung: Abschied vom off balance sheet approach, in: KoR 2005, S. 275–285 (Abschied vom off balance sheet approach).

GALBIATI, LAURA/BÜHLER, LUCAS, Übergangsvorschriften von IFRS 16 Leases: Eine wichtige Entscheidung. Der Fall – die Lösung, in: IRZ 2017, S. 287–290 (Übergangsvorschriften von IFRS 16).

GALLASCH, FLORIAN, Die Bilanzierung von Versicherungsverträgen nach IFRS 4 Phase II. Das Bewertungsmodell für Erst- und passive Rückversicherungsverträge im Schaden- und Unfallbereich, Lohmar 2014 (Versicherungsverträge nach IFRS 4).

GANSSAUGE, KARSTEN/KLOCKMANN, ISABELLA/ALYMOV, ANDRIY, Definition eines Leasingverhältnisses. Erste Praxiserfahrungen mit den neuen Vorschriften nach IFRS 16, in: WPg 2016, S. 735–742 (Definition eines Leasingverhältnisses).

GANSSAUGE, KARSTEN/MEURER, HOLGER, Reform der Leasingbilanzierung – so weit, so gut?, in: IRZ 2015, S. 221–222 (Reform der Leasingbilanzierung).

GASSEN, JOACHIM/FISCHKIN, MICHAEL/HILL, VERENA, Das Rahmenkonzept-Projekt des IASB und des FASB: Eine normendeskriptive Analyse des aktuellen Stands, in: WPg 2008, S. 874–882 (Rahmenkonzept-Projekt des IASB und des FASB).

GEHRER, JUDITH/KRAKUHN, JOACHIM/MEYER, SVEN, Status der neuen Leasingbilanzierung – Die wesentlichen Änderungen nach Abschluss der Re-Deliberation-Phase, in: IRZ 2015, S. 427–434 (Status der neuen Leasingbilanzierung).

GEHRER, JUDITH/KRAKUHN, JOACHIM/MEYER, SVEN/SCHILLMANN, ARNE, Schätzungsänderungen und Vertragsanpassungen nach IFRS 16 im Vergleich zu IAS 17, in: KoR 2017, S. 53–63 (Schätzungsänderungen und Vertragsanpassungen).

GEISEL, ADRIAN/FISCHER, FELIX/SCHMIDT, CHRISTINE, Variable Mietzahlungen im Spannungsfeld der neuen Vorschriften zu Finanzinstrumenten und Leasingvereinbarungen. Der Fall – die Lösung, in: IRZ 2018, S. 55–57 (Mietzahlungen im Spannungsfeld).

GEISLER, RALF/VETH, CHRISTIAN, Einsatz, Bilanzierung und Bewertung bedingter Gegenleistungen bei Unternehmenserwerben nach IFRS, in: BB 2016, S. 2667–2671 (Gegenleistungen bei Unternehmenserwerben).

GIERSBERG, JENS/VÖGTLE, MARCUS, Bilanzielle Auswirkungen der Adjustierung von Operating-Leasingverhältnissen, in: Finanz Betrieb 2007, S. 431–442 (Adjustierung von Operating-Leasingverhältnissen).

GIMPEL-HENNING, NILS, Sukzessive Anteilserwerbe im IFRS-Konzernabschluss, Lohmar 2015 (Sukzessive Anteilserwerbe im IFRS-Konzernabschluss).

GOLLNOW, GEORG/HIMMEL, HOLGER, Anwendungsprobleme des IAS 36 – Value-in-Use-Konzept und Sensitivity Disclosures, in: IRZ 2011, S. 185–191 (Anwendungsprobleme des IAS 36).

GRADOW, ALEXANDER, Bilanzierung von Leasinggeschäften. Rahmenkonzept für eine investoren-orientierte Neugestaltung der Leasingbilanzierung, Bamberg 2008 (Neugestaltung der Leasingbilanzierung).

GRAUPE, FABIAN, Die Bilanzierung von Leasingverhältnissen beim Leasinggeber in der Internationalen Rechnungslegung, Lohmar 2013 (Bilanzierung von Leasingverhältnissen).

GRUBER, THOMAS, Zur Reform der Leasing-Bilanzierung nach IFRS und US-GAAP. Probleme bei komplexeren Vertragsstrukturen, in: FLF 2008, S. 157–165 (Reform der Leasing-Bilanzierung).

GRUBER, THOMAS, Der neue Standardentwurf zur IFRS Leasingbilanzierung – konzeptionell oder pragmatisch?, in: DB 2013, S. 2221–2230 (Neuer Standardentwurf zur IFRS Leasingbilanzierung).

GRUBER, THOMAS/HARTMANN-WENDELS, THOMAS, Leasing-Bilanzierung nach IFRS 16 – ein guter Kompromiss, in: FLF 2016, S. 46–52 (Leasing-Bilanzierung).

GRUBER, THOMAS/HARTMANN-WENDELS, THOMAS, Leasingnehmerbilanzierung nach IFRS 16 aus bilanzpolitischer Sicht, in: KoR 2016, S. 441–448 (IFRS 16 aus bilanzpolitischer Sicht).

HAAKER, ANDREAS, Pro & Contra. Diskontierung von Leasingverbindlichkeiten mit dem internen Zinssatz (IRR)?, in: PiR 2018, S. 54 (Interner Zinsfuß: Pro & Contra).

HARGARTEN, SEBASTIAN/WEINMANN, MICHAEL, Wahlrechte beim Übergang auf IFRS 16, in: BB 2017, S. 2091–2095 (Übergang auf IFRS 16).

HARTMANN-WENDELS, THOMAS, Internationale Leasing-Bilanzierung im Umbruch, in: Kreditwesen 2009, S. 1068–1070 (Leasing-Bilanzierung im Umbruch).

HARTMANN-WENDELS, THOMAS/SCHMIDT, PEER, Zur Reform des IAS 17: Ist der Right-of-Use-Approach dem Risk-Reward-Approach überlegen?, in: WPg 2010, S. 278–285 (Zur Reform des IAS 17).

HARTMANN-WENDELS, THOMAS/STARCK, MARTIN, Gestaltungsspielräume unter dem neuen Leasing-Standard IFRS 16. Information und Austausch beim Leasing-Symposium, in: FLF 2017, S. 60–63 (Gestaltungsspielräume).

HASHEMI, FRANCHESCA, Industry reaction to the release of IFRS 16, verfügbar unter: http://www.internationalaccountingbulletin.com/news/industry-reaction-to-the-release-of-ifrs-16-4783996 (Stand: 01.04.2018) (Industry Reaction).

HAUCK, ANTON/PRINZ, ULRICH, Zur Auslegung von (europarechtlich übernommenen) IAS/IFRS, in: DK 2005, S. 635–641 (Auslegung IAS/IFRS).

HAUSEN, GUIDO, Modifizierte Einnahmen-Überschussrechnung. Praktikable Konzeption einer vereinfachten steuerlichen Gewinnermittlung für einen erweiterten Anwenderkreis, Lohmar 2009 (Modifizierte Einnahmen-Überschussrechnung).

HELMSCHROTT, HARALD, Zum Einfluss von SIC 12 und IAS 39 auf die Bestimmung des wirtschaftlichen Eigentums bei Leasingvermögen nach IAS 17, in: WPg 2000, S. 426–429 (Bestimmung des wirtschaftlichen Eigentums).

HENNEBERGER, MICHAEL/BENNER, MICHAEL, Zusammenspiel und Abgrenzung von IFRS 16 und IFRS 15 aus Sicht des Leasing-Gebers. Vielfältige Schnittstellen, in: FLF 2016, S. 254–258 (Zusammenspiel und Abgrenzung).

HENNEBERGER, MICHAEL/KIENE, SONJA, Die Internationalisierung der Rechnungslegung. Auswirkung auf die Restwert- und Refinanzierungspolitik von Leasing-Gesellschaften, in: FLF 2003, S. 175–179 (Restwert- und Refinanzierungspolitik).

HENSELMANN, KLAUS/KLEIN, MARTIN/KÖNIGER, SEBASTIAN, Comment Letters zum ED Leases. Status Quo und erste Reaktionen des IASB auf die von Unternehmen, Wissenschaft und Wirtschaftsprüfung ausgesprochene Kritik zur Leasingbilanzierung, in: PiR 2011, S. 188–196 (Comment Letters zum ED Leases).

HERMES, FELIX/BERNDT, THOMAS, IFRS-Neuregelung zur Leasingbilanzierung – eine „unblutige“ Reform, in: KoR 2017, S. 297–302 (IFRS-Neuregelung zur Leasingbilanzierung).

HESSAMI, GIAN, Das Ende des Privilegs, in: Frankfurter Allgemeine Zeitung Verlagsspezial: Mittelstandsfinanzierung 2017, Nr. 224, S. V4 (Ende das Privilegs).

HEYD, REINHARD/RUCHTI, ANNA, On-Balance-Leasingbilanzierung nach dem Right-of-Use-Ansatz (IFRS 16) – Auswirkungen auf Finanzkennzahlen in der Logistik- und Transportbranche, in: IRZ 2015, S. 493–501 (Auswirkungen in der Logistik- und Transportbranche).

HITZ, JÖRG-MARKUS/ZACHOW, JANNIS, Vereinheitlichung des Wertmaßstabs „beizulegender Zeitwert“ durch IFRS 13 „Fair Value Measurement“, in: WPg 2011, S. 964–972 (Vereinheitlichung des Wertmaßstabs).

HOCHREITER, GERHARD/PERMANSCHLAGER, DOMINIK, Mögliche Auswirkungen der neuen Vorschriften zur Bilanzierung von ehemals Operating-Leasingverhältnissen auf den Wertminderungstest nach IAS 36. Teil 1: Auswirkungen auf den Unterschiedsbetrag zwischen dem Buchwert der ZGE und ihrem Nutzungswert, in: IRZ 2018, S. 73–79 (Auswirkungen auf den Wertminderungstest (Teil 1)).

HOCHREITER, GERHARD/PERMANSCHLAGER, DOMINIK, Mögliche Auswirkungen der neuen Vorschriften zur Bilanzierung von ehemals Operating-Leasingverhältnissen auf den Wertminderungstest nach IAS 36. Teil 2: Simulation zur Umstellung auf IFRS 16, in: IRZ 2018, S. 127–131 (Auswirkungen auf den Wertminderungstest (Teil 2)).

HOFFMANN, SEBASTIAN/DETZEN, DOMINIC, Das Joint Conceptual Framework von IASB und FASB – Praktische Implikationen aus dem Abschluss der Phase A für kapitalmarktorientierte Unternehmen, in: KoR 2012, S. 53–55 (Das Joint Conceptual Framework von IASB und FASB).

HOFFMANN, WOLF-DIETER/LÜDENBACH, NORBERT, Abschreibung von Sachanlagen nach dem Komponentenansatz von IAS 16, in: BB 2004, S. 375–377 (Abschreibung von Sachanlagen).

HOLZEDER, KATHRIN/KAHRE, BURKHARD, Das Verhältnis von Kosten und Nutzen bei der Normierung der internationalen Rechnungslegung. Die Vorgehensweise des IASB bei der Kosten-Nutzen-Abwägung, in: PiR 2017, S. 2011–2015 (Das Verhältnis von Kosten und Nutzen bei der Normierung der internationalen Rechnungslegung).

HOMMEL, MICHAEL/DEHMEL, INGA, Unternehmensbewertung case by case, 7. Aufl., Frankfurt am Main 2013 (Unternehmensbewertung).

HOMMEL, MICHAEL/DEHMEL, INGA/ZEITLER, NICHOLAS, IFRS 16 – der neue Standard für Nutzungsverhältnisse: systematische Inkonsistenzen und bilanzpolitische Spielräume, in: BB 2016, S. 1770–1774 (Systematische Inkonsistenzen).

HOMMEL, MICHAEL/KLY, FLORIAN/ZICK, THERESA, Das Wertminderungsmodell des IFRS 9: Auslegungs- und Gestaltungsspielräume, in: ZInsO 2016, S. 569–576 (Wertminderungsmodell des IFRS 9).

HOMMEL, MICHAEL/WINTER, HEIKE/ZICKE, JULIA, ED/2013/6 „Leases“: neue Bestimmungen für Miete, Pacht und Leasing, in: BB 2013, S. 1707–1712 (ED/2013/6 „Leases“).

IDW (Hrsg.), Einzelfragen zu Wertminderungen von Vermögenswerten nach IAS 36 (IDW RS HFA 40), in: IDW FN 2015, S. 335–360 (IDW RS HFA 40).

JUNG, MARC/RUTHARDT, FREDERIK/HERMENS, ANN-SOPHIE, Scheitert das IASB an einer tragfähigen Reform der Leasingbilanzierung?, in: IRZ 2011, S. 199–203 (Reform der Leasingbilanzierung).

JUNG, MAXIMILIAN, Zum Konzept der Wesentlichkeit bei Jahresabschlusserstellung und -prüfung. Eine theoretische Untersuchung, Frankfurt am Main 1997 (Konzept der Wesentlichkeit).

KAJÜTER, PETER/MEINHÖVEL, MAX, Bilanzierung von Leasingverhältnissen nach IFRS 16. Anwendung bei Fluggesellschaften am Beispiel eines Airbus A380, in: KoR 2016, S. 426–435 (Anwendung bei Fluggesellschaften).

KAMPMANN, HELGA/SCHWEDLER, KRISTINA, Zum Entwurf eines gemeinsamen Rahmenkonzepts von FASB und IASB, in: KoR 2006, S. 521–530 (Gemeinsames Rahmenkonzept).

KIRSCH, HANNO, Der Exposure Draft zum Conceptual Framework (ED/2015/3). Mögliche Implikationen für die künftige IFRS-Rechnungslegung, in: PiR 2015, S. 233–240 (ED/2015/3 – Mögliche Implikationen).

KIRSCH, HANNO, IFRS 16 „Leases“ – Wesentliche Änderungen in der Klassifizierung, Bilanzierung und Anhangangaben von Leasingverhältnissen, in: DStZ 2016, S. 190–198 (IFRS 16 „Leases").

KIRSCH, HANNO, Fallstudie zur Abbildung von Leasingverträgen nach IFRS 16 „Leases“ aus Sicht der Leasingnehmer und Leasinggeber. Teil 1: Leasing- und Unterleasingverhältnisse, in: IRZ 2016, S. 321–327 (Abbildung von Leasingverträgen).

KIRSCH, HANNO, Abschlussanalytische und abschlusspolitische Effekte der Leasingbilanzierung nach IFRS 16. Teil 1: Auswirkungen bei Leasingnehmern, in: IRZ 2018, S. 39–47 (Effekte der Leasingbilanzierung).

KIRSCH, HANS-JÜRGEN/KOELEN, PETER/OLBRICH, ALEXANDER/DETTENRIEDER, DOMINIK, Die Bedeutung der Verlässlichkeit der Berichterstattung im Conceptual Framework des IASB und des FASB, in: WPg 2012, S. 762–771 (Die Bedeutung der Verlässlichkeit der Berichterstattung).

KIRSCH, HANS-JÜRGEN/SCHOO, LENA/KRAFT, ARIANE, Das Discussion Paper zum Conceptual Framework des IASB – Ein Überblick über Inhalte und Neuerungen, in: WPg 2014, S. 301–310 (Discussion Paper zum Conceptual Framework).

KLAHOLZ, THOMAS, Rückbau- und Wiederherstellungsverpflichtungen im IFRS-Abschluss, Düsseldorf 2005 (Rückbau- und Wiederherstellungsverpflichtungen im IFRS-Abschluss).

KLAR, MICHAEL/GÄDKE, NICOLE, Die Bilanzierung von Leasingverhältnissen nach dem neuen Exposure Draft und die möglichen Auswirkungen auf wesentliche Unternehmenskennzahlen und die Unternehmenspraxis, in: DK 2011, S. 28–35 (Bilanzierung von Leasingverhältnissen).

KLEINMANNS, HERMANN, Die „offene Gesellschaft der IFRS-Interpreten". Über Akteure, Kompetenzen und Bindungswirkungen beim Fehlen ausdrücklich zutreffender IFRS, in: DB 2014, S. 1325–1333 (Offene Gesellschaft der IFRS-Interpreten).

KLIEM, BERND/HERR, MICHAEL/KOSMA, JAN, DPR-Prüfungsschwerpunkte 2018 erhöht Druck bei den neuen IFRS-Standards, in: KoR 2018, S. 78–86 (DPR-Prüfungsschwerpunkte 2018).

KNOBLOCH, ALOIS PAUL, Die Leasingbilanzierung nach ED/2013/6 – Bestandsaufnahme und Plädoyer für einen Consumption-based-approach, in: WPg 2014, S. 705–721 (Leasingbilanzierung nach ED/2013/6).

KOBISCH, SYLVIA/HUNDT, IRINA/NEITZ, BERND, Das Konvergenzprojekt des IASB und des FASB. Eine Prognose, in: PiR 2007, S. 345–349 (Konvergenzprojekt des IASB und des FASB).

KOCH, CHRISTIAN/TESCHE, THOMAS/PFIRMANN, ARMIN, Interaktion von IFRS 16 mit IFRS 15. Analyse und kritische Würdigung, in: PiR 2016, S. 345–350 (Interaktion von IFRS 16 mit IFRS 15).

KOELEN, PETER, Investitionstheoretische Bewertungskalküle in der IFRS-Rechnungslegung. Möglichkeiten und Grenzen einer unternehmenswertorientierteren Berichterstattung, Lohmar 2009 (Investitionstheoretische Bewertungskalküle).

KÖSTER, OLIVER/REPETZ, SEBASTIAN, IFRS 16 – Der neue Leasingstandard: Fluch oder Segen für den Schweizer Markt? Frühzeitige Planung unabdingbar, in: Expert Focus 2016, S. 645–652 (Fluch oder Segen für den Schweizer Markt).

KPMG (Hrsg.), First Impressions: IFRS 16 Leases. A more transparent balance sheet, verfügbar unter: https://www.in.kpmg.com/ifrs/files/first-impressions-leases-IFRS16.pdf (Stand: 01.08.2017) (IFRS 16).

KRAFT, ARIANE, Extractive Activities in der IFRS-Rechnungslegung, Lohmar 2016 (Extractive Activities).

KRATZER, JOST/KREUZMAIR, BENNO, Leasing in Theorie und Praxis. Leitfaden für Anbieter und Anwender, 2. Aufl., Wiesbaden 2002 (Leasing in Theorie und Praxis).

KRONER, MATTHIAS/LEUCHTENSTERN, SYLVIA/RANKER, DANIEL, Reformierung der Leasingbilanzierung (Teil 1). Wo geht die Reise hin?, in: KoR 2010, S. 532–539 (Reformierung der Leasingbilanzierung (Teil 1)).

KÜHNBERGER, MANFRED/ZAUMSEIL, PETER, Prinzipien- oder regelbasierte IFRS? Eine Analyse möglicher regelungstechnischer Vorteile, in: KoR 2017, S. 518–525 (Prinzipien- oder regelbasierte IFRS).

KÜMPEL, THOMAS/BECKER, MICHAEL, Bilanzielle Zurechnung von Leasingobjekten nach IAS 17, in: DStR 2006, S. 1471–1477 (Bilanzielle Zurechnung von Leasingobjekten).

KÜMPEL, THOMAS/BECKER, MICHAEL, Identifizierung, Isolierung und Bilanzierung verdeckter Leasingkomponenten nach Maßgabe von IFRIC 4 und IAS 17, in: PiR 2008, S. 1–7 (Verdeckte Leasingkomponenten).

KÜMPEL, THOMAS/BECKER, MICHAEL, (Internationale) Leasingbilanzierung im Wandel. Was ändert sich zukünftig bei der Leasingbilanzierung in der internationalen Rechnungslegung?, in: DStR 2010, S. 456–462 (Leasingbilanzierung im Wandel).

KÜTING, KARLHEINZ, Der Objektivierungsgrundsatz im HGB- und IFRS-System. Eine vergleichende Darstellung und Würdigung, in: DB 2011, S. 1404–1410 (Objektivierungsgrundsatz HGB IFRS).

KÜTING, KARLHEINZ, Unbestimmte Rechtsbegriffe im HGB und in den IFRS: Konsequenzen für Bilanzpolitik und Bilanzanalyse, in: BB 2011, S. 2091–2095 (Unbestimmte Rechtsbegriffe).

KÜTING, KARLHEINZ, Das Phänomen der Buchwert-Marktwert-Lücke. Zum Vergleich der Größen Marktwert und Buchwert des bilanziellen Eigenkapitals sowie der daraus resultierenden Implikationen für den Geschäfts- oder Firmenwert, in: DB 2012, S. 1237–1946 (Buchwert-Marktwert-Lücke).

KÜTING, KARLHEINZ/FREIHERR VON FÖLKERSAMB, RÜDIGER/HELLEN, HEINZ-HERMANN/EICHENLAUB, RAPHAEL/TESCHE, THOMAS, Paradigmenwechsel in der internationalen Leasingbilanzierung. Darstellung und kritische Würdigung des ED Leases bei Leasingnehmerbilanzierung, in: PiR 2011, S. 1–5 (Paradigmenwechsel).

KÜTING, KARLHEINZ/HELL, CHRISTOPH/TESCHE, THOMAS, Paradigmenwechsel in der internationalen Leasingbilanzierung. Auswirkungen auf die Unternehmensbewertung?, in: Corporate Finance biz 2013, S. 391–402 (Paradigmenwechsel in der Leasingbilanzierung).

KÜTING, KARLHEINZ/HELLEN, HEINZ-HERMANN/BRAKENSIEK, SONJA, Leasing in der nationalen und internationalen Bilanzierung. Eine vergleichende Darstellung unter Berücksichtigung neuer Ansätze, in: BB 1998, S. 1465–1473 (Leasing in der nationalen und internationalen Bilanzierung).

KÜTING, KARLHEINZ/HELLEN, HEINZ-HERMANN/BRAKENSIEK, SONJA, Leasingbilanzierung: Vorschlag zur Neuausrichtung nach dem Positionspapier der G4+1 Working Group, in: BB 2000, S. 1720–1721 (Vorschlag zur Neuausrichtung).

KÜTING, KARLHEINZ/KOCH, CHRISTIAN/TESCHE, THOMAS, Die internationale Leasingbilanzierung vor dem Umbruch. Eine bilanzanalytische Betrachtung der Leasingnehmerbilanzierung, in: PiR 2010, S. 283–293 (Leasingbilanzierung vor dem Umbruch).

KÜTING, KARLHEINZ/KOCH, CHRISTIAN/TESCHE, THOMAS, Umbruch der internationalen Leasingbilanzierung – Fluch oder Segen?, in: DB 2011, S. 425–431 (Umbruch der Leasingbilanzierung).

KÜTING, KARLHEINZ/MOJADADR, MANA, Das neue Control-Konzept nach IFRS 10. IFRS 10 „Consolidated Financial Statements“ stellt die Konzerne bereits jetzt vor enorme Herausforderungen, in: KoR 2011, S. 273–285 (Control-Konzept nach IFRS 10).

KÜTING, KARLHEINZ/RANKER, DANIEL, Tendenzen zur Auslegung der endorsed IFRS als sekundäres Gemeinschaftsrecht, in: BB 2004, S. 2510–2515 (Auslegung der endorsed IFRS).

KÜTING, KARLHEINZ/WEBER, CLAUS-PETER/BOECKER, CORINNA, Fast Close – Beschleunigung der Jahresabschlusserstellung: (zu) schnell am Ziel?!, in: StuB 2004, S. 1–10 (Beschleunigung der Jahresabschlusserstellung).

LABRENZ, HELFRIED, Die IFRS-Leasingreform aus konzeptioneller Perspektive, in: KoR 2015, S. 357–366 (Leasingreform aus konzeptioneller Perspektive).

LABRENZ, HELFRIED/THORAND, LAURA, IFRS 16: Gestaltungspotenziale im Konzern und Signalisierungswirkungen, in: KoR 2017, S. 387–398 (Gestaltungspotenziale).

LACHMANN, MAIK/KÜMPEL, KATHARINA, Eine kritische Analyse der internationalen Konzernrechnungslegung nach IFRS 10–12 vor dem Hintergrund der Ziele des IFRS-Framework, in: KoR 2013, S. 573–580 (Konzernrechnungslegung nach IFRS 10–12).

LANGE, TOBIAS/MÜLLER, STEFAN, Neue Regeln für die Bilanzierung von Leasingverhältnissen. Teil 1: Grundsachverhalte und Bilanzierung bei Leasinggebern gemäß IFRS 16, in: IRZ 2016, S. 111–117 (Bilanzierung von Leasingverhältnissen (Teil 1)).

LANGE, TOBIAS/MÜLLER, STEFAN, Neue Regeln für die Bilanzierung von Leasingverhältnissen. Teil 2: Leasingnehmerseitige Bilanzierung gemäß IFRS 16, in: IRZ 2016, S. 165–170 (Bilanzierung von Leasingverhältnissen (Teil 2)).

LANGE, TOBIAS/MÜLLER, STEFAN, Neue Regeln für die Bilanzierung von Leasingverhältnissen. Teil 3: Übergangsvorschriften und Umstellung auf IFRS 16, in: IRZ 2016, S. 215–220 (Bilanzierung von Leasingverhältnissen (Teil 3)).

LARENZ, KARL, Methodenlehre der Rechtswissenschaft, 6. Aufl., Berlin 1991 (Methodenlehre der Rechtswissenschaft).

LASWAD, FAWZI/MAK, Y. T., Interpretations of Probability Expressions by New Zealand Standard Setters, in: Accounting Horizons 1997, S. 16–23 (Interpretations of Probability Expressions).

LAUBACH, WOLFGANG/FINDEISEN, KLAUS-DIETER/MURER, ALEXANDER, Leasingbilanzierung nach IFRS im Umbruch der neue Exposure Draft „Leases“, in: DB 2010, S. 2401–2410 (Leasingbilanzierung nach IFRS).

LEFFSON, ULRICH, Die Grundsätze ordnungsmäßiger Buchführung, 7. Aufl., Düsseldorf 1987 (GoB).

LOITZ, RÜDIGER, Auswirkungen des IFRS 16 „Leases“ auf die Konsumgüterindustrie und den Handel, in: KoR 2017, S. 158–163 (Auswirkungen des IFRS 16).

LOITZ, RÜDIGER/LEUCHTENSTERN, SYLVIA/KRONER, MATTHIAS, Leasing Heute und Morgen – Die Unternehmenspraxis, in: DB 2011, S. 1873–1881 (Leasing Heute und Morgen).

LORENZ, KARSTEN, Leasingverhältnisse, in: Rechnungslegung für Banken nach IFRS. Praxisorientierte Einzeldarstellungen, hrsg. v. Löw, Edgar, 2. Aufl., Wiesbaden 2005, S. 689–728 (Leasingverhältnisse).

LORSON, PETER/GATTUNG, ANDREAS, Die Forderung nach einer "Faithful Representation". Quantitative und qualitative Schranken des Grundsatzes „Wahrheitsgemäßer Darstellung der IFRS“, in: KoR 2007, S. 657–665 (Wahrheitsgemäße Darstellung).

LORSON, PETER/GATTUNG, ANDREAS, Die Forderung nach einer „faithful representation“. Verhältnis zur Objektivität, Neutralität und Nachprüfbarkeit, in: KoR 2008, S. 556–565 (Faithful representation).

LÜDENBACH, NORBERT, Wirtschaftlicher Erfüllungsrückstand bei progressiven Miet-/Leasingzahlungen, in: StuB 2011, S. 227–228 (Wirtschaftlicher Erfüllungsrückstand).

LÜDENBACH, NORBERT, Günstige Kaufoption bei der Leasingbilanzierung nach IFRS 16 (Praxisfälle), in: PiR 2016, S. 298 (Günstige Kaufoption).

LÜDENBACH, NORBERT/FREIBERG, JENS, Der Beherrschungsbegriff des IFRS 10. Anwendung auf normale vs. strukturierte Unternehmen, in: PiR 2012, S. 41–50 (Der Beherrschungsbegriff des IFRS 10).

LÜDENBACH, NORBERT/FREIBERG, JENS, BB-IFRS-Report 2015, in: BB 2015, S. 3115–3120 (BB-IFRS-Report 2015).

LÜHN, MICHAEL, Bilanzierung von Sale-and-Lease-Back-Transaktionen nach IFRS 16, in: IRZ 2016, S. 193–195 (Sale-and-Lease-Back nach IFRS 16).

LÜHN, MICHAEL, Leasingbilanzierung nach IFRS 16. Anwendung und kritische Würdigung anhand eines Praxisbeispiels, in: PiR 2016, S. 75–81 (Leasingbilanzierung nach IFRS 16).

LÜHN, MICHAEL, Leasingbilanzierung im Spannungsfeld zwischen IFRS 16 und Handels- und Steuerrecht. Leasingverhältnisse beim Leasingnehmer, in: StuB 2016, S. 367–372 (Leasingbilanzierung im Spannungsfeld).

MERKT, HANNO, Das IFRS Conceptual Framework aus regelungsmethodischer Sicht, in: zfbf 2014, S. 477–504 (Conceptual Framework aus regelungsmethodischer Sicht).

MERKT, HANNO, Bilanzierungsentscheidungen und unternehmerisches Ermessen, in: DK 2017, S. 353–360 (Bilanzierungsentscheidungen und unternehmerisches Ermessen).

METZ, CHRISTIAN, Unternehmenskauf und internationale Rechnungslegung. Kaufpreisklauseln in M&A-Verträgen und ihre bilanzielle Abbildung, Berlin 2012 (Unternehmenskauf).

MEYER, MARCO, Unternehmenswertorientierte Berichterstattung auf Basis der IAS/IFRS. Eine bilanztheoretische und bilanzpolitische Betrachtung aus deutscher Sicht 2005 (Unternehmenswertorientierte Berichterstattung).

MEYER, MARCO, Abgrenzung von substanziellen Rechten und Schutzrechten auf der Grundlage von IFRS 10. Einzelfragen zu IFRS 10, in: PiR 2012, S. 269–275 (Substanzielle Rechte und Schutzrechte).

MEYER, MARCO, Einschränkung der off-balance-sheet Bilanzierung von Leasingtransaktionen nach HGB und IFRS, in: PiR 2014, S. 1–8 (off-balance-sheet Bilanzierung von Leasingtransaktionen).

MOXTER, ADOLF, Grundsätze ordnungsgemäßer Rechnungslegung, Düsseldorf 2003 (Grundsätze ordnungsgemäßer Rechnungslegung).

MUGGENTHALER, BARBARA/MUJKANOVIC, ROBIN, Die Bilanzierung von Leasingverhältnissen nach ED/2010/9, in: PiR 2010, S. 305–312 (Leasing nach ED/2010/9).

MÜLLER, STEFAN/LANGE, TOBIAS, Abbildung von Leasingverhältnissen nach ED/2013/6 im IFRS-Abschluss. Teil 1: Grundlagen und Leasingnehmerbilanzierung, in: IRZ 2013, S. 275–282 (Leasingverhältnisse nach ED/2013/6 (Teil 1)).

MÜLLER, STEFAN/WOBBE, CHRISTIAN/REINKE, JENS, Empirische Analyse der Bilanzierung des Sachanlagevermögens nach IFRS. Eine Analyse der Ansatz-, Bewertungs- und Ausweisentscheidungen der DAX-, MDAX- und SDAX-Unternehmen, in: KoR 2008, S. 630–640 (Bilanzierung des Sachanlagevermögens).

NARDMANN, HENDRIK/FISCHER, DANIEL T., IFRS 16: Alles wird anders, in: Frankfurter Allgemeine Sonntagszeitung 2016, Nr. 24, S. V2 (Alles wird anders).

NARDMANN, HENDRIK/HELLER, SYLVIA, Zehn Feststellungen zu ED/2013/6 „Leases“, in: KoR 2013, S. 397–403 (Zehn Feststellungen zu ED/2013/6 „Leases“).

NELLES, MICHAEL/STROMBERG, FRANK, IFRS/IAS und US-GAAP bei Immobilien-Leasing-Konzeptionen. Praktische Probleme und mögliche strukturelle Lösungsansätze, in: FLF 2006, S. 26–33 (IFRS/IAS und US-GAAP bei Immobilien-Leasing).

NEMET, MARIJAN, Bilanzierung von Leasingverhältnissen nach IFRS. Der zweite Entwurf: Anforderungen und praktische Herausforderungen, in: PiR 2013, S. 237–246 (Der zweite Entwurf).

NEMET, MARIJAN/HEYD, REINHARD, Bilanzierung von Leasingverhältnissen nach IFRS 16. Right of Use-Konzept: Welchen Nutzen stiftet der neue Standard?, in: PiR 2016, S. 65–74 (Leasingverhältnisse nach IFRS 16).

NERLICH, CHRISTOPH, Entwicklung einer Auslegungsmethodik für IFRS im EU-Kontext, Düsseldorf 2007 (Entwicklung einer Auslegungsmethodik für IFRS).

OVERSBERG, THOMAS, Paradigmenwechsel in der Bilanzierung von Leasingverhältnissen. Eine Einführung in das aktuelle IASB/FASB-Leasingprojekt, in: KoR 2007, S. 376–386 (Paradigmenwechsel).

PELGER, CHRISTOPH, Entscheidungsnützlichkeit in neuem Gewand: Der Exposure Draft zur Phase A des Conceptual Framework-Projekts, in: KoR 2009, S. 156–163 (Exposure Draft zur Phase A des Conceptual Framework-Projekts).

PELGER, CHRISTOPH, Rechnungslegungszweck und qualitative Anforderungen im Conceptual Framework for Financial Reporting (2010) – Der erste Stein im neuen Fundament der internationalen Rechnungslegung, in: WPg 2011, S. 908–916 (Anforderungen im Conceptual Framework).

PELLENS, BERNHARD/FÜLBIER, ROLF UWE/GASSEN, JOACHIM/SELLHORN, THORSTEN, Internationale Rechnungslegung. IFRS 1 bis 16, IAS 1 bis 41, IFRIC-Interpretationen, Standardentwürfe, 10. Aufl., Stuttgart 2017 (Internationale Rechnungslegung).

PETERS, SÖREN, Entscheidungsnützlichkeit der Leasingbilanzierung nach IFRS und US-GAAP. Eine Analyse der aktuellen Reformbestrebungen, Lohmar 2009 (Entscheidungsnützlichkeit der Leasingbilanzierung nach IFRS und US-GAAP).

PFERDEHIRT, HENRIK, Die Leasingbilanzierung nach IFRS. Eine theoretische und empirische Analyse der Reformbestrebungen, Wiesbaden 2007 (Leasingbilanzierung nach IFRS).

PILHOFER, JOCHEN/HERR, B. SASCHA/WENDEL, ROUVEN/PENTH, TOBIAS, Künftige IFRS-Leasingbilanzierung: Wie viele der Flugzeuge sind gegenwärtig „off balance" und was wird sich in Zukunft (nicht) ändern? Oder: Ist Sir David Tweedie tatsächlich noch nie in einem „on-balance"-Flugzeug geflogen?, in: IRZ 2017, S. 369–376 (Künftige IFRS-Leasingbilanzierung).

PLIETZSCH, ELISABETH, Problemstellungen bei der Übersetzung von Wahrscheinlichkeitsbegriffen im Rahmen der IFRS, in: KoR 2017, S. 303–306 (Übersetzung von Wahrscheinlichkeitsbegriffen im Rahmen der IFRS).

POLI, FILIPPO, IFRS 16 – how will it affect European companies?, in: IRZ 2017, S. 284–285 (IFRS 16).

POLLMANN, RENÉ/HUTH, CARSTEN, Behandlung strukturierter Gesellschaften (Zweckgesellschaften) im IFRS-Konzernabschluss nach SIC-12 und IFRS 10, in: DStR 2014, S. 865–867 (Behandlung strukturierter Gesellschaften im IFRS-Konzernabschluss).

POLLOK, MERTEN/HERRLINGER, ANDREAS, Neuausrichtung der IFRS-Leasing-Bilanzierung gemäß ED/2010/9. Paradigmenwechsel führt zu erhöhter Komplexität, in: FLF 2010, S. 246–255 (Neuausrichtung der Leasingbilanzierung).

POPP, MARCO, Das Control-Konzept nach IFRS 10. Identifikation und Auslegung unbestimmter Rechtsbegriffe und Generalklauseln, Weinheim 2014 (Control-Konzept nach IFRS 10).

PWC (Hrsg.), IFRS 16 – der neue Leasingstandard. Sind Sie bereit?, verfügbar unter: https://www.pwc.com/gx/en/services/audit-assurance/assets/IFRS-16-new-leases-standard.pdf (Stand: 01.08.2017) (IFRS 16).

RENTSCH, DANIEL, IFRS 16 – Leasingverhältnisse. Der Fall – die Lösung, in: IRZ 2018, S. 105–108 (IFRS 16 – Fall und Lösung).

RICHTER, FRANK, Highest and best use-Annahme nach IFRS 13. Der Fall – die Lösung, in: IRZ 2013, S. 88–90 (Highest and best use-Annahme).

RIEG, ROBERT/HEYD, REINHARD, Auswirkungen des ED/2013/6 zur Leasingbilanzierung nach IFRS auf Pro-Forma-Kennzahlen. Eine Simulation für MDAX-Leasingnehmer, in: KoR 2015, S. 408–417 (Auswirkungen des ED/2013/6 zur Leasingbilanzierung).

RÖHL, KLAUS F., Allgemeine Rechtslehre. Ein Lehrbuch, 2. Aufl., Köln 2001 (Allgemeine Rechtslehre).

RÖHL, KLAUS F./RÖHL, HANS CHRISTIAN, Allgemeine Rechtslehre. Ein Lehrbuch, 3., neu bearbeitete Auflage Aufl., Köln, München 2008 (Allgemeine Rechtslehre).

ROHLEDER, STEPHAN/SCHMIDT, MARCO/TETTENBORN, MARTIN, Bewertungsannahmen des IFRS 13 für nichtfinanzielle Vermögenswerte. Analyse von Praxistauglichkeit und Zielkonformität, in: KoR 2017, S. 110–117 (Bewertungsannahmen des IFRS 13).

ROTTKE, PHILIPP, Die Equity-Methode in der steuerlichen Gewinnermittlung. Eine Analyse zur Nutzbarkeit im Rahmen einer Gruppenbesteuerung, Lohmar 2013 (Equity-Methode).

RUHNKE, KLAUS/CANITZ, ILKA, Indikatoren für eine Wertminderung gem. IAS 36. Eine empirische Analyse unter besonderer Berücksichtigung eines die Marktkapitalisierung übersteigenden Buchwerts des Reinvermögens, in: KoR 2010, S. 13–22 (Indikatoren für eine Wertminderung).

RUHNKE, KLAUS/NERLICH, CHRISTOPH, Behandlung von Regelungslücken innerhalb der IFRS, in: DB 2004, S. 389–395 (Behandlung von Regelungslücken).

RÜTHERS, BERND/FISCHER, CHRISTIAN/BIRK, AXEL, Rechtstheorie mit juristischer Methodenlehre, 7. Aufl., München 2013 (Rechtstheorie).

SABEL, ELMAR, Leasingverträge in der kapitalmarktorientierten Rechnungslegung, Wiesbaden 2006 (Leasingverträge).

SCHMIDT, ANDRÉ/BAREKZAI, OMAR/HÜTTERMANN, KAI, Lieber ungefähr richtig, als genau falsch: Die Neuregelungen des IFRS 9 zur Wertminderung finanzieller Vermögenswerte, in: KoR 2015, S. 344–356 (Neuregelungen des IFRS 9).

SCHMIDT, MARTIN/BLECHER, CHRISTIAN, Das Diskussionspapier des IASB zur Überarbeitung des Conceptual Framework – eine systematische Auswertung der Comment Letters, in: KoR 2015, S. 252–260 (Diskussionspapier des IASB).

SCHMIDT, PETER/THIELE, MICHAEL, Die internationale Leasingbilanzierung im Umbruch. Eine kritische Würdigung der Vorschläge des Discussion Papers „Leases“ auf Basis einer Auswertung der eingegangenen Comment Letter, in: KoR 2010, S. 254–263 (Leasingbilanzierung im Umbruch).

SCHNEIDER, STEFAN, Auslegung der International Financial Reporting Standards am Bilanzierungsobjekt Softwareentwicklung, Wiesbaden 2006 (Auslegung der IFRS bei Softwareentwicklung).

SCHÖLLHORN, THOMAS/MÜLLER, MARTIN, Bedeutung und praktische Relevanz des Rahmenkonzepts (framework) bei Erstellung von IFRS-Abschlüssen nach zukünftigem „deutschen Recht“ (Teil 1). Darstellung unter Berücksichtigung der IAS-VO und des BilReG, in: DStR 2004, S. 1623–1628 (Relevanz des Rahmenkonzepts).

SCHÖN, WOLFGANG, Kompetenzen der Gerichte zur Auslegung von IAS/IFRS, in: BB 2004, S. 763–768 (Kompetenzen der Gerichte zur Auslegung von IAS/IFRS).

SCHOSSER, KERSTIN/FINK, CHRISTIAN, Die geplante Neuregelung zur Bilanzierung von Leasing-Verträgen. Folgen für Leasing-Nehmer, in: FLF 2014, S. 95–98 (Neuregelung zur Bilanzierung).

SCHREIBER, SUSANNE, Der Asset-Liability-Approach, in: WiSt 2007, S. 572–577 (Asset-Liability-Approach).

SCHRÖDER, TORSTEN, Ermessensspielräume bei der bilanziellen Abbildung modifizierter finanzieller Vermögenswerte nach IFRS 9, in: KoR 2016, S. 579–584 (Abbildung modifizierter finanzieller Vermögenswerte).

SCHRUFF, WIENAND, Die IFRS-Rechnungslegung im Spannungsfeld zwischen Cashflow-Prognose und Rechenschaft, in: WPg 2011, S. 855–860 (Spannungsfeld zwischen Cashflow-Prognose und Rechenschaft).

SCHULZ, SEBASTIAN, Die Leasingbilanzierung nach IFRS aus Sicht des asset-liability-approach, in: IRZ 2008, S. 179–185 (Leasingbilanzierung aus Sicht des asset-liability-approach).

SEEBACHER, KATHRIN SARAH, Leasingbilanzierung nach IFRS und ihre Implikationen für schwebende Verträge. Analyse der Entscheidungsnützlichkeit der ED/2010/9-Regelungen, Wiesbaden 2014 (Analyse der ED/2010/9-Regelungen).

SIMON, JON, Interpretation of probability expressions by financial directors and auditors of UK companies, in: The European Accounting Review 2002, S. 601–629 (Interpretation of probability expressions by financial directors and auditors).

STIBI, BERND, Sir David wurde erhört. Nach dem neuen Leasingstandard erfolgt die Bilanzierung von Nutzungsrechten beim Leasingnehmer, in: BB 2016, S. I (Sir David wurde erhört).

STOCKINGER, MARKUS, Auswirkungen der Reform der Leasingbilanzierung nach IFRS. Eine empirische Analyse, Wiesbaden 2015 (Auswirkungen der Reform der Leasingbilanzierung).

TACKE, HELMUT R., Leasing, 3. Aufl., Stuttgart 1999 (Leasing).

TANSKI, JOACHIM S., Internationale Rechnungslegungsstandards. IFRS/IAS Schritt für Schritt, 3. Aufl., München 2010 (Internationale Rechnungslegungsstandards).

TESCHE, THOMAS, Leasingbilanzierung nach IFRS im konzeptionellen Umbruch. Analyse – Auswirkungen – Empfehlungen, Berlin 2014 (Leasingbilanzierung im Umbruch).

TESCHE, THOMAS/KÜTING, KARLHEINZ, IFRS 16: Paradigmenwechsel in der Leasing(nehmer)bilanzierung. Zur Abkehr vom all-or-nothing hin zum right-of-use approach, in: DStR 2016, S. 620–628 (Paradigmenwechsel in der Leasing(nehmer)bilanzierung).

THEILE, CARSTEN/GOY, KARIN, Entwurf ED/2015/3: Conceptual Framework for Financial Reporting, in: BBK 2015, S. 617–622 (Entwurf ED/2015/3).

VATER, HENDRIK, Bilanzierung von Leasingverhältnissen nach IAS 17: Eldorado bilanzpolitischer Möglichkeiten?, in: DStR 2002, S. 2094–2100 (Bilanzierung nach IAS 17).

VOGENAUER, STEFAN, Die Auslegung von Gesetzen in England und auf dem Kontinent. Eine vergleichende Untersuchung der Rechtsprechung und ihrer historischen Grundlagen, Tübingen 2001 (Auslegung von Gesetzen).

VÖLK, BERNHARD, Bilanzierung von Leasingverhältnissen – wirtschaftliches Eigentum oder Nutzungsrecht?, Taunusstein 2016 (Wirtschaftliches Eigentum oder Nutzungsrecht).

VOSSELER, MARTIN, Reform der internationalen Leasing-Bilanzierung, in: WPg 2016, S. 185 (Reform der internationalen Leasing-Bilanzierung).

WAGENHOFER, ALFRED, Internationale Rechnungslegungsstandards – IAS/IFRS. Grundlagen und Grundsätze, Bilanzierung, Bewertung und Angaben, Umstellung und Analyse, 6. Aufl., München 2009 (Internationale Rechnungslegungsstandards – IAS/IFRS).

WAGENHOFER, ALFRED, Nun doch wieder ein Vorsichtsprinzip in den IFRS, in: IRZ 2014, S. 265–266 (Vorsichtsprinzip in den IFRS).

WANK, ROLF, Die Auslegung von Gesetzen, 6. Aufl., München 2015 (Auslegung von Gesetzen).

WAẞMER, STEPHAN/HELMSCHROTT, HARALD, Leasingbilanzierung nach dem G4+1 Positionspapier: Fortschritt oder Rückschritt?, in: DB 2000, S. 2025–2026 (Leasingbilanzierung nach dem G4+1 Positionspapier).

WEINSTOCK, MARC, Die Bilanzierung von Leasingverträgen nach IASC, Frankfurt am Main 2000 (Leasingverträge nach IASC).

WELLER, SEBASTIAN/SCHUBERT, DANIEL, Der angekündigte Re-Exposure Draft zur Leasingbilanzierung. Ein Ausblick, in: PiR 2012, S. 386–390 (Re-ED zur Leasingbilanzierung).

WHITTINGTON, GEOFFREY, Fair Value and the IASB/FASB Conceptual Framework Project: An Alternative View, in: Abacus 2008, S. 139–168 (Fair Value and the Conceptual Framework).

WIRTZ, HOLGER, 125 Jahre Fortführungsstatik. Die aktuelle Diskussion über den Asset/Liability-Approach im Lichte der historischen bilanztheoretischen Diskussion, in: WiSt 2012, S. 240–245 (Asset/Liability-Approach).

WOJCIK, KARL-PHILIPP, Die internationalen Rechnungslegungsstandards IAS/IFRS als europäisches Recht, Berlin 2008 (IAS/IFRS als europäisches Recht).

WOLLMERT, PETER, IASB Discussion Paper „Leases. Preliminary Views" – Keine Experimente!, in: WPg 2009, S. I (Keine Experimente).

WOLLMERT, PETER/ACHLEITNER, ANN-KRISTIN, Konzeptionelle Grundlagen der IAS-Rechnungslegung, in: WPg 1997, S. 209–222 (Grundlagen IAS-Rechnungslegung).

ZAUGG, DANIEL/MEYER, TOBIAS, IFRS 16 – Herausforderungen in der Praxis. Auswirkungen auf Unternehmenskennzahlen und Handlungsempfehlungen für die Umsetzung, in: Expert Focus 2016, S. 653–658 (Auswirkungen und Handlungsempfehlungen).

ZEYER, FEDOR, Auswirkungen der geplanten internationalen Leasingbilanzierung auf Kennzahlen und Financial Covenants, in: BB 2011, S. 363–367 (Auswirkungen der geplanten internationalen Leasingbilanzierung).

ZÜLCH, HENNING/NELLESSEN, THOMAS, Die Überarbeitung der Rahmenkonzepte von IASB und FASB: aktueller Stand des „Conceptual Framework-Project", in: PiR 2008, S. 270–273 (Überarbeitung der Rahmenkonzepte).

ZÜLCH, HENNING/POPP, MARCO, IFRS 10 – Consolidated Financial Statements. Ein erster Überblick über das neue Control-Konzept, in: DStR 2011, S. 1532–1538 (Überblick über das neue Control-Konzept).

ZÜLCH, HENNING/POPP, MARCO, Reformation der IFRS-Konzernrechnungslegung (Teil I). Das Control-Konzept nach IFRS 10, in: DK 2012, S. 245–255 (Reformation der IFRS-Konzernrechnungslegung).

ZÜLCH, HENNING/WILLMS, JESCO, IFRIC 1: Besondere Vorschriften zur Rückstellungsbilanzierung, in: StuB 2005, S. 226–227 (Besondere Vorschriften zur Rückstellungsbilanzierung).

ZWIRNER, CHRISTIAN, (Abweichende) Nutzungsdauern nach IFRS – Ermessen zwischen Schizophrenie und Begründbarkeit, in: IRZ 2013, S. 133–135 (Abweichende Nutzungsdauern).

ZWIRNER, CHRISTIAN/FROSCHHAMMER, MATTHIAS, Die Bedeutung der Buchwert-Marktwert-Lücke für die Durchführung des Wertminderungstests nach IAS 36, in: IRZ 2013, S. 51–53 (Bedeutung der Buchwert-Marktwert-Lücke).

Verzeichnis der Geschäftsberichte

ADIDAS AG (Hrsg.), Geschäftsbericht 2016, verfügbar unter: http://www.adidas-group.com/media/filer_public/e6/eb/e6eb2815-d7d1-4318-8930-0a0e7f57aafe/2016_deu_gb.pdf (Stand: 01.04.2018) (Geschäftsbericht 2016).

DEUTSCHE POST AG (Hrsg.), Geschäftsbericht 2016, verfügbar unter: http://www.dpdhl.com/content/dam/dpdhl/Investoren/Veranstaltungen/Reporting/2017/FY2016/DPDHL_Geschaeftsbericht_2016.pdf (Stand: 01.04.2018) (Geschäftsbericht 2016).

DEUTSCHE TELEKOM AG (Hrsg.), Geschäftsbericht 2016, verfügbar unter: http://www.geschaeftsbericht.telekom.com/site0317/fileadmin/16_AR/PDF_DE/telekom_gb16_gesamt.pdf (Stand: 01.04.2018) (Geschäftsbericht 2016).

FRESENIUS MEDICAL CARE AG & CO. KGAA (Hrsg.), Geschäftsbericht 2016, verfügbar unter: http://www.freseniusmedicalcare.com/fileadmin/data/com/pdf/investors/News___Publications/Annual_Reports/2016/FMC_Geschaeftsbericht_2016_de.pdf (Stand: 01.04.2018) (Geschäftsbericht 2016).

FRESENIUS SE & CO. KGAA (Hrsg.), Geschäftsbericht 2016, verfügbar unter: https://www.fresenius.de/financial_reporting/Fresenius_IFRS_2016_deutsch.pdf (Stand: 01.04.2018) (Geschäftsbericht 2016).

VONOVIA SE (Hrsg.), Geschäftsbericht 2016, verfügbar unter: http://investoren.vonovia.de/vonovia/pdf/hv2017/2_TOP1_Geschaeftsbericht_Vonovia_SE_2016.pdf (Stand: 01.04.2018) (Geschäftsbericht 2016).

Verzeichnis der Materialien aus dem Standardsetzungsprozess

Rechnungslegungsstandards und Rahmenkonzepte

IASB (Hrsg.), 2018 IFRS® Standards (Red Book). Authoritative pronouncements issued at 1 January 2018 (zitiert: IFRS/IAS).

IASB (Hrsg.), International Accounting Standard 17 – Leases. London 2001 (letztmalig angepasst: 2003) (IAS 17).

IASB (Hrsg.), Conceptual Framework for Financial Reporting, London 2010 (zitiert: CF (2010)).

IASB (Hrsg.), Conceptual Framework for Financial Reporting, London 2018 (zitiert: CF).

IASB (Hrsg.), Preface to International Financial Reporting Standards, London 2002 (letztmalig angepasst: 2010) (Preface to IFRS).

IFRS FOUNDATION (Hrsg.), IASB and IFRS Interpretations Committee Due Process Handbook. Approved by the Trustees January 2013, verfügbar unter: http://www.ifrs.org/-/media/feature/about-us/legal-and-governance/constitution-docs/due-process-handbook.pdf (Stand: 01.08.2017) (Due Process Handbook).

Exposure Drafts und Discussion Paper

IASB (Hrsg.), Discussion Paper: Leases. Preliminary Views (DP/2009/1), London 2009 (DP/2009/1).

IASB (Hrsg.), Exposure Draft: Leases (ED/2010/9), London 2010 (ED/2010/9).

IASB (Hrsg.), Exposure Draft ED/2013/6: Leases, London 2013 (ED/2013/6).

IASB (Hrsg.), Discussion Paper: A Review of the Conceptual Framework for Financial Reporting (DP/2013/1), London 2013 (DP/2013/1).

IASB (Hrsg.), Exposure Draft: Conceptual Framework for Financal Reporting (ED/2015/3), London 2015 (ED/2015/3).

IASB (Hrsg.), Exposure Draft ED/2017/5: Accounting Policies and Accounting Estimates. Proposed Amendments to IAS 8, London 2017 (ED/2017/5).

IASB (Hrsg.), Exposure Draft ED/2018/1: Accounting Policy Changes. Proposed Amendments to IAS 8, London 2018 (ED/2018/1).

Materialien des Standardsetzers aus dem Standardsetzungsprozess

IASB (Hrsg.), Information for Observers: Leases. Agenda Proposal – Leasing (Agenda Paper 9A, July 2006), verfügbar unter: http://www.ifrs.org/Current-Projects/IASB-Projects/Leases/Pages/Leases.aspx (Stand: 01.04.2018) (Agenda Paper 9A (July 2006)).

IASB (Hrsg.), IASB Update. Board Decisions On International Financial Reporting Standards (July 2006), verfügbar unter: http://www.ifrs.org/Updates/IASB-Updates/2006/Documents/jul06.pdf (Stand: 01.04.2018) (IASB Update (July 2006)).

IASB (Hrsg.), Information for Observers: Joint International Working Group on Leasing. History of Lease Accounting (Agenda Paper 2, February 2007), verfügbar unter: http://archive.ifrs.org/Current-Projects/IASB-Projects/Leases/Meeting-Summaries-and-Observer-Notes/Documents/Obs2.pdf (Stand: 01.04.2018) (Agenda Paper 2 (February 2007)).

IASB (Hrsg.), Information for Observers: Joint International Working Group on Leasing. Academic research on lease accounting (Agenda Paper 3, February 2007), verfügbar unter: http://archive.ifrs.org/Current-Projects/IASB-Projects/Leases/Meeting-Summaries-and-Observer-Notes/Documents/Obs3.pdf (Stand: 01.04.2018) (Agenda Paper 3 (February 2007)).

IASB (Hrsg.), Information for Observers: Project Overview and Summary of Papers (Agenda Paper 1, February 2007), verfügbar unter: http://archive.ifrs.org/Current-Projects/IASB-Projects/Leases/Meeting-Summaries-and-Observer-Notes/Documents/Obs1.pdf (Stand: 01.04.2018) (Agenda Paper 1 (February 2007)).

IASB (Hrsg.), Leases. Lessee Accounting – Subsequent Measurement of the right-of-use asset (Staff Paper 5C, November 2009), verfügbar unter: http://www.ifrs.org/Current-Projects/IASB-Projects/Leases/Pages/Board-discussions-3.aspx (Stand: 01.04.2018) (Staff Paper 5C (November 2009)).

IASB (Hrsg.), Leases. Comment Letter Summary (Staff Paper 6A, September 2009), verfügbar unter: http://archive.ifrs.org/Current-Projects/IASB-Projects/Leases/Meeting-Summaries-and-Observer-Notes/Documents/Leases0909b06Aobs.pdf (Stand: 01.04.2018) (Comment Letter Summary DP/2009/1).

IASB (Hrsg.), Leases. Impairment of right-of-use asset (Staff Paper 11B, June 2009), verfügbar unter: http://archive.ifrs.org/Current-Projects/IASB-Projects/Leases/Meeting-Summaries-and-Observer-Notes/Documents/Leases0906b11Bobs.pdf (Stand: 01.04.2018) (Staff Paper 11B (June 2009)).

IASB (Hrsg.), Leases. Lessee accounting: subsequent measurement issues (Staff Paper 2A, May/June 2011), verfügbar unter: http://archive.ifrs.org/Meetings/MeetingDocs/IASB/Archive/Leases/Leases-0611310102b02A.pdf (Stand: 01.04.2018) (Staff Paper 2A (May/June 2011)).

IASB (Hrsg.), Leases. Definition of a lease (Staff Paper 1D, April 2011), verfügbar unter: http://archive.ifrs.org/Meetings/MeetingDocs/IASB/Archive/Leases/Leases-04116thb01D.pdf (Stand: 01.04.2018) (Staff Paper 1D (April 2011)).

IASB (Hrsg.), Leases. Residual Value Guarantees – Lessees (Staff Paper 2B, June 2011), verfügbar unter: http://archive.ifrs.org/Meetings/MeetingDocs/IASB/Archive/Leases/Leases-0611310102b02B.pdf (Stand: 01.04.2018) (Staff Paper 2B (June 2011)).

IASB (Hrsg.), Leases. Other Lease Payment Considerations (Staff Paper 5G, February 2011), verfügbar unter: http://archive.ifrs.org/Meetings/MeetingDocs/IASB/Archive/Leases/Leases-0211b05G.pdf (Stand: 01.04.2018) (Staff Paper 5G (February 2011)).

IASB (Hrsg.), Leases. Comment letter summary – main issues (Staff Paper 5A, January 2011), verfügbar unter: http://archive.ifrs.org/Meetings/MeetingDocs/IASB/Archive/Leases/Leases-0111b05A.pdf (Stand: 01.04.2018) (Comment Letter Summary ED/2010/9).

IASB (Hrsg.), Leases. Accounting for options to extend or terminate a lease (Staff Paper 5B, February 2011), verfügbar unter: http://archive.ifrs.org/Meetings/MeetingDocs/IASB/Archive/Leases/Leases-0211b05B.pdf (Stand: 01.04.2018) (Staff Paper 5B (February 2011)).

IASB (Hrsg.), Leases. Summary of Feedback on the 2013 ED (Staff Paper 3A, November 2013), verfügbar unter: http://www.ifrs.org/Current-Projects/IASB-Projects/Leases/Pages/Discussion-and-papers-stage-5.aspx (Stand: 01.04.2018) (Comment Letter Summary ED/2013/6).

IASB (Hrsg.), Leases. Lessee Balance Sheet Presentation (Staff Paper 3B, June 2014), verfügbar unter: http://archive.ifrs.org/Meetings/MeetingDocs/IASB/2014/June/AP03B-Leases.pdf (Stand: 01.04.2018) (Staff Paper 3B (June 2014)).

IASB (Hrsg.), Leases. Initial direct costs (Staff Paper 3C, May 2014), verfügbar unter: http://archive.ifrs.org/Meetings/MeetingDocs/IASB/2014/May/AP03C-LEASES.pdf (Stand: 01.04.2018) (Staff Paper 3C (May 2014)).

IASB (Hrsg.), Leases. In-Substance Fixed Payments (Staff Paper 3C, April 2014), verfügbar unter: http://archive.ifrs.org/Meetings/MeetingDocs/IASB/2014/April/AP03C-Leases.pdf (Stand: 01.04.2018) (Staff Paper 3C (April 2014)).

IASB (Hrsg.), Leases. Lessee accounting: short-term leases (Staff Paper 3H, March 2014), verfügbar unter: http://archive.ifrs.org/Meetings/MeetingDocs/IASB/2014/March/03H-Leases-Lessee%20accounting-short-term%20leases.pdf (Stand: 01.04.2018) (Staff Paper 3H (March 2014)).

IASB (Hrsg.), Leases. Definition of a lease (Staff Paper 3A, October 2014), verfügbar unter: http://archive.ifrs.org/Meetings/MeetingDocs/IASB/2014/October/AP03A-LEASES.pdf (Stand: 01.04.2018) (Staff Paper 3A (October 2014)).

IASB (Hrsg.), Leases. Variable Lease Payments (Staff Paper 3B, April 2014), verfügbar unter: http://archive.ifrs.org/Meetings/MeetingDocs/IASB/2014/April/AP03B-Leases.pdf (Stand: 01.04.2018) (Staff Paper 3B (April 2014)).

IASB (Hrsg.), Leases. Lessee Accounting Model (Staff Paper 3D, January 2014), verfügbar unter: http://archive.ifrs.org/Meetings/MeetingDocs/IASB/2014/January/AP03D-LEASES.pdf (Stand: 01.04.2018) (Staff Paper 3D (January 2014)).

IASB (Hrsg.), Leases. Definition of a Lease (Agenda Paper 3A, May 2014), verfügbar unter: http://archive.ifrs.org/Meetings/MeetingDocs/IASB/2014/May/AP03A-LEASES.pdf (Stand: 01.04.2018) (Agenda Paper 3A, May 2014).

IASB (Hrsg.), Leases. Definition of a lease – Ability to Derive the Benefits from Directing the Use of an Identified Asset (Staff Paper 3A, December 2014), verfügbar unter: http://archive.ifrs.org/Meetings/MeetingDocs/IASB/2014/December/AP03A-Leases.pdf (Stand: 01.04.2018) (Staff Paper 3A (December 2014)).

IASB (Hrsg.), Leases. Lessee Accounting Model (Staff Paper 3A, March 2014), verfügbar unter: http://archive.ifrs.org/Meetings/MeetingDocs/IASB/2014/March/03A-Leases-Lessee%20Accounting%20Model.pdf (Stand: 01.04.2018) (Staff Paper 3A (March 2014)).

IASB (Hrsg.), Conceptual Framework. Proposed Amendments – IAS 1 and IAS 8 (Staff Paper 10G, October 2014), verfügbar unter: http://archive.ifrs.org/Meetings/MeetingDocs/IASB/2014/October/AP10G-Conceptual-Framework.pdf (Stand: 01.04.2018) (Staff Paper 10G (October 2014)).

IASB (Hrsg.), Leases. Discount Rate (Staff Paper 3D, April 2014), verfügbar unter: http://archive.ifrs.org/Meetings/MeetingDocs/IASB/2014/April/AP03D-Leases.pdf (Stand: 01.04.2018) (Staff Paper 3D (April 2014)).

IASB (Hrsg.), Conceptual Framework. Feedback summary: additional guidance to support the asset and liability definitions (Staff Paper 10D, March 2014), verfügbar unter: http://archive.ifrs.org/Meetings/MeetingDocs/IASB/2014/March/AP10D%20-%20CF%20feedback%20summary%20-%20additional%20guidance%20on%20definitions%20-%20FINAL.pdf (Stand: 01.04.2018) (Staff Paper 10D (March 2014)).

IASB (Hrsg.), Conceptual Framework. Liability definition – present obligation (Staff Paper 10C, July 2014), verfügbar unter: http://archive.ifrs.org/Meetings/MeetingDocs/IASB/2014/July/AP10C-Conceptual%20Framework.pdf (Stand: 01.04.2018) (Staff Paper 10C (July 2014)).

IASB (Hrsg.), Conceptual Framework. Summary of potential inconsistencies between the existing Standards and the Conceptual Framework Exposure Draft (Staff Paper 10D, October 2014), verfügbar unter: http://archive.ifrs.org/Meetings/MeetingDocs/IASB/2014/October/AP10D-Conceptual-Framework.pdf (Stand: 01.04.2018) (Staff Paper 10D (October 2014)).

IASB (Hrsg.), Leases. Cover Memo (Staff Paper 3, October 2015), verfügbar unter: http://archive.ifrs.org/Meetings/MeetingDocs/IASB/2015/October/AP03-LEASES.pdf (Stand: 01.04.2018) (Staff Paper 3 (October 2015)).

IASB (Hrsg.), Leases. Due process, re-exposure and permission to draft (Staff Paper 3A, March 2015), verfügbar unter: http://archive.ifrs.org/Meetings/MeetingDocs/IASB/2015/March/AP03A-Leases.pdf (Stand: 01.04.2018) (Staff Paper 3A (March 2015)).

IASB (Hrsg.), Leases. Sweep Issues (Agenda Paper 3A, October 2015), verfügbar unter: http://archive.ifrs.org/Meetings/MeetingDocs/IASB/2015/October/AP03A-LEASES.pdf (Stand: 01.04.2018) (Agenda Paper 3A (October 2015)).

IASB (Hrsg.), IFRS 16 Leases. Effects Analysis, verfügbar unter: http://archive.ifrs.org/Current-Projects/IASB-Projects/Leases/Documents/IFRS_16_effects_analysis.pdf (Stand: 01.04.2018) (IFRS 16 Effects Analysis).

IASB (Hrsg.), Conceptual Framework. Feedback summary – Elements of financial statements – Liabilities and equity (Staff Paper 10E, March 2016), verfügbar unter: http://archive.ifrs.org/Meetings/MeetingDocs/IASB/2016/March/AP10E-Conceptual-Framework.pdf (Stand: 01.04.2018) (Staff Paper 10E (March 2016)).

IASB (Hrsg.), Conceptual Framework. Liability definition and supporting concepts – background information (Staff Paper 10B, November 2016), verfügbar unter: http://archive.ifrs.org/Meetings/MeetingDocs/IASB/2016/November/AP10B-Conceptual-Framework.pdf (Stand: 01.04.2018) (Staff Paper 10B (November 2016)).

IASB (Hrsg.), Conceptual Framework. Feedback Summary – Chapter 1 – The objective of general purpose financial reporting (Staff Paper 10A, March 2016), verfügbar unter: http://

archive.ifrs.org/Meetings/MeetingDocs/IASB/2016/March/AP10A-Conceptual-Framework.pdf (Stand: 01.04.2018) (Staff Paper 10A (March 2016)).

IASB (Hrsg.), Conceptual Framework. Feedback Summary – Overview (Staff Paper 10, March 2016), verfügbar unter: http://archive.ifrs.org/Meetings/MeetingDocs/IASB/2016/March/AP10-Conceptual-Framework.pdf (Stand: 01.04.2018) (Staff Paper 10 (March 2016)).

IASB (Hrsg.), Conceptual Framework. Liability definition and supporting concepts – the 'no practical ability to avoid' criterion (Staff Paper 10C, November 2016), verfügbar unter: http://archive.ifrs.org/Meetings/MeetingDocs/IASB/2016/November/AP10C-Conceptual-Framework.pdf (Stand: 01.04.2018) (Staff Paper 10C (November 2016)).

IASB (Hrsg.), Leases. Implementation update (Staff Paper 6, May 2017), verfügbar unter: http://www.ifrs.org/-/media/feature/meetings/2017/may/iasb/leases/ap06-leases.pdf (Stand: 01.04.2018) (Staff Paper 6 (May 2017)).

IASB (Hrsg.), Conceptual Framework. Minor comments on concepts supporting asset and liability definitions (Staff Paper 10B, February 2017), verfügbar unter: http://www.ifrs.org/-/media/feature/meetings/2017/february/iasb/conceptual-framework/ap10e-cf.pdf (Stand: 01.04.2018) (Staff Paper 10B (February 2017)).

IASB (Hrsg.), Leases one year on – putting IFRS 16 into practice, verfügbar unter: http://www.ifrs.org/-/media/project/leases/ifrs/educational-materials/ifrs16-leases-article-jan2017.pdf (Stand: 01.04.2018) (Leases one year on).

IASB (Hrsg.), Accounting policies and accounting estimates. Feedback summary: Accounting Policies and Accounting Estimates (Proposed amendments to IAS 8)(Staff Paper 26, March 2018), verfügbar unter: http://www.ifrs.org/-/media/feature/meetings/2018/march/iasb/ap26-feedback-summary.pdf (Stand: 01.04.2018) (Staff Paper 26 (March 2018)).

IASB (Hrsg.), Conceptual Framework for Financial Reporting. Project Summary, verfügbar unter: http://www.ifrs.org/-/media/project/conceptual-framework/fact-sheet-project-summary-and-feedback-statement/conceptual-framework-project-summary.pdf (Stand: 01.04.2018) (Conceptual Framework: Project Summary).

Kommentierungen zu ED/2010/9 und ED/2013/6 während des Standardsetzungsprozesses

AASB (Hrsg.), Comment Letter ED/2013/6, verfügbar unter: http://www.fasb.org/cs/Blob Server?blobkey=id&blobnocache=true&blobwhere=1175827646708&blobheader=application%2Fpdf&blobheadername2=Content-Length&blobheadername1=Content-Disposition&blobheadervalue2=595337&blobheadervalue1=filename%3DLEASES2.ED.

0534.AASB_KEVIN_M._STEVENSON.pdf&blobcol=urldata&blobtable=MungoBlobs (Stand: 01.04.2018) (Comment Letter ED/2013/6).

ACTEO (Hrsg.), Comment Letter ED/2013/6, verfügbar unter: http://www.fasb.org/cs/Blob Server?blobkey=id&blobnocache=true&blobwhere=1175827659139&blobheader= application%2Fpdf&blobheadername2=Content-Length&blobheadername1=Content-Disposition&blobheadervalue2=795594&blobheadervalue1=filename%3DLEASES2. ED.0589.ACTEO_AFEP_MEDEF_SEE_LISTED.pdf&blobcol=urldata&blobtable= MungoBlobs (Stand: 01.04.2018) (Comment Letter ED/2013/6).

AICPA (Hrsg.), Comment Letter ED/2013/6, verfügbar unter: http://www.fasb.org/cs/Blob Server?blobkey=id&blobnocache=true&blobwhere=1175827749392&blobheader= application%2Fpdf&blobheadername2=Content-Length&blobheadername1=Content-Disposition&blobheadervalue2=648852&blobheadervalue1=filename%3DLEASES2.ED. 0615.AICPA_FINREC_RICHARD_PAUL_AND_CHAD_SOARES.pdf&blob-col= urldata&blobtable=MungoBlobs (Stand: 01.04.2018) (Comment Letter ED/2013/6).

ALCATEL LUCENT (Hrsg.), Comment Letter ED/2013/6, verfügbar unter: http://www.fasb.org/ cs/BlobServer?blobkey=id&blobnocache=true&blobwhere=1175827610114&blobhea-der=application%2Fpdf&blobheadername2=Content-Length&blobheadername1=Content-Disposition&blobheadervalue2=3676940&blobheadervalue1=filename%3DLEASES2. ED.0161.ALCATEL_LUCENT_FRANCOIS_DUGIT-PINAT_CHUCK_KELLY.pdf &blobcol=urldata&blobtable=MungoBlobs (Stand: 01.04.2018) (Comment Letter ED/2013/6).

AMERICAN TOWER CORPORATION (Hrsg.), Comment Letter ED/2013/6, verfügbar unter: http://www.fasb.org/cs/BlobServer?blobkey=id&blobnocache=true&blobwhere= 1175827620569&blobheader=application%2Fpdf&blobheadername2=Content-Length& blobheadername1=Content-Disposition&blobheadervalue2=1961345&blobheaderva-lue1=filename%3DLEASES2.ED.0389.AMERICAN_TOWER_CORPORATION_RO-BERT_J._MEYER.pdf&blobcol=urldata&blobtable=MungoBlobs (Stand: 01.04.2018) (Comment Letter ED/2013/6).

ANC (Hrsg.), Comment Letter ED/2013/6, verfügbar unter: http://www.fasb.org/cs/Blob Server?blobkey=id&blobnocache=true&blobwhere=1175827806641&blobheader= application%2Fpdf&blobheadername2=Content-Length&blobheadername1=Content-Disposition&blobheadervalue2=1558163&blobheadervalue1=filename%3DLEASES2. ED.0625.ANC_JEROME_HAAS.pdf&blobcol=urldata&blobtable=MungoBlobs (Stand: 01.04.2018) (Comment Letter ED/2013/6).

AOSSG (Hrsg.), Comment Letter ED/2013/6, verfügbar unter: http://www.fasb.org/cs/Blob Server?blobkey=id&blobnocache=true&blobwhere=1175827727142&blobheader=

application%2Fpdf&blobheadername2=Content-Length&blobheadername1=Content-Disposition&blobheadervalue2=651328&blobheadervalue1=filename%3DLEASES2.ED.0607.AOSSG_KEVIN_M._STEVENSON_AND_MICHAEL_LIM.pdf&blobcol=urldata&blobtable=MungoBlobs (Stand: 01.04.2018) (Comment Letter ED/2013/6).

ARDF (Hrsg.), Comment Letter ED/2013/6, verfügbar unter: http://www.fasb.org/cs/BlobServer?blobkey=id&blobnocache=true&blobwhere=1175827580376&blobheader=application%2Fpdf&blobheadername2=Content-Length&blobheadername1=Content-Disposition&blobheadervalue2=425238&blobheadervalue1=filename%3DLEASES2.ED.0065.ARDF_TFRSC_FAITF_YANN-CHING_TSAI.pdf&blobcol=urldata&blobtable=MungoBlobs (Stand: 01.04.2018) (Comment Letter ED/2013/6).

ASC (Hrsg.), Comment Letter ED/2013/6, verfügbar unter: http://www.fasb.org/cs/BlobServer?blobkey=id&blobnocache=true&blobwhere=1175827461057&blobheader=application%2Fpdf&blobheadername2=Content-Length&blobheadername1=Content-Disposition&blobheadervalue2=263597&blobheadervalue1=filename%3DLEASES2.ED.0021.FICPA_AP%26ASC_STEVEN_MORRISON.pdf&blobcol=urldata&blobtable=MungoBlobs (Stand: 01.04.2018) (Comment Letter ED/2013/6).

AWG & IATA (Hrsg.), Comment Letter ED/2013/6, verfügbar unter: http://www.fasb.org/cs/BlobServer?blobkey=id&blobnocache=true&blobwhere=1175827620335&blobheader=application%2Fpdf&blobheadername2=Content-Length&blobheadername1=Content-Disposition&blobheadervalue2=489761&blobheadervalue1=filename%3DLEASES2.ED.0406.AWG_AND_IATA_JEFFREY_WOOL_ALEKS_POPOVICH.pdf&blobcol=urldata&blobtable=MungoBlobs (Stand: 01.04.2018) (Comment Letter ED/2013/6).

BAKER TILLY (Hrsg.), Comment Letter ED/2013/6, verfügbar unter: http://www.fasb.org/cs/BlobServer?blobkey=id&blobnocache=true&blobwhere=1175827612032&blobheader=application%2Fpdf&blobheadername2=Content-Length&blobheadername1=Content-Disposition&blobheadervalue2=1448561&blobheadervalue1=filename%3DLEASES2.ED.0183.BAKER_TILLY_COLIN_BURNS.pdf&blobcol=urldata&blobtable=MungoBlobs (Stand: 01.04.2018) (Comment Letter ED/2013/6).

BARNARD, CHRIS, Comment Letter ED/2013/6, verfügbar unter: http://www.fasb.org/cs/BlobServer?blobkey=id&blobnocache=true&blobwhere=1175827432169&blobheader=application%2Fpdf&blobheadername2=Content-Length&blobheadername1=Content-Disposition&blobheadervalue2=2533237&blobheadervalue1=filename%3DLEASES2.ED.0019.CHRIS_BARNARD.pdf&blobcol=urldata&blobtable=MungoBlobs (Stand: 01.04.2018) (Comment Letter ED/2013/6).

BASEL COMMITTEE ON BANKING SUPERVISION (Hrsg.), Comment Letter ED/2010/9, verfügbar unter: http://www.fasb.org/cs/BlobServer?blobkey=id&blobnocache=true&blobwhere=1175821970350&blobheader=application%2Fpdf&blobheadername2=Content-Length&blobheadername1=Content-Disposition&blobheadervalue2=556863&blobheadervalue1=filename%3D0642-_1850-100_BASEL_COMMITTEE_ON_BANKING_SUPERVISION_NOUT_WELLINK.pdf&blobcol=urldata&blobtable=MungoBlobs (Stand: 01.04.2018) (Comment Letter ED/2010/9).

BHP BILLITON (Hrsg.), Comment Letter ED/2013/6, verfügbar unter: http://www.fasb.org/cs/BlobServer?blobkey=id&blobnocache=true&blobwhere=1175827627490&blobheader=application%2Fpdf&blobheadername2=Content-Length&blobheadername1=Content-Disposition&blobheadervalue2=296583&blobheadervalue1=filename%3DLEASES2.ED.0421.BHP_BILLITON_LIMITED_BRETT_RIX.pdf&blobcol=urldata&blobtable=MungoBlobs (Stand: 01.04.2018) (Comment Letter ED/2013/6).

BP (Hrsg.), Comment Letter ED/2013/6, verfügbar unter: http://www.fasb.org/cs/BlobServer?blobkey=id&blobnocache=true&blobwhere=1175827700200&blobheader=application%2Fpdf&blobheadername2=Content-Length&blobheadername1=Content-Disposition&blobheadervalue2=1703415&blobheadervalue1=filename%3DLEASES2.ED.0596.BP_P.L.C._ROGER_HARRINGTON.pdf&blobcol=urldata&blobtable=MungoBlobs (Stand: 01.04.2018) (Comment Letter ED/2013/6).

BT GROUP (Hrsg.), Comment Letter ED/2013/6, verfügbar unter: http://www.fasb.org/cs/BlobServer?blobkey=id&blobnocache=true&blobwhere=1175827646768&blobheader=application%2Fpdf&blobheadername2=Content-Length&blobheadername1=Content-Disposition&blobheadervalue2=503218&blobheadervalue1=filename%3DLEASES2.ED.0537.BT_GROUP_PLC_GLYN_PARRY.pdf&blobcol=urldata&blobtable=MungoBlobs (Stand: 01.04.2018) (Comment Letter ED/2013/6).

BVRLA (Hrsg.), Comment Letter ED/2013/6, verfügbar unter: http://www.fasb.org/cs/BlobServer?blobkey=id&blobnocache=true&blobwhere=1175827612372&blobheader=application%2Fpdf&blobheadername2=Content-Length&blobheadername1=Content-Disposition&blobheadervalue2=301615&blobheadervalue1=filename%3DLEASES2.ED.0188.BVRLA_GERRY_KEANEY.pdf&blobcol=urldata&blobtable=MungoBlobs (Stand: 01.04.2018) (Comment Letter ED/2013/6).

CANADIAN ASB (Hrsg.), Comment Letter ED/2013/6, verfügbar unter: http://www.fasb.org/cs/BlobServer?blobkey=id&blobnocache=true&blobwhere=1175827659259&blobheader=application%2Fpdf&blobheadername2=Content-Length&blobheadername1=Content-Disposition&blobheadervalue2=390057&blobheadervalue1=filename%3DLEASES2.ED.0588.CANADIAN_ACCOUNTING_STANDARDS_BOARD_

ACSB_LINDA_F._MEZON.pdf&blobcol=urldata&blobtable=MungoBlobs (Stand: 01.04.2018) (Comment Letter ED/2013/6).

CAPP (Hrsg.), Comment Letter ED/2013/6, verfügbar unter: http://www.fasb.org/cs/BlobServer?blobkey=id&blobnocache=true&blobwhere=1175827640357&blobheader=application%2Fpdf&blobheadername2=Content-Length&blobheadername1=Content-Disposition&blobheadervalue2=257106&blobheadervalue1=filename%3DLEASES2.ED.0462.CAPP_DAVID_DALY.pdf&blobcol=urldata&blobtable=MungoBlobs (Stand: 01.04.2018) (Comment Letter ED/2013/6).

Chartered Accountants Ireland (Hrsg.), Comment Letter ED/2013/6, verfügbar unter: http://www.fasb.org/cs/BlobServer?blobkey=id&blobnocache=true&blobwhere=1175827727176&blobheader=application%2Fpdf&blobheadername2=Content-Length&blobheadername1=Content-Disposition&blobheadervalue2=727607&blobheadervalue1=filename%3DLEASES2.ED.0608.CHARTERED_ACCOUNTANTS_IRELAND_AC_MARK_KENNY.pdf&blobcol=urldata&blobtable=MungoBlobs (Stand: 01.04.2018) (Comment Letter ED/2013/6).

Confederation of Swedish Enterprise (Hrsg.), Comment Letter ED/2013/6, verfügbar unter: http://www.fasb.org/cs/BlobServer?blobkey=id&blobnocache=true&blobwhere=1175827610934&blobheader=application%2Fpdf&blobheadername2=Content-Length&blobheadername1=Content-Disposition&blobheadervalue2=532630&blobheadervalue1=filename%3DLEASES2.ED.0163.CONFEDERATION_OF_SWEDISH_ENTERPRISE_CLAES_NORBERG.pdf&blobcol=urldata&blobtable=MungoBlobs (Stand: 01.04.2018) (Comment Letter ED/2013/6).

CPA Australia (Hrsg.), Comment Letter ED/2013/6, verfügbar unter: http://www.fasb.org/cs/BlobServer?blobkey=id&blobnocache=true&blobwhere=1175827541808&blobheader=application%2Fpdf&blobheadername2=Content-Length&blobheadername1=Content-Disposition&blobheadervalue2=445921&blobheadervalue1=filename%3DLEASES2.ED.0038.CPA_AUSTRALIA_ICA_AUSTRALIA_ALEX_MALLEY_LEE_WHITE.pdf&blobcol=urldata&blobtable=MungoBlobs (Stand: 01.04.2018) (Comment Letter ED/2013/6).

CRE Finance Council (Hrsg.), Comment Letter ED/2013/6, verfügbar unter: http://www.fasb.org/cs/BlobServer?blobkey=id&blobnocache=true&blobwhere=1175827541808&blobheader=application%2Fpdf&blobheadername2=Content-Length&blobheadername1=Content-Disposition&blobheadervalue2=445921&blobheadervalue1=filename%3DLEASES2.ED.0038.CPA_AUSTRALIA_ICA_AUSTRALIA_ALEX_MALLEY_LEE_WHITE.pdf&blobcol=urldata&blobtable=MungoBlobs (Stand: 01.04.2018) (Comment Letter ED/2013/6).

DELL (Hrsg.), Comment Letter ED/2013/6, verfügbar unter: http://www.fasb.org/cs/BlobServer?blobkey=id&blobnocache=true&blobwhere=1175827615403&blobheader=application%2Fpdf&blobheadername2=Content-Length&blobheadername1=Content-Disposition&blobheadervalue2=440738&blobheadervalue1=filename%3DLEASES2.ED.0216.DELL_INC._SEE_LISTED.pdf&blobcol=urldata&blobtable=MungoBlobs (Stand: 01.04.2018) (Comment Letter ED/2013/6).

DELOITTE (Hrsg.), Comment Letter ED/2013/6, verfügbar unter: http://www.fasb.org/cs/BlobServer?blobkey=id&blobnocache=true&blobwhere=1175827615220&blobheader=application%2Fpdf&blobheadername2=Content-Length&blobheadername1=Content-Disposition&blobheadervalue2=360721&blobheadervalue1=filename%3DLEASES2.ED.0262.DELOITTE_TOUCHE_TOHMATSU_LIMITED_VERONICA_POOLE.pdf&blobcol=urldata&blobtable=MungoBlobs (Stand: 01.04.2018) (Comment Letter ED/2013/6).

DEUTSCHE BANK (Hrsg.), Comment Letter ED/2013/6, verfügbar unter: http://www.fasb.org/cs/BlobServer?blobkey=id&blobnocache=true&blobwhere=1175827640678&blobheader=application%2Fpdf&blobheadername2=Content-Length&blobheadername1=Content-Disposition&blobheadervalue2=536057&blobheadervalue1=filename%3DLEASES2.ED.0475.DEUTSCHE_BANK_KARIN_DOHM_MARIA_NORDGREN.pdf&blobcol=urldata&blobtable=MungoBlobs (Stand: 01.04.2018) (Comment Letter ED/2013/6).

DEUTSCHE TELEKOM (Hrsg.), Comment Letter ED/2013/6, verfügbar unter: http://www.fasb.org/cs/BlobServer?blobkey=id&blobnocache=true&blobwhere=1175827610954&blobheader=application%2Fpdf&blobheadername2=Content-Length&blobheadername1=Content-Disposition&blobheadervalue2=423919&blobheadervalue1=filename%3DLEASES2.ED.0164.DEUTSCHE_TELEKOM_AG_GUILLAUME_MAISONDIEU_MICHAEL_BRUCKS.pdf&blobcol=urldata&blobtable=MungoBlobs (Stand: 01.04.2018) (Comment Letter ED/2013/6).

DOLLAR GENERAL (Hrsg.), Comment Letter ED/2013/6, verfügbar unter: http://www.fasb.org/cs/BlobServer?blobkey=id&blobnocache=true&blobwhere=1175827606551&blobheader=application%2Fpdf&blobheadername2=Content-Length&blobheadername1=Content-Disposition&blobheadervalue2=743176&blobheadervalue1=filename%3DLEASES2.ED.0129.DOLLAR_GENERAL_CORPORATION_DAVID_M._TEHLE.pdf&blobcol=urldata&blobtable=MungoBlobs (Stand: 01.04.2018) (Comment Letter ED/2013/6).

DRSC (Hrsg.), Comment Letter ED/2013/6, verfügbar unter: http://www.fasb.org/cs/BlobServer?blobkey=id&blobnocache=true&blobwhere=1175827617892&blobheader=application%2Fpdf&blobheadername2=Content-Length&blobheadername1=Content-Disposition&blobheadervalue2=619260&blobheadervalue1=filename%

3DLEASES.ED.0309.ASCG_LIESEL_KNORR.pdf&blobcol=urldata&blobtable=MungoBlobs (Stand: 01.04.2018) (Comment Letter ED/2013/6).

DUFF & PHELPS (Hrsg.), Comment Letter ED/2013/6, verfügbar unter: http://www.fasb.org/cs/BlobServer?blobkey=id&blobnocache=true&blobwhere=1175827640658&blobheader=application%2Fpdf&blobheadername2=Content-Length&blobheadername1=Content-Disposition&blobheadervalue2=489865&blobheadervalue1=filename%3DLEASES2.ED.0477.DUFF_%26_PHELPS_LLC_PAUL_BARNES_ROSS_PRINDLE.pdf&blobcol=urldata&blobtable=MungoBlobs (Stand: 01.04.2018) (Comment Letter ED/2013/6).

EACB (Hrsg.), Comment Letter ED/2013/6, verfügbar unter: http://www.fasb.org/cs/BlobServer?blobkey=id&blobnocache=true&blobwhere=1175827650113&blobheader=application%2Fpdf&blobheadername2=Content-Length&blobheadername1=Content-Disposition&blobheadervalue2=273353&blobheadervalue1=filename%3DLEASES2.ED.0557.EACB_HERVE_GUIDER_VOLKER_HEEGEMANN.pdf&blobcol=urldata&blobtable=MungoBlobs (Stand: 01.04.2018) (Comment Letter ED/2013/6).

EBA (Hrsg.), Comment Letter ED/2013/6, verfügbar unter: http://www.fasb.org/cs/BlobServer?blobkey=id&blobnocache=true&blobwhere=1175827650133&blobheader=application%2Fpdf&blobheadername2=Content-Length&blobheadername1=Content-Disposition&blobheadervalue2=324973&blobheadervalue1=filename%3DLEASES2.ED.0558.EUROPEAN_BANKING_AUTHORITY_ANDREA_ENRIA.pdf&blobcol=urldata&blobtable=MungoBlobs (Stand: 01.04.2018) (Comment Letter ED/2013/6).

EDISON ELECTRIC INSTITUTION (Hrsg.), Comment Letter ED/2013/6, verfügbar unter: http://www.fasb.org/cs/BlobServer?blobkey=id&blobnocache=true&blobwhere=1175827615506&blobheader=application%2Fpdf&blobheadername2=Content-Length&blobheadername1=Content-Disposition&blobheadervalue2=530950&blobheadervalue1=filename%3DLEASES2.ED.0239.EDISON_ELECTRIC_INSTITUTE_RICHARD_F._MCMAHON_JR.pdf&blobcol=urldata&blobtable=MungoBlobs (Stand: 01.04.2018) (Comment Letter ED/2013/6).

EFRAG (Hrsg.), Comment Letter ED/2013/6, verfügbar unter: http://www.fasb.org/cs/BlobServer?blobkey=id&blobnocache=true&blobwhere=1175827752115&blobheader=application%2Fpdf&blobheadername2=Content-Length&blobheadername1=Content-Disposition&blobheadervalue2=494469&blobheadervalue1=filename%3DLEASES2.ED.0618.EFRAG_FRANCOISE_FLORES.pdf&blobcol=urldata&blobtable=MungoBlobs (Stand: 01.04.2018) (Comment Letter ED/2013/6).

ERNST & YOUNG (Hrsg.), Comment Letter ED/2013/6, verfügbar unter: http://www.fasb.org/cs/BlobServer?blobkey=id&blobnocache=true&blobwhere=1175827616788&

blobheader=application%2Fpdf&blobheadername2=Content-Length&blobheadername1=Content-Disposition&blobheadervalue2=910960&blobheadervalue1=filename%3DLEASES2.ED.0297.ERNST_%26_YOUNG_GLOBAL_LIMITED.pdf&blobcol=urldata&blobtable=MungoBlobs (Stand: 01.04.2018) (Comment Letter ED/2013/6).

ESMA (Hrsg.), Comment Letter ED/2013/6, verfügbar unter: http://www.fasb.org/cs/BlobServer?blobkey=id&blobnocache=true&blobwhere=1175827609956&blobheader=application%2Fpdf&blobheadername2=Content-Length&blobheadername1=Content-Disposition&blobheadervalue2=330940&blobheadervalue1=filename%3DLEASES2.ED.0134.ESMA_STEVEN_MAIJOOR.pdf&blobcol=urldata&blobtable=MungoBlobs (Stand: 01.04.2018) (Comment Letter ED/2013/6).

EUMEDION (Hrsg.), Comment Letter ED/2013/6, verfügbar unter: http://www.fasb.org/cs/BlobServer?blobkey=id&blobnocache=true&blobwhere=1175827749195&blobheader=application%2Fpdf&blobheadername2=Content-Length&blobheadername1=Content-Disposition&blobheadervalue2=528423&blobheadervalue1=filename%3DLEASES2.ED.0527.EUMEDION_RIENTS_ABMA_R.pdf&blobcol=urldata&blobtable=MungoBlobs (Stand: 01.04.2018) (Comment Letter ED/2013/6).

FEE (Hrsg.), Comment Letter ED/2013/6, verfügbar unter: http://www.fasb.org/cs/BlobServer?blobkey=id&blobnocache=true&blobwhere=1175827590383&blobheader=application%2Fpdf&blobheadername2=Content-Length&blobheadername1=Content-Disposition&blobheadervalue2=385212&blobheadervalue1=filename%3DLEASES2.ED.0086.FEE_ANDRE_KILESSE_OLIVIER_BOUTELLIS-TAFT.pdf&blobcol=urldata&blobtable=MungoBlobs (Stand: 01.04.2018) (Comment Letter ED/2013/6).

FEI CANADA (Hrsg.), Comment Letter ED/2013/6, verfügbar unter: http://www.fasb.org/cs/BlobServer?blobkey=id&blobnocache=true&blobwhere=1175827611052&blobheader=application%2Fpdf&blobheadername2=Content-Length&blobheadername1=Content-Disposition&blobheadervalue2=295202&blobheadervalue1=filename%3DLEASES2.ED.0149.FEI_CANADA_CCR_GORDON_HEARD.pdf&blobcol=urldata&blobtable=MungoBlobs (Stand: 01.04.2018) (Comment Letter ED/2013/6).

FEI COMMITTEE ON CORPORATE REPORTING (Hrsg.), Comment Letter ED/2013/6, verfügbar unter: http://www.fasb.org/cs/BlobServer?blobkey=id&blobnocache=true&blobwhere=1175827645002&blobheader=application%2Fpdf&blobheadername2=Content-Length&blobheadername1=Content-Disposition&blobheadervalue2=508317&blobheadervalue1=filename%3DLEASES2.ED.0530.FEI_CCR_STEPHEN_J._COSGROVE.pdf&blobcol=urldata&blobtable=MungoBlobs (Stand: 01.04.2018) (Comment Letter ED/2013/6).

FLOWSERVE (Hrsg.), Comment Letter ED/2013/6, verfügbar unter: http://www.fasb.org/cs/BlobServer?blobkey=id&blobnocache=true&blobwhere=1175827513088&blobheader=application%2Fpdf&blobheadername2=Content-Length&blobheadername1=Content-Disposition&blobheadervalue2=876069&blobheadervalue1=filename%3DLEASES2.ED.0029.FLOWSERVE_CORPORATION_MICHAEL_S._TAFF.pdf&blobcol=urldata&blobtable=MungoBlobs (Stand: 01.04.2018) (Comment Letter ED/2013/6).

FLYBE (Hrsg.), Comment Letter ED/2013/6, verfügbar unter: http://www.fasb.org/cs/BlobServer?blobkey=id&blobnocache=true&blobwhere=1175827590179&blobheader=application%2Fpdf&blobheadername2=Content-Length&blobheadername1=Content-Disposition&blobheadervalue2=1784699&blobheadervalue1=filename%3DLEASES2.ED.0087.FLYBE_GROUP_PLC_JONATHAN_SCOTT.pdf&blobcol=urldata&blobtable=MungoBlobs (Stand: 01.04.2018) (Comment Letter ED/2013/6).

FMCG SAUDI ARABIA (Hrsg.), Comment Letter ED/2013/6, verfügbar unter: http://www.fasb.org/cs/BlobServer?blobkey=id&blobnocache=true&blobwhere=1175828447591&blobheader=application%2Fpdf&blobheadername2=Content-Length&blobheadername1=Content-Disposition&blobheadervalue2=93747&blobheadervalue1=filename%3DLEASES2.ED.0495.FMCG-SAUDI_ARABIA_NOMAAN_YUNUS.pdf&blobcol=urldata&blobtable=MungoBlobs (Stand: 01.04.2018) (Comment Letter ED/2013/6).

GDF SUEZ (Hrsg.), Comment Letter ED/2013/6, verfügbar unter: http://www.fasb.org/cs/BlobServer?blobkey=id&blobnocache=true&blobwhere=1175827646670&blobheader=application%2Fpdf&blobheadername2=Content-Length&blobheadername1=Content-Disposition&blobheadervalue2=2926979&blobheadervalue1=filename%3DLEASES2.ED.0547.GDF_SUEZ_PASCALE_MOURVILLIER.pdf&blobcol=urldata&blobtable=MungoBlobs (Stand: 01.04.2018) (Comment Letter ED/2013/6).

GRANT THORNTON (Hrsg.), Comment Letter ED/2010/9, verfügbar unter: http://www.fasb.org/jsp/FASB/CommentLetter_C/CommentLetterPage%26cid=1218220137090%26project_id=1850-100 (Stand: 01.04.2018) (Comment Letter ED/2010/9).

GRANT THORNTON (Hrsg.), Comment Letter ED/2013/6, verfügbar unter: http://www.fasb.org/cs/BlobServer?blobkey=id&blobnocache=true&blobwhere=1175827604094&blobheader=application%2Fpdf&blobheadername2=Content-Length&blobheadername1=Content-Disposition&blobheadervalue2=533126&blobheadervalue1=filename%3DLEASES2.ED.0117.GRANT_THORNTON_KENNETH_C._SHARP_JEFFREY_L._BURGESS.pdf&blobcol=urldata&blobtable=MungoBlobs (Stand: 01.04.2018) (Comment Letter ED/2013/6).

HOTARAC (Hrsg.), Comment Letter ED/2013/6, verfügbar unter: http://www.fasb.org/cs/BlobServer?blobkey=id&blobnocache=true&blobwhere=1175827483857&blobheader=application%2Fpdf&blobheadername2=Content-Length&blobheadername1=Content-Disposition&blobheadervalue2=3999239&blobheadervalue1=filename%3DLEASES2.ED.0022.HOTARAC_GRANT_HEHIR.pdf&blobcol=urldata&blobtable=MungoBlobs (Stand: 01.04.2018) (Comment Letter ED/2013/6).

HSBC (Hrsg.), Comment Letter ED/2013/6, verfügbar unter: http://www.fasb.org/cs/BlobServer?blobkey=id&blobnocache=true&blobwhere=1175827609621&blobheader=application%2Fpdf&blobheadername2=Content-Length&blobheadername1=Content-Disposition&blobheadervalue2=4518823&blobheadervalue1=filename%3DLEASES2.ED.0140.HSBC_GAVIN_A._FRANCIS.pdf&blobcol=urldata&blobtable=MungoBlobs (Stand: 01.04.2018) (Comment Letter ED/2013/6).

ICAEW (Hrsg.), Comment Letter ED/2013/6, verfügbar unter: http://www.fasb.org/cs/BlobServer?blobkey=id&blobnocache=true&blobwhere=1175827561454&blobheader=application%2Fpdf&blobheadername2=Content-Length&blobheadername1=Content-Disposition&blobheadervalue2=360502&blobheadervalue1=filename%3DLEASES2.ED.0050.ICAEW_EDDY_JAMES.pdf&blobcol=urldata&blobtable=MungoBlobs (Stand: 01.04.2018) (Comment Letter ED/2013/6).

IDW (Hrsg.), Comment Letter ED/2013/6, verfügbar unter: http://www.fasb.org/cs/BlobServer?blobkey=id&blobnocache=true&blobwhere=1175827642488&blobheader=application%2Fpdf&blobheadername2=Content-Length&blobheadername1=Content-Disposition&blobheadervalue2=351876&blobheadervalue1=filename%3DLEASES2.ED.0487.IDW_NORBERT_BREKER_AND_UWE_FIESELER.pdf&blobcol=urldata&blobtable=MungoBlobs (Stand: 01.04.2018) (Comment Letter ED/2013/6).

INDIAN BANKS' ASSOCATION (Hrsg.), Comment Letter ED/2013/6, verfügbar unter: http://www.fasb.org/cs/BlobServer?blobkey=id&blobnocache=true&blobwhere=1175827642488&blobheader=application%2Fpdf&blobheadername2=Content-Length&blobheadername1=Content-Disposition&blobheadervalue2=351876&blobheadervalue1=filename%3DLEASES2.ED.0487.IDW_NORBERT_BREKER_AND_UWE_FIESELER.pdf&blobcol=urldata&blobtable=MungoBlobs (Stand: 01.04.2018) (Comment Letter ED/2013/6).

INSTITUTE OF CPA OF KENYA (Hrsg.), Comment Letter ED/2013/6, verfügbar unter: http://www.fasb.org/cs/BlobServer?blobkey=id&blobnocache=true&blobwhere=1175827819643&blobheader=application%2Fpdf&blobheadername2=Content-Length&blobheadername1=Content-Disposition&blobheadervalue2=342777&blobheadervalue1=filename%3DLEASES2.ED.0630.ICPAK_NIXON_OMINDI.pdf&blobcol=urldata&blobtable=MungoBlobs (Stand: 01.04.2018) (Comment Letter ED/2013/6).

INTERCONTINENTAL HOTELS GROUP (Hrsg.), Comment Letter ED/2010/9, verfügbar unter: http://www.fasb.org/cs/BlobServer?blobkey=id&blobnocache=true&blobwhere=1175822004191&blobheader=application%2Fpdf&blobheadername2=Content-Length&blobheadername1=Content-Disposition&blobheadervalue2=507235&blobheadervalue1=filename%3D0758-_1850-100_INTERCONTINENTAL_HOTELS_GROUP_RICHARD_L._SOLOMONS.pdf&blobcol=urldata&blobtable=MungoBlobs (Stand: 01.04.2018) (Comment Letter ED/2010/9).

IOSCO (Hrsg.), Comment Letter ED/2013/6, verfügbar unter: http://www.fasb.org/cs/BlobServer?blobkey=id&blobnocache=true&blobwhere=1175827788923&blobheader=application%2Fpdf&blobheadername2=Content-Length&blobheadername1=Content-Disposition&blobheadervalue2=826027&blobheadervalue1=filename%3DLEASES2.ED.0621.IOSCO_C1_JULIE_A._ERHARDT.pdf&blobcol=urldata&blobtable=MungoBlobs (Stand: 01.04.2018) (Comment Letter ED/2013/6).

ISRAEL ASB (Hrsg.), Comment Letter ED/2013/6, verfügbar unter: http://www.fasb.org/cs/BlobServer?blobkey=id&blobnocache=true&blobwhere=1175827590213&blobheader=application%2Fpdf&blobheadername2=Content-Length&blobheadername1=Content-Disposition&blobheadervalue2=264752&blobheadervalue1=filename%3DLEASES2.ED.0088.ISRAEL_ACCOUNTING_STANDARDS_BOARD_DOV_SAPIR.pdf&blobcol=urldata&blobtable=MungoBlobs (Stand: 01.04.2018) (Comment Letter ED/2013/6).

JAPAN CHAIN STORES ASSOCIATION (Hrsg.), Comment Letter ED/2013/6, verfügbar unter: http://www.fasb.org/cs/BlobServer?blobkey=id&blobnocache=true&blobwhere=1175827627712&blobheader=application%2Fpdf&blobheadername2=Content-Length&blobheadername1=Content-Disposition&blobheadervalue2=426478&blobheadervalue1=filename%3DLEASES2.ED.0432.JAPAN_CHAIN_STORE_ASSOCIATION.pdf&blobcol=urldata&blobtable=MungoBlobs (Stand: 01.04.2018) (Comment Letter ED/2013/6).

JARDINES (Hrsg.), Comment Letter ED/2013/6, verfügbar unter: http://www.fasb.org/cs/BlobServer?blobkey=id&blobnocache=true&blobwhere=1175827650053&blobheader=application%2Fpdf&blobheadername2=Content-Length&blobheadername1=Content-Disposition&blobheadervalue2=392547&blobheadervalue1=filename%3DLEASES2.ED.0566.JARDINE_MATHESON_LIMITED_JAMES_RILEY.pdf&blobcol=urldata&blobtable=MungoBlobs (Stand: 01.04.2018) (Comment Letter ED/2013/6).

KPMG (Hrsg.), Comment Letter ED/2013/6, verfügbar unter: http://www.fasb.org/cs/BlobServer?blobkey=id&blobnocache=true&blobwhere=1175827615548&blobheader=application%2Fpdf&blobheadername2=Content-Length&blobheadername1=Content-Disposition&blobheadervalue2=1311620&blobheadervalue1=filename%3DLEASES2.

ED.0199.KPMG_IFRG_LIMITED.pdf&blobcol=urldata&blobtable=MungoBlobs (Stand: 01.04.2018) (Comment Letter ED/2013/6).

Marks & Spencer (Hrsg.), Comment Letter ED/2010/9, verfügbar unter: http://www.fasb.org/cs/BlobServer?blobkey=id&blobnocache=true&blobwhere=1175821974695&blobheader=application%2Fpdf&blobheadername2=Content-Length&blobheadername1=Content-Disposition&blobheadervalue2=4347815&blobheadervalue1=filename%3D0238-_1850-100_MARKS_AND_SPENCER_GROUP_PLC_ALAN_STEWART.pdf&blobcol=urldata&blobtable=MungoBlobs (Stand: 01.04.2018) (Comment Letter ED/2010/9).

Marks & Spencer (Hrsg.), Comment Letter ED/2013/6, verfügbar unter: http://www.fasb.org/cs/BlobServer?blobkey=id&blobnocache=true&blobwhere=1175827615527&blobheader=application%2Fpdf&blobheadername2=Content-Length&blobheadername1=Content-Disposition&blobheadervalue2=3115271&blobheadervalue1=filename%3DLEASES2.ED.0198.MARKS_AND_SPENCER_PLC_ALAN_STEWART.pdf&blobcol=urldata&blobtable=MungoBlobs (Stand: 01.04.2018) (Comment Letter ED/2013/6).

Mazars (Hrsg.), Comment Letter ED/2013/6, verfügbar unter: http://www.fasb.org/cs/BlobServer?blobkey=id&blobnocache=true&blobwhere=1175828189636&blobheader=application%2Fpdf&blobheadername2=Content-Length&blobheadername1=Content-Disposition&blobheadervalue2=893539&blobheadervalue1=filename%3DLEASES2.ED.0641.MAZARS_AND_WEISERMAZARS_LLP_MICHEL_BARBET-MASSIN_WENDY_STEVENS.pdf&blobcol=urldata&blobtable=MungoBlobs (Stand: 01.04.2018) (Comment Letter ED/2013/6).

Noble Corporation (Hrsg.), Comment Letter ED/2013/6, verfügbar unter: http://www.fasb.org/cs/BlobServer?blobkey=id&blobnocache=true&blobwhere=1175827567936&blobheader=application%2Fpdf&blobheadername2=Content-Length&blobheadername1=Content-Disposition&blobheadervalue2=6458116&blobheadervalue1=filename%3DLEASES2.ED.0060.NOBLE_CORPORATION_JAMES_MACLENNAN_AND_DENNIS_LUBOJACKY.pdf&blobcol=urldata&blobtable=MungoBlobs (Stand: 01.04.2018) (Comment Letter ED/2013/6).

Northgate (Hrsg.), Comment Letter ED/2013/6, verfügbar unter: http://www.fasb.org/cs/BlobServer?blobkey=id&blobnocache=true&blobwhere=1175827612112&blobheader=application%2Fpdf&blobheadername2=Content-Length&blobheadername1=Content-Disposition&blobheadervalue2=2718568&blobheadervalue1=filename%3DLEASES2.ED.0191.NORTHGATE_PLC_MARK_HUNT.pdf&blobcol=urldata&blobtable=MungoBlobs (Stand: 01.04.2018) (Comment Letter ED/2013/6).

PETROLEO BRASILEIRO (Hrsg.), Comment Letter ED/2013/6, verfügbar unter: http://www.fasb.org/cs/BlobServer?blobkey=id&blobnocache=true&blobwhere=1175827642230&blobheader=application%2Fpdf&blobheadername2=Content-Length&blobheadername1=Content-Disposition&blobheadervalue2=308501&blobheadervalue1=filename%3DLEASES2.ED.0493.PETROLEO_BRASILEIRO_S.A._MARCOS_MENEZES.pdf&blobcol=urldata&blobtable=MungoBlobs (Stand: 01.04.2018) (Comment Letter ED/2013/6).

PKF (Hrsg.), Comment Letter ED/2013/6, verfügbar unter: http://www.fasb.org/cs/BlobServer?blobkey=id&blobnocache=true&blobwhere=1175827642250&blobheader=application%2Fpdf&blobheadername2=Content-Length&blobheadername1=Content-Disposition&blobheadervalue2=387035&blobheadervalue1=filename%3DLEASES2.ED.0494.PKF_INTERNATIONAL_LIMITED_THEO_VERMAAK.pdf&blobcol=urldata&blobtable=MungoBlobs (Stand: 01.04.2018) (Comment Letter ED/2013/6).

PNM RESOURCES (Hrsg.), Comment Letter ED/2013/6, verfügbar unter: http://www.fasb.org/cs/BlobServer?blobkey=id&blobnocache=true&blobwhere=1175827589222&blobheader=application%2Fpdf&blobheadername2=Content-Length&blobheadername1=Content-Disposition&blobheadervalue2=484745&blobheadervalue1=filename%3DLEASES2.ED.0081.PNM_RESOURCES_INC._HENRY_A._INGALLS.pdf&blobcol=urldata&blobtable=MungoBlobs (Stand: 01.04.2018) (Comment Letter ED/2013/6).

PROPERTY COUNCIL OF AUSTRALIA (Hrsg.), Comment Letter ED/2013/6, verfügbar unter: http://www.fasb.org/cs/BlobServer?blobkey=id&blobnocache=true&blobwhere=1175827618072&blobheader=application%2Fpdf&blobheadername2=Content-Length&blobheadername1=Content-Disposition&blobheadervalue2=644450&blobheadervalue1=filename%3DLEASES.ED.0313.PROPERTY_COUNCIL_OF_AUSTRALIA_ANDREW_MIHNO.pdf&blobcol=urldata&blobtable=MungoBlobs (Stand: 01.04.2018) (Comment Letter ED/2013/6).

PWC (Hrsg.), Comment Letter ED/2013/6, verfügbar unter: http://www.fasb.org/cs/BlobServer?blobkey=id&blobnocache=true&blobwhere=1175827616807&blobheader=application%2Fpdf&blobheadername2=Content-Length&blobheadername1=Content-Disposition&blobheadervalue2=916383&blobheadervalue1=filename%3DLEASES2.ED.0301.PRICEWATERHOUSECOOPERS_INTERNATIONAL_LIMITED.pdf&blobcol=urldata&blobtable=MungoBlobs (Stand: 01.04.2018) (Comment Letter ED/2013/6).

RAYTHEON (Hrsg.), Comment Letter ED/2013/6, verfügbar unter: http://www.fasb.org/cs/BlobServer?blobkey=id&blobnocache=true&blobwhere=1175827615280&blobheader=application%2Fpdf&blobheadername2=Content-Length&blobheadername1=Content-Disposition&blobheadervalue2=397073&blobheadervalue1=filename%

3DLEASES2.ED.0265.RAYTHEON_COMPANY_MICHAEL_J._WOOD.pdf&blobcol=urldata&blobtable=MungoBlobs (Stand: 01.04.2018) (Comment Letter ED/2013/6).

RBS (Hrsg.), Comment Letter ED/2013/6, verfügbar unter: http://www.fasb.org/cs/BlobServer?blobkey=id&blobnocache=true&blobwhere=1175827610230&blobheader=application%2Fpdf&blobheadername2=Content-Length&blobheadername1=Content-Disposition&blobheadervalue2=1628642&blobheadervalue1=filename%3DLEASES2.ED.0138.RBS_RAJAN_KAPOOR.pdf&blobcol=urldata&blobtable=MungoBlobs (Stand: 01.04.2018) (Comment Letter ED/2013/6).

REPSOL (Hrsg.), Comment Letter ED/2013/6, verfügbar unter: http://www.fasb.org/cs/BlobServer?blobkey=id&blobnocache=true&blobwhere=1175827639471&blobheader=application%2Fpdf&blobheadername2=Content-Length&blobheadername1=Content-Disposition&blobheadervalue2=409921&blobheadervalue1=filename%3DLEASES2.ED.0451.REPSOL_EMILIO_LINARES-RIVAS_BALIUS.pdf&blobcol=urldata&blobtable=MungoBlobs (Stand: 01.04.2018) (Comment Letter ED/2013/6).

RIO TINTO (Hrsg.), Comment Letter ED/2013/6, verfügbar unter: http://www.fasb.org/cs/BlobServer?blobkey=id&blobnocache=true&blobwhere=1175827642290&blobheader=application%2Fpdf&blobheadername2=Content-Length&blobheadername1=Content-Disposition&blobheadervalue2=427600&blobheadervalue1=filename%3DLEASES2.ED.0496.RIO_TINTO_DELWIN_WITTHOFT.pdf&blobcol=urldata&blobtable=MungoBlobs (Stand: 01.04.2018) (Comment Letter ED/2013/6).

SEC OF BRAZIL (Hrsg.), Comment Letter ED/2013/6, verfügbar unter: http://www.fasb.org/cs/BlobServer?blobkey=id&blobnocache=true&blobwhere=1175827618046&blobheader=application%2Fpdf&blobheadername2=Content-Length&blobheadername1=Content-Disposition&blobheadervalue2=648767&blobheadervalue1=filename%3DLEASES.ED.0314.SECURITIES_AND_EXCHANGE_COMMISSION_OF_BRAZIL_JOSE_CARLOS_BEZERRA_DA_SILVA.pdf&blobcol=urldata&blobtable=MungoBlobs (Stand: 01.04.2018) (Comment Letter ED/2013/6).

SELECT (Hrsg.), Comment Letter ED/2010/9, verfügbar unter: http://www.fasb.org/jsp/FASB/CommentLetter_C/CommentLetterPage%26cid=1218220137090%26project_id1850-100 (Stand: 01.04.2018) (Comment Letter ED/2010/9).

SIEMENS (Hrsg.), Comment Letter ED/2013/6, verfügbar unter: http://www.fasb.org/cs/BlobServer?blobkey=id&blobnocache=true&blobwhere=1175827611932&blobheader=application%2Fpdf&blobheadername2=Content-Length&blobheadername1=Content-Disposition&blobheadervalue2=307704&blobheadervalue1=filename%3DLEASES2.ED.0194.SIEMENS_AG_JOCHEN_SCHMITZ.pdf&blobcol=urldata&blobtable=MungoBlobs (Stand: 01.04.2018) (Comment Letter ED/2013/6).

SINGAPORE ASC (Hrsg.), Comment Letter ED/2013/6, verfügbar unter: http://www.fasb.org/cs/BlobServer?blobkey=id&blobnocache=true&blobwhere=1175827640008&blobheader=application%2Fpdf&blobheadername2=Content-Length&blobheadername1=Content-Disposition&blobheadervalue2=488558&blobheadervalue1=filename%3DLEASES2.ED.0456.SINGAPORE_ACCOUNTING_STANDARDS_COUNCIL_SUAT_CHENG_GOH.pdf&blobcol=urldata&blobtable=MungoBlobs (Stand: 01.04.2018) (Comment Letter ED/2013/6).

SOCIETE GENERALE (Hrsg.), Comment Letter ED/2013/6, verfügbar unter: http://www.fasb.org/cs/BlobServer?blobkey=id&blobnocache=true&blobwhere=1175827650073&blobheader=application%2Fpdf&blobheadername2=Content-Length&blobheadername1=Content-Disposition&blobheadervalue2=412489&blobheadervalue1=filename%3DLEASES2.ED.0567.SOCIETE_GENERALE_GROUP_PIERRE-HENRI_DAMOTTE.pdf&blobcol=urldata&blobtable=MungoBlobs (Stand: 01.04.2018) (Comment Letter ED/2013/6).

SOUTHERN COMPANY (Hrsg.), Comment Letter ED/2013/6, verfügbar unter: http://www.fasb.org/cs/BlobServer?blobkey=id&blobnocache=true&blobwhere=1175827614314&blobheader=application%2Fpdf&blobheadername2=Content-Length&blobheadername1=Content-Disposition&blobheadervalue2=2052362&blobheadervalue1=filename%3DLEASES2.ED.0232.SOUTHERN_COMPANY_ANN_P._DAISS.pdf&blobcol=urldata&blobtable=MungoBlobs (Stand: 01.04.2018) (Comment Letter ED/2013/6).

TESCO (Hrsg.), Comment Letter ED/2013/6, verfügbar unter: http://www.fasb.org/cs/BlobServer?blobkey=id&blobnocache=true&blobwhere=1175827642669&blobheader=application%2Fpdf&blobheadername2=Content-Length&blobheadername1=Content-Disposition&blobheadervalue2=371535&blobheadervalue1=filename%3DLEASES2.ED.0513.TESCO_PLC_PAUL_FEARN.pdf&blobcol=urldata&blobtable=MungoBlobs (Stand: 01.04.2018) (Comment Letter ED/2013/6).

TRANSCANADA (Hrsg.), Comment Letter ED/2010/9, verfügbar unter: http://www.fasb.org/cs/BlobServer?blobkey=id&blobnocache=true&blobwhere=1175821957317&blobheader=application%2Fpdf&blobheadername2=Content-Length&blobheadername1=Content-Disposition&blobheadervalue2=1654418&blobheadervalue1=filename%3D0501-_1850-100_TRANSCANADA_CORPORATION_GLENN_MENUZ.pdf&blobcol=urldata&blobtable=MungoBlobs (Stand: 01.04.2018) (Comment Letter ED/2010/9).

TRANSCANADA (Hrsg.), Comment Letter ED/2013/6, verfügbar unter: http://www.fasb.org/cs/BlobServer?blobkey=id&blobnocache=true&blobwhere=1175827616685&blobheader=application%2Fpdf&blobheadername2=Content-Length&blobheadername1=Content-Disposition&blobheadervalue2=679047&blobheadervalue1=filename%3DLEASES2.ED.

0282.TRANSCANADA_CORPORATION_G._GLENN_MENUZ.pdf&blobcol=urldata&blobtable=MungoBlobs (Stand: 01.04.2018) (Comment Letter ED/2013/6).

TUI (Hrsg.), Comment Letter ED/2013/6, verfügbar unter: http://www.fasb.org/cs/BlobServer?blobkey=id&blobnocache=true&blobwhere=1175827642750&blobheader=application%2Fpdf&blobheadername2=Content-Length&blobheadername1=Content-Disposition&blobheadervalue2=2277552&blobheadervalue1=filename%3DLEASES2.ED.0518.TUI_AG_WOLFGANG_FLINTERMANN_AND_ELMAR_HAGEMANN.pdf&blobcol=urldata&blobtable=MungoBlobs (Stand: 01.04.2018) (Comment Letter ED/2013/6).

TYCO (Hrsg.), Comment Letter ED/2013/6, verfügbar unter: http://www.fasb.org/cs/BlobServer?blobkey=id&blobnocache=true&blobwhere=1175827619586&blobheader=application%2Fpdf&blobheadername2=Content-Length&blobheadername1=Content-Disposition&blobheadervalue2=705939&blobheadervalue1=filename%3DLEASES2.ED.0358.TYCO_INTERNATIONAL_LTD._SAM_ELDESSOUKY.pdf&blobcol=urldata&blobtable=MungoBlobs (Stand: 01.04.2018) (Comment Letter ED/2013/6).

UNESA (Hrsg.), Comment Letter ED/2013/6, verfügbar unter: http://www.fasb.org/cs/BlobServer?blobkey=id&blobnocache=true&blobwhere=1175833440523&blobheader=application%2Fpdf&blobheadername2=Content-Length&blobheadername1=Content-Disposition&blobheadervalue2=662789&blobheadervalue1=filename%3DLEASES2.ED.0499.UNESA_ALBERTO_BANON_IGNACIO_MARTINEZ_rcvd_2016.pdf&blobcol=urldata&blobtable=MungoBlobs (Stand: 01.04.2018) (Comment Letter ED/2013/6).

WESFARMERS (Hrsg.), Comment Letter ED/2013/6, verfügbar unter: http://www.fasb.org/cs/BlobServer?blobkey=id&blobnocache=true&blobwhere=1175827590315&blobheader=application%2Fpdf&blobheadername2=Content-Length&blobheadername1=Content-Disposition&blobheadervalue2=795398&blobheadervalue1=filename%3DLEASES2.ED.0091.WESFARMERS_LIMITED_TERRY_BOWEN.pdf&blobcol=urldata&blobtable=MungoBlobs (Stand: 01.04.2018) (Comment Letter ED/2013/6).

WESTJET (Hrsg.), Comment Letter ED/2013/6, verfügbar unter: http://www.fasb.org/cs/BlobServer?blobkey=id&blobnocache=true&blobwhere=1175827617970&blobheader=application%2Fpdf&blobheadername2=Content-Length&blobheadername1=Content-Disposition&blobheadervalue2=1104539&blobheadervalue1=filename%3DLEASES.ED.0317.WESTJET_AIRLINES_LTD._CANDICE_LI.pdf&blobcol=urldata&blobtable=MungoBlobs (Stand: 01.04.2018) (Comment Letter ED/2013/6).

Weitere Materialien aus dem Standardsetzungsprozess

AAA FINANCIAL ACOUNTING STANDARDS COMMITTEE (Hrsg.), Evaluation of the Lease Accounting Proposed in G4+1 Special Report, in: Accounting Horizons 2001, S. 289–298 (Evaluation of the Lease Acounting).

ACCOUNTING REGULATORY COMMITTEE (Hrsg.), Minutes of the Meeting (31 January 2017), verfügbar unter: http://ec.europa.eu/finance/company-reporting/docs/committees/arc/2017-01-31-summary-record_en.pdf (Stand: 01.04.2018) (ARC Meeting (January 2017)).

EFRAG (Hrsg.), Preliminary Consultation Document regarding the endorsement of IFRS 16 Leases. Issued 12 October 2016, verfügbar unter: http://www.efrag.org/Assets/Download?assetUrl=%2Fsites%2Fwebpublishing%2FProject%20Documents%2F269%2FEFRAG%27s%20Preliminary%20Consultation%20Document%20Regarding%20the%20endorsement%20of%20IFRS%2016.pdf (Stand: 01.04.2018) (Preliminary Consultation Document).

EFRAG (Hrsg.), IFRS 16 Leases: Fieldwork on the definition of a lease. EFRAG Secretariat paper, verfügbar unter: http://www.efrag.org/Assets/Download?assetUrl=%2Fsites%2Fwebpublishing%2FProject%20Documents%2F269%2FEFRAG%20Secretariat%20Paper%20-%20IFRS%2016%20Leases%20-%20Fieldwork%20on%20Definition%20of%20a%20Lease.pdf (Stand: 01.04.2018) (IFRS 16 Fieldwork).

EFRAG (Hrsg.), Joint Investor Outreach Event – Summary Report. What do the amendments to IFRS 4 mean for investors? What is new in accounting for leases?, verfügbar unter: http://www.efrag.org/Assets/Download?assetUrl=%2Fsites%2Fwebpublishing%2FSiteAssets%2FSummary%2520Report%2520Milan%252029%2520November%25202016.pdf (Stand: 01.04.2018) (Summary Report to Outreach Event).

EFRAG (Hrsg.), EFRAG's Letter to the European Commision Regarding Endorsement of IFRS 16 Leases, verfügbar unter: http://www.efrag.org/Assets/Download?assetUrl=%2Fsites%2Fwebpublishing%2FSiteAssets%2FEFRAG%2527s%2520Final%2520Endorsement%2520Advice%2520on%2520IFRS%252016.pdf (Stand: 01.04.2018) (IFRS 16 Endorsement Advice).

EFRAG (Hrsg.), Ex ante Impact Assessment of IFRS 16, verfügbar unter: http://www.efrag.org/Assets/Download?assetUrl=%2Fsites%2Fwebpublishing%2FSiteAssets%2FIFRS%252016%2520-%2520Europe%2520Economics%2520-%2520Ex%2520ante%2520Impact%2520Assessment%2520%2822%2520February%25202017%29.pdf (Stand: 01.04.2018) (IFRS 16 Impact Assessment).

EFRAG (Hrsg.), IFRS 16 Leases. Draft Endorsement Advice, verfügbar unter: http://www.efrag.org/

Assets/Download?assetUrl=%2Fsites%2Fwebpublishing%2FSiteAssets%2FIFRS%252016%2520Draft%2520Endorsement%2520Advice.pdf (Stand: 01.04.2018) (IFRS 16 Draft Endorsement Advice).

EFRAG (Hrsg.), The EU Endorsement Status Report. Position as at 9 November 2017, verfügbar unter: http://www.efrag.org/Assets/Download?assetUrl=%2Fsites%2Fwebpublishing%2FSiteAssets%2FEFRAG%2520Endorsement%2520Status%2520Report%25209%2520November%25202017.pdf (Stand: 01.04.2018) (Endorsement Status Report).

ESMA (Hrsg.), European common enforcement priorities for 2017 IFRS financial statements, verfügbar unter: https://www.esma.europa.eu/sites/default/files/library/esma32-63-340_esma_european_common_enforcement_priorities_2017.pdf (Stand: 01.04.2018) (Enforcement priorities for 2017 financial statements).

IASB (Hrsg.), Post-implementation Review – IFRS 13 Fair Value Measurement. Request for Information, verfügbar unter: http://www.ifrs.org/-/media/project/pir-ifrs-13/published-documents/request-for-information-pir-ifrs-13.pdf (Stand: 01.04.2018) (PiR IFRS 13).

IDW (Hrsg.), Entwurf einer IDW Stellungnahme zur Rechnungslegung: Einzelfragen zu Wertminderungen von Vermögenswerten nach IAS 36 (IDW ERS HFA 40), in: IDW FN 2014, S. 418–443 (IDW ERS HFA 40).

KASB (Hrsg.), Accounting Judgements on Terms of Likelihood in IFRS: Korea and Australia, verfügbar unter: http://www.aasb.gov.au/admin/file/content102/c3/July_2016_(KASB-AASB)%20Accounting%20Judgments%20on%20Terms%20of%20Likelihood%20in%20IFR....pdf (Stand: 01.04.2018) (Accounting Judgements).

LLOYD, SUE, A New Lease of Life. Investor Perspective, verfügbar unter: http://archive.ifrs.org/Investor-resources/Investor-perspectives-2/Documents/Investor-Perspectives-A-New-Lease-of-Life.pdf (Stand: 01.04.2018) (A New Lease of Life).

MCGREGOR, WARREN, Accounting for leases: a new framework, in: Australian Accountant 1993, S. 17–20 (A new framework).

MCGREGOR, WARREN, Accounting for leases: A new approach. Recognition by Lessees of Assets and Liabilities under Lease Contracts, Norwalk 1996 (Accounting for leases).

MYERS, JOHN H., Reporting of leases in financial statements, New York 1962 (Reporting of leases).

NAILOR, HANS/LENNARD, ANDREW, Leases: Implementation of a New Approach, New York 2000 (Implementation of a new approach).

SEC (Hrsg.), Report and Recommendations Pursuant to Section 401(c) of the Sarbanes-Oxley-Act of 2002 On Arrangements with Off-Balance Sheet Implications, Special Purpose Entities, and Transparency of Filings by Issuers, verfügbar unter: https://www.sec.gov/news/studies/soxoffbalancerpt.pdf (Stand: 01.04.2018) (Report and Recommendations).

TWEEDIE, DAVID, Prepared Remarks of Sir David Tweedie, Chairman of the International Accounting Standards Board, verfügbar unter: http://archive.ifrs.org/News/Announcements-and-Speeches/Documents/Sir_David_Tweedie_Empire_Club_Speech.pdf (Stand: 01.04.2018) (Prepared Remarks).

Rechnungslegung und Wirtschaftsprüfung

Herausgegeben von Prof. (em.) Dr. Dr. h. c. Jörg Baetge, Münster, Prof. Dr. Hans-Jürgen Kirsch, Münster, und Prof. Dr. Stefan Thiele, Wuppertal

Band 62
Stephen Weich
Rechnungslegung in der Insolvenz – Analyse konkreter Bilanzierungsfragen auf Basis eines konsistenten Zweck-Grundsatz-Systems
Lohmar – Köln 2017 ◆ 364 S. ◆ € 72,- (D) ◆ ISBN 978-3-8441-0523-0

Band 63
Alexander Flügel
Die Bilanzierung von Lebensversicherungsgeschäften nach IFRS – Eine Analyse unter besonderer Berücksichtigung des Asset-Liability-Managements
Lohmar – Köln 2018 ◆ 284 S. ◆ € 64,- (D) ◆ ISBN 978-3-8441-0537-7

Band 64
Christoph König
Umsatzrealisierung in der Airline-Industrie nach IFRS 15 – Analyse und Konkretisierung der Vorschriften für Beförderungs- und Zusatzleistungen
Siegburg – Köln 2018 ◆ 328 S. ◆ € 68,- (D) ◆ ISBN 978-3-8441-0552-0

Band 65
Philipp Dollereder
Die bilanzielle Abbildung von Leasingverhältnissen beim Leasingnehmer nach IFRS 16 – Kritische Analyse und Konkretisierung der Vorschriften zur Definition, zum Zeitraum und zur Bewertung
Siegburg – Köln 2018 ◆ 320 S. ◆ € 68,- (D) ◆ ISBN 978-3-8441-0557-5

JOSEF EUL VERLAG